Giovanni Catino

Exercices Corrigés
d'Analyse Mathématique
et
Géométrie

1

ISBN : 9798710966631

L'autore ringrazia Piergiorgio Zucconi per la traduzione.

Table des matières

Chapitre 1

Nombres Réels et Fonctions

Pré-requis théoriques

◇ Définition et propriété de l'ensemble des nombres réels $\mathbb{R}$.

◇ Extrême inférieur et extrême supérieur de sous-ensemble de di $\mathbb{R}$.

◇ Généralité sur les fonctions entre ensembles et sur les fonctions aux valeurs réelles d'un variable réel.

◇ Définitions et propriété des fonctions élémentaires.

1.1 Inéquations

***Exercice* 1.1.** *Résoudre l'inéquation*

$$\frac{\big||x| - 5\big|}{|x - 5|} < 2\,.$$

Rèsolution. Évidemment si $x \in [0, +\infty) \setminus \{5\}$, alors x est solution. En revanche, pour $x < 0$ l'inéquation devient

$$|-x - 5| < 2|x - 5|,$$

qu'elle est vérifiée par n'importe quel x que soit la solution de

$$\begin{cases} x \leq -5 \\ \\ -x - 5 \leq 2(5 - x) \end{cases} \qquad \text{ou} \qquad \begin{cases} -5 < x < 0 \\ \\ x + 5 \leq 2(5 - x). \end{cases}$$

Donc l'inequation de départ est vérifiée pour chaque $x \in \mathbb{R} \setminus \{5\}$.

Exercice 1.2. *Résoudre l'inéquation*

$$\sqrt{x^3 + x^2 - 2} < x.$$

Rèsolution. Pour résoudre l'inéquation il suffit de trouver les solutions du système

$$\begin{cases} x^3 + x^2 - 2 \geq 0 \\\\ x \geq 0 \\\\ x^3 + x^2 - 2 < x^2. \end{cases}$$

En observant que $x^3 + x^2 - 2 = (x - 1)(x^2 + 2x + 2)$, tout de suite il se voit que l'ensemble des solutions de l'inéquation est $[1, \sqrt[3]{2})$.

Exercice 1.3. *Résoudre l'inéquation*

$$\sqrt{(\log x)^2 - 3\log x + 2} > 2(\log x - 1).$$

Rèsolution. L'inéquation est équivalente à

$$\begin{cases} y^2 - 3y + 2 \geq 0 \\\\ y < 1 \end{cases} \quad \text{ou} \quad \begin{cases} y \geq 1 \\\\ y^2 - 3y + 2 > 4y^2 - 8y + 4, \end{cases}$$

en étant $y = \log x$. Le premier système est vérifié pour chaque $y < 1$, pendant que la seconde n'admet pas de solutions. Cela implique qui les solutions de l'inéquation vérifient

$$\log x < 1,$$

il est donc $0 < x < e$.

Exercice 1.4. *Résoudre l'inéquation*

$$\log_2(\arctan x + 4) \geq \cos^2 x.$$

Rèsolution. Étant donné que $\arctan x \in (\frac{\pi}{2}, \frac{\pi}{2})$ et $\cos^2 x \in [0,1]$ pour chaque $x \in \mathbb{R}$, nous avons :

$$\log_2(\arctan x + 4) \geq \log_2(4 - \frac{\pi}{2}) \geq \log_2 2 = 1 \geq \cos^2 x \,.$$

Donc l'inéquation est vérifiée pour chaque $x \in \mathbb{R}$.

Exercice 1.5. *Montrer que pour chaque* $x, y \in [0, +\infty)$ *il résulte*

$$\left| \sqrt{x} - \sqrt{y} \right| \leq \sqrt{|x - y|} \,.$$

Rèsolution. Sans perte de généralité, nous supposons $x \geq y \geq 0$; alors il il a

$$(\sqrt{x} - \sqrt{y})^2 \leq x + y - 2y = x - y = |x - y|,$$

de lequel suit la thèse.

Exercice 1.6. *Trouver le plus petit* $\alpha \in \mathbb{R}$ *pour lequel l'inégalité*

$$3xy \leq 2x^2 + \alpha y^2$$

soit satisfaite pour chaque $x, y \in \mathbb{R}$.

Rèsolution. Pour chaque $y, \alpha \in \mathbb{R}$ nous considérons le polynôme

$$p(x) = 2x^2 - 3yx + \alpha y^2 \quad (x \in \mathbb{R}).$$

Il résulte $p(x) \geq 0$ pour chaque $x \in \mathbb{R}$ si et seulement si $\Delta = y^2(9 - 8\alpha) \leq 0$, donc si et seulement si $\alpha \geq \frac{9}{8}$. Donc le valeur de α demandé est $\frac{9}{8}$.

Exercice 1.7. *Résoudre l'inéquation*

$$\log_2 \left(\cos x - \sin x + \frac{3}{2} \right) \geq -1 \,.$$

Rèsolution. En étant $-1 = \log_2 \frac{1}{2}$, l'équation est équivalente à

$$\cos x - \sin x + 1 \geq 0 \,.$$

Cette dernière a pour solutions $x = \pi + 2k\pi$ $(k \in \mathbb{Z})$ et celles de l'inéquation

$$1 - \tan \frac{x}{2} \geq 0 \,;$$

nous avons exploité ici les égalités

$$\sin x = \frac{2\tan\frac{x}{2}}{1+\tan^2\frac{x}{2}}, \quad \cos x = \frac{1-\tan^2\frac{x}{2}}{1+\tan^2\frac{x}{2}}$$

valide per ogni $x \neq \pi + 2k\pi$ $(k \in \mathbb{Z})$. Donc les solutions de l'inéquation il date ils sont : :

$$-\pi + 2k\pi \leq x \leq \frac{\pi}{2} + 2k\pi \ (k \in \mathbb{Z}).$$

Exercice 1.8. *Résoudre l'inéquation*

$$2^{2\cos^2 x + 5\sin x - 3} - 4^{\sin x} > 0.$$

Rèsolution. Vu que $4^{\sin x} = 2^{2^{\sin x}} = 2^{2\sin x}$, l'inéquation devient

$$2^{2\cos^2 + 5\sin x - 3} > 2^{2\sin x},$$

qu'elle est équivalent à

$$2\cos^2 x + 3\sin x - 3 > 0,$$

et donc à

$$2\sin^2 x - 3\sin x + 1 < 0,$$

vu que $\cos^2 x = 1 - \sin^2 x$. La dernière inéquation est vérifiée si et seulement si

$$\frac{1}{2} < \sin x < 1,$$

les solutions de l'inéquation de départ sont donc :

$$\frac{\pi}{6} + 2k\pi < x < \frac{5}{6}\pi + 2k\pi, \quad x \neq \frac{\pi}{2} + 2k\pi \ (k \in \mathbb{Z}).$$

1.2   Extrême Supérieur et Extrême Inférieur

Exercice 1.9. *Déterminer l'extrême supérieur et l'extrême inférieur de*

$$A = \{a \in \mathbb{R} : \log(x^2 - 2ax + a) \text{ elle est définie en tout} \mathbb{R}\}.$$

Dire s'il se traite respectivement de maximum et de minimum de A.

Rèsolution. Pour que $x^2 - 2ax + a > 0$ pour chaque $x \in \mathbb{R}$ il doit être $\Delta = 4a(a-1) < 0$, donc $A = (0,1)$. Il s'ensuit que $\sup A = 1, \inf A = 0$; en outre, $\max A$ et $\min A$ ils n'existent pas.

Exercice 1.10. *Déterminer l'extrême supérieur et l'extrême inférieur de*

$$A = \left\{ \frac{2n+1}{2n-1}, \, n \in \mathbb{N} \right\}.$$

Dire s'il se traite respectivement de maximum et de minimum de A.

Rèsolution. En étant $n \mapsto \frac{2n+1}{2n-1} = 1 + \frac{2}{2n-1}$ décroissant, $\max A = \sup A = 3$. Nous affirmons que $\inf A = 1$. En effet $1 \leq x$ pour chaque $x \in A$; en outre pour chaque $\varepsilon > 0$

$$1 + \frac{2}{2n-1} < 1 + \varepsilon \iff n > \frac{1}{2} + \frac{1}{\varepsilon} \iff n > \left[\frac{1}{2} + \frac{1}{\varepsilon} \right] + 1.$$

Clairement A il n'admet pas moindre.

Exercice 1.11. *Déterminer l'extrême supérieur et inférieur, en spécifiant si ils soient maximums et moindre de l'ensemble*

$$A = \left\{ \sum_{k=0}^{n} \frac{1}{2^k}, \, n \in \mathbb{N} \cup \{0\} \right\}.$$

Rèsolution. Nous observons que

$$\sum_{k=0}^{n} \frac{1}{2^k} = 2 - \frac{1}{2^n} \ \forall \, n \in \mathbb{N}.$$

En étant $n \mapsto 2 - \frac{1}{2^n}$ croissant, $\min A = \inf A = 1$. Nous affirmons que $\sup A = 2$. En effet $2 \geq x$ pour chaque $x \in A$. En outre, pour chaque $\varepsilon > 0$

$$2 - \frac{1}{2^n} > 2 - \varepsilon \iff n > \max \left\{ \left[\log_2 \frac{1}{\varepsilon} \right], 0 \right\} + 1 \, ;$$

ici $[a]$ il dénote la partie entière de $a \in \mathbb{R}$. Clairement A pas il admet maximum.

Exercice 1.12. *Déterminer l'extrême supérieur et inférieur, en spécifiant si ils soient maximums et moindre de l'ensemble*

$$\bigcup_{n\geq 2}\left[\frac{1}{n}, 1-\frac{1}{n}\right].$$

Rèsolution. Il est facile de vérifier que $A = (0,1)$. Donc $\inf A = 0, \sup A = 1$; A il n'a pas ni maximum ni moindre.

Exercice 1.13. *Déterminer extrême supérieur et extrême inférieur de l'ensemble*
$$A = \{x \in \mathbb{R} : |x^2 - 3x + 2| < x^2 + x\}.$$

Rèsolution. On a que $x \in A$ si et seulement si

$$\begin{cases} x^2 - 3x + 2 < x^2 + x \\ x \leq 1 \text{ ou } x \geq 2 \end{cases} \quad \text{ou} \quad \begin{cases} -x^2 + 3x - 2 < x^2 + x \\ 1 < x < 2 \end{cases}$$
$$\Longleftrightarrow x > \frac{1}{2}.$$

Par conséquent $\sup A = +\infty$, $\inf A = \frac{1}{2}$.

Exercice 1.14. *Déterminer l'extrême supérieur et inférieur, en spécifiant si ils soient maximums et moindre de l'ensemble*

$$A = \{x \in \mathbb{R} : \log x \geq \sqrt[3]{\sin x}\} \cap [e, +\infty),$$

$$B = \{x \in \mathbb{R} : \sin x \leq \arccos x + \arctan x\} \cap [-\frac{\pi}{4}, 0].$$

Rèsolution. Si $x \in [e, +\infty)$, alors $\log x \geq \log e = 1 \geq \sqrt[3]{\sin x}$, par conséquent $A = [e, +\infty)$. Si ha $\sup A = +\infty$, $\inf A = \min A = e$.
Si $x \in [-\frac{\pi}{4}, 0]$, alors

$$\arccos x - \arctan x \geq \frac{\pi}{2} - \frac{\pi}{2} = 0 \geq \sin x.$$

Donc

$$B = \left[-\frac{\pi}{4}, 0\right], \quad \sup B = \max B = 0, \quad \inf B = \min B = -\frac{\pi}{4}.$$

Exercice 1.15. *Sia* $A = \{a \in \mathbb{R} : a + \sin x \geq \cos x, \, \forall\, x \in \mathbb{R}\}$. *En déterminer l'extrême supérieur et inférieur, en disant s'il se traite respectivement de maximum et de minimum.*

Rèsolution. Clairement $[2, +\infty) \subseteq A$, donc $\sup A = +\infty$. En outre, se $a \in A$, alors $\forall x \in \mathbb{R}$

$$\frac{\sqrt{2}}{2}a \geq \frac{\sqrt{2}}{2}\cos x - \frac{\sqrt{2}}{2}\sin x = \cos\frac{\pi}{4}\cos x - \sin\frac{\pi}{4}\sin x$$
$$= \cos\left(x + \frac{\pi}{4}\right).$$

En devant valoir le précédent inégalité pour n'importe quel $x \in \mathbb{R}$, il en suit qui si $\frac{\sqrt{2}}{2}a < 1$, alors $a \notin A$. Ainsi $a = \sqrt{2} \in A$ et il est le minimum.

Exercice 1.16. *Déterminer extrême supérieur et extrême inférieur de l'ensemble*

$$A = \{a \in \mathbb{R} : a - a|x| \leq |x - 1|, \, \forall\, x \in \mathbb{R}\}.$$

Dire s'il se traite respectivement de maximum et de minimum.

Rèsolution. Si $a > 1$, l'inégalité est fausse pour $x = 0$, pendant que si $a < -1$, est fausse pour $x = 2$. Par conséquent $A \subseteq [-1, 1]$. Si $a = 1$ ou $a = -1$, l'inégalité est vraie pour chaque $x \in \mathbb{R}$. Donc $\sup A = \max A = 1$, par contre $\inf A = \min A = -1$.

1.3   Fonctions

Exercice 1.17. *Déterminer l'ensemble de définition de la fonction*

$$f(x) = \frac{\left[\log\left(\sqrt{x} + \sqrt{|1 - x|}\right)\right]^{\frac{3}{4}}}{e^{\sin(x^2)}}.$$

Rèsolution. Il doit être :
    (i) $x \geq 0$, pour que $\sqrt{x}$ soit définie,
    (ii) $\sqrt{x} + \sqrt{|1 - x|} > 0$ de sorte que le logarithme est défini
    (iii) $\log\left(\sqrt{x} + \sqrt{|1 - x|}\right) \geq 0$ pour que soit définie la puissance $[\cdot]^{\frac{3}{4}}$.

Nous observons que $(iii) \Rightarrow (i)$ e (ii). De plus,

$$(iii) \Longleftrightarrow \sqrt{x} + \sqrt{|x-1|} \geq 1.$$

Cette dernière inéquation est équivalente à

$$\begin{cases} 0 \leq x \leq 1 \\ \\ \sqrt{1-x} \geq 1 - \sqrt{x} \end{cases} \quad \text{ou} \quad \begin{cases} x > 1 \\ \\ \sqrt{x} + \sqrt{x-1} \geq 1 \end{cases}$$

$$\Updownarrow$$

$$\begin{cases} 0 \leq x \leq 1 \\ \\ \sqrt{x - x^2} \geq 0 \end{cases} \quad \text{ou} \quad \begin{cases} x > 1 \\ \\ x \in \mathbb{R}. \end{cases}$$

ceci il suit aisément que l'ensemble de définition f est $[0, +\infty)$.

Exercice 1.18. *Déterminer l'ensemble de définition de la fonction*

$$f(x) = \frac{\log[\tan(\arcsin x)]}{(1 - 2x)^{\frac{2}{3}}}.$$

Rèsolution. Il doit être
  (i) $-1 \leq x \leq 1$ pour que l'arcsinus soit défini
  (ii) $\arcsin x \neq \frac{\pi}{2} + k\pi \, (k \in \mathbb{Z})$, pour que la tangente soit défini la tangente,
  (iii) $\tan(\arcsin x) > 0$, pour que le logarithme soit défini
  (iv) $x \neq \frac{1}{2}$, pour qu'on puisse diviser pour $(1 - 2x)^{\frac{2}{3}}$.
De (i) et (ii) il suit que $x \in (-1, 1)$; (iii) il implique que $x \in (0, 1)$. Finalement, étant donné aussi (iv) on trouve que l'ensemble de définition de f est

$$(0, 1) \setminus \{\frac{1}{2}\}.$$

Exercice 1.19. *Déterminer l'ensemble de définition de la fonction*

$$f(x) = \frac{1}{2x} \arccos \sqrt{1 - \frac{4}{(\tan x + \cot x)^2}}.$$

Rèsolution. Il doit être :
  (a) $x \neq \frac{\pi}{2} + k\pi, k \in \mathbb{Z}$, pour qu'il y ait $\tan x$;
  (b) $x \neq k\pi, k \in \mathbb{Z}$, pour qu'il y ait $\cot x$;

(c) $\tan x \neq -\cot x$, pour qu'on puisse diviser par $\tan x + \cot x$;

(d) $\frac{4}{(\tan x + \cot x)^2} \leq 1$, pour qu'il y ait la racine ;

(e) $-1 \leq \sqrt{1 - \frac{4}{(\tan x + \cot x)^2}} \leq 1$, pourquoi l'arcsinus soit défini ;

(f) $x \neq 0$, pour qu'on puisse diviser par $2x$.

Si (b) est valide, alors (f) est valide. Aussi, si (a) et (b) sont vrais,

$$\tan x = -\cot x \Longleftrightarrow \frac{\sin x}{\cos x} = -\frac{\cos x}{\sin x} \Longleftrightarrow \frac{\sin^2 x + \cos^2 x}{\sin x \cos x} = 0,$$

qui n'est jamais vérifié. Par conséquent (c) est toujours vrai. Du calcul précédent on a

$$\frac{4}{(\tan x + \cot x)^2} = (2 \sin x \cos x)^2 = \sin^2(2x),$$

donc (d) est toujours satisfait. Aussi, $0 \leq \sqrt{1 - \sin^2(2x)} \leq 1$, alors (e) est toujours satisfait. Par conséquent f est defini lorsque $\tan x$ et $\cot x$ existen, donc pour $x \in \mathbb{R}, x \neq k\frac{\pi}{2}, k \in \mathbb{Z}$.

Exercice 1.20. *Dèterminer l'ensemble de définition de la fonction*

$$g(x) = \frac{\log|1 - \sin(2x)|}{\sqrt{\cos x + 2}}.$$

Rèsolution. En étant $\cos x + 2 \geq 1$ pour chaque $x \in \mathbb{R}$, il suffit d'imposer $\sin(2x) \neq 1$, parce que le logarithme existe. Donc g est défini pour tout $x \in \mathbb{R}$ avec $x \neq \frac{\pi}{4} + k\pi$ $(k \in \mathbb{Z})$.

Exercice 1.21. *Dèterminer l'ensemble de définition de la fonction*

$$f(x) = \arcsin[\arccos(x)] \log(x|x| - 2x + 3).$$

Rèsolution. Il doit être :

(a) $-1 \leq x \leq 1$, pour qu'il y ait $\arccos x$;

(b) $-1 \leq \arccos x \leq 1$, pour qu'il y ait l'arcsinus ;

(c) $x|x| - 2x + 3 > 0$, pour qu'il y ait le logarithme.

Nous remarquons que

$$(b) \Longleftrightarrow \cos 1 \leq x \leq 1,$$

pendant que

$$(c) \Longleftrightarrow \begin{cases} x^2 - 2x + 3 > 0 \\ \\ x \geq 0 \end{cases} \quad \text{ou} \quad \begin{cases} x^2 + 2x - 3 < 0 \\ \\ x < 0 \end{cases}$$

$$\Longleftrightarrow x > -3.$$

En conséquence f est défini pour chaque $x \in [\cos 1, 1]$.

Exercice 1.22. *Déterminer, au changer du paramètre $a \in \mathbb{R}$, l'ensemble de définition D de la fonction*

$$f(x) = \sqrt{x^2 - (a + a^2)x + a^3}\,.$$

Pour quelles valeurs de a il résulte $D = \mathbb{R}$?

Rèsolution. Il faut imposer que le radicande soit pas-négatif. En étant

$$x^2 - (a + a^2)x + a^3 = (x - a)(x - a^2),$$

si ha

$$D = (-\infty, a] \cup [a^2, +\infty) \text{ se } a < 0;$$

$$D = \mathbb{R} \text{ se } a = 0;$$

$$D = (-\infty, a^2] \cup [a, +\infty) \text{ se } 0 < a < 1;$$

$$D = \mathbb{R} \text{ se } a = 1;$$

$$D = (-\infty, a] \cup [a^2, +\infty) \text{ se } a > 1\,.$$

Donc $D = \mathbb{R}$ si et seul si $a = 0$ ou $a = 1$.

Exercice 1.23. *Soit*

$$f(x) = \arctan\left[\log\left(\frac{x-1}{x+1}\right)\right]\,.$$

Déterminer l'ensemble de définition de f ; vérifier que f il est injective et écrire l'inverse et l'image explicitement de f.

Rèsolution. Il doit être $x \neq -1$ et $\frac{x-1}{x+1} > 0$, donc f est défini en

$$D = (-\infty, -1) \cup (1, +\infty).$$

La fonction est $x \mapsto \frac{x-1}{x+1}$ est clairemente injective en D. Il en suit qui en étant log et arctan injectives, aussi f il est. Il résulte

$$f^{-1}(y) = -\frac{e^{\tan y} + 1}{e^{\tan y} - 1} \quad \forall y \in \mathrm{Im}(f) = \left(-\frac{\pi}{2}, \frac{\pi}{2}\right) \setminus \{0\}\,.$$

Exercice 1.24. *Soit*
$$f(x) = e^{\sqrt{|x^2 - 2x - 3|}}.$$

(i) *Déterminer l'ensemble de définition D di f et la sienne image ; vérifier que f n'est pas injective en D ;*

(*ii*) *Trouver des sous-ensemble de D de manière que f soit injective en chaque d'eux et leur union coïncide avec D.*

Rèsolution. (*i*) Il résulte

$$D = \mathbb{R}, \quad \mathrm{Im}(f) = (0, +\infty).$$

Car $f(-1) = f(3) = 1$, f ce n'est pas injective en D.

(*ii*) Il se voit immédiatement que

$$x \mapsto |x^2 - 2x + 3|$$

est injective en

$$I_1 = (-\infty, -1], \ I_2 = [-1, 1], \ I_3 = [1, 3], \ I_4 = [3, +\infty).$$

En étant la racine et l'exponentiel des fonctions injectives suit que les quatre intervalles écrits ont les propriétés désirées.

Exercice 1.25. *Soit $f : \mathbb{R} \to \mathbb{R}$ pas identiquement nulle et tel que*

$$f(x + y) = f(x)f(y) \quad \forall x, y, \in \mathbb{R}.$$

Démontre que

(*i*) $f(0) = 1$, (*ii*) $f(x) \neq 0 \ \forall \, x \in \mathbb{R}$, (*iii*) $f(x) > 0 \quad \forall \, x \in \mathbb{R}$.

Rèsolution. Par hypothèse il existe $x_0 \in \mathbb{R}$ telle que $f(x_0) \neq 0$. On a

$$0 \neq f(x_0) = f(x_0 + 0) = f(x_0)f(0),$$

donc $f(0) = 1$. De celui-ci il suit qui

$$1 = f(0) = f(x - x) = f(x)f(-x),$$

donc $f(x) \neq 0$ pour chaque $x \in \mathbb{R}$. Pour conclure,

$$f(x) = f\left(\frac{x}{2} + \frac{x}{2}\right) = f\left(\frac{x}{2}\right)^2 > 0 \quad \forall \, x \in \mathbb{R}.$$

Exercice 1.26. *Déterminer l'ensemble de définition de la fonction*

$$f(x) = \frac{\sqrt{\sqrt{x^2 - 6x + 9} - x + 3}}{\log(x^3)}.$$

Rèsolution. Nous observons que

$$\sqrt{x^2 - 6x + 9} - x + 3 = |x - 3| - (x - 3) \geq 0 \quad \text{pour chaque } x \in \mathbb{R},$$

par conséquent $\sqrt{\sqrt{x^2 - 6x + 9} - x + 3}$ il est défini pour chaque $x \in \mathbb{R}$. Puis il doit être $x^3 > 0$, pour que le logarithme soit défini, et $\log(x^3) \neq 0$, afin qu'il puisse diviser par $\log(x^3)$. Donc f elle est définie dans l'ensemble $(0, +\infty) \setminus \{1\}$.

Exercice **1.27.** *Construire les graphiques des fonctions suivantes :*

$$f(x) = -(x - 2)^3 + 1, \; g(x) = \left| \log(x + 3) - 2 \right|, h(x) = -e^{|x|}.$$

Rèsolution. Pour construire le graphique de f il faut répercuter vers la droite de 2 le graphique de $x \mapsto x^3$; le graphique si obtenu il va tout d'abord renversé respect à l'axe x, puis répercuté vers le haut de 1.

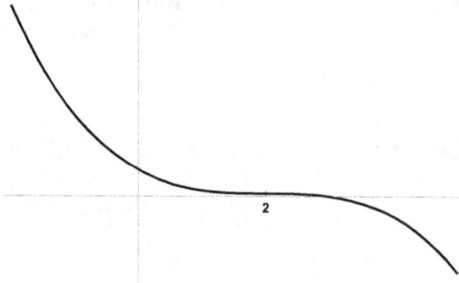

Pour construire le graphique de g il faut répercuter le graphique de $x \mapsto \log x$ tout d'abord vers la gauche de 3, puis vers le bas de 2. Pour conclure, ils les doivent renverser respect à l'axe x les parties du graphique contenues dans le demi-plan $\{(x, y) \in \mathbb{R}^2 : y < 0\}$.

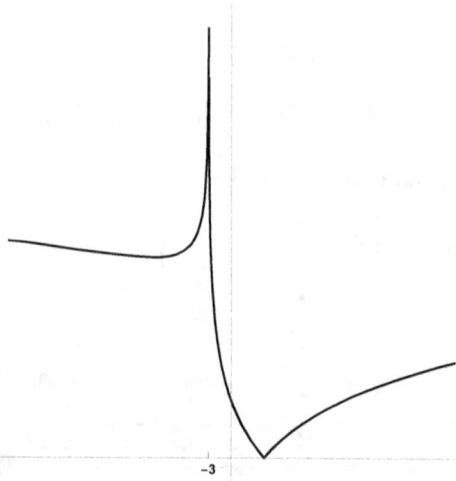

Pour construire le graphique de h cnous considérons l'initialement graphique de $x \mapsto e^x$ $(x \geq 0)$. Puis, pour parité, on construit le graphique de $x \mapsto e^{|x|}$. En renversant ce dernier par rapport à l'axe x nous arrivons au graphique de h.

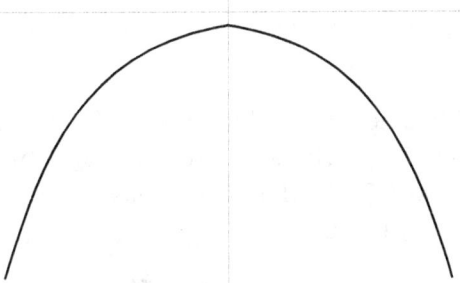

Exercice 1.28. *(i) Indiquer quelles entre les fonctions suvantes sont monotones dans leur propre ensemble de dèfinition :*

$$f(x) = \log(2 - x^5), \ g(x) = \sqrt{\arcsin(x^3 + x)}, \ h(x) = x \sin x.$$

(ii) Indiquer quelles entre les fonctions suvantes sont : paires ou impaires

$$f(x) = \log(|x|) + x^4, \ g(x) = 1 + x^6, \ h(x) = \arctan(x^3).$$

Rèsolution. (i) Car $x \mapsto 2 - x^5$ est descendante et $x \mapsto \log x$ est croissante, résulte que f est descendante.

Car $x \mapsto x^3 + x$, $x \mapsto \arcsin x$ et $x \mapsto \sqrt{x}$ elles son toutes croissantes, résulte que g est croissante..

Puisque

$$h\left(\frac{3}{2}\pi\right) = -\frac{3}{2}\pi < h(0) = 0 < h\left(\frac{\pi}{2}\right) = \frac{\pi}{2},$$

h elle n'est pas monotone.

(ii) On a

$$\log|-x| + (-x)^4 = \log|x| + x^4,$$

donc f est pair. La fonction g est pair, en effet

$$1 + (-x)^6 = 1 + x^6.$$

pour conclure,

$$\arctan((-x)^3) = \arctan(-x^3) = -\arctan(x^3),$$

donc h il est impair.

Exercice 1.29. *Vérifier que la fonction* $f : \mathbb{R} \to \mathbb{R}$ *définie de*

$$f(x) = \begin{cases} x, & x \in \mathbb{Q} \\ -x, & x \in \mathbb{R} \setminus \mathbb{Q} \end{cases}$$

il est réversible. En outre, montrer qu'il n'existe pas quelques-uns entracte de $\mathbb{R}$ *dans lequel* f *est monotone.*

Rèsolution. Évidemment f est biunivoque. Pour montrer que f n'est pas monotone dans n'importe quel intervalle de $\mathbb{R}$, nous choisissons un intervalle quelconque $I \subseteq \mathbb{R}$. Alors nous pouvons trouver $x_1, x_2 \in I \cap \mathbb{Q}$ et $y_1, y_2 \in I \cap (\mathbb{R} \setminus \mathbb{Q})$ tels que

$$x_1 < x_2, \ f(x_1) = x_1 < f(x_2) = x_2 \,;$$

$$y_1 < y_2, \ f(y_1) = -y_1 > f(y_2) = -y_2 \,.$$

C'est de là que vient l'assert..

Exercice 1.30. *Soit assignée la fonction*

$$f(x) = \frac{\sin x}{1 + \sin x}, \ x \in I = \left[0, \frac{\pi}{2}\right].$$

Vérifier que f *est injective en* I *; écrire l'inverse et l'image de* f.

Rèsolution. Nous remarquons que $0 \le \sin x \le 1$ pour chaque $x \in I$ et que $x \mapsto \sin x$ est injective en I. Donc f èst injective en I, si $\phi(t) = \frac{t}{1+t}$ est injective en $[0, 1]$.
Il résulte

$$\frac{t}{1+t} = \frac{s}{1+s} \iff t + ts = s + st \iff s = t,$$

donc ϕ, et aussi f sont injectives.
Il résulte en outre

$$f^{-1}(y) = \arcsin\left(\frac{y}{1-y}\right) \quad \forall y \in \operatorname{Im} f = \left[0, \frac{1}{2}\right].$$

Exercice 1.31. *Soit une fonction* $f : [-1, 1] \to \mathbb{R}$. *Démontrer qu'il existe deux fonctions* $g, h : [-1, 1] \to \mathbb{R}$, *avec* g *pair et* h *impair, tels que*

$$f(x) = g(x) + h(x) \quad \forall x \in [-1, 1].$$

Le deux fonctions g, h *sont-elles uniques ?*

Rèsolution. En supposant que f soit la somme de g et h, avec g pair et h impair, on a

$$f(x) = g(x) + h(x), \quad f(-x) = g(-x) + h(-x) = g(x) - h(x).$$

En additionnant et puis en soustrayant membre à membre les deux éga-lités, on obtient :

$$g(x) = \frac{f(x) + f(-x)}{2}, \quad h(x) = \frac{f(x) - f(-x)}{2};$$

évidemment g il est pair, pendant que h il est impair.
En ce qui concerne l'unicité, nous supposons, pour absurde, que

$$f = g_1 + h_1 = g_2 + h_2,$$

avec g_1, g_2 pair et h_1, h_2 impair. Alors $g_1 - g_2 = h_2 - h_1$; en outre, $g_1 - g_2$ il est pair, tandis que $h_2 - h_1$ il est impair. La fonction est donc

$$F = g_1 - g_2 = h_2 - h_1$$

à la pair paire et impaire, en conséquence $F \equiv 0$. Il suit $g_1 = g_2, h_1 = h_2$, c'est-à-dire elle décomposition de f elle est unique.

Chapitre 2

Nombres Complexes

Exercice 2.1. *(i) Déterminer l'ensemble A des solutions de l'équation en $\mathbb{C}$*

$$z|z|^2 - i\bar{z} = 0\,.$$

(ii) Déterminer dans le plan de Gauss l'ensemble A et l'ensemble

$$B = \{w = (1+i)z, z \in A\}\,.$$

Rèsolution. (i) Nous remarquons que $z = 0$ il est solution. Nous multiplions pour z les deux membres de l'équation. Nous avons

$$z^2|z^2| - i|z|^2 = 0\,.$$

Nous supposons $z \neq 0$. En divisant les deux membres pour $|z|^2$ nous obtenons

$$z^2 = i\,.$$

Pour déterminer les racines carrées de $i = \sin\left(\frac{\pi}{2}\right)$, nous appliquons la formule de De Moivre. Il a

$$z_1 = \cos\left(\frac{\pi}{4}\right) + i\sin\left(\frac{\pi}{4}\right), \quad z_2 = \cos\left(\frac{5}{4}\pi\right) + i\sin\left(\frac{5}{4}\pi\right).$$

Donc

$$z_1 = \frac{\sqrt{2}}{2} + i\frac{\sqrt{2}}{2}, \quad z_2 = -\frac{\sqrt{2}}{2} - i\frac{\sqrt{2}}{2}.$$

(ii) En plaçant

$$\zeta = 1 + i = \sqrt{2}\left(\cos\left(\frac{\pi}{4}\right) + i\sin\left(\frac{\pi}{4}\right)\right),$$

l'ensemble B devient $B = \{w = \zeta z, z \in A\}$. En conséquence l'ensemble B il est constitué par deux éléments w_1, w_2 qu'ils les obtiennent en tournant en sens inverse aux aiguilles d'une montre z_1, z_2 di $\frac{\pi}{4}$ et ayant un module $\sqrt{2}$.

Exercice 2.2. *Résoudre l'équation*

$$(z + 2 - i)^3 = 8.$$

Rèsolution. Nous mettons $w = z + 2 - i$. Donc nous résolvons l'équation

$$w^3 = 8.$$

Pour déterminer les racines troisièmes de $8 = 8\cos(0)$ nous utilisons la formule de De Moivre. On a

$$w_k = \sqrt[3]{8}\left[\cos\left(\frac{2k\pi}{3}\right) + i\sin\left(\frac{2k\pi}{3}\right)\right] \quad \text{per } k = 0, 1, 2,$$

c'est-à-dire

$$w_0 = 2,$$

$$w_1 = 2\left[\cos\left(\frac{2\pi}{3}\right) + i\sin\left(\frac{2\pi}{3}\right)\right] = -\sqrt{3} + i,$$

$$w_2 = \left[\cos\left(\frac{4\pi}{3}\right) + i\sin\left(\frac{4\pi}{3}\right)\right] = -\sqrt{3} - i.$$

Les solutions de l'équation de départ sont en conséquence

$$z_0 = i, \quad z_1 = -\sqrt{3} - 2 + 2i, \quad z_2 = -2 - \sqrt{3}.$$

Exercice 2.3. *Après avoir dessiné sur le plan de Gauss l'emplacement des points A et l'emplacement des points B :*

$$A = \left\{ z \in \mathbb{C} : \quad |z + 1 - i| = |z| \right\},$$

$$B = \left\{ z \in \mathbb{C} : \quad \mathrm{Re}(z) + \mathrm{Im}(z) = 0 \right\},$$

résoudre le système

$$\begin{cases} |z + 1 - i| = |z| \\ \mathrm{Re}(z) + \mathrm{Im}(z) = 0 \,. \end{cases}$$

Dite z_0 la solution du système, déterminer

$$z_1 = 1 + i + z_0,$$

$$z_2 = (1 + i)z_0$$

et dessiner sur le plan de Gauss les points z_1 et z_2.

Rèsolution. A est le lieu des points équidistants de $z = -1 + i$, c'est-à-dire du point $(-1, 1)$, et de $z = 0$, c'est-à-dire du point $(0, 0)$. C'est donc la droite $y = x + 1$ du plan de Gauss.

B est le lieu des points avec partie réelle et imaginaire de signe opposé, c'est-à-dire la droite $y = -x$ du plan de Gauss .

La solution du système est donnée donc de l'intersection de ces deux droites. En conséquence

$$\begin{cases} y = x + 1 \\ y = -x \end{cases} \quad \Rightarrow \quad \begin{cases} y = -\frac{1}{2} \\ y = \frac{1}{2} \end{cases} \quad \Rightarrow \quad z_0 = -\frac{1}{2} + \frac{1}{2}i.$$

Les deux-points z_1 et z_2 sont donc

$$z_1 = 1 + i - \frac{1}{2} + \frac{1}{2}i = \frac{1}{2} + \frac{3}{2}i,$$

$$z_2 = (1 + i)\left(-\frac{1}{2} + \frac{1}{2}i\right) = -1.$$

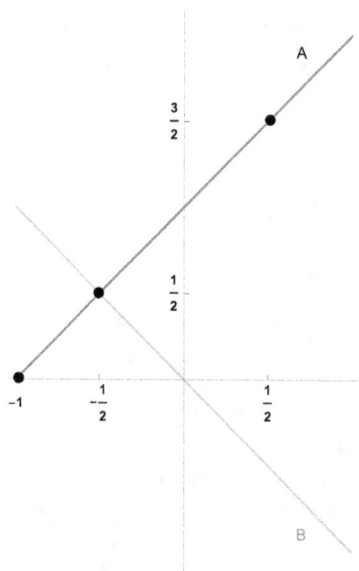

Exercice 2.4. *Déterminer dans le plan de Gauss les ensembles*

$$A = \left\{ z \in \mathbb{C} \, : \, 0 \leq \arg(z) \leq \frac{\pi}{6} \right\},$$

$$B = \{ w = (1 - i)z, z \in A \}.$$

Rèsolution. L'ensemble A c'est la région du plan dans le cadran premier délimité par l'axe des x et la droite $y = x/\sqrt{3}$. Nous mettons $\zeta = 1 - i = \sqrt{2} \left(\cos\left(-\frac{\pi}{4}\right) + i \sin\left(-\frac{\pi}{4}\right) \right)$. Donc l'ensemble B est obtenu en faisant pivoter l'ensemble A di $\frac{\pi}{4}$ dans le sens des aiguilles d'une montre et en le dilatant de $\sqrt{2}$.

Exercice 2.5. *Résoudre le système suivant, où z et w sont des nombres complexes*

$$\begin{cases} z^2 + w = 2 \\ w - 3i\bar{z} = 2. \end{cases}$$

Rèsolution. On obtient w de la seconde et il se substitue dans l'autre

$$\begin{cases} w = 2 + 3i\bar{z} \\ z^2 + 2 + 3i\bar{z} = 2. \end{cases}$$

On résout la seconde en remplaçant $z = x + iy$

$$(x + iy)^2 + 2 + 3i(x - iy) = 2 \iff (x^2 - y^2 + 3y) + ix(2y + 3) = 0.$$

Par conséquence

$$\begin{cases} x^2 - y^2 + 3y = 0 \\ x(2y + 3) = 0 \end{cases}$$

De la seconde il suit que $x = 0$ ou $y = -\frac{3}{2}$.

Avec $x = 0$ on obtient de la première $y = 0$ et $y = 3$; donc

$$z_1 = 0; \qquad z_2 = 3i.$$

Avec $y = -\frac{3}{2}$ on obtient de la première $x = \pm \frac{\sqrt{27}}{2}$; donc

$$z_3 = \frac{\sqrt{27}}{2} - \frac{3}{2}i, \qquad z_4 = -\frac{\sqrt{27}}{2} - \frac{3}{2}i.$$

Par conséquent

$$w_1 = 2 + 3i\bar{z}_1 = 2,$$

$$w_2 = 2 + 3i\bar{z}_2 = 11,$$

$$w_3 = 2 + 3i\bar{z}_3 = -\frac{5}{2} + \frac{3\sqrt{27}}{2}i,$$

$$w_4 = 2 + 3i\bar{z}_4 = -\frac{5}{2} - \frac{3\sqrt{27}}{2}i.$$

Exercice 2.6. *Déterminer les solutions $z \in \mathbb{C}$ de l'équation*

$$z^2 - (4 + i)z + 4 + 2i = 0.$$

Rèsolution. C'est une équation de second degré aux coefficients complexes. Les solutions sont données par

$$z_{1,2} = \frac{4 + i \pm \sqrt{(4 + i)^2 - 4(4 + 2i)}}{2} = \frac{4 + i \pm \sqrt{-1}}{2}.$$

Étant donné que $\sqrt{-1} = \pm i$ nous obtenons les solutions

$$z_1 = 2 + i, \quad z_2 = 2.$$

Exercice 2.7. *Déterminer sur le plan de Gauss le lieu des points A et le lieu des points B :*

$$A = \left\{ z \in \mathbb{C} \setminus \{i\} : \quad \frac{|z + 1|}{|z - i|} = 2 \right\},$$

$$B = \left\{ z \in \mathbb{C} : \quad \text{Re}\,(z) = \frac{1}{3} \right\}.$$

Résoudre donc le système

$$\begin{cases} \frac{|z+1|}{|z-i|} = 2 \\ \text{Re}\,(z) = \frac{1}{3}. \end{cases}$$

Rèsolution. En multipliant pour $|z - i|$ et en mettant $z = x + iy$ on obtient

$$|(x + 1) + iy| = 2\,|x + i\,(y - 1)|.$$

En calculant les modules et en élevant au carré on obtient

$$(x + 1)^2 + y^2 = 4\left[x^2 + (y - 1)^2\right] \Longleftrightarrow x^2 + y^2 - \frac{2}{3}x - \frac{8}{3}y + 1 = 0.$$

L'ensemble A c'est une circonférence de centre $\frac{1}{3} + \frac{4}{3}i$ et rayon $\frac{2}{3}\sqrt{2}$.

L'ensemble B c'est la droite d'équation cartésienne $x = \frac{1}{3}$. Donc il passe aussi pour le centre de la circonférence.

Les solutions du système correspondent à l'ensemble $A \cap B$. Elles sont données donc par les nombres complexes dont la partie imaginaire se trouve en ajoutant ou en enlevant le rayon à la partie imaginaire du centre et elle lequel partie réelle est $\frac{1}{3}$. Les solutions z_1 et z_2 sont donc

$$z_1 = \left(\frac{1}{3} + \frac{4}{3}i\right) + \frac{2}{3}\sqrt{2}i = \frac{1}{3} + \frac{2}{3}\left(2 + \sqrt{2}\right)i,$$

$$z_2 = \left(\frac{1}{3} + \frac{4}{3}i\right) - \frac{2}{3}\sqrt{2}i = \frac{1}{3} + \frac{2}{3}\left(2 - \sqrt{2}\right)i.$$

Exercice 2.8. *Déterminer les solutions $z \in \mathbb{C}$ de l'équation*

$$|z - i| = |z + 2|.$$

Rèsolution. Sia $z = x + iy$. Alors

$$|z - i|^2 = |x + i(y - 1)|^2 = x^2 + y^2 - 2y + 1$$

e

$$|z + 2|^2 = |(x + 2) + iy|^2 = x^2 + y^2 + 4x + 4.$$

Donc $z = x + iy$ est solution de l'équation si et seulement si

$$-2y + 1 = 4x + 4 \Longleftrightarrow y = -2x - \frac{3}{2}.$$

Les solutions sont

$$z = x - i\left(2x + \frac{3}{2}\right), \quad x \in \mathbb{R}.$$

Exercice 2.9.   *1. Dessiner sur le plan de Gauss les ensembles*

$$A = \{z \in \mathbb{C} \; : \; 1 \leq \mathrm{Re}(z) \leq 3, \; 1 \leq \mathrm{Im}(z) \leq 2\},$$
$$B = \{w \in \mathbb{C} \; : \; w = i\,z + 2 - 2i, \; z \in A\}.$$

2. Déterminer $A \cap B$.

Rèsolution. 1. En admettant $z = x + iy$, con $x, y \in \mathbb{R}$, l'ensemble A ìl est déterminé par les conditions $1 \leq x \leq 3$ et $1 \leq y \leq 2$. Donc A èst le rectangle qui a pour sommets $z_1 = 1 + i$, $z_2 = 3 + i$, $z_3 = 3 + 2i$ et $z_4 = 1 + 2i$.

Car $B = i\,A + 2 - 2i$, on a que l'ensemble B on obtient en tournant A autour de l'origine, en sens inverse aux aiguilles d'une montre, d'un angle $\theta = \frac{\pi}{2}$ puis en déplaçant l'ensemble obtenu de 2 le long de l'axe réel et de -2 le long de l'axe imaginaire. En conséquence, B c'est le rectangle qui a pour sommets $w_1 = 1 - i$, $w_2 = 1 + i$, $w_3 = i$ et $w_4 = -i$.

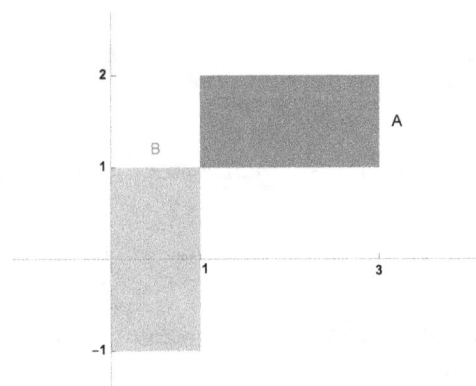

2. Les ensembles A et B ont en commune un seul point, donné par $z_1 = w_2 = 1 + i$. Donc $A \cap B = \{1 + i\}$.

Exercice 2.10. *Représenter sur le plan de Gauss le lieu des nombres complexes $z \in \mathbb{C}$ tels qui*
$$\left|e^{iz^2 - 1}\right| < 1.$$

Rèsolution. Place $z = x + iy$, on a que

$$\left|e^{iz^2 - 1}\right| = \left|e^{i(x+iy)^2 - 1}\right| = \left|e^{i(x^2 - y^2) - 2xy - 1}\right|$$
$$= \left|e^{-2xy - 1}\left(\cos(x^2 - y^2) + i\sin(x^2 - y^2)\right)\right| = e^{-2xy - 1}.$$

Il s'en suit $|e^{iz^2-1}| < 1 \iff -2xy - 1 < 0 \iff xy > -\frac{1}{2}$. Donc le lieu cherché est la partie du plan comprise entre les deux branches de l'hyperbole $xy = -\frac{1}{2}$.

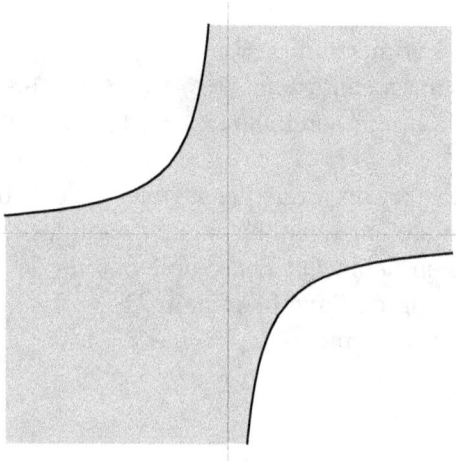

Exercice 2.11. *Déterminer les solutions $z \in \mathbb{C}$ de l'équation*

$$z^2 + \frac{i}{z^2} = -\frac{\bar{z}^2}{2} .$$

Rèsolution. Pour $w := z^2$ l'équation devient $w + \frac{i}{w} = -\frac{\bar{w}}{2}$. En multipliant pour w on a

$$w^2 = -\frac{|w|^2}{2} - i$$

de lequel $\mathrm{Re}(w^2) = -\frac{|w|^2}{2}$, $\mathrm{Im}(w^2) = -1$, $|w^2|^2 = |w|^4 = \frac{|w|^4}{4} + 1$ et ensuite $|w|^2 = \frac{2}{\sqrt{3}}$. L'équation précédente devient

$$z^4 = w^2 = -\frac{1}{\sqrt{3}} - i = \frac{2}{\sqrt{3}}\left(-\frac{1}{2} - \frac{\sqrt{3}}{2}i\right)$$

$$= \frac{2}{\sqrt{3}}\left(\cos\left(\frac{4\pi}{3}\right) + i\sin\left(\frac{4\pi}{3}\right)\right) .$$

Les racines de l'équation sont

$$z_k = |z_k|(\cos\theta_k + i\sin\theta_k) \qquad \text{per} \quad k = 0, 1, 2, 3,$$

avec

$$|z_k| = \left(\frac{2}{\sqrt{3}}\right)^{1/4}$$

et

$$\theta_k = \frac{\frac{4\pi}{3} + 2k\pi}{4} = \frac{\pi}{3} + k\frac{\pi}{2} \qquad \text{per } k = 0, 1, 2, 3.$$

Exercice 2.12. *Considérons la transformation* $F : \mathbb{C} \to \mathbb{C}$, *définie par*

$$F(z) = e^{i\frac{\pi}{2}} z + 1 + i$$

pour chaque $z \in \mathbb{C}$.

1. *Déterminer s'il existe des points fixes de* F, *c'est-à-dire des points* $z \in \mathbb{C}$ *tels que* $F(z) = z$. *Si oui, écrire ces nombres sous forme algébrique.*

2. *Dessiner sur le plan de Gauss l'ensemble*

$$Q = \{z \in \mathbb{C} \ : \ 0 \leq \text{Re}(z) \leq 1, \ 0 \leq \text{Im}(z) \leq 1\}$$

   et son image

$$F(Q) = \{w \in \mathbb{C} : \exists z \in Q \ \text{con} \ w = F(z)\}.$$

Rèsolution. En rappelant que $e^{i\theta} = \cos\theta + i \sin\theta$, on a $e^{i\frac{\pi}{2}} = i$ et donc $F(z) = i z + 1 + i$.

1. Les points fixes de F sont les points $z \in \mathbb{C}$ tels que $F(z) = z$, c'est à dire tels que $i z + 1 + i = z$. De cette équation on obtient exactement une solutiont, donnée par

$$z = \frac{1+i}{1-i} = \frac{(1+i)^2}{2} = i\,.$$

2. Q est le carré de sommets $(0,0), (1,0), (1,1)$ et $(0,1)$. Pour déterminer l'image de Q, il suffit d'observer que la transformation F èt la roto-translation donnée par la rotation R d'un angle $\theta = \frac{\pi}{2}$ autour de l'origine, en sens inverse aux aiguilles d'une montre, suivie par la translation $T(x,y) = (x+1, y+1)$. En conséquence, l'image $F(Q)$ sera encore un carré comme dans la figure décrit suivant

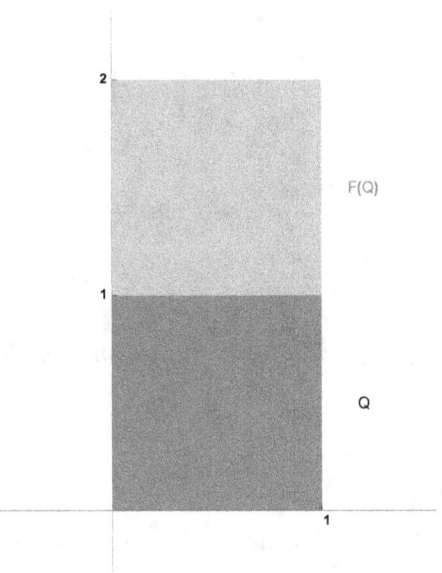

Exercice 2.13.   (i) Déterminer les solutions de l'équation

$$w^2 - (2+i)w + 1 + i = 0.$$

(ii) Déterminer les solutions du système d'équations

$$\begin{cases} w^2 - (2+i)w + 1 + i = 0, \\ w = z^3. \end{cases}$$

(iii) Ils soient donnés la fonction $f(z) = (-1 + \sqrt{3}i)z$ et l'ensemble

$$S = \left\{ z \in \mathbb{C} : 0 \le \operatorname{Re}(z) \le 1/2 \text{ et } \operatorname{Im}(z)^2 = 3\operatorname{Re}(z)^2 \right\}.$$

Déterminer l'ensemble $f(S)$.

Rèsolution. (i) C'est une équation de second degré a des coefficients complexes. Les solutions sont données par

$$w_{1,2} = \frac{2 + i \pm \sqrt{-1}}{2} = \frac{2 + i \pm i}{2},$$

cioè

$$w_1 = 1 = 1(\cos 0 + i \sin 0),$$
$$w_2 = 1 + i = \sqrt{2} \left[\cos\left(\frac{\pi}{4}\right) + i \sin\left(\frac{\pi}{4}\right) \right].$$

(*ii*) Comme la première équation du système est celle-là résolue au point i), nous devrons trouver les racines cubiques de 1 et $1 + i$. En passant aux coordonnées polaires et en utilisant la formule de De Moivre, on a donc

$$z^3 = 1 \iff \begin{cases} \rho^3 = 1 \\ 3\vartheta = 2k\pi, \ (k \in \mathbb{Z}) \end{cases} \iff \begin{cases} \rho = 1 \\ \vartheta_k = \frac{2}{3}k\pi \ (k = 0, 1, 2) \end{cases}$$

d'où nous déduisons que les racines cubiques de 1 sont

$$1, \quad \cos\left(\frac{2}{3}\pi\right) + i\sin\left(\frac{2}{3}\pi\right), \quad \cos\left(\frac{4}{3}\pi\right) + i\sin\left(\frac{4}{3}\pi\right).$$

$$z^3 = 1 + i \iff \begin{cases} \rho^3 = \sqrt{2} \\ 3\vartheta = \frac{\pi}{4} + 2k\pi, \ (k \in \mathbb{Z}) \end{cases}$$

$$\iff \begin{cases} \rho = \sqrt[6]{2} \\ \vartheta_k = \frac{\pi}{12} + \frac{2}{3}k\pi \ (k = 0, 1, 2) \end{cases}$$

da cui deduciamo che le radici cubiche di $1 + i$ sono

$$2^{1/6}\left[\cos\left(\frac{\pi}{12}\right) + i\sin\left(\frac{\pi}{12}\right)\right],$$

$$2^{1/6}\left[\cos\left(\frac{4}{3}\pi\right) + i\sin\left(\frac{4}{3}\pi\right)\right],$$

$$2^{1/6}\left[\cos\left(\frac{17}{12}\pi\right) + i\sin\left(\frac{17}{12}\pi\right)\right].$$

Les solutions du système sont les 6 nombres complexes donnés par $\sqrt[3]{1}$ et $\sqrt[3]{1+i}$.

(*iii*) Car $-1 + \sqrt{3}i = 2\left[\cos\left(\frac{2}{3}\pi\right) + i\sin\left(\frac{2}{3}\pi\right)\right]$, la fonction f représente géométriquement une roto-homotétie, rotation d'angle $\frac{2}{3}\pi$ et dilatation de module 2). Nous remarquons aussi que S est l'union des segments qui passent par $z = 0$ ed i punti $z = \frac{1}{2} + i\frac{\sqrt{3}}{2}$ et $z = \frac{1}{2} - i\frac{\sqrt{3}}{2}$, rispettivamente. respectivement. Cet ensemble en coordonnées polaires admet la représentation

$$S = \left\{(\rho, \vartheta) : 0 \le \rho \le 1 \text{ et } \vartheta = \frac{\pi}{3}\right\} \cup$$

$$\cup \left\{(\rho, \vartheta) : 0 \le \rho \le 1 \text{ et } \vartheta = -\frac{\pi}{3}\right\}.$$

Nous aurons donc que

$$f(S) = \left\{(\rho, \vartheta) : 0 \le \rho \le 2 \text{ et } \vartheta = \frac{2}{3}\pi + \frac{\pi}{3} = \pi\right\} \cup$$

$$\cup \left\{(\rho, \vartheta) : 0 \le \rho \le 2 \text{ et } \vartheta = \frac{2}{3}\pi - \frac{\pi}{3} = \frac{\pi}{3}\right\}.$$

Exercice 2.14. *Considérons l'équation suivante dans la variable complexe z :*

$$(*) \qquad (z+1)^6 = (1 + i\sqrt{3})^3.$$

a. *Déterminer les solutions de $(*)$.*

b. *Décrire l'ensemble*

$$S = \left\{w = z^{-1} : z \text{ il est solution de } (*) \text{ avec } \operatorname{Re} z > 0\right\}.$$

Rèsolution. *a.* Nous définissons la variable auxiliaire $w = z + 1$. Avec telle position, l'équation devient le problème de détermination des racines sixième de

$$(1 + i\sqrt{3})^3 = 2^3 \left[\cos\left(\frac{\pi}{3}\right) + i\sin\left(\frac{\pi}{3}\right)\right]^3 = 8\left(\cos\pi + i\sin\pi\right).$$

Donc, pour le théorème de racine n-ème, nous avons que ce problème auxiliaire admet les solutions

$$w_i = \sqrt{2}\left[\cos\left(\frac{\pi}{6} + k\frac{\pi}{3}\right) + i\sin\left(\frac{\pi}{6} + k\frac{\pi}{3}\right)\right], \quad k = 0, 1, 2, 3, 4, 5.$$

Utilizzando la formula inversa $z = w - 1$, nous avons donc que toutes et seules lles solutions de $(*)$ sont

$$z_0 = \frac{\sqrt{6}}{2} - 1 + i\frac{\sqrt{2}}{2}, \quad z_1 = -1 + i\sqrt{2}, \quad z_2 = -\frac{\sqrt{6}}{2} - 1 + i\frac{\sqrt{2}}{2}$$

$$z_3 = -\frac{\sqrt{6}}{2} - 1 - i\frac{\sqrt{2}}{2}, \quad z_4 = -1 - i\sqrt{2}, \quad z_5 = \frac{\sqrt{6}}{2} - 1 - i\frac{\sqrt{2}}{2}.$$

b. Nous remarquons que les solutions de $(*)$ avec partie réelle positive ils sont

$$z_0 = \frac{\sqrt{6}}{2} - 1 + i\frac{\sqrt{2}}{2}$$

et

$$z_5 = \frac{\sqrt{6}}{2} - 1 - i\frac{\sqrt{2}}{2}.$$

Puisque $|z_0|^2 = |z_5|^2 = 3 - \sqrt{6}$, en utilisant la formule $z^{-1} = |z|^{-2}\bar{z}$, on voit que

$$z_0^{-1} = \frac{1}{3 - \sqrt{6}}\overline{\left(\frac{\sqrt{6}}{2} - 1 + i\frac{\sqrt{2}}{2}\right)} = \frac{1}{3 - \sqrt{6}}\left(\frac{\sqrt{6}}{2} - 1 - i\frac{\sqrt{2}}{2}\right),$$

$$z_5^{-1} = \frac{1}{3 - \sqrt{6}}\overline{\left(\frac{\sqrt{6}}{2} - 1 - i\frac{\sqrt{2}}{2}\right)} = \frac{1}{3 - \sqrt{6}}\left(\frac{\sqrt{6}}{2} - 1 + i\frac{\sqrt{2}}{2}\right).$$

Exercice 2.15.   *1. Dessiner dans le plan de Gauss les ensembles*

$$A = \left\{z \in \mathbb{C} \,:\, 1 \le |z| \le 2,\ \frac{\pi}{6} \le \arg z \le \frac{\pi}{3}\right\},$$

$$B = \left\{w \in \mathbb{C} \,:\, w = \frac{1 + i\sqrt{3}}{2}\, z \ \ con\ z \in A\right\}.$$

2. Déterminer les ensembles

$$C = \left\{z \in \mathbb{C} \,:\, \left(z - \frac{i}{2}\right)^3 = \left(\frac{1 + i}{1 - i}\right)^3\right\} \qquad e \qquad B \cap C.$$

Rèsolution.   1. Car $w_0 = \frac{1 + i\sqrt{3}}{2}$ est un nombre complexe de module 1 et des argument $\theta = \frac{\pi}{3}$, l'ensemble $B = w_0 A$ vous obtenez en tournant l'ensemble A autour de l'origine d'un angle $\theta = \frac{\pi}{3}$, en sens inverse aux aiguilles d'une montre. On a en conséquence,

$$B = \left\{z \in \mathbb{C} \,:\, 1 \le |z| \le 2,\ \frac{\pi}{3} \le \arg z \le \frac{2}{3}\pi\right\}$$

et, dans le plan de Gauss, on a

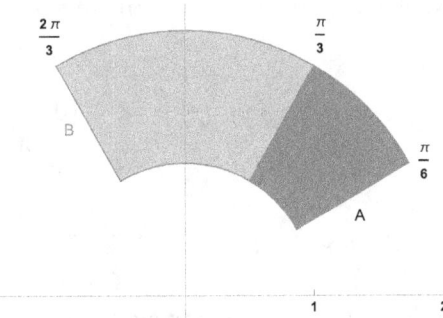

2. Pour déterminer l'ensemble C il faut résoudre l'équation

$$\left(z - \frac{i}{2}\right)^3 = \left(\frac{1+i}{1-i}\right)^3.$$

Comme

$$\frac{1+i}{1-i} = \frac{(1+i)^2}{2} = i\,,$$

il s'agit de résoudre l'équation

$$\left(z - \frac{i}{2}\right)^3 = i^3 = -i\,.$$

Puisque les racines cubiques de $-i$ sont i et $\pm\frac{\sqrt{3}}{2} - \frac{1}{2}i$, les solutions de l'équation précédente sont

$$z - \frac{i}{2} = i \qquad\qquad \text{c'est à dire} \qquad z = \frac{i}{2} + i = \frac{3}{2}i$$

$$z - \frac{i}{2} = -\frac{\sqrt{3}}{2} - \frac{1}{2}i \qquad \text{c'est à dire} \qquad z = -\frac{\sqrt{3}}{2}$$

$$z - \frac{i}{2} = \frac{\sqrt{3}}{2} - \frac{1}{2}i \qquad \text{c'est à dire} \qquad z = \frac{\sqrt{3}}{2}\,.$$

On a en conséquence

$$C = \left\{ \frac{3}{2}i, \frac{\sqrt{3}}{2}, -\frac{\sqrt{3}}{2} \right\}.$$

Enfin, il est facile de déduire que

$$B \cap C = \left\{ \frac{3}{2}i \right\}$$

Exercice 2.16. *Nous considérons la transformation T définie de la manière suivante*

$$T : \mathbb{C} \setminus \{0\} \longrightarrow \mathbb{C} \setminus \{0\}$$
$$z \longmapsto T(z) = \frac{4}{\overline{z}}$$

(a) *Écrire le nombre complexe $T(z)$ en forme algébrique.*

(b) *Calculer $(T \circ T)(z)(= T(T(z))$, où $T \circ T$ dénote la fonction composée. Est-ce que T est réversible ??*

(c) *Déterminer l'ensemble des points fixes de T*

$$Fix(T) = \{z \in \mathbb{C} \setminus \{0\} \mid T(z) = z\}.$$

Rèsolution. (a) La forme algébrique de $T(z)$ est

$$T(z) = \frac{4}{\bar{z}} = \frac{4z}{z\bar{z}} = \frac{4(x+iy)}{x^2+y^2} = \frac{4x}{x^2+y^2} + i\frac{4y}{x^2+y^2}$$

(b) Il résulte

$$(T \circ T)(z) = T(T(z)) = \frac{4}{\overline{T(z)}} = \frac{4}{\left(\frac{4}{\bar{z}}\right)} = z$$

Donc $T \circ T$ est l'identité, donc T est réversible et $T^{-1} = T$.

(c) Notez que $\frac{4}{\bar{z}} = z$ équivaut à $z\bar{z} = 4$, c'est à dire à $|z|^2 = 4$ (parce que $z\bar{z} = |z|^2$). Ainsi, l'ensemble des points fixes de T est la circonférence du centre 0 et rayon 4.

Exercice 2.17. (a) *Montrer que l'équation*

$$\frac{1}{z^2} + 2z^2 = i\sqrt{3}\frac{\bar{z}}{z} \tag{2.1}$$

a les mêmes solutions de l'équation

$$z^4 = \frac{-1 + i\sqrt{3}}{2}. \tag{2.2}$$

(b) *Déterminer les solutions de l'équation (2.2).*

(c) *Déterminer quelles des solutions trouvées appartiennent à l'ensemble*

$$E := \{z \in \mathbb{C} : \text{Im} z \geq \text{Re} z\}.$$

Rèsolution. (a) Nous avons $z \neq 0$. En multipliant deux les membres de l'équation (2.1) per z^2 et en tenant compte du fait que $z\bar{z} = |z|^2$, on obtient

$$z^4 = -\frac{1}{2} + i\frac{\sqrt{3}}{2}|z|^2.$$

Comme $\text{Re}(z^4) = -\frac{1}{2}$ e $\text{Im}(z^4) = \frac{\sqrt{3}}{2}|z|^2$, on a que

$$4|z|^8 - 3|z|^4 - 1 = 0.$$

Donc $|z| = 1$. Enfin, en remplaçant $|z| = 1$ dans l'équation précédente, nous avons

$$z^4 = -\frac{1}{2} + i\frac{\sqrt{3}}{2},$$

qui correspond à l'équation (2.2).

(b) Nous observons que

$$-\frac{1}{2} + i\frac{\sqrt{3}}{2} = \cos\left(\frac{2}{3}\pi\right) + i\sin\left(\frac{2}{3}\pi\right).$$

En conséquence l'équation (2.2), pour la formule de De Moivre, admet les solutions

$$z_k = \cos\left(\frac{\pi}{6} + k\frac{\pi}{2}\right) + i\sin\left(\frac{\pi}{6} + k\frac{\pi}{2}\right), \qquad k = 0, 1, 2, 3,$$

c'est à dire

$$z_0 = \cos\left(\frac{\pi}{6}\right) + i\sin\left(\frac{\pi}{6}\right), \quad z_1 = \cos\left(\frac{2\pi}{3}\right) + i\sin\left(\frac{2\pi}{3}\right),$$

$$z_2 = \cos\left(\frac{7\pi}{6}\right) + i\sin\left(\frac{7\pi}{6}\right), \quad z_3 = \cos\left(\frac{5\pi}{3}\right) + i\sin\left(\frac{5\pi}{3}\right).$$

(c) On obtient immédiatement que $z_1, z_2 \in E$.

Exercice 2.18. *Déterminer sous forme algébrique et représenter dans le plan de Gauss les solutions de l'équation*

$$z^4 = \frac{-2}{1 - i\sqrt{3}}.$$

Dit A l'ensemble des solutions trouvées, déterminer l'ensemble $B \subset \mathbb{C}$ donnée par

$$B = \left\{ w = \frac{z}{2i}, \ z \in A \right\}.$$

Rèsolution. On rationalise et on écrit sous forme trigonométrique le deuxième terme de l'équation :

$$z^4 = -\frac{1}{2} - i\frac{\sqrt{3}}{2} = 1\left(\cos\left(\frac{4}{3}\pi\right) + i\cos\left(\frac{4}{3}\pi\right)\right)$$

Les quatre solutions sont donc :

$$z_1 = 1 \left(\cos \left(\frac{1}{3}\pi \right) + i \sin \left(\frac{1}{3}\pi \right) \right) = \frac{1}{2} + i\frac{\sqrt{3}}{2},$$

$$z_2 = 1 \left(\cos \left(\frac{5}{6}\pi \right) + i \sin \left(\frac{5}{6}\pi \right) \right) = -\frac{1}{2} + i\frac{\sqrt{3}}{2},$$

$$z_3 = 1 \left(\cos \left(\frac{4}{3}\pi \right) + i \sin \left(\frac{4}{3}\pi \right) \right) = -\frac{1}{2} - i\frac{\sqrt{3}}{2},$$

$$z_4 = 1 \left(\cos \left(\frac{11}{6}\pi \right) + i \sin \left(\frac{11}{6}\pi \right) \right) = \frac{1}{2} - i\frac{\sqrt{3}}{2}.$$

Ils sont 4 point sur une circonférence de rayon 1, tourné chaque fois de $\pi/2$.

Pour l'ensemble B la division pour $2i$ roue de $\pi/2$ en sens horaire et puis il partage en deux le module. La rotation amène les solutions dans le même ensemble de solutions, puis on réduit le module de moitié. Donc, vous voyez :

$$w_1 = \frac{1}{4} + i\frac{\sqrt{3}}{4}, \qquad w_2 = -\frac{1}{4} + i\frac{\sqrt{3}}{4},$$

$$w_3 = -\frac{1}{4} - i\frac{\sqrt{3}}{4}, \qquad w_4 = \frac{1}{4} - i\frac{\sqrt{3}}{4}.$$

Exercice 2.19. *Déterminer les solutions $z \in \mathbb{C}$ de l'équation*

$$z^2 - (4+i)z + 4 + 2i = 0.$$

Rèsolution. C'est un équation de second degré aux coefficients complexes. Les solutions sont données de

$$z_{1,2} = \frac{4+i \pm \sqrt{(4+i)^2 - 4(4+2i)}}{2} = \frac{4+i \pm \sqrt{-1}}{2}.$$

Puisque $\sqrt{-1} = \pm i$ nous donne les solutions

$$z_1 = 2+i, \quad z_2 = 2.$$

Exercice 2.20. *(i) Déterminer l'ensemble $\mathcal{S} \subset \mathbb{C}$ de solutions de l'équation*

$$z^2 - z\bar{z} - \frac{4}{i}z = 0.$$

(ii) Dans le plan de Gauss, décrire l'ensemble

$$A = \{w \in \mathbb{C} \mid w = i + z, z \in \mathcal{S}\}.$$

Rèsolution. *(i)* Nous remarquons que $\frac{4}{i} = -4i$. Donc l'équation devient

$$z\left(z - \bar{z} + 4i\right) = 0,$$

qu'elle est satisfaite si et seul si $z = 0$ ou $z - \bar{z} + 4i = 0$. Pour résoudre cette dernière équation, nous écrivons z en forme algébrique : $z = a + ib$ avec $a, b \in \mathbb{R}$. En rappelant que $\bar{z} = a - ib$, nous obtenons

$$2i(b+2) = 0 \iff b = -2.$$

Donc nous trouvons des solutions du type $z = a - 2i$, à varier de $a \in \mathbb{R}$. Donc

$$\mathcal{S} = \{0\} \cup \{z \in \mathbb{C} \mid \mathrm{Im}(z) = -2\}.$$

(ii) Nous observons que $\mathcal{S}$ est donné par l'union de la droite d'équation $\mathrm{Im}(z) = -2$ et du point $z = 0$. Il en suit qui A il est donné par l'union de la droite d'équation $\mathrm{Im}(z) = -1$ et du point $z = i$.

Exercice 2.21.   *(a) Déterminer les racines complexes d'ordre 4 de*

$$z = 1 + \sqrt{3}\,i.$$

(b) Déterminer l'ensemble

$$A = \left\{w \in \mathbb{C} \mid w = 2\frac{\zeta}{1 - i},\ \zeta \in \mathbb{C},\ \zeta^4 = 1 + \sqrt{3}\,i\right\}.$$

Rèsolution. *(a)* Nous écrivons $z = 1 + \sqrt{3}\,i$ en forme trigonométrique. Nous avons

$$z = 2\left[\cos\left(\frac{\pi}{3}\right) + i\sin\left(\frac{\pi}{3}\right)\right].$$

Les racines d'ordre 4 de z sont données par

$$\zeta_k = \sqrt[4]{2}\left[\cos\left(\frac{\frac{\pi}{3} + 2k\pi}{4}\right) + i\sin\left(\frac{\frac{\pi}{3} + 2k\pi}{4}\right)\right]\ \text{per } k = 0, 1, 2, 3.$$

Dunque

$$\zeta_0 = \sqrt[4]{2}\left[\cos\left(\frac{\pi}{12}\right) + i\sin\left(\frac{\pi}{12}\right)\right],$$

$$\zeta_1 = \sqrt[4]{2}\left[\cos\left(\frac{7\pi}{12}\right) + i\sin\left(\frac{7\pi}{12}\right)\right],$$

$$\zeta_2 = \sqrt[4]{2}\left[\cos\left(\frac{13\pi}{12}\right) + i\sin\left(\frac{13\pi}{12}\right)\right],$$

$$\zeta_3 = \sqrt[4]{2}\left[\cos\left(\frac{19\pi}{12}\right) + i\sin\left(\frac{19\pi}{12}\right)\right].$$

(*b*) Nous remarquons que $\frac{2}{1-i} = 1 + i$. En outre,

$$1 + i = \sqrt{2}\left[\cos\left(\frac{\pi}{4}\right) + i\sin\left(\frac{\pi}{4}\right)\right].$$

En conséquence pour déterminer A il suffit d'opérer une dilatation de rapport $\sqrt{2}$ et une rotation (inverse aux aiguilles d'une montre) de $\frac{\pi}{4}$ aux racines ζ_k ($k = 0, 1, 2, 3$) déjà trouvées. Par conséquent

$$A = \{w_0, w_1, w_2, w_3\}$$

ou,

$$w_0 = \sqrt[4]{8}\left[\cos\left(\frac{\pi}{3}\right) + i\sin\left(\frac{\pi}{3}\right)\right],$$

$$w_1 = \sqrt[4]{8}\left[\cos\left(\frac{5\pi}{6}\right) + i\sin\left(\frac{5\pi}{6}\right)\right],$$

$$w_2 = \sqrt[4]{8}\left[\cos\left(\frac{4\pi}{3}\right) + i\sin\left(\frac{4\pi}{3}\right)\right],$$

$$w_3 = \sqrt[4]{8}\left[\cos\left(\frac{11\pi}{6}\right) + i\sin\left(\frac{11\pi}{6}\right)\right].$$

Exercice 2.22. (*a*) *Montrer que l'équation*

$$\frac{2}{\sqrt{3}}\left(z^2 + \frac{4}{z}\right) = i\bar{z}\cdot|z| \tag{2.3}$$

a les mêmes solutions de l'équation

$$z^3 = -4 + 4\sqrt{3}i \qquad z \in \mathbb{C}\setminus\{0\}. \tag{2.4}$$

(*b*) *Déterminer les solutions de l'équation* (2.4).

(*c*) *Déterminer quelles des solutions trouvées appartiennent à l'ensemble*

$$E = \{z \in \mathbb{C} : \text{Re}z \geq \text{Im}z\}.$$

Rèsolution. (*a*) En multipliant les deux côtés de (2.3) pour z et en tenant compte que $z\bar{z} = |z|^2$ on obtient

$$z^3 = -4 + \frac{i\sqrt{3}}{2}|z|^3 \qquad z \in \mathbb{C} \setminus \{0\}.$$

Comme $\text{Re}(z^3) = -4$ et $\text{Im}(z^3) = \frac{\sqrt{3}}{2}|z|^3$, on a que le module des solutions de (2.3) satisfait l'équation

$$|z|^6 = 16 + \frac{3}{4}|z|^6$$

qui admet la solution $|z| = 2$. On obtient ainsi le (2.4).

(*b*) De plus

$$z^3 = 4(-1 + \sqrt{3}i) = 8\left(\cos\left(\frac{2}{3}\pi\right) + i\sin\left(\frac{2}{3}\pi\right)\right)$$

que, pour la formule de De Moivre, admet les solutions

$$z_k = 2\left(\cos\theta_k + i\sin\theta_k\right) \qquad \theta_k = \frac{2}{9}\pi + k\frac{2}{3}\pi \qquad k = 0, 1, 2.$$

(*c*) On voit que $z_0, z_2 \in E$.

Exercice 2.23. *Déterminer les solutions $z \in \mathbb{C}$ de l'équation*

$$z^2 + z\bar{z} = 3 + 2i.$$

Rèsolution. Sia $z = x + iy$. Alors

$$\begin{aligned}
z^2 + z\bar{z} &= (x + iy)^2 + (x + iy)(x - iy) \\
&= x^2 - y^2 + 2ixy + x^2 + y^2 \\
&= 2x^2 + 2ixy.
\end{aligned}$$

L'équation est donc équivalent au système

$$\begin{cases} x^2 = \frac{3}{2} \\ xy = 1 \end{cases} \quad \Longleftrightarrow \quad \begin{cases} x = \pm\sqrt{\frac{3}{2}} \\ y = \pm\sqrt{\frac{2}{3}}. \end{cases}$$

Les solutions sont

$$z_1 = \sqrt{\frac{3}{2}} + \sqrt{\frac{2}{3}}i, \quad z_2 = -\sqrt{\frac{3}{2}} - \sqrt{\frac{2}{3}}i.$$

***Exercice* 2.24.** *Résoudre en* $\mathbb{C}$ *l'équation*

$$\frac{z^3 + 1}{z^3 - 1} = \frac{1}{i},$$

en écrivant les solutions en forme algébrique.

Rèsolution. Grâce à des passages algébriques faciles, nous avons :

$$
\begin{aligned}
z^3 + 1 &= -i(z^3 - 1), \\
z^3(1 + i) &= i - 1, \\
z^3 &= \frac{i - 1}{1 + i} = \frac{i - 1}{1 + i} \cdot \frac{1 - i}{1 - i}, \\
z^3 &= i.
\end{aligned}
$$

Les solutions de l'équation correspondent donc aux trois racines complexes troisième du nombre imaginaire i. Par conséquent, ils ont module 1 et argument $\dfrac{\pi}{6}, \dfrac{5\pi}{6}, \dfrac{3\pi}{2}$, respectivement. Les solutions, sous forme algébrique, sont donc

$$
\begin{aligned}
z_1 &= \frac{\sqrt{3}}{2} + \frac{i}{2}, \\
z_2 &= -\frac{\sqrt{3}}{2} + \frac{i}{2}, \\
z_3 &= -i.
\end{aligned}
$$

Chapitre 3

Successions et Séries

Pré-requis théoriques

◊ Définition de limite de successions.
◊ Extrême supérieur et extrême inférieur.
◊ Principaux théorèmes sur les limites de successions.
◊ Sous-successions.
◊ Limite supérieure et limite inférieure.
◊ Points limite.
◊ Successions définies pour récurrence.
◊ Définition de séries numériques.
◊ Condition nécessaire pour la convergence.
◊ Convergence simple et absolue de séries numériques.
◊ Critères de la racine, du rapport, de la comparaison, de la comparaison asymptotique pour série à termes de signe constant.
◊ Critère de Leibniz.
◊ Formule de Taylor avec le reste de Peano.

3.1 Successions

nota bene : es ? esercizio, allora es ? exercize (Questo dappertutto)

Exercice 3.1. *Calculer, au changer de $\alpha \in \mathbb{R}$, la valeur de la limite* *suivante de succession*

$$\lim_{n\to+\infty} \frac{\arctan(n^\alpha)}{\sqrt{n+2}-\sqrt{n-2}}.$$

Rèsolution. On a sol? solution (per tutti)

$$\arctan(n^\alpha) \underset{n\to+\infty}{\sim} \begin{cases} \frac{\pi}{2} & \text{si} \quad \alpha > 0 \\[2mm] \frac{\pi}{4} & \text{si} \quad \alpha = 0 \\[2mm] n^\alpha & \text{si} \quad \alpha < 0. \end{cases}$$

En ce qui concerne le dénominateur, on voit que

$$\sqrt{n+2}-\sqrt{n-2} = (\sqrt{n+2}-\sqrt{n-2})\frac{\sqrt{n+2}+\sqrt{n-2}}{\sqrt{n+2}+\sqrt{n-2}}$$

$$= \frac{4}{\sqrt{n+1}+\sqrt{n-1}} \underset{n\to+\infty}{\sim} 2n^{-1/2}.$$

Donc

$$\frac{\arctan(n^\alpha)}{\sqrt{n+2}-\sqrt{n-2}} \underset{n\to+\infty}{\sim} \begin{cases} \frac{\pi}{4}n^{1/2} & \text{si} \quad \alpha > 0 \\[2mm] \frac{\pi}{8}n^{1/2} & \text{si} \quad \alpha = 0 \\[2mm] \frac{1}{2}n^{\alpha+1/2} & \text{si} \quad \alpha < 0, \end{cases}$$

d'où

$$\lim_{n\to+\infty} \frac{\arctan(n^\alpha)}{\sqrt{n+2}-\sqrt{n-2}} = \begin{cases} +\infty & \alpha > -1/2 \\[2mm] \frac{1}{2} & \text{si} \quad \alpha = -\frac{1}{2} \\[2mm] 0^+ & \text{si} \quad \alpha < -1/2. \end{cases}$$

Exercice 3.2. *Déterminer l'ordre d'infini de la succession*

$$a_n := \frac{\sqrt[3]{3n^4+5}\tan\left(\frac{1}{n}\right) - 2n}{n\log\left(\frac{n+1}{n}\right)}.$$

Rèsolution. Visto che

$$\lim_{n\to+\infty} \frac{\sqrt[3]{3n^4+5}}{\sqrt[3]{n^4}} = \sqrt[3]{3}, \qquad \lim_{n\to+\infty} n\tan\frac{1}{n} = 1,$$

$$\lim_{n\to+\infty} n\log\left(\frac{n+1}{n}\right) = \lim_{n\to+\infty} \log\left(1+\frac{1}{n}\right)^n = 1,$$

on déduit que

$$\lim_{n\to+\infty} \frac{a_n}{n} = -2,$$

donc $\{a_n\}$ c'est un infini (pour $n\to+\infty$) d'ordre 1.

Exercice 3.3. *Calculer*

$$(i) \ \lim_{n \to +\infty} (e^n - n^{\sqrt{n}}), \quad (ii) \ \lim_{n \to +\infty} \left(\frac{n^2 + 3n}{n^2 + n + 1} \right)^{3n}.$$

Rèsolution. (i)

$$\lim_{n \to +\infty} (e^n - n^{\sqrt{n}}) = \lim_{n \to +\infty} (e^n - e^{\sqrt{n} \log n})$$

$$= \lim_{n \to +\infty} e^n (1 - e^{\sqrt{n} \log n - n}) = +\infty,$$

étant donné que

$$\lim_{n \to +\infty} (\sqrt{n} \log n - n) = \lim_{n \to \infty} n \left(\frac{\log n}{\sqrt{n}} - 1 \right) = -\infty.$$

(ii) Soit $a_n := \frac{n^2 + n + 1}{2n - 1}$. Alors

$$\lim_{n \to +\infty} \left(\frac{n^2 + 3n}{n^2 + n + 1} \right)^{3n} = \lim_{n \to +\infty} \left[\left(1 + \frac{1}{a_n} \right)^{a_n} \right]^{\frac{3n(2n-1)}{n^2 + n + 1}} = e^6.$$

Exercice 3.4. *Calculer extrême supérieur et extrême inférieur, en spécifiant si ils soient respectivement maximum et moindre, des successions*

$$a_n := \log \left(\frac{n + 3}{n + 1} \right),$$

$$b_n := \frac{1}{n^2 + 1} + (-1)^n n + n.$$

Rèsolution. En écrivant $a_n = \log \left(1 + \frac{2}{n+1} \right)$, car la fonction $x \mapsto \log x$ est croissante, vous voyez tout de suite que a_n est dégressive. Par conséquent

$$\sup\{a_n\} = \max\{a_n\} = a_1 = \log 2, \ \inf\{a_n\} = \lim_{n \to +\infty} a_n = \log 1 = 0,$$

par contre le moindre de $\{a_n\}$ il n'existe pas.

La succession $\{b_n\}$ pour n pair devient

$$b_n = \frac{1}{n^2 + 1} + 2n,$$

qu'elle est positive et divergente. Ceci il implique que $\sup\{b_n\} = +\infty$. Par contre, pour n impair nous avons

$$b_n = \frac{1}{n^2 + 1},$$

qu'elle est décroissant et infinitésimale. Donc $\inf\{b_n\} = 0$.

Exercice 3.5. *Déterminer l'extrême supérieur et l'extrême inférieur de la succession*

$$a_n := (-1)^n \left(\frac{5n+1}{n^2} \right).$$

Dire s'il se traite respectivement de maximum et de minimum .

Rèsolution. Clairement

$$\{a_n\}_{n\in\mathbb{N}} = \{a_{2k}\}_{k\in\mathbb{N}} \cup \{a_{2k+1}\}_{k\in\mathbb{N}\cup\{0\}} .$$

La succession

$$a_{2k} = \frac{5}{2k} + \frac{1}{4k^2}$$

est décroissante ; en outre,

$$\sup\{a_{2k}\} = \max\{a_{2k}\} = \frac{11}{4}, \quad \inf\{a_{2k}\} = 0.$$

La succession

$$a_{2k+1} = -\frac{5}{2k+1} - \frac{1}{(2k+1)^2}$$

est croissante ; en outre,

$$\sup\{a_{2k+1}\} = 0, \quad \inf\{a_{2k+1}\} = \min\{a_{2k+1}\} = -6.$$

De celui-ci il suit qui

$$\sup\{a_n\} = \max\{a_n\} = \frac{11}{4},$$

pendant que

$$\inf\{a_n\} = \min\{a_n\} = -6 .$$

Exercice 3.6. *Déterminer l'extrême supérieur et inférieur, en spécifiant si ils soient maximums et minimum, de la succession*

$$a_n := (-1)^n n^2 + n^3 .$$

Rèsolution. Clairement

$$\{a_n\}_{n\in\mathbb{N}} = \{a_{2k}\}_{k\in\mathbb{N}} \cup \{a_{2k+1}\}_{k\in\mathbb{N}\cup\{0\}} .$$

La succession

$$a_{2k} = 4k^2 + 8k^3$$

elle est croissant ; en outre,

$$\sup\{a_{2k}\} = +\infty, \quad \inf\{a_{2k}\} = \min\{a_{2k}\} = 12.$$

La succession

$$a_{2k+1} = -k^2 + k^3 = k^2(-1+k)$$

elle est croissant ; en outre,,

$$\sup\{a_{2k+1}\} = +\infty, \quad \inf\{a_{2k+1}\} = \min\{a_{2k+1}\} = 0.$$

De celui-ci il suit qui

$$\sup\{a_n\} = +\infty,$$

pendant que

$$\inf\{a_n\} = \min\{a_n\} = 0.$$

Exercice 3.7. *Vérifier, en utilisant la définition de limite, que*

$$(i) \lim_{n\to+\infty} \frac{n}{n^2+2} = 0, \quad (ii) \lim_{n\to+\infty} (n^2 - \sqrt{n}\sin^2 n) = +\infty,$$

$$(iii) \lim_{n\to+\infty} \log(n)\left|\sin\left(\frac{\pi}{2}n\right)\right| \quad n'existe\ pas.$$

Rèsolution. (i) Soit $\varepsilon > 0$ fixé au plaisir. Alors

$$0 < \frac{n}{n^2+2} < \frac{1}{n} < \varepsilon \quad \text{si } n > \left[\frac{1}{\varepsilon}\right] + 1.$$

(ii) Pour chaque $M > 0$ on a

$$n^2 - \sqrt{n}\sin^2 n \geq n^2 - n \geq M$$

si

$$n > \left[\frac{1+\sqrt{1+4M}}{2}\right] + 1.$$

(iii) Nous supposons pour absurde que

$$a_n := \log(n)\left|\sin\left(\frac{\pi}{2}n\right)\right| \to L \in \mathbb{R} \text{ per } n \to \infty;$$

alors pour $\varepsilon = 1$, il existe $N \in \mathbb{N}$ tel que

$$|a_n - L| < 1 \ \forall\, n > N.$$

Celui-ci est absurde, parce que si n il est impair, $a_n = \log n$. Semblablement on voit que a_n il ne peut pas être divergent, parce que $a_n \equiv 0$ pour n pair.

Exercice 3.8. *Déterminer extrême supérieur et inférieur, en spécifiant si ils soient respectivement maximum et minimum, de la succession*

$$a_n := 1 + \frac{[\cos(\pi n) - 1]\, n + 2}{n^2 + 1}.$$

Rèsolution. Nous remarquons que

$$a_n = \begin{cases} 1 + \frac{2}{n^2+1} & \text{si } n \text{ est pair} \\[2mm] 1 + \frac{2(1-n)}{n^2+1} & \text{si } n \text{ est impair.} \end{cases}$$

Pour n pair, la succession $\{a_n\}$ elle est décroissant, donc

$$\sup_{n \text{ pair}} \{a_n\} = a_2 = \frac{7}{5},$$

pendant que

$$\inf_{n \text{ pair}} \{a_n\} = \lim_{n \to \infty} \left(1 + \frac{2}{n^2 + 1}\right) = 1.$$

Pour étudier la monotonie de $\{a_n\}$ pour n impair, nous introduisons la fonction

$$f(x) := 1 + \frac{2(1-x)}{x^2 + 1}, x \geq 1.$$

Il résulte

$$f'(x) = 2\frac{x^2 - 2x - 1}{(x^2 + 1)^2},$$

ainsi $f'(x) > 0$ si $x > 1 + \sqrt{2}$, $f'(x) < 0$ si $1 \leq x < 1 + \sqrt{2}$, $f'(1 + \sqrt{2}) = 0$. De celui-ci nous déduisons que la succession $\{a_n\}$ pour n impair il est croissant pour $n \geq 3$. Donc

$$\inf_{n \text{ impair}} \{a_n\} = a_3 = \frac{3}{5}.$$

Vu que $a_1 = 1, \lim_{n \to +\infty} \left(1 + \frac{2(1-n)}{n^2+1}\right) = 1$, nous avons

$$\sup_{n \text{ impair}} \{a_n\} = a_1 = 1.$$

En conclusion,

$$\inf_{n \in \mathbb{N}} \{a_n\} = a_3 = \min_{n \in \mathbb{N}} \{a_n\} = \frac{3}{5}, \quad \sup_{n \in \mathbb{N}} a_n = a_2 = \max_{n \in \mathbb{N}} = \frac{7}{5}.$$

Exercice 3.9. *Calculer*

$$\lim_{n \to \infty} \frac{n! \sqrt{n} \sin\left(\frac{1}{n}\right)}{(n+1)! - n!}.$$

Rèsolution. On a :

$$\lim_{n \to \infty} \frac{n! \sqrt{n} \sin\left(\frac{1}{n}\right)}{(n+1)! - n!} = \lim_{n \to +\infty} \frac{n! \sqrt{n} \sin\left(\frac{1}{n}\right)}{n!(n+1-1)} = \lim_{n \to +\infty} \frac{\sqrt{n} \sin\left(\frac{1}{n}\right)}{n} = 0.$$

En effet, par comparaison,

$$\left| \frac{1}{\sqrt{n}} \sin\left(\frac{1}{n}\right) \right| \leq \frac{1}{\sqrt{n}} \to 0, \ n \to \infty.$$

Exercice 3.10. *Vérifier, en utilisant la définition de limite et le théo-rème de comparaison, que*

$$(i) \ \lim_{n \to +\infty} \frac{\left(1 + \frac{2}{n}\right)^{n \log_3(n^3)}}{n^2} = +\infty,$$

$$(ii) \ \lim_{n \to +\infty} \frac{n}{\sqrt{n} \left(\sin(n) + (-1)^n + 3\right)} = +\infty.$$

Rèsolution. (*i*) Pour chaque $M > 0$, on a, en utilisant l'inégalité de Bernoulli,

$$\frac{\left(1 + \frac{2}{n}\right)^{n \log_3(n^3)}}{n^2} \geq \frac{3^{\log_3(n^3)}}{n^2} = n > M \quad \forall \, n > [M] + 1.$$

Pour comparaison il suit la thèse.

(*ii*) Comme $1 \leq \sin(n) + (-1)^n + 3 \leq 5$, on a :

$$\frac{n}{\sqrt{n} \left(\sin(n) + (-1)^n + 3\right)} \geq \frac{n}{5\sqrt{n}} = \frac{\sqrt{n}}{5},$$

dont il suit la thèse pour comparaison.

Exercice 3.11. *Soit $p(x)$ un polynôme à coefficients réels. Calculer*

$$\lim_{n \to +\infty} \frac{p(n+1)}{p(n)}.$$

Rèsolution. Soit $p(x) = a_m x^m +$ termes de degré inférieur ($a_m \neq 0, m \in$ $\mathbb{N}$). Alors $p(n+1) = a_m(n+1)^m +$ termes de degré inférieur $= a_m n^m +$ termes de degré inférieur. Donc :

$$\lim_{n \to +\infty} \frac{a_m n^m + \text{termes de degré inférieur}}{a_m n^m + \text{termes de degré inférieur}} = 1 \,.$$

Exercice 3.12. (*i*) *Nous supposons que $a_n \to L$ pour $n \to +\infty$, pour quelques $L \in \mathbb{R}$. Soit*

$$b_n := \frac{a_1 + a_2 + \ldots + a_n}{n} \,.$$

Montrer que $b_n \to L$ pour $n \to +\infty$.

(*ii*) *Calculer*

$$\lim_{n \to +\infty} \frac{1 + \sqrt{2} + \sqrt[3]{3} + \ldots + \sqrt[n]{n}}{n} \,.$$

Rèsolution. (*i*) Soit $\varepsilon > 0$. Nous prenons $N \in \mathbb{N}$ tale che

$$L - \varepsilon < a_n < L + \varepsilon \quad \forall\, n > N \,.$$

Nous mettons $M := a_1 + a_2 + \ldots a_N$. Soit $\bar{N} > M$ tel que pour $n > \bar{N}$ on ait

$$\frac{|M|}{n} < \varepsilon \quad \text{et} \quad \frac{N}{n} < \varepsilon \,.$$

Alors pour $n > \bar{N}$ il vaut :

$$L - 2\varepsilon - \varepsilon|L| < \frac{M}{n} + \frac{n-N}{n}(L - \varepsilon)$$
$$< b_n$$
$$< \frac{M}{n} + \frac{n-N}{n}(L + \varepsilon) < L + 2\varepsilon + \varepsilon|L| \,,$$

de lequel la conclusion.

(*ii*) En sachant que

$$\lim_{n \to +\infty} \sqrt[n]{n} = 1,$$

de la propriété du point (*i*) on a

$$\lim_{n \to +\infty} \frac{1 + \sqrt{2} + \sqrt[3]{3} + \ldots + \sqrt[n]{n}}{n} = 1 \,.$$

Esercizio 3.13. *Mostrare una successione $\{a_n\}$ senza limite tale che*

$$\lim_{n \to +\infty} \frac{a_1 + a_2 + \ldots + a_n}{n} = 5.$$

Risoluzione. Sia $a_n := 10$ se n è pari, $a_n := 0$ se n è dispari. Chiaramente a_n non ammette limite. Risulta inoltre :

$$a_1 + a_2 + \ldots + a_n = \begin{cases} \frac{n}{2} \cdot 10 + \frac{n}{2} \cdot 0, & n \text{ pari} \\[2mm] \frac{n-1}{2} \cdot 10 + \frac{n+1}{2} \cdot 0, & n \text{ dispari} \end{cases}$$

Da questo segue

$$\lim_{n \to +\infty} \frac{a_1 + a_2 + \ldots + a_n}{n} = 5.$$

Esercizio 3.14. *Sia $\{a_n\}$ una successione limitata con $a_n \neq 0 \; \forall \, n \in \mathbb{N}$. Dire se i seguenti limiti esistono :*

$$(i) \;\; \lim_{n \to +\infty} \frac{a_n}{n}, \quad (ii) \;\; \lim_{n \to +\infty} \frac{n^2}{a_n}, \quad (iii) \;\; \lim_{n \to +\infty} \frac{n a_n + \sqrt{n}}{n^2 + 2}.$$

Risoluzione. I limiti (i) e (iii) esistono per confronto e sono nulli. Invece (ii) può non esistere ; in effetti è sufficiente considerare $a_n := (-1)^n$.

Esercizio 3.15. *Calcolare, al variare del parametro reale α,*

$$\lim_{n \to +\infty} \frac{n^2 + \log^3 n + \sin n}{\alpha n! + 1}.$$

Risoluzione. Osserviamo che per ogni $n \geq 3$ risulta

$$n^2 + 1 - 1 < n^2 + \log^3 n + \sin n < n^2 + n^3 + 1.$$

Per confronto segue che il limite richiesto vale $+\infty$, se $\alpha = 0$; mentre vale 0, se $\alpha \neq 0$.

Esercizio 3.16. *Calcolare*

$$(i) \;\; \lim_{n \to +\infty} \frac{1}{\sqrt{n^2 + \sqrt{n}} - n}, \quad (ii) \;\; \lim_{n \to +\infty} \frac{(-1)^n n + 2}{(-1)^{n+1} n^2 + \sin(\log n)}.$$

Rèsolution. (i) On a

$$\lim_{n \to +\infty} \frac{1}{\sqrt{n^2 + \sqrt{n}} - n} = \lim_{n \to +\infty} \frac{1}{\sqrt{n^2 + \sqrt{n}} - n} \cdot \frac{\sqrt{n^2 + \sqrt{n}} + n}{\sqrt{n^2 + \sqrt{n}} + n}$$

$$= \lim_{n \to +\infty} \frac{\sqrt{n^2 + \sqrt{n}} + n}{\sqrt{n}} \geq \lim_{n \to +\infty} \frac{n}{\sqrt{n}} = +\infty.$$

(ii) On a

$$\lim_{n \to +\infty} \frac{(-1)^n n + 2}{(-1)^{n+1} n^2 + \sin(\log n)} = \lim_{n \to +\infty} \frac{n[(-1)^n + \frac{2}{n}]}{n^2[(-1)^{n+1} + \frac{\sin(\log n)}{n^2}]}$$

$$= \lim_{n \to +\infty} \frac{1}{n} \cdot \frac{[(-1)^n + \frac{2}{n}]}{[(-1)^{n+1} + \frac{\sin(\log n)}{n^2}]}$$

$$= 0,$$

vu que le premier facteur est un infinitésime et le second est limité.

Exercice 3.17. *Calculer*

(i) $\displaystyle\lim_{n \to +\infty} \frac{\log(n^5 + n^4 + \arctan n)}{\log(n^4 + 2)}$, (ii) $\displaystyle\lim_{n \to +\infty} (-1)^n \frac{e^{n + \sqrt{n}} + \cos n}{n!}$.

Rèsolution. (i)

$$\lim_{n \to +\infty} \frac{\log(n^5 + n^4 + \arctan n)}{\log(n^4 + 2)} = \lim_{n \to +\infty} \frac{\log n^5}{\log n^4} = \frac{5}{4}.$$

(ii)

$$\lim_{n \to +\infty} (-1)^n \frac{e^{n + \sqrt{n}} + \cos n}{n!} = \lim_{n \to +\infty} (-1)^n \frac{e^{n + \sqrt{n}}}{n!} = 0.$$

Exercice 3.18. *Calculer*

$$\lim_{n \to +\infty} \frac{\sqrt[n]{n} \,\, \sqrt[n+1]{n+1} \cdot \ldots \cdot \sqrt[2n]{2n}}{\sqrt[4]{n}}.$$

Rèsolution. Nous avons, pour chaque $n \in \mathbb{N}$,

$$\frac{\sqrt[n]{n} \; \sqrt[n+1]{n+1} \cdot \ldots \cdot \sqrt[2n]{2n}}{\sqrt[4]{n}} \geq \frac{\sqrt[n]{n} \; \sqrt[n+1]{n} \cdot \ldots \cdot \sqrt[2n]{n}}{\sqrt[4]{n}}$$

$$\geq \frac{\sqrt[2n]{n} \; \sqrt[2n]{n} \cdot \ldots \cdot \sqrt[2n]{n}}{\sqrt[4]{n}}$$

$$= \frac{n^{\frac{n+1}{2n}}}{\sqrt[4]{n}} = \sqrt[4]{n} \; \sqrt[2n]{n} \to +\infty,$$

pour $n \to +\infty$.

Exercice 3.19. *Calculer*

$(i) \; \lim\limits_{n \to +\infty} \dfrac{1}{\sqrt{n+1}} + \ldots + \dfrac{1}{\sqrt{2n}}$, $(ii) \; \lim\limits_{n \to +\infty} \dfrac{1}{\sqrt{n^2+1}} + \ldots + \dfrac{1}{\sqrt{n^2+n}}$.

Rèsolution. (i) Pour chaque $n \in \mathbb{N}$ nous avons :

$$\frac{1}{\sqrt{n+1}} + \ldots + \frac{1}{\sqrt{2n}} \geq \frac{1}{\sqrt{2n}} + \ldots + \frac{1}{\sqrt{2n}} = n\frac{1}{\sqrt{2n}} \to +\infty,$$

per $n \to +\infty$.

(ii) Pour chaque $n \in \mathbb{N}$ nous avons :

$$\frac{n}{\sqrt{n^2+n}} \leq \frac{1}{\sqrt{n^2+1}} + \ldots + \frac{1}{\sqrt{n^2+n}} \leq \frac{n}{\sqrt{n^2+1}}.$$

Il résulte

$$\lim_{n \to +\infty} \frac{n}{\sqrt{n^2+n}} = 1, \; \lim_{n \to +\infty} \frac{n}{\sqrt{n^2+1}} = 1.$$

Du théorème de comparaison il suit que la limite à calculer est 1.

Exercice 3.20. *Calculer*

$$(i) \; \lim_{n \to +\infty} \frac{\tan^2(\frac{1}{n})}{1 - \cos(\frac{1}{n})}, \quad (ii) \; \lim_{n \to +\infty} \sqrt{n} \sin\left(\frac{1}{n}\right).$$

Rèsolution. (i)

$$\lim_{n \to +\infty} \frac{\tan^2(\frac{1}{n})}{1 - \cos(\frac{1}{n})} = \lim_{n \to +\infty} \frac{1}{\cos^2(\frac{1}{n})} \frac{\sin^2(\frac{1}{n})}{\frac{1}{n^2}} \frac{\frac{1}{n^2}}{1 - \cos(\frac{1}{n})} = 2.$$

(ii)

$$(ii) \; \lim_{n \to +\infty} \sqrt{n} \sin\left(\frac{1}{n}\right) = \lim_{n \to +\infty} \frac{\sin(\frac{1}{n})}{\frac{1}{n}} \frac{\sqrt{n}}{n} = 0.$$

***Exercice* 3.21.** *Calculer*

$$(i) \lim_{n \to +\infty} \left(\frac{n}{n+1}\right)^{3n}, \quad (ii) \lim_{n \to +\infty} \left(1 + \frac{1}{n^n}\right)^{n!},$$

$$(iii) \lim_{n \to +\infty} \left(\frac{n^2 + n}{n^2 - n + 2}\right)^{2n}.$$

Rèsolution. (i)

$$\lim_{n \to +\infty} \left(\frac{n}{n+1}\right)^{3n} = \lim_{n \to +\infty} [(1 + \frac{1}{n})^n]^{-3} = e^{-3}.$$

(ii)

$$\lim_{n \to +\infty} \left(1 + \frac{1}{n^n}\right)^{n!} = \lim_{n \to +\infty} [(1 + \frac{1}{n^n})^{n^n}]^{\frac{n!}{n^n}} = 1,$$

parce que

$$\lim_{n \to +\infty} \left(1 + \frac{1}{n^n}\right)^{n^n} = e \quad \text{et} \quad \lim_{n \to +\infty} \frac{n!}{n^n} = 0.$$

(iii) Soit $a_n := \frac{n^2 - n + 2}{2n - 2}$. Alors

$$\lim_{n \to +\infty} \left(\frac{n^2 + n}{n^2 - n + 2}\right)^{2n} = \lim_{n \to +\infty} [(1 + \frac{1}{a_n})^{a_n}]^{\frac{2n}{a_n}} = e^4.$$

***Exercice* 3.22.** *Calculer*

$$\lim_{n \to +\infty} \sqrt[n]{3^n + \left(1 + \frac{2\log 2}{n}\right)^{n^2}}.$$

Rèsolution. La succession peut être réécrite comme

$$\left(1 + \frac{2\log 2}{n}\right)^n \sqrt[n]{\left(\frac{3}{\left(1 + \frac{2\log 2}{n}\right)^n}\right)^n + 1}.$$

Vu que

$$\left(1 + \frac{2\log 2}{n}\right)^n \to 4 \text{ pour } n \to +\infty,$$

on a définitivement

$$\left(1 + \frac{2\log 2}{n}\right)^n > \frac{7}{2}$$

et donc

$$0 \le \frac{3}{\left(1 + \frac{2\log 2}{n}\right)^n} \le \frac{6}{7}.$$

Ponc la succession sous racine n-ésime converge à 1, et donc la limite à calculer est 4.

Exercice 3.23. *Calculer, au changer de $\alpha \in \mathbb{R}$,*

$$\lim_{n\to+\infty} \frac{\sin\left(\frac{2}{\sqrt{n}}\right)\log\left(1+\frac{1}{n}\right)}{\sqrt{n}\left[1-\cos\left(\frac{4}{n}\right)\right]^{\alpha}}.$$

Rèsolution. On a

$$\lim_{n\to+\infty} \frac{\sin(\frac{2}{\sqrt{n}})\log(1+\frac{1}{n})}{\sqrt{n}[1-\cos(\frac{4}{n})]^{\alpha}} = \lim_{n\to+\infty} \frac{\frac{2}{n}\frac{1}{n}}{(\frac{8}{n^2})^{\alpha}}$$

$$= \lim_{n\to+\infty} \frac{2}{8^{\alpha}} n^{2(\alpha-1)}$$

$$= \begin{cases} +\infty & \text{si } \alpha > 1 \\\\ \frac{1}{4} & \text{si } \alpha = 1 \\\\ 0 & \text{si } \alpha < 1. \end{cases}$$

Exercice 3.24. *Calculer*

$$\lim_{n\to+\infty} \left(\frac{1}{1\cdot 2} + \frac{1}{2\cdot 3} + \dots + \frac{1}{(n-1)n} \right).$$

Rèsolution. On a

$$\lim_{n\to+\infty} \left(\frac{1}{1\cdot 2} + \frac{1}{2\cdot 3} + \dots + \frac{1}{(n-1)n} \right) = \lim_{n\to+\infty} \Sigma_{k=2}^{n} \frac{1}{(k-1)k}$$

$$= \lim_{n\to+\infty} \Sigma_{k=2}^{n} \left(\frac{1}{k-1} - \frac{1}{k} \right) = \lim_{n\to+\infty} (1 - \frac{1}{n}) = 1.$$

Exercice 3.25. *L'inégalité de Bernoulli affirme que*

$$(1+h)^n \geq 1+nh \quad \forall n \in \mathbb{N},$$

pour chaque $h \geq -1$.

(i) En utilisant l'inégalité précédente, montrer pour induction que

$$n^n \geq 2^{n-1} n! \quad \forall n \in \mathbb{N}.$$

(ii) Calculer $\displaystyle\lim_{n\to+\infty} \frac{n^n \sqrt{n}}{2^n\, n!}$.

Rèsolution. (i) Pour $n = 1$ l'inégalité est vraie, parce qu'elle donne $1 \geq 1$. Supposons que cela soit vrai pour quelques $n \in \mathbb{N}$. Nous avons alors :

$$2^n(n+1)! = 2(n+1)2^{n-1}n! \leq 2(n+1)n^n.$$

La thèse suit si nous montrons que $2(n+1)n^n \leq (n+1)^{n+1}$. Celle-ci équivaut à :

$$\frac{(n+1)^n}{n^n} \geq 2 \Leftrightarrow \left(1 + \frac{1}{n}\right)^n \geq 2,$$

qu'elle est vraie pour chaque $n \in \mathbb{N}$, pour l'inégalité de Bernoulli avec $h = \frac{1}{n}$.

(ii) Nous avons, pour l'inégalité montrée dans (i),

$$\frac{n^n \sqrt{n}}{2^n \, n!} \geq \frac{2n^n \frac{\sqrt{n}}{2}}{2^n \, n!} \geq \frac{\sqrt{n}}{2},$$

par conséquent

$$\lim_{n \to +\infty} \frac{n^n \sqrt{n}}{2^n \, n!} = +\infty.$$

Exercice 3.26. *Dire si la succession*

$$a_n = \frac{(-1)^n}{\sqrt{n}}$$

admet une sous-succession convergente.

Rèsolution. Vous avez

$$a_{2k} = \frac{1}{\sqrt{2k}} \xrightarrow[k \to +\infty]{} 0,$$

$$a_{2k+1} = -\frac{1}{\sqrt{2k+1}} \xrightarrow[k \to +\infty]{} 0.$$

Donc les sous-successions $\{a_{2k}\}, \{a_{2k+1}\}$ sont convergentes.

Exercice 3.27. *Dire si la succession*

$$a_n = n \sin\left(n\frac{\pi}{2}\right)$$

admet une sous-succession convergente.

Rèsolution. Nous remarquons que

$$a_{4k} = 0\,,$$

$$a_{4k+1} = 4k+1 \xrightarrow[k\to+\infty]{} +\infty\,,$$

$$a_{4k+2} = 0$$

$$a_{4k+3} = -(4k+3) \xrightarrow[k\to+\infty]{} -\infty\,.$$

Les sous-successions $\{a_{4k}\}, \{a_{4k+2}\}$ sont donc convergentes.

Exercice 3.28. *Dire si la succession*

$$a_n = e^n \cos\left(n\frac{\pi}{2}\right)$$

admet des sous-successions convergentes.

Rèsolution. Nous avons

$$a_{4k} = e^{4k} \xrightarrow[k\to+\infty]{} +\infty\,,$$

$$a_{4k+1} = 0$$

$$a_{4k+2} = -e^{4k+2} \xrightarrow[k\to+\infty]{} -\infty\,,$$

$$a_{4k+3} = 0\,.$$

Les sous-successions $\{a_{4k+1}\}, \{a_{4k+3}\}$ sont donc convergentes.

Exercice 3.29. *Calculer la limite supérieure et la limite inférieure des successions*

$$a_n = (-1)^n \left(1 + \frac{2}{n}\right)^n\,.$$

Rèsolution. Nous remarquons que

$$a_{2k} = \left(1 + \frac{2}{2k}\right)^{2k} \xrightarrow[k\to+\infty]{} e^2\,,$$

$$a_{2k+1} = -\left(1 + \frac{2}{2k+1}\right)^{2k+1} \xrightarrow[k\to+\infty]{} -e^2\,.$$

Donc

$$\limsup_{n\to+\infty} a_n = e^2, \quad \liminf_{n\to+\infty} a_n = -e^2\,.$$

Exercice 3.30. *Calculer la limite supérieure et la limite inférieure de la succession*

$$a_n = \cos\left(n\frac{\pi}{2}\right) n! \log\left(1 + \frac{1}{n!}\right).$$

Rèsolution. On a

$$a_{4k+1} = 0,$$

$$a_{4k+2} \xrightarrow[k\to+\infty]{} -1,$$

$$a_{4k+3} = 0,$$

$$a_{4k+4} \xrightarrow[k\to+\infty]{} 1.$$

Donc

$$\limsup_{n\to+\infty} a_n = 1, \quad \liminf_{n\to+\infty} a_n = -1.$$

Exercice 3.31. *Déterminer les points limite de la succession*

$$a_n = \frac{2 + \cos(n\pi)n^2}{2 + n^2}.$$

Rèsolution. On a

$$a_{2k} = \frac{2 + (2k)^2}{2 + (2k)^2} = 1,$$

$$a_{2k+1} = \frac{2 - (2k+1)^2}{2 + (2k+1)^2} \xrightarrow[k\to+\infty]{} -1.$$

Par conséquent, les points limites de $\{a_n\}$ sont -1 et 1.

Exercice 3.32. *Déterminer les points limite de la succession*

$$a_n = \sin\left(n\frac{\pi}{2}\right) n^2 \left(e^{\frac{1}{n^2}} - 1\right).$$

Rèsolution. On a

$$a_{4k} = 0,$$

$$a_{4k+1} \xrightarrow[k\to+\infty]{} 1,$$

$$a_{4k+2} = 0,$$

$$a_{4k+3} \xrightarrow[k\to+\infty]{} -1.$$

Par conséquent, les points limites de $\{a_n\}$ sont $-1, 0, 1$.

Exercice 3.33. *Soit* $\{a_n\}$ *la succession récursivement de :*

$$a_{n+1} = \sqrt{2 + a_n}, \quad a_0 = 0 .$$

Vérifier que

$$a_n < a_{n+1} \quad \forall\, n \in \mathbb{N},$$
$$a_n < 2 \quad \forall\, n \in \mathbb{N}.$$

Calculer

$$\lim_{n+\infty} a_n .$$

Rèsolution. Clairement

$$a_{n+1} = \sqrt{2 + a_n} > a_n \quad \forall\, n \in \mathbb{N}.$$

Nous vérifions par induction que

$$a_n < 2 \quad \forall\, n \in \mathbb{N}.$$

En effet $a_0 = 0 < 2$. Nous supposons que $a_n < 2$. Alors

$$a_{n+1}^2 = 2 + a_n < 2 + 2 = 4 .$$

Donc

$$a_{n+1} < 2 .$$

Donc $a_n < 2 \quad \forall\, n \in \mathbb{N}$. Car la succession $\{a_n\}$ elle est croissant et limité supérieurement, elle est convergent. Soit $l = \lim_{n \to +\infty} a_n$. On a

$$l = \sqrt{2 + l} .$$

Donc

$$l^2 - l - 2 = 0 .$$

Par conséquence $l = -1$ o $l = 2$. Comme $a_0 = 0$ et a_n il est croissant, nous déduisons que

$$\lim_{n+\infty} a_n = 2 .$$

Exercice 3.34. *Soit* $\{a_n\}$ *la succession définie pour récurrence par :*

$$a_{n+1} = a_n(1 - a_n), \quad a_0 = \frac{1}{5} .$$

Vérifier que (errore nel testo in italiano)

$$a_{n+1} \le a_n \quad \forall\, n \in \mathbb{N},$$
$$a_n > 0 \quad \forall\, n \in \mathbb{N}.$$

Calculer

$$\lim_{n \to +\infty} a_n .$$

Rèsolution. Nous remarquons que

$$a_{n+1} \leq a_n \quad \forall\, n \in \mathbb{N} \Longleftrightarrow\ -a_n^2 \leq 0\,.$$

En conséquence $\{a_n\}$ il est décroissant. Nous vérifions pour induction que

$$a_n > 0 \quad \forall\, n \in \mathbb{N}\,.$$

En effet, $a_0 = \frac{1}{5} > 0$. En outre, nous supposons que $a_n > 0$. Alors

$$a_{n+1} > 0 \Longleftrightarrow\ a_n < 1\,.$$

Nous observons que $a_0 < 1$ e

$$a_n < 1 \Longleftrightarrow\ a_{n-1}^2 - a_{n-1} + 1 > 0\,.$$

La dernière inéquation est vérifiée certainement. Ensuite $a_{n+1} > 0$.
La succession $\{a_n\}$ elle est décroissant et limité inférieurement. Il existe donc $l = \lim_{n \to +\infty} a_n$. Il doit être

$$l = l - l^2\,.$$

En conséquence $l = 0$.

3.2 Séries

Exercice 3.35. *Etudiez le caractère du séries suivantes en calculant la somme dans les cas où on a convergence :*

$$(i)\ \sum_{n=0}^{+\infty} \frac{3^{n+1}}{4^{n+2}}, \quad (ii)\ \sum_{n=1}^{+\infty} \frac{1}{2^n}, \quad (iii)\ \sum_{n=1}^{+\infty} \frac{n}{\sqrt{n}+1}\,.$$

Rèsolution. On a

$$(i) \qquad \sum_{n=0}^{+\infty} \frac{3^{n+1}}{4^{n+2}} = \frac{3}{16} \sum_{n=0}^{+\infty} \left(\frac{3}{4}\right)^n = \frac{3}{16}\frac{1}{1 - \frac{3}{4}} = \frac{3}{4}\,.$$

On a

$$(ii) \qquad \sum_{n=1}^{+\infty} \frac{1}{2^n} = \sum_{n=0}^{+\infty} \frac{1}{2^n} - 1 = \frac{1}{1 - \frac{1}{2}} - 1 = 1\,.$$

(iii) La série diverge positivement, parce que le terme général $\frac{n}{\sqrt{n}+1}$ il n'est pas infinitésimal.

Exercice 3.36. *Calculer la somme des suivantes série :*

$$(i) \sum_{n=1}^{+\infty} \frac{1}{4n^2 - 1}, \quad (ii) \sum_{n=1}^{+\infty} \frac{1}{n(n+4)}.$$

Rèsolution. (i) En admettant $a_n := -\frac{1}{4}\frac{1}{n-\frac{1}{2}}$, on a :

$$\sum_{n=1}^{+\infty} \frac{1}{4n^2 - 1} = \sum_{n=1}^{+\infty}(a_{n+1} - a_n) = \lim_{n \to +\infty} a_n - a_1 = \frac{1}{2}.$$

(ii) En admettant $a_n := -\frac{1}{4}\left(\frac{1}{n} + \frac{1}{n+1} + \frac{1}{n+2} + \frac{1}{n+3}\right)$, on a :

$$\sum_{n=1}^{+\infty} \frac{1}{n(n+4)} = \sum_{n=1}^{+\infty}(a_{n+1} - a_n) = \lim_{n \to +\infty} a_n - a_1 = \frac{25}{48}.$$

Exercice 3.37. *En utilisant le critère de la racine ou du rapport étudier le caractère des séries suivantes :*

$$(i) \sum_{n=1}^{+\infty} \frac{n^{n+1}}{(n-1)!}, \quad (ii) \sum_{n=1}^{+\infty} 2^n \left(\frac{n-1}{n}\right)^{n^2}, \quad (iii) \sum_{n=1}^{+\infty} \frac{n!2^n}{n^n}.$$

(Pour (iii), on peut exploiter le fait qui $\lim_{n\to+\infty} \frac{n}{\sqrt[n]{n!}} = e$ *).*

Rèsolution. (i) La série diverge parce que le terme général n'est pas infinitésimal.

(ii)
$$\lim_{n \to +\infty} \sqrt[n]{2^n \left(\frac{n-1}{n}\right)^{n^2}} = \lim_{n \to +\infty} 2\left(\frac{n-1}{n}\right)^n = \frac{2}{e} < 1,$$

donc la série converge, pour la critère de la racine.

(iii)
$$\lim_{n \to +\infty} \frac{(n+1)!2^{n+1}}{(n+1)^{n+1}} \frac{n^n}{n!2^n} = \lim_{n \to +\infty} 2\left(\frac{n}{n+1}\right)^n = \frac{2}{e} < 1,$$

donc la série converge, pour le critère du rapport. Ou, vu que

$$\lim_{n \to +\infty} \sqrt[n]{\frac{n!2^n}{n^n}} = \lim_{n \to +\infty} 2\frac{\sqrt[n]{n!}}{n} = \frac{2}{e} < 1,$$

la série converge, pour la critère de la racine.

Exercice 3.38. *UEn utilisant le critère de la racine ou du rapport étudier le caractère des series suivantes :*

$$(i) \sum_{n=1}^{+\infty} \frac{2^{\sqrt{n}} n^n}{n!}, \quad (ii) \sum_{n=1}^{+\infty} \left(\frac{n+1}{2n+1}\right)^{n^2 \sin(\frac{1}{n})}, \quad (iii) \sum_{n=1}^{+\infty} \frac{(n!)^{n+1} e^{n^2}}{n^{n^2 + \frac{3}{2}n}}.$$

(Per (iii), on peut exploiter le fait que $\lim_{n \to +\infty} \frac{n! e^n}{n^{n+\frac{1}{2}}} = \sqrt{2\pi}$).

Rèsolution.

(i)
$$\lim_{n \to +\infty} \sqrt[n]{\frac{2^{\sqrt{n}} n^n}{n!}} = \lim_{n \to +\infty} 2^{\frac{1}{\sqrt{n}}} \frac{n}{\sqrt[n]{n!}} = e > 1,$$

donc la série diverge, pour le critère de la racine.

(ii)
$$\lim_{n \to +\infty} \sqrt[n]{\left(\frac{n+1}{2n+1}\right)^{n^2 \sin(\frac{1}{n})}} = \frac{1}{2},$$

donc la série converge, pour le critère de la racine.

$$\lim_{n \to +\infty} \sqrt[n]{\frac{(n!)^{n+1} e^{n^2}}{n^{n^2 + \frac{3}{2}n}}} = \lim_{n \to +\infty} \frac{\sqrt[n]{n!}}{n} \frac{n! e^n}{n^{n+\frac{1}{2}}} = \frac{\sqrt{2\pi}}{e} < 1,$$

donc la série converge, pour le critère de la racine.

Exercice 3.39. *(i) Étudier le caractère de la série*

$$\sum_{n=1}^{+\infty} \frac{(n!)^2}{(2n)!} \log n.$$

(ii) Étudier, à la variation du paramètre $x \in \mathbb{R}$, la convergence simple et absolue de la série

$$\sum_{n=1}^{+\infty} \frac{(\frac{4}{\pi} \arctan x)^n}{n^{\frac{3}{4}}}.$$

Rèsolution. *(i)* La série est à termes pas-négatifs ; nous appliquons le critère du rapport. Nous avons :

$$\lim_{n \to +\infty} \left(\frac{(n+1)!}{n!}\right)^2 \frac{(2n)!}{(2n+2)!} \frac{\log(n+1)}{\log n}$$

$$= \lim_{n \to +\infty} \frac{(n+1)^2}{(2n+2)(2n+1)} \frac{\log(n+1)}{\log n} = \frac{1}{4} < 1,$$

donc la série converge.

(ii) Pou le critère de la racine, vu queche

$$\lim_{n \to +\infty} \left(\frac{(\frac{4}{\pi} | \arctan x|)^n}{n^{\frac{3}{4}}} \right)^{\frac{1}{n}} = \frac{4}{\pi} | \arctan x|,$$

la série converge absolument, et donc simplement, si $x \in (-1, 1)$. Se $|x| > 1$, le terme général de la série n'est pas infinitésimal, donc la série ne converge pas. Si $x = 1$, la série diverge positivement ; si $x = -1$, la série converge simplement, pour le critère de Leibnitz.

Exercice 3.40. *Étudier au changer du paramètre $\alpha \in \mathbb{R}$ la convergence simple et absolue des séries suivants :*

$$(i) \sum_{n=2}^{+\infty} \frac{\sin^n \alpha}{\sqrt{n} \log n}, \quad (ii) \sum_{n=1}^{+\infty} \left(e^{\frac{1}{n}} - 1 \right) \log(n) \left[1 - \cos\left(\frac{1}{n} \right) \right]^\alpha.$$

Rèsolution. (i) Nous remarquons que

$$\lim_{n \to +\infty} \sqrt[n]{\frac{|\sin \alpha|^n}{\sqrt{n} \log n}} = |\sin \alpha|.$$

Donc la série converge absolument, et donc simplement, si $|\sin \alpha| < 1$, c'est-à-dire si $\alpha \in \mathbb{R}, \alpha \neq \frac{\pi}{2} + 2k\pi, \alpha \neq -\frac{\pi}{2} + 2k\pi$ $(k \in \mathbb{Z})$. Si $\alpha = \frac{\pi}{2} + 2k\pi (k \in \mathbb{Z})$, le terme général de la série devient

$$\frac{1}{\sqrt{n} \log n}.$$

Comme

$$\lim_{n \to +\infty} \frac{n}{\sqrt{n} \log n} = +\infty,$$

la série diverge positivement, en utilisant le critère de la comparaison asymptotique et le fait qui

$$\sum_{n=2}^{+\infty} \frac{1}{n}$$

elle diverge positivement. Si $\alpha = \frac{\pi}{2} + 2k\pi (k \in \mathbb{Z})$, le terme général de la série devient

$$\frac{(-1)^n}{\sqrt{n} \log n}.$$

Donc la série converge, pour le critère de Leibnitz.

(*ii*) La série est en termes pas négatifs, donc la convergence absolue équivaut à la convergence simple. En raison de la formule de Taylor centrée dans 0 nous avons :

$$\lim_{n \to +\infty} n^{1+\alpha} \left(e^{\frac{1}{n}} - 1 \right) \log(n) \left[1 - \cos\left(\frac{1}{n}\right) \right]^{\alpha}$$

$$= \lim_{n \to +\infty} n^{1+\alpha} \left(\frac{1}{n} + o\left(\frac{1}{n}\right) \right) \log(n) \left(\frac{1}{2n^2} + o\left(\frac{1}{n^2}\right) \right)^{\alpha}$$

$$= \lim_{n \to +\infty} n^{1+\alpha} \log(n) \left(\frac{1}{2^{\alpha} n^{2\alpha+1}} + o\left(\frac{1}{n^{2\alpha+1}}\right) \right) = 0,$$

si $\alpha > 0$. Donc pour le critère de la comparaison asymptotique, la série converge si $\alpha > 0$; si $\alpha \leq 0$, la série diverge positivement.

Exercice 3.41. *Etudier le caractère des séries suivantes à la variation du paramètre $\alpha \in \mathbb{R}$, en calculant la somme dans les cas de convergence :*

$$(i) \sum_{n=1}^{+\infty} (-1)^n (\sin \alpha)^n, \quad (ii) \sum_{n=0}^{+\infty} 3^{n\alpha}.$$

Rèsolution. On a

(*i*)
$$\sum_{n=1}^{+\infty} (-1)^n (\sin \alpha)^n = \sum_{n=1}^{+\infty} (-\sin \alpha)^n.$$

Si $\alpha \neq \frac{\pi}{2} + k\pi$ ($k \in \mathbb{Z}$), alors la série converge et la somme est

$$\frac{1}{1 + \sin \alpha} - 1 = -\frac{\sin \alpha}{1 + \sin \alpha}.$$

Si $\alpha = \frac{\pi}{2} + 2k\pi$, la série est irrégulière (oscillante) ; si $\alpha = -\frac{\pi}{2} + 2k\pi$, la série diverge.

(*ii*)
$$\sum_{n=0}^{+\infty} 3^{n\alpha} = \sum_{n=0}^{+\infty} (3^{\alpha})^n.$$

Se $\alpha < 0$, la série converge et la somme est $\frac{1}{1-3^{\alpha}}$. Si $\alpha \geq 0$, la série diverge.

Exercice 3.42. *Étudier, au changer du paramètre $x \in \mathbb{R}$, la convergence simple et absolue des séries suivantes :*

$$(i) \sum_{n=1}^{+\infty} \frac{x^n}{n3^n}, \quad (ii) \sum_{n=1}^{+\infty} \frac{2^n}{n^2(x-1)^n}.$$

Rèsolution. (i) Comme

$$\lim_{n \to +\infty} \left(\frac{|x|^n}{n3^n} \right)^{\frac{1}{n}} = \frac{|x|}{3},$$

pour le critère de la racine, la série converge absolument (et donc simplement) si $-3 < x < 3$. Se $x = 3$, la série devient

$$\sum_{n=1}^{+\infty} \frac{1}{n},$$

donc elle diverge positivement. Si $x = -3$, la série devient

$$\sum_{n=1}^{+\infty} \frac{(-1)^n}{n},$$

et donc converge pour le critère de Leibnitz. Pour $x < -3$ ou $x > 3$, la série ne converge pas, parce que le terme générique n'est pas infinitésimal.

(ii) Poichè

$$\lim_{n \to +\infty} \left(\frac{2^n}{n^2|x-1|^n} \right)^{\frac{1}{n}} = \frac{2}{|x-1|},$$

pour le critère de la racine, la série converge absolument (et donc simplement) si $x < -1$ ou $x > 3$. Si $x = 3$, la série devient

$$\sum_{n=1}^{+\infty} \frac{1}{n^2},$$

donc elle converge absolument. Se $x = -1$, la série devient

$$\sum_{n=1}^{+\infty} \frac{(-1)^n}{n^2},$$

donc elle converge absolument. Pour $-1 < x < 3$, la série ne converge pas, parce que le terme générique n'est pas infinitésimal.

Exercice 3.43. *Établir le caractère de la série suivante :*

$$\sum_{n=1}^{+\infty} \frac{n^4 - 3\sin n}{3^n + 4n}.$$

Rèsolution. La série est à termes (définitivement) positifs. Car

$$\frac{n^4 - 3\sin n}{3^n + 4n} \sim \frac{n^4}{3^n}, \qquad \text{per } n \to \infty,$$

la série

$$\sum_{n=1}^{+\infty} \frac{n^4 - 3\sin n}{3^n + 4n}$$

a le même caractère de la série

$$\sum_{n=1}^{+\infty} \frac{n^4}{3^n},$$

grâce à le critère de la comparaison asymptotique. Alors nous étudions le caractère de cette dernière série. Nous utilisons le critère du rapport. Il résulte :

$$\lim_{n \to +\infty} \frac{(n+1)^4}{3^{n+1}} \frac{3^n}{n^4} = \lim_{n \to +\infty} \left(\frac{n+1}{n}\right)^4 \frac{1}{3} = \frac{1}{3} < 1$$

Alors, pour le critère du rapport, la série assignée est convergente.

En alternative au critère du rapport, on peut observer que $\lim_{n\to\infty} \dfrac{n^6}{3^n} = 0$ il implique $\dfrac{n^4}{3^n} < \dfrac{1}{n^2}$ pour n suffisamment grand, donc la série

$$\sum_{n=1}^{+\infty} \frac{n^4}{3^n}$$

converge pour comparaison avec la série convergente

$$\sum_{n=1}^{+\infty} \frac{1}{n^2}.$$

Exercice 3.44. *Étudier le caractère des series suivantes :*

$$(i) \sum_{n=1}^{+\infty} \left[\arcsin^2\left(\frac{1}{n}\right)\right] \frac{n^2}{3^n}, \quad (ii) \sum_{n=1}^{+\infty} \left[1 - \cos\left(\frac{1}{n}\right)\right] \frac{n!}{n^n}.$$

Rèsolution. (i) Nous remarquons que

$$0 \leq \arcsin^2\left(\frac{1}{n}\right) \frac{n^2}{3^n} \leq \frac{\pi^2}{4} \frac{n^2}{3^n}.$$

Donc la série converge pour le critère de la comparaison, parce que

$$\sum_{n=1}^{+\infty} \frac{n^2}{3^n}$$

converge.

(ii) Nous remarquons que

$$0 \leq \left[1 - \cos\left(\frac{1}{n}\right)\right] \frac{n!}{n^n} \leq \frac{n!}{n^n}.$$

Donc la série converge pour le critère de la comparaison, parce que

$$\sum_{n=1}^{+\infty} \frac{n!}{n^n}$$

converge.

Exercice 3.45. *Étudier le caractère des series suivantes :*

$$(i) \sum_{n=1}^{+\infty}\left[\frac{1}{n} - \sin\left(\frac{1}{n}\right)\right], \ (ii) \ \sum_{n=1}^{+\infty}\left[1 - \cos\left(\frac{1}{\sqrt{n}}\right)\right].$$

Rèsolution. (i) Pour la formule de Taylor centrée en 0, en un autour de 0 on a :

$$x - \sin x = x - \left(x - \frac{x^3}{6} + o(x^3)\right) = \frac{x^3}{6} - o(x^3),$$

donc

$$\lim_{n\to+\infty} n^3\left[\frac{1}{n} - \sin\left(\frac{1}{n}\right)\right] = \lim_{n\to+\infty} n^3\left[\frac{1}{6n^3} - o\left(\frac{1}{n^3}\right)\right] = \frac{1}{6}.$$

Donc la série (à termes pas négatifs) converge, pour le critère de la comparaison asymptotique.

(ii) Pour la formule de Taylor centrée en 0, en un autour droit de 0 on a :

$$1 - \cos\sqrt{x} = 1 - 1 + \frac{(\sqrt{x})^2}{2} + o((\sqrt{x})^2) = \frac{x}{2} + o(x).$$

Donc

$$\lim_{n\to+\infty} n\left[1-\cos\left(\frac{1}{\sqrt{n}}\right)\right] = \lim_{n\to+\infty} n\left[\frac{1}{2}\frac{1}{n}+o\left(\frac{1}{n}\right)\right] = \frac{1}{2}.$$

Donc la série (à termes pas négatifs) diverge, pour le critère de la comparaison asymptotique.

Exercice 3.46. *Étudier le caractère des suivants séries au changer du paramètre $\alpha \in \mathbb{R}$:*

$$(i) \sum_{n=1}^{+\infty} \frac{n^{\alpha n}}{(n!)^3}, \quad (ii) \sum_{n=1}^{+\infty} \frac{e^{\sqrt{n}}}{|\alpha|^n n} \ (\alpha \neq 0), \quad (iii) \sum_{n=1}^{+\infty} \frac{n^{n^\alpha}}{2^n}.$$

Résolution. On a

$$(i) \quad \lim_{n\to+\infty} \sqrt[n]{\frac{n^{\alpha n}}{(n!)^3}} = \lim_{n\to+\infty} \left(\frac{n}{\sqrt[n]{n!}}\right)^3 n^{\alpha-3} = \begin{cases} 0 & \text{si } \alpha < 3 \\ e^3 & \text{si } \alpha = 3 \\ +\infty & \text{si } \alpha > 3. \end{cases}$$

Donc la série converge si $\alpha < 3$, diverge si $\alpha \geq 3$, pour le critère de la racine.

$$(ii) \qquad\qquad \lim_{n\to+\infty} \sqrt[n]{\frac{e^{\sqrt{n}}}{|\alpha|^n n}} = \frac{1}{|\alpha|}.$$

Donc la série diverge si $\alpha \in (-1,1)\setminus\{0\}$, converge si $\alpha < -1$ ou $\alpha > 1$. Pour $\alpha = \pm 1$ la série diverge parce que le terme général diverge.

$$(iii) \quad \lim_{n\to+\infty} \sqrt[n]{\frac{n^{n^\alpha}}{2^n}} = \frac{1}{2}\lim_{n\to+\infty} n^{n^{\alpha-1}} = \begin{cases} +\infty & \text{si } \alpha \geq 1 \\ \frac{1}{2} & \text{si } \alpha < 1. \end{cases}$$

Donc la série converge si $\alpha < 1$, diverge si $\alpha \geq 1$.

Exercice 3.47. *Étudier le caractère des series suivantes :*

$$(i) \sum_{n=1}^{+\infty} \left|\frac{1}{n} - \sin\left(\frac{1}{n} + \frac{1}{n^2}\right)\right|, \quad (ii) \sum_{n=1}^{+\infty} \left[\sin\left(\frac{1}{n}\right) - e^{\frac{1}{n}} + 1\right]^4.$$

Rèsolution. (*i*) Pour la formule de Taylor centrée en 0, en un autour de 0 on a :

$$x - \sin(x + x^2) = x - x - x^2 + \frac{x^3}{6} + o(x^3) = -x^2 + o(x^2),$$

donc

$$\lim_{n \to +\infty} n^2 \left| \frac{1}{n} - \sin\left(\frac{1}{n} + \frac{1}{n^2}\right) \right| = \lim_{n \to +\infty} n^2 \left| -\frac{1}{n^2} + o\left(\frac{1}{n^2}\right) \right| = 1.$$

Donc la série (à termes pas négatifs) converge, pour le critère de la comparaison asymptotique.

(*ii*) Pour la formule de Taylor centrée en 0, en un autour de 0 on a :

$$(\sin x - e^x + 1)^4 = [x - \frac{x^3}{6} + o(x^3) - x - \frac{x^2}{2} - \frac{x^3}{6} + o(x^3)]^4 = \frac{x^8}{16} + o(x^8).$$

Donc

$$\lim_{n \to +\infty} n^8 \left[\sin\left(\frac{1}{n}\right) - e^{\frac{1}{n}} + 1 \right]^4 = \lim_{n \to +\infty} n^8 \left[\frac{1}{16} \frac{1}{n^8} + o\left(\frac{1}{n^8}\right) \right] = \frac{1}{16}.$$

Donc la série (à termes pas négatifs) converge, pour le critère de la comparaison asymptotique.

Exercice 3.48. *Étudier le caractère des series suivantes :*

$$(i) \sum_{n=1}^{+\infty} (-1)^n \sin\left(\frac{1}{\sqrt{n}}\right), \quad (ii) \sum_{n=1}^{+\infty} (-1)^n \arcsin\left(\frac{1}{n}\right).$$

Rèsolution. (*i*) La succession $\left\{ \sin \frac{1}{\sqrt{n}} \right\}$ est pas négative, décroissante et infinitésimale, donc la série converge pour le critère de Leibnitz.

(*ii*) La succession $\left\{ \arcsin \frac{1}{n} \right\}$ est pas négative, décroissante et infinitésimale, donc la série converge pour le critère de Leibnitz.

Exercice 3.49. *Étudier la convergence simple et absolue des séries suivantes :*

$$(i) \sum_{n=2}^{+\infty} (-1)^n \tan\left(\frac{2}{n}\right), \quad (ii) \sum_{n=2}^{+\infty} \frac{n \log n}{(n^2 + 1)^2}.$$

Rèsolution. (i) Nous remarquons que $n \mapsto \tan n$ est bien définie, pas négative et décroissante pour chaque $n \geq 2$, en effet $0 < \frac{2}{n} \leq 1 < \frac{\pi}{2}$, si $n \geq 2$. La série diverge absolument, parce que

$$\tan\left(\frac{2}{n}\right) \sim \frac{2}{n}, \quad n \to \infty$$

et la série armonique diverge. Pour le critère de Leibnitz, la série converge simplement.

(ii) Car pour chaque $n \geq 2$ on a

$$0 < \frac{n \log n}{(n^2+1)^2} < \frac{n^2}{(n^2+1)^2} < \frac{1}{n^2}.$$

Pour le critère de la comparaison la série converge, car la série $\sum_{n=2}^{+\infty} \frac{1}{n^2}$ est convergente.

Exercice 3.50. *Étudier le caractère de la série*

$$\sum_{n=1}^{+\infty} n\left[2\sin\left(\frac{1}{n}\right)\left(1 - \cos\left(\frac{1}{n}\right)\right) + \frac{1}{n^3}\right].$$

Rèsolution. Pour la formule de Taylor centrée en 0, en un autour de 0 on a :

$$2\sin(x)(1 - \cos x) + x^3$$

$$= 2\left(x - \frac{x^3}{3!} + \frac{x^5}{5!} + o(x^6)\right)\left(\frac{x^2}{2} - \frac{x^4}{4!} + o(x^5)\right) + x^3$$

$$= x^3 + o(x^3),$$

donc

$$\lim_{n \to +\infty} n^2 n\left[2\sin\left(\frac{1}{n}\right)\left(1 - \cos\left(\frac{1}{n}\right)\right) + \frac{1}{n^3}\right] = 1.$$

Pour le critère de la comparaison asymptotique, la série converge parce que $\sum_{n=1}^{+\infty} \frac{1}{n^2}$ converge.

Exercice 3.51. *Étudier au changer du paramètre $\alpha > 0$ le caractère de la série*

$$\sum_{n=1}^{+\infty} \left[1 - \cos\left(\log(1 + \frac{1}{\sqrt{n}})\right)\right] \sin\left(\frac{1}{n^\alpha}\right).$$

Rèsolution. Pour la formule de Taylor centrée en 0, en un autour droit de 0 nous avons :

$$1- \cos[\log(1 + \sqrt{x})]$$
$$= 1 - \cos(\sqrt{x} + o(\sqrt{x})) + o(\cos(\sqrt{x} + o(\sqrt{x})))$$
$$= 1 - 1 + \frac{1}{2}[\sqrt{x} + o((\sqrt{x})^2)]^2 + o([\sqrt{x} + o((\sqrt{x})^2)]^2)$$
$$= \frac{1}{2}x + o(x).$$

Donc

$$\lim_{n \to +\infty} n^{1+\alpha} \left[1 - \cos\left(\log(1 + \frac{1}{\sqrt{n}})\right)\right] \sin\left(\frac{1}{n^\alpha}\right)$$
$$= \lim_{n \to +\infty} n^{1+\alpha} \left[\frac{1}{2n} + o(\frac{1}{2n})\right] \left[\frac{1}{n^\alpha} + o(\frac{1}{n^\alpha})\right] = \frac{1}{2}.$$

Pour le critère de la comparaison asymptotique la série converge pour chaque $\alpha > 0$, parce que $\sum_{n=1}^{+\infty} \frac{1}{n^{1+\alpha}}$ converge pour chaque $\alpha > 0$.

Exercice 3.52. *Étudier le caractère des series suivantes :*

$$(i) \sum_{n=1}^{+\infty} (-1)^n \log\left[1 + \sin\left(\frac{1}{n}\right)\right], \quad (ii) \sum_{n=1}^{+\infty} \frac{(-1)^n}{n - \log n}.$$

Rèsolution. (i) La succession $\{\log\left[1 + \sin\left(\frac{1}{n}\right)\right]\}$ est pas négative, décroissant et infinitésimale, donc la série converge pour le critère de Leibnitz.

(ii) La succession $\{\frac{1}{n-\log n}\}$ est nonnegativa, pas négative, décroissant et infinitésimale, donc la série converge pour le critère di Leibnitz.

Exercice 3.53. *Étudier convergence absolue et convergence simple de la suivante série numérique :*

$$\sum_{n=0}^{+\infty} (-1)^n \left(1 - \cos\left(\frac{1}{e^n}\right)\right) \frac{1}{e^n}.$$

Rèsolution. Il s'agit d'une série aux signes alternatifs car

$$\lim_{n \to +\infty} \frac{1 - \cos\left(\frac{1}{e^n}\right)}{\frac{1}{e^{2n}}} = \frac{1}{2},$$

si ha

$$\left(1 - \cos\left(\frac{1}{e^n}\right)\right)\frac{1}{e^n} \sim \frac{1}{2e^{3n}}.$$

Pour le critère de la comparaison asymptotique, la série des modules de la série donnée il a le même caractère de la série à termes positifs

$$\sum_{n=0}^{+\infty} \frac{1}{2e^{3n}} = \frac{1}{2}\sum_{n=0}^{+\infty}\left(\frac{1}{e^3}\right)^n,$$

que c'est une série géométrique convergente. La sérieuses donnée converge absolument et donc elle converge simplement.

Exercice 3.54. *Indiquer si la série suivante converge absolument et/ou simplement*

$$\sum_{n=1}^{+\infty}(-1)^n\left(e^{\frac{1}{\sqrt{n}}} - 1\right).$$

Rèsolution. Soit $a_n := e^{\frac{1}{\sqrt{n}}} - 1$. Résulte $a_n > 0$, $\lim_{n\to+\infty} a_n = 0$. En outre, $\{a_n\}$ est décroissante, en étant a_n obtenue en composant $n \mapsto \frac{1}{\sqrt{n}}$, qu'il est décroissant avec $m \mapsto e^m$, qu'il est croissant. Pour le critère de Leibnitz la série donnée converge simplement.

Pour l'étude des convergences absolues, il s'agit de considérer la série

$$\sum_{n=1}^{+\infty} a_n.$$

Nous remarquons que

$$\lim_{n\to+\infty} \frac{e^{\frac{1}{\sqrt{n}}} - 1}{\frac{1}{\sqrt{n}}} = 1.$$

Pour le critère de la comparaison asymptotique, la série donnée ne converge pas absolument.

Exercice 3.55. *Étudier le caractère de la série*

$$\sum_{n=1}^{+\infty} \sin(n)\sin\left(\frac{1}{n^2}\right).$$

Rèsolution. Nous étudions la convergence absolue ; considérons donc la série

$$\sum_{n=1}^{+\infty} |\sin(n)| \sin\left(\frac{1}{n^2}\right) .$$

Nous remarquons que pour chaque $n \geq 1$

$$0 \leq |\sin(n)| \sin\left(\frac{1}{n^2}\right) \leq \sin\left(\frac{1}{n^2}\right) .$$

Vu que

$$\lim_{n \to +\infty} n^2 \sin\left(\frac{1}{n^2}\right) = 1,$$

pour le critère de la comparaison asymptotique, la série à termes pas négatifs

$$\sum_{n=1}^{\infty} \sin\left(\frac{1}{n^2}\right)$$

converge. En conséquence, pour le critère de la comparaison simple, nous pouvons déduire que la série

$$\sum_{n=1}^{+\infty} |\sin(n)| \sin\left(\frac{1}{n^2}\right)$$

converge. Donc la série

$$\sum_{n=1}^{+\infty} \sin(n) \sin\left(\frac{1}{n^2}\right)$$

elle converge absolument, et donc, simplement.

Exercice 3.56. *Étudier au changer du paramètre $\alpha > 0$ le caractère de la série*

$$\sum_{n=1}^{+\infty} n^\alpha \left[\frac{1}{n}\sqrt{1 + \frac{1}{n^2}} - \sin\left(\frac{1}{n}\right) \right] .$$

Rèsolution. Pour la formule de Taylor centrée en 0, en un autour de 0 on a

$$x\sqrt{1 + x^2} - \sin x$$

$$= x\left(1 + \frac{x^2}{2} + o(x^2)\right) - \left(x - \frac{x^3}{3!} + o(x^4)\right)$$

$$= \frac{2}{3}x^3 + o(x^3).$$

Donc

$$\lim_{n\to+\infty} n^{3-\alpha} n^{\alpha} \left[\frac{1}{n}\sqrt{1+\frac{1}{n^2}} - \sin\left(\frac{1}{n}\right) \right]$$
$$= \lim_{n\to+\infty} n^3 \left(\frac{2}{3n^3} + o\left(\frac{1}{n^3}\right) \right) = \frac{2}{3}.$$

Pour le critère de la comparaison asymptotique, la série converge si $3 - \alpha > 1$, c'est-à-dire si $0 < \alpha < 2$; elle diverge si $\alpha \geq 2$.

Chapitre 4

Limites de Fonctions

Conditions préalables théoriques

◊ Définition de limite de fonctions : fini et infini au fini et à l'infini.

◊ Principales propriétés des limites.

◊ Limites notables.

◊ Théorème de de L'Hôpital.

◊ Formule de Taylor avec le reste de Peano.

◊ Formules de Taylor des fonctions élémentaires centrées en zéro.

4.1   Limites - Premier Partie

Exercice **4.1.** *Calcoluler*

$$(i)\ \lim_{x \to -\infty} \frac{x^2 + \sin x}{2x + 1}, \quad (ii)\ \lim_{x \to +\infty} \frac{x^3 + \sin(x^5)}{x^5}.$$

Rèsolution. (i)

$$\lim_{x \to -\infty} \frac{x^2 + \sin x}{2x + 1} = \lim_{x \to -\infty} \frac{x^2(1 + \frac{\sin x}{x^2})}{x(2 + \frac{1}{x})} = -\infty.$$

(ii)

$$\lim_{x \to +\infty} \frac{x^3 + \sin(x^5)}{x^5} = \lim_{x \to +\infty} \frac{x^3(1 + \frac{\sin(x^5)}{x^3})}{x^5} = 0.$$

Exercice 4.2. *En utilisant la définition de limite, vérifier que*

$$(i) \lim_{x \to 0} \frac{1}{x^2(1 + \sin x)} = +\infty, \quad (ii) \lim_{x \to 5} \frac{1}{2x - 1} = \frac{1}{9}.$$

Rèsolution. (i) Soit $M > 0$ n'importe quel. Pour chaque $x \in I :=$ $(-1, 1) \setminus \{0\}$ on a

$$0 < x^2(1 + \sin x) \leq x^2(1 + 1) \leq 2|x|.$$

Donc

$$x \in I, 2|x| < \frac{1}{M} \Leftrightarrow 0 < |x| < \delta := \min\{1, \frac{1}{2M}\} \Rightarrow \frac{1}{x^2(1 + \sin x)} > M.$$

(ii) Si $x \in (4, 6)$, c'est-à-dire $|x - 5| < 1$, alors $7 < 2x - 1 < 11$, par conséquent

$$\left| \frac{1}{2x - 1} - \frac{1}{9} \right| < \frac{2}{63}|5 - x|.$$

Donc pour chaque $\varepsilon > 0$, se $0 < |x - 5| < \min\left\{1, \frac{63}{2}\varepsilon\right\}$, alors

$$\left| \frac{1}{2x - 1} - \frac{1}{9} \right| < \varepsilon.$$

Exercice 4.3. *Calculer*

$$(i) \lim_{x \to 0} \frac{x^4 - 3x^2 - x}{2x^4 + x}, \quad (ii) \lim_{x \to 0} \frac{\sqrt{x^2 + x + 2} - \sqrt{2}}{x}.$$

Rèsolution. (i) On a

$$\lim_{x \to 0} \frac{x^4 - 3x^2 - x}{2x^4 + x} = \lim_{x \to 0} \frac{x(x^3 - 3x - 1)}{x(2x^3 + 1)} = -1.$$

(ii) On a

$$\lim_{x \to 0} \frac{\sqrt{x^2 + x + 2} - \sqrt{2}}{x} = \lim_{x \to 0} \frac{\sqrt{x^2 + x + 2} - \sqrt{2}}{x} \cdot \frac{\sqrt{x^2 + x + 2} + \sqrt{2}}{\sqrt{x^2 + x + 2} + \sqrt{2}}$$

$$= \lim_{x \to 0} \frac{x^2 + x + 2 - 2}{x(\sqrt{x^2 + x + 2} + \sqrt{2})} = \frac{1}{2\sqrt{2}}.$$

Exercice 4.4. *Vérifier que*

$$\lim_{x \to 0} \frac{x^2 \sin\left(\frac{1}{x^4}\right) + 2|x|}{x}$$

il n'existe pas.

Rèsolution. Nous définissons $f(x) := \dfrac{x^2 \sin\left(\frac{1}{x^4}\right) + 2|x|}{x}$. Pour chaque $\varepsilon > 0$,

$$|f(x) - 2| = \left| x \sin\left(\frac{1}{x^4}\right) \right| < \varepsilon \quad \text{si } 0 < x < \varepsilon.$$

D'autre part, pour chaque $\varepsilon > 0$,

$$|f(x) + 2| = \left| x \sin\left(\frac{1}{x^4}\right) \right| < \varepsilon \quad \text{si } -\varepsilon < x < 0.$$

Il suit ici que f n ?admet aucune limite pour $x \to 0$.

Exercice 4.5. *Calculer les limites suivantes*

$$(i)\ \lim_{x \to +\infty} x e^{\sin x}, \quad (ii)\ \lim_{x \to +\infty} (x + \sin x), \quad (iii)\ \lim_{x \to 0} x e^{\sin\left(\frac{1}{x}\right)}.$$

Rèsolution. Étant donné que $|\sin x| \le 1$ pour chaque $x \in \mathbb{R}$, pour le théorème de comparaison nous obtenons

$$x e^{\sin x} \ge x e^{-1} \to +\infty \quad \text{per } x \to +\infty$$
$$x + \sin x \ge x - 1 \to +\infty \quad \text{per } x \to +\infty.$$

En outre

$$\left| x e^{\sin\left(\frac{1}{x}\right)} \right| = |x| \left| e^{\sin\left(\frac{1}{x}\right)} \right| \le e|x| \to 0 \text{ pour } x \to 0.$$

Exercice 4.6. *Calculer*

$$(i)\ \lim_{x \to 0^+} \frac{\log(\sqrt{x} + 1)}{\sqrt[4]{x}}, \quad (ii)\ \lim_{x \to 0^+} x^{\log^3 x}.$$

Rèsolution. (i)

$$\lim_{x \to 0^+} \frac{\log(\sqrt{x} + 1)}{\sqrt[4]{x}} = \lim_{x \to 0^+} \frac{\log(\sqrt{x} + 1)}{\sqrt{x}} \frac{\sqrt{x}}{\sqrt[4]{x}} = 0.$$

(ii)

$$\lim_{x \to 0^+} x^{\log^3 x} = \lim_{x \to 0^+} e^{\log^4 x} = +\infty.$$

Exercice 4.7. *Calculer*

$$\lim_{x\to+\infty}\left[\log(1+e^x)\log\left(1+\frac{1}{x}\right)\right].$$

Rèsolution. On a

$$\lim_{x\to+\infty}\left[\log(1+e^x)\log\left(1+\frac{1}{x}\right)\right]$$

$$=\lim_{x\to+\infty}\left[\log(e^x(1+e^{-x}))\log\left(1+\frac{1}{x}\right)\right]$$

$$=\lim_{x\to+\infty}\left[x\log\left(1+\frac{1}{x}\right)+\log(1+e^{-x})\log\left(1+\frac{1}{x}\right)\right]$$

$$=\lim_{x\to+\infty}\frac{\log\left(1+\frac{1}{x}\right)}{\frac{1}{x}}=1.$$

Exercice 4.8. *Calculer*

$$(i)\ \lim_{x\to\frac{1}{2}}\frac{\cos(\pi x)}{x-2x^2},\quad (ii)\ \lim_{x\to 2}\frac{3x-6}{\sin(\pi x)}.$$

Rèsolution. (i) On a

$$\lim_{x\to\frac{1}{2}}\frac{\cos(\pi x)}{x-2x^2}=\lim_{x\to\frac{1}{2}}\frac{\cos(\pi(x-\frac{1}{2})+\frac{\pi}{2})}{2x(\frac{1}{2}-x)}$$

$$=\lim_{x\to\frac{1}{2}}\frac{1}{2x}\pi\lim_{x\to\frac{1}{2}}\frac{\sin[\pi(x-\frac{1}{2})]}{\pi(x-\frac{1}{2})}=\pi.$$

(ii) Nous mettons $t=x-2$. Alors

$$\lim_{x\to 2}\frac{3x-6}{\sin(\pi x)}=\lim_{t\to 0}\frac{3t}{\sin(\pi t+2\pi)}=\lim_{t\to 0}\frac{3t}{\sin(\pi t)}=\frac{3}{\pi}.$$

Exercice 4.9. *Calculer*

$$(i)\ \lim_{x\to+\infty}\left[1+\sin\left(\frac{2}{x^2}\right)\right]^{x^3\log(1+\frac{1}{2x})},\quad (ii)\ \lim_{x\to+\infty}\frac{\log\left(2-\cos\left(\frac{1}{x}\right)\right)}{\sin\left(\frac{1}{2x^2}\right)}.$$

Rèsolution. (i) On a

$$\lim_{x \to +\infty} \left[1 + \sin \left(\frac{2}{x^2} \right) \right]^{x^3 \log \left(1 + \frac{1}{2x} \right)}$$

$$= \lim_{x \to +\infty} \left[\left(1 + \sin \left(\frac{2}{x^2} \right) \right)^{\frac{1}{\sin \left(\frac{2}{x^2} \right)}} \right]^{\sin \left(\frac{2}{x^2} \right) x^3 \log \left(1 + \frac{1}{2x} \right)} = e,$$

parce que

$$\lim_{x \to +\infty} \sin \left(\frac{2}{x^2} \right) x^3 \log \left(1 + \frac{1}{2x} \right) = \lim_{x \to 0} \frac{2}{x^2} x^3 \frac{1}{2x} = 1.$$

(ii) On a

$$\lim_{x \to +\infty} \frac{\log \left(2 - \cos \left(\frac{1}{x} \right) \right)}{\sin \left(\frac{1}{2x^2} \right)} = \lim_{x \to +\infty} \frac{1 - \cos \left(\frac{1}{x} \right)}{\frac{1}{2x^2}} = 1.$$

Exercice 4.10. *Calculer*

$$(i) \lim_{x \to 0} \frac{\sqrt[3]{1 + \sqrt[3]{x}} - 1}{\sqrt[3]{x}}, \quad (ii) \lim_{x \to 0^+} \frac{\log(1 + \sqrt{x \sin x})}{2x}.$$

Rèsolution.

(i)
$$\lim_{x \to 0} \frac{\sqrt[3]{1 + \sqrt[3]{x}} - 1}{\sqrt[3]{x}} = \lim_{y \to 0} \frac{(1 + y)^{\frac{1}{3}} - 1}{y} = \frac{1}{3},$$

en étant $y := \sqrt[3]{x}$.

(ii)
$$\lim_{x \to 0^+} \frac{\log(1 + \sqrt{x \sin x})}{2x} = \lim_{x \to 0^+} \frac{\log(1 + \sqrt{x \sin x})}{\sqrt{x \sin x}} \frac{\sqrt{x \sin x}}{2x} = \frac{1}{2}.$$

Exercice 4.11. *Calculer*

$$(i) \lim_{x \to 0} \frac{e^{x^2} - \cos x}{x^2}, \quad (ii) \lim_{x \to 0} \frac{\log(1 + x^2) - 2\sqrt[3]{(e^x - 1)^2}}{\sqrt[3]{x^2}}.$$

Rèsolution. (i) On a

$$\lim_{x \to 0} \frac{e^{x^2} - \cos x}{x^2} = \lim_{x \to 0} \left(\frac{e^{x^2} - 1}{x^2} + \frac{1 - \cos x}{x^2} \right) = \frac{3}{2}.$$

(*ii*) On a

$$\lim_{x \to 0} \frac{\log(1 + x^2) - 2\sqrt[3]{(e^x - 1)^2}}{\sqrt[3]{x^2}}$$

$$= \lim_{x \to 0} \left(\frac{\log(1 + x^2)}{x^2} \frac{x^2}{\sqrt[3]{x^2}} - 2\sqrt[3]{\left(\frac{e^x - 1}{x}\right)^2} \right) = -2 \,.$$

Exercice 4.12. *Calculer*

$$(i) \ \lim_{x \to 0} \frac{\sqrt{2} - \sqrt{1 + \cos x}}{\sin^2 x}, \qquad (ii) \ \lim_{x \to 0} (\cos x)^{\frac{1}{\sin(x^2)}} \,.$$

Rèsolution. (*i*) Si ha

$$\lim_{x \to 0} \frac{\sqrt{2} - \sqrt{1 + \cos x}}{\sin^2 x} = \lim_{x \to 0} \frac{\sqrt{2} - \sqrt{1 + \cos x}}{\sin^2 x} \frac{\sqrt{2} + \sqrt{1 + \cos x}}{\sqrt{2} + \sqrt{1 + \cos x}}$$

$$= \lim_{x \to 0} \frac{1 - \cos x}{x^2(\sqrt{2} + \sqrt{1 + \cos x})} \frac{x^2}{\sin^2 x}$$

$$= \frac{1}{4\sqrt{2}} \,.$$

(*ii*) Nous remarquons que $(\cos x)^{\frac{1}{\sin(x^2)}} = e^{\frac{1}{\sin(x^2)} \log(\cos x)}$; en outre,

$$\lim_{x \to 0} \frac{\log(\cos x)}{\sin(x^2)} = \lim_{x \to 0} \frac{\log(1 + \cos x - 1)}{\cos x - 1} \frac{\cos x - 1}{x^2} \frac{x^2}{\sin(x^2)} = -\frac{1}{2} \,.$$

La limite à calculer vaut donc $\frac{1}{\sqrt{e}}$.

Exercice 4.13. *Calculer*

$$\lim_{x \to 1^+} \log(x) \log[\log(x)] \,.$$

Rèsolution. Nous mettons $y := \log x$; alors

$$\lim_{x \to 1^+} \log(x) \log[\log(x)] = \lim_{y \to 0^+} y \log y = 0 \,.$$

4.2   Limites - Deuxième partie

***Exercice* 4.14.** *Écrire le polynôme de Taylor d'ordre 8 et centre $x_0 = 0$ de $f(x) = \cos(x^2)$. Calculer*

$$\lim_{x \to 0} \frac{\cos(x^2) - 1 + x^4}{x^4}.$$

Rèsolution. Nous rappelons le polynôme de Taylor d'ordre 4 de la fonction $t \mapsto \cos(t)$ de centre $t_0 = 0$. On a :

$$P_4(t; 0) = 1 - \frac{t^2}{2} + \frac{t^4}{4!}.$$

En opérant la transformation $t = x^2$, nous obtenons le polynôme demandé :

$$P_8(x; 0) = 1 - \frac{x^4}{2} + \frac{x^8}{4!}.$$

Nous observons que

$$\cos(x^2) = 1 - \frac{x^4}{2} + o(x^4);$$

donc

$$\lim_{x \to 0} \frac{\cos(x^2) - 1 + x^4}{x^4} = \lim_{x \to 0} \frac{1 - \frac{x^4}{2} - 1 + x^4 + o(x^4)}{x^4} = \frac{1}{2}.$$

***Exercice* 4.15.** *Calculer, à la variation de $\alpha \in \mathbb{R}$, la valeur de la limite de fonction suivante*

$$\lim_{x \to 0^+} \frac{1}{x^\alpha} \left(\frac{\sin x}{x} - \frac{x}{\sin x} \right).$$

Rèsolution. En utilisant le développement de Taylor centré en 0 de la fonction $x \mapsto \sin x$ (de ordr 3), nous avons

$$\frac{1}{x^\alpha}\left(\frac{\sin x}{x} - \frac{x}{\sin x}\right)$$

$$= x^{-\alpha}\frac{(\sin x)^2 - x^2}{x\sin x} = x^{-\alpha}\frac{\left(x - \frac{1}{6}x^3 + o(x^3)\right)^2 - x^2}{x(x + o(x))}$$

$$= x^{-\alpha}\frac{x^2 - \frac{1}{3}x^4 + o(x^4) - x^2}{x(x + o(x))} = x^{-\alpha}\frac{x^4\left(-\frac{1}{3} + o(1)\right)}{x^2(1 + o(1))}$$

$$= x^{2-\alpha}\frac{\left(-\frac{1}{3} + o(1)\right)}{(1 + o(1))} \rightarrow \begin{cases} 0 & \text{si } \alpha < 2, \\ -\frac{1}{3} & \text{si } \alpha = 2, \\ -\infty & \text{si } \alpha > 2. \end{cases}$$

Exercice 4.16. *Nous rappelons que si ils existent $K \neq 0, \alpha > 0$ tels que*

$$\lim_{x\to 0}\frac{\varphi(x)}{x^\alpha} = K,$$

on dit que α c'est l'ordre de partie infinitésimale de la fonction φ per $x \to 0$. En utilisant la formule de Taylor, déterminer l'ordre de partie infinitésimale pour $x \to 0$ des fonctions suivantes :

$$(i)\, f(x) := \sin^2 x - x^2, \ (ii)\, g(x) := \cos(2\sqrt{x}) - e^{-2x}.$$

Rèsolution. (i) Pour la formule de Taylor centrée en 0 nous avons

$$f(x) = [x - \frac{x^3}{6} + o(x^4)]^2 - x^2 = -\frac{x^4}{3} + o(x^4),$$

donc $K = -\frac{1}{3}, \alpha = 4$.
(ii) Pour la formule de Taylor centrée en 0 nous avons

$$g(x) = 1 - 2x + \frac{2}{3}x^2 + o(x^2) - (1 - 2x + 2x^2 + o(x^2)) = -\frac{4}{3}x^2 + o(x^2),$$

donc $K = -\frac{4}{3}, \alpha = 2$.

Exercice 4.17. *Données*

$$f(x) = \frac{1 - \cos(3x)}{\arctan \sin(9x)}, \qquad g(x) = \frac{\sqrt[4]{1 + x^2} - 1}{\tan \frac{x}{2}},$$

calculer les limites :

$$\lim_{x \to 0} f(x), \qquad \lim_{x \to 0} g(x).$$

Considérer donc $f^*(x)$ et $g^*(x)$ obtenues en prolongeant avec de la continuité $f(x)$ et $g(x)$ en $x = 0$. Montrer, sur la base du résultat obtenu que les fonctions $f^*(x)$ et $g^*(x)$ ils ont la même droite tangente pour $x = 0$. Écrire l'équation de cette droite.

Rèsolution. Pour le calcul de la limite nous utilisons les asymptotiques :

$$\lim_{x \to 0} f(x) = \lim_{x \to 0} \frac{1 - \cos(3x)}{\arctan \, \sin \, (9x)}$$

$$= \lim_{x \to 0} \frac{\frac{9}{2}x^2}{9x} = \lim_{x \to 0} \frac{1}{2}x = 0,$$

$$\lim_{x \to 0} g(x) = \lim_{x \to 0} \frac{\sqrt[4]{1 + x^2} - 1}{\tan \frac{x}{2}}$$

$$= \lim_{x \to 0} \frac{\frac{1}{4}x^2}{\frac{x}{2}} = \lim_{x \to 0} \frac{1}{2}x = 0.$$

Les graphiques de $f^*(x)$ et di $g^*(x)$ ils passent pour le point $(0,0)$ car la limite est nulle. Pour la pente ils les calculent les dérivées de f^* et g^* en $x = 0$ usando il limite del rapporto incrementale. en utilisant la limite du rapport incrémentiel. En utilisant les calculs précédents obtient que les deux les fonctions ont dérivé en $x = 0$ égal à $\frac{1}{2}$.
Donc la droite tangente en $(0,0)$ est $y = \frac{1}{2}x$.

Exercice **4.18.**   *a. Écrire le développement de Taylor centré en 0 d'ordre 4 avec le reste de Peano de la fonction :*

$$y(x) = e^{x^2} - 1 + \log{(1 - 2x)} \, .$$

   b. Calculer donc au changer de α, avec $\alpha > 0$, la limite suivante :

$$\lim_{x \to 0^+} \frac{y(x)}{x^\alpha + x^{2\alpha}} \, .$$

Rèsolution. Nous utilisons les formules de Taylor notes :

$$e^t = 1 + t + \frac{t^2}{2!} + o(t^2), \quad \text{pour } t \to 0,$$

$$\log(1+t) = t - \frac{t^2}{2} + \frac{t^3}{3} - \frac{t^4}{4} + o(t^4), \quad \text{pour } t \to 0.$$

Donc, per $x \to 0$ on a

$$e^{x^2} = 1 + x^2 + \frac{x^4}{2} + o(x^4),$$

$$\log(1-2x) = (-2x) - \frac{(-2x)^2}{2} + \frac{(-2x)^3}{3} - \frac{(-2x)^4}{4} + o(x^4),$$

$$\log(1-2x) = -2x - 2x^2 - 8\frac{x^3}{3} - 4x^4 + o(x^4).$$

On obtient

$$y(x) = -2x - x^2 - 8\frac{x^3}{3} - 7\frac{x^4}{2} + o(x^4) \quad \text{pour } x \to 0.$$

Donc

$$\lim_{x \to 0^+} \frac{y(x)}{x^\alpha + x^{2\alpha}} = \lim_{x \to 0^+} \frac{-2x}{x^\alpha} = \lim_{x \to 0^+} -2x^{1-\alpha}.$$

La limite vaut en conséquence -2 pour $\alpha = 1$; $-\infty$ pour $\alpha > 1$; 0 pour $\alpha < 1$.

Exercice 4.19. *Soit* $f : \mathbb{R}\backslash\{0\} \longrightarrow \mathbb{R}$ *la fonction définie en posant*

$$f(x) = \frac{6(\arctan x - \sin x) + x^3}{(e^x - 1)\ln(1 + x^4)}.$$

Calculer les limites suivantes.

$$(i) \quad \lim_{x \to 0} f(x), \quad (ii) \quad \lim_{x \to +\infty} f(x), \quad (iii) \quad \lim_{x \to -\infty} f(x).$$

Rèsolution. (i) Pour $x \to 0$, il résulte $e^x - 1 \sim x$ et $\ln(1+x^4) \sim x^4$, pour lequel le dénominateur est asymptotique à x^5. en ce qui concerne le numérateur, nous avons

$$\arctan x = x - \frac{x^3}{3} + \frac{x^5}{5} + o(x^5)$$

et

$$\sin x = x - \frac{x^3}{6} + \frac{x^5}{120} + o(x^5),$$

pour lequel résulte

$$6(\arctan x - \sin x) + x^3 = \frac{23}{20}x^5 + o(x^5) \sim \frac{23}{20}x^5.$$

Il suit

$$\lim_{x \to 0} f(x) = \frac{23}{20} \, .$$

(*ii*) Pour $x \to +\infty$, le numérateur est asymptotique à x^3, pendant que le dénominateur a ordre de supérieur infini à e^x. De la hiérarchie des infinis on il a

$$\lim_{x \to +\infty} f(x) = 0 \, .$$

(*iii*) Pour $x \to -\infty$, le numérateur est toujours asymptotique à x^3, tandis que le dénominateur est asymptotique à $-\ln(1 + x^4)$ (à son tour asymptotique à $-\ln(x^4)$, c'est-à-dire à $-4\ln|x|$). Il suit

$$\lim_{x \to -\infty} f(x) = +\infty \, .$$

Exercice 4.20. *Calculer la limite :*

$$\lim_{x \to 0} \frac{e^{-x^2} - 1 - \sin^2 x}{\cos(3x) - 1} \, .$$

Rèsolution. Pour $x \to 0$, ils valent les développements :

$$e^{-x^2} = 1 - x^2 + o(x^2),$$

$$\sin^2 x = \left(x - \frac{x^3}{6} + o(x^4) \right)^2 = x^2 - \frac{x^4}{3} + o(x^4),$$

$$\cos(3x) - 1 = -\frac{9x^2}{2} + o(x^2) \, .$$

Donc

$$\lim_{x \to 0} \frac{e^{-x^2} - 1 - \sin^2 x}{\cos(3x) - 1} = \lim_{x \to 0} \frac{-x^2 + o(x^2) - x^2 + \frac{1}{3}x^4 + o(x^4)}{-\frac{9x^2}{2} + o(x^2)}$$

$$= \lim_{x \to 0} \frac{-2x^2 + o(x^2)}{-\frac{9x^2}{2} + o(x^2)} = \frac{4}{9} \, .$$

Exercice 4.21. *Calculer*

$$\lim_{x \to 0} \frac{\sqrt{1 - x^4} - \cos\left(x^2\right)}{x^2 \sin(x) - x \log\left(x^2 + 1\right)} \, .$$

Rèsolution. Pour $x \to 0$

$$\frac{\sqrt{1-x^4} - \cos\left(x^2\right)}{x^2 \sin(x) - x \log\left(x^2 + 1\right)}$$

$$= \frac{1 - x^4/2 + o(x^5) - (1 - x^4/2 + o(x^5))}{x^2(x - x^3/6 + o(x^4)) - x(x^2 - x^4/2 + o(x^5))}$$

$$= \frac{o(x^5)}{x^5/3 + o(x^6)}.$$

Donc

$$\lim_{x \to 0} \frac{\sqrt{1-x^4} - \cos\left(x^2\right)}{x^2 \sin(x) - x \log\left(x^2 + 1\right)} = 0.$$

Exercice 4.22. *Calculer les limites suivantes.*

$$(i) \; \lim_{x \to +\infty} x^2 \left(\arctan x - \arccos \frac{1}{x^2} \right),$$

$$(ii) \; \lim_{x \to 0^+} \left(\frac{x - \arctan x}{x^2} \right)^{\log x}.$$

Rèsolution. (i) Pour le Théorème de de L'Hôspital on a :

$$\lim_{x \to +\infty} x^2 \left(\arctan x - \arccos \frac{1}{x^2} \right)$$

$$= \lim_{x \to +\infty} \frac{\arctan x - \arccos \frac{1}{x^2}}{\frac{1}{x^2}}$$

$$= \lim_{x \to +\infty} \frac{\frac{1}{1+x^2} - (-\frac{1}{\sqrt{1-\frac{1}{x^4}}})(-\frac{2}{x^3})}{-\frac{2}{x^3}}$$

$$= \lim_{x \to +\infty} \left(\frac{1}{\sqrt{1-\frac{1}{x^4}}} - \frac{x^3}{2(1+x^2)} \right)$$

$$= -\infty.$$

(ii) Pour le Théorème de de L'Hôspital on a :

$$\lim_{x \to 0^+} \frac{x - \arctan x}{x^2} = \lim_{x \to 0^+} \frac{1 - \frac{1}{1+x^2}}{2x} = \lim_{x \to 0^+} \frac{\frac{2x}{(1+x^2)^2}}{2} = 0,$$

donc la limite à calculer est $+\infty$.

Exercice 4.23. *Calculer la limite :*

$$\lim_{x \to 0} \frac{\cos(x) - \frac{1}{2}\sin(x) - \log\left[(1+x)^{\frac{1}{x}}\right]}{x^2}.$$

Rèsolution. En utilisant la formule de Taylor on a :

$$\lim_{x \to 0} \frac{\cos(x) - \frac{1}{2}\sin(x) - \log\left[(1+x)^{\frac{1}{x}}\right]}{x^2}$$

$$= \lim_{x \to 0} \frac{1 - \frac{x^2}{2} + o(x^3) - \frac{1}{2}[x - \frac{x^3}{6} + o(x^4)] - \frac{1}{x}[x - \frac{x^2}{2} + \frac{x^3}{3} + o(x^3)]}{x^2}$$

$$= -\frac{5}{6}.$$

Exercice 4.24. *Calculer les limites suivantes.*

$$(i) \ \lim_{x \to 1+} \left(\frac{x+1}{x-1} - \frac{1}{\log x}\right),$$

$$(ii) \ \lim_{n \to +\infty} n^2 \left\{\log\left[n \sin\left(\frac{1}{n}\right)\right] + \cos\left(\frac{1}{n}\right) - 1\right\}.$$

Rèsolution.

(i)

$$\lim_{x \to 1+} \left(\frac{x+1}{x-1} - \frac{1}{\log x}\right) = \lim_{t \to 0+} \left(\frac{2+t}{t} - \frac{1}{\log(1+t)}\right) =$$

$$= 1 + \lim_{t \to 0+} \frac{1}{t}\left(2 - \frac{t}{\log(1+t)}\right) = +\infty,$$

en ayant fait usage de la limite notable $\lim_{t \to 0} \frac{\log(1+t)}{t} = 1$.

(ii) Nous remarquons que, en utilisant la formule de Taylor, on a :

$$\lim_{x \to 0} \frac{\log\left(\frac{\sin x}{x}\right) + \cos(x) - 1}{x^2}$$

$$= \lim_{x \to 0} \frac{\log[\frac{1}{x}(x - \frac{x^3}{6} + o(x^4))] + 1 - \frac{x^2}{2} - 1 + o(x^3)}{x^2}$$

$$= \lim_{x \to 0} \frac{-\frac{x^2}{6} - \frac{x^2}{2} + o(x^2)}{x^2} = -\frac{2}{3}.$$

Cela implique qui la limite en (ii) vaut $-\frac{2}{3}$.

Exercice 4.25. *Calculer la limite :*

$$\lim_{x \to -\infty} (1 + 2e^x)^{\frac{x}{e^x}}.$$

Rèsolution. Nous remarquons que

$$(1 + 2e^x)^{\frac{x}{e^x}} = e^{\frac{x}{e^x} \log(1 + 2e^x)}.$$

Puisque

$$\lim_{x \to -\infty} \frac{\log(1 + 2e^x)}{2e^x} = 1,$$

on a

$$\lim_{x \to -\infty} \frac{x}{e^x} \log(1 + 2e^x) = \lim_{x \to -\infty} 2x \frac{\log(1 + 2e^x)}{2e^x} = -\infty.$$

En conséquence la limite vaut 0.

Exercice 4.26. *Calculer la limite :*

$$\lim_{x \to 0} \frac{\log(1 + \sin^2 x) - x^2}{\tan^3 x}.$$

Rèsolution. En utilisant la formule de Taylor on a

$$\lim_{x \to 0} \frac{\log(1 + \sin^2 x) - x^2}{(\tan x)^3}$$

$$= \lim_{x \to 0} \frac{\sin^2 x - \frac{1}{2}\sin^4 x + o(\sin^4 x) - x^2}{x^3 + o(x^3)}$$

$$= \lim_{x \to 0} \frac{[x - \frac{x^3}{6} + o(x^4)]^2 - \frac{x^4}{2} + o(x^4) - x^2}{x^3 + o(x^3)}$$

$$= \lim_{x \to 0} \frac{-\frac{5}{6}x^4 + o(x^4)}{x^3 + o(x^3)} = 0.$$

Exercice 4.27. *Calculer les limites suivantes.*

$$(i) \ \lim_{x \to 0^+} \frac{\cos \sqrt[3]{x} - \sqrt[3]{\cos x}}{\sqrt[3]{x^2}}, \quad (ii) \ \lim_{x \to 0^+} \frac{x^2 \log x}{1 - \cos^3 x - \frac{1}{2}x^2}.$$

Rèsolution. (*i*) Pour la règle de de Le Hospital on a :

$$\lim_{x \to 0^+} \frac{\cos \sqrt[3]{x} - \sqrt[3]{\cos x}}{\sqrt[3]{x^2}} = \lim_{x \to 0^+} \frac{-\frac{1}{3}\frac{1}{\sqrt[3]{x^2}}\sin(\sqrt[3]{x}) + \frac{\sin x}{3\sqrt[3]{\cos^2 x}}}{\frac{2}{3}\frac{1}{\sqrt[3]{x^2}}}$$

$$= \lim_{x \to 0^+} \frac{\sqrt[3]{x}}{2}\left(\frac{\sin x}{\sqrt[3]{\cos^2 x}} - \frac{\sin \sqrt[3]{x}}{\sqrt[3]{x^2}}\right) = -\frac{1}{2}.$$

(*ii*) Pour le Théorème de de L'Hôspital on a :

$$\lim_{x \to 0^+} \frac{x^2 \log x}{1 - \cos^3 x - \frac{1}{2}x^2} = \lim_{x \to 0^+} \frac{2x \log x + x}{3 \cos^2 x \sin x - x}$$

$$= \lim_{x \to 0^+} \frac{2 \log x + 2 + 1}{-6 \cos x \sin^2 x + 3 \cos^3 x - 1} = -\infty.$$

Exercice 4.28. *Calculer les limites suivantes.*

$$(i) \lim_{x \to 1} (x-1) \tan\left(\frac{\pi}{2}x\right), \ (ii) \lim_{x \to 0^+} \frac{x^{\sin x} - 1}{x}.$$

Rèsolution. (*i*) Pour le Théorème de de L'Hôspital on a :

$$\lim_{x \to 1} (x-1) \tan\left(\frac{\pi}{2}x\right) = \lim_{x \to 1} \frac{x-1}{\cot(\frac{\pi}{2}x)} = \lim_{x \to 1} \frac{1}{-\frac{1}{\sin^2(\frac{\pi}{2}x)}\frac{\pi}{2}} = -\frac{2}{\pi}.$$

(*ii*) Pour le Théorème de de L'Hôspital on a :

$$\lim_{x \to 0^+} \frac{x^{\sin x} - 1}{x} = \lim_{x \to 0^+} x^{\sin x} \left[\cos(x) \log x + \frac{\sin x}{x}\right] = -\infty.$$

Exercice 4.29. *Calcolare i seguenti limiti :*

$$(i) \lim_{x \to 0} \frac{(e^x - 1)^3 - \log^2(1-x)}{1 - \cos^2 x}, \quad (ii) \lim_{x \to 0^+} \left(\frac{\tan x}{x}\right)^{\frac{1}{x^3}},$$

$$(iii) \lim_{x \to 0} \frac{x \arcsin x - x^3}{\sqrt{1 + x^4} - \cos(x^2)}.$$

Rèsolution. (*i*) Pour la formule de Taylor nous avons :

$$\lim_{x \to 0} \frac{(e^x - 1)^3 - \log^2(1-x)}{1 - \cos^2 x} = \lim_{x \to 0} \frac{x^3 + o(x^3) - x^2 + o(x^2)}{x^2 + o(x^2)} = -1.$$

(*ii*) Pour le Théorème de de Le Hospital et pour la formule de Taylor

$$\lim_{x \to 0^+} \frac{1}{x^3} \log(\frac{\tan x}{x}) = \lim_{x \to 0^+} \frac{\frac{1}{\sin x \cos x} - \frac{1}{x}}{3x^2}$$

$$= \lim_{x \to 0^+} \frac{x - \frac{1}{2}\sin(2x)}{3x^3 \frac{1}{2}\sin(2x)}$$

$$= \lim_{x \to 0^+} \frac{\frac{2}{3}x^3 + o(x^3)}{3x^4 + o(x^4)} = +\infty.$$

Donc la limite à calculer est $+\infty$.

(*iii*) Pour la formule de Taylor nous avons

$$\lim_{x \to 0} \frac{x \arcsin x - x^3}{\sqrt{1 + x^4} - \cos(x^2)} = \lim_{x \to 0} \frac{x(x + \frac{x^3}{6} + o(x^4)) - x^3}{1 + \frac{x^4}{2} - 1 + \frac{x^4}{2} + o(x^4)} = +\infty.$$

Exercice 4.30. *Déterminer le polynôme de Taylor d'ordre* $n = 6$ *et centre* $x_0 = 0$ *de* $f(x) = \arctan(x^2)$*. Calculer la limite*

$$\lim_{x \to 0} \frac{\arctan(x^2) - x^2 - x^6}{2x^5}.$$

Rèsolution. Nous rappelons le polynôme de Taylor d'ordre 3 et centre $t_0 = 0$ de la fonction $g(t) = \arctan(t)$:

$$P_3(t; 0) = t - \frac{t^3}{3}.$$

En opérant la transformation $t = x^2$ nous déduisons que le polynôme demandé est

$$P_6(x; 0) = x^2 - \frac{x^6}{3}.$$

En utilisant la formule de Taylor avec le reste de Peano avec centre $x_0 = 0$ pour la fonction $x \mapsto \arctan(x^2)$ se trouve

$$\lim_{x \to 0} \frac{\arctan(x^2) - x^2 - x^6}{2x^5} = \lim_{x \to 0} \frac{x^2 - \frac{x^6}{3} - x^2 - x^6 + o(x^6)}{2x^5} = 0.$$

Exercice 4.31. *Soit* $f(x) = \cos(e^x - 1)$.

1. *Écrire la formule de Taylor du deuxième ordre de* f *avec point initial* $x_0 = 0$ *et reste de Peano.*

2. *Établir si* f *il possède un point de maximum ou de minimum pour* $x_0 = 0$.

3. *Calculer*

$$L = \lim_{x \to 0} \frac{[f(x) - 1]^2}{(\cos x - e^x + x) \sin x^2}.$$

Rèsolution. 1. Nous avons

$$f(x) = \cos(e^x - 1), \quad f(0) = 1;$$

$$f'(x) = -e^x \sin(e^x - 1), \quad f'(0) = 0;$$
$$f''(x) = -e^x \sin(e^x - 1) - e^{2x} \cos(e^x - 1), \quad f''(0) = -1.$$

En conséquence la formule de Taylor demandé est

$$f(x) = f(0) + f'(0)x + f''(0)\frac{x^2}{2} + 0(x^2) = 1 - \frac{x^2}{2} + o(x^2) \quad \text{per } x \to 0.$$

2. Puisque $f'(0) = 0$ et $f''(0) < 0$, la fonction f possède un point de maximum pour $x_0 = 0$. 3. Nous remarquons que, pour $x \to 0$,

$$(f(x) - 1)^2 = \left(-\frac{x^2}{2} + o(x^2)\right)^2 = \frac{x^4}{4} + o(x^4);$$

$$\cos x - e^x + x = 1 - \frac{x^2}{2} + o(x^2) - 1 - x - \frac{x^2}{2} + o(x^2) + x = -x^2 + o(x^2);$$

$$\sin x^2 = x^2 + o(x^2).$$

En conséquence

$$L = \lim_{x \to 0} \frac{\frac{x^4}{4} + o(x^4)}{(-x^2 + o(x^2))(x^2 + o(x^2))} = \lim_{x \to 0} \frac{\frac{1}{4} + o(1)}{(-1 + o(1))(1 + o(1))} = -\frac{1}{4}.$$

Exercice 4.32. *Calculer, au changer du paramètre réel α, la limite suivante*

$$\lim_{x \to 0^+} \frac{(e^x - 1 - x)^\alpha}{\sin x - \arctan x}.$$

Rèsolution. En utilisant les formules de Taylor opportunes, nous avons que

$$e^x - 1 - x = 1 + x + \frac{x^2}{2} + o(x^2) - 1 - x = \frac{x^2}{2} + o(x^2)$$

et

$$\sin x - \arctan x = x - \frac{x^3}{6} - \left(x - \frac{x^3}{3}\right) + o(x^4) = \frac{x^3}{6} + o(x^4)$$

per $x \to 0$. En conséquence,

$$\lim_{x \to 0^+} \frac{(e^x - 1 - x)^\alpha}{\sin x - \arctan x} = \frac{6}{2^\alpha} \lim_{x \to 0^+} x^{-3 + 2\alpha} = \begin{cases} +\infty, & \text{se } \alpha < \frac{3}{2}, \\ \frac{3}{\sqrt{2}}, & \text{se } \alpha = \frac{3}{2}, \\ 0, & \text{se } \alpha > \frac{3}{2}. \end{cases}$$

Chapitre 5

Continuité, Dérivabilité et Applications

Conditions préalables théoriques

◇ Définition de fonction continue. Points de discontinuité.

◇ Continuité des fonctions élémentaires.

◇ Algèbre des fonctions continues et continuité des fonctions composée et inverse.

◇ Théorèmes de Weierstrass, d'existence des zéros et des valeurs intermédiaires.

◇ Continuité uniforme.

◇ Définition de fonction dérivable, de dérivée d'une fonction. Points de non-derivabilité.

◇ Équation de la droite tangente au graphique en un point.

◇ Dérivées des fonctions élémentaires, règles de dérivation.

◇ Théorèmes de Fermat, Lagrange et de L'Hôpital.

◇ Lien entre dérivée dans un point et limite de la fonction dérivée.

◇ Dérivées successives de fonctionsi.

◇ Polynôme de Taylor et formule de Taylor avec le reste Peano.

◇ Convexité et concavité de fonctions.

5.1   Continuité et Dérivabilité

Exercice 5.1. *Discuter au changer de $\alpha \in \mathbb{R}$ la continuité de la fonction*

$$f(x) = \begin{cases} \dfrac{e^{-x^2/2} - \cos x}{x^\alpha} & x \neq 0 \\ \\ 0 & x = 0 \end{cases}$$

en $x = 0$.

Rèsolution. En utilisant le développement de Taylor centré en zéro des fonctions exponentielles et cosinus nous obtenons

$$\lim_{x \to 0} \frac{e^{-x^2/2} - \cos x}{x^\alpha} = \lim_{x \to 0} \frac{1 - \frac{x^2}{2} + \frac{x^4}{8} - 1 + \frac{x^2}{2} - \frac{x^4}{24} + o(x^5)}{x^\alpha}$$

$$= \lim_{x \to 0} \frac{1}{12} x^{4-\alpha} = \begin{cases} 0 & \text{si } \alpha < 4, \\ \frac{1}{12} & \text{si } \alpha = 4, \\ \text{il n'existe pas} & \text{si } \alpha > 4. \end{cases}$$

Donc la fonction est continue pour $\alpha < 4$.

Exercice 5.2. *Soit f la fonction définie de la manière suivante :*

$$f(x) = \begin{cases} \dfrac{e^{x-1} - 1}{x - 1} & si\ x > 1 \\ (x-1)^2 + a(x-1) + 1 & si\ x \leq 1 \end{cases}$$

où a c'est un paramètre réel.

1. *Pour quelles valeurs de $a \in \mathbb{R}$ la fonction f est continue dans le point $x_0 = 1$?*

2. *Pour quelles valeurs de $a \in \mathbb{R}$ la fonction f est dérivable dans le point $x_0 = 1$?*

Rèsolution.   1. On a

$$\lim_{x \to 1^+} f(x) = 1 = f(1).$$

Donc $f(x)$ est continue en $x_0 = 1$ pour chaque $a \in \mathbb{R}$.

2. On a

$$f'_-(1) = a.$$

$$f'_+(1) = \lim_{h \to 0+} \frac{f(1+h) - f(1)}{h} = \lim_{h \to 0+} \frac{e^h - 1 - h}{h^2} = \frac{1}{2}.$$

La dernière limite a été calculée avec le Théorème de de l'Hôspital. On a que $f(x)$ est dérivable en $x_0 = 1$ pour $a = 1/2$.

Exercice 5.3. *Déterminer $\alpha, \beta \in \mathbb{R}$ de sorte que soit continue en $(-\infty, 2\pi)$ la fonction*

$$f(x) := \begin{cases} \alpha \dfrac{\sqrt{1+4|x|}-1}{|x|} & si \ x < 0 \\[2ex] \beta & si \ x = 0 \\[2ex] \dfrac{e^{\sin^2 x}-1}{\log(2-\cos x)} & si \ 0 < x < 2\pi. \end{cases}$$

Rèsolution. La fonction f est continue en $(-\infty, 2\pi) \setminus \{0\}$. De plus,

$$\lim_{x \to 0^-} f(x) = \lim_{x \to 0^-} \alpha \frac{\sqrt{1-4x}-1}{-x} = \lim_{y \to 0^+} 4\alpha \frac{\sqrt{1+y}-1}{y} = 2\alpha,$$

en étant $y := -4x$; tandis que

$$\lim_{x \to 0^+} f(x) = \lim_{x \to 0^+} \frac{e^{\sin^2 x}-1}{\sin^2 x} \frac{\sin^2 x}{x^2} \frac{1-\cos x}{\log(1+1-\cos x)} \frac{x^2}{1-\cos x} = 2.$$

En conséquence, pour que f soit continue en $(-\infty, 2\pi)$ ils doivent être
W

$$\alpha = 1, \beta = 2.$$

Exercice 5.4. *Déterminer $\alpha, \beta \in \mathbb{R}$ tels que la fonction*

$$f(x) := \begin{cases} \alpha\sqrt{x} \arctan x & si \ x \geq 0 \\[2ex] \arcsin^2(x) + \beta & si \ x \in (-1, 0) \end{cases}$$

elle soit dérivable en $(-1, +\infty)$.

Résolution. La fonction f est dérivable en $(-1, +\infty) \setminus \{0\}$ pour n'importe quel $a, \beta \in \mathbb{R}$. Pour qu'elle soit dérivable aussi en 0, il errore nel testo italiano est nécessaire que f soit continue en 0, donc si $f(0) = \lim_{x \to 0^-} f(x) = \lim_{x \to 0^+} f(x)$. Ceci implique que

$$f(0) = 0 = \lim_{x \to 0^+} f(x) = \lim_{x \to 0^-} f(x) = \beta.$$

Soit $\beta = 0$. Nous remarquons que

$$f'(x) = \begin{cases} \alpha \left(\frac{\arctan x}{2\sqrt{x}} + \frac{\sqrt{x}}{1+x^2} \right) & \text{si } x \geq 0 \\ \\ \frac{2 \arcsin x}{\sqrt{1-x^2}} & \text{s } x \in (-1, 0). \end{cases}$$

Si nous choisissons $\alpha \in \mathbb{R}$ de manière que $\lim_{x \to 0^-} f'(x), \lim_{x \to 0^+} f'(x)$ ils existent fini et égaux entre eux, alors f est dérivable en 0. Nous avons :

$$\lim_{x \to 0^-} \frac{2 \arcsin x}{\sqrt{1 - x^2}} = 0,$$

$$\lim_{x \to 0^+} \alpha \left(\frac{1}{2\sqrt{x}} \arctan x + \frac{\sqrt{x}}{1 + x^2} \right) = \alpha \lim_{x \to 0^+} \frac{x + o(x)}{2\sqrt{x}} = 0 \; \forall \alpha \in \mathbb{R}.$$

Donc f est dérivabile en $(-1, +\infty)$ si $\alpha \in \mathbb{R}, \beta = 0$.

Exercice 5.5. *Trouver, s'ile esiste, $\alpha \in \mathbb{R}$ de sorte que soit continue en $\mathbb{R}$ la fonction*

$$f(x) := \begin{cases} \frac{\log(1+3x^2)}{x(e^{3x}-1)} & \text{si } x \neq 0 \\ \\ \alpha & \text{si } x = 0. \end{cases}$$

Résolution. Il est clair que f est continue en $\mathbb{R} \setminus \{0\}$. Aussi

$$\lim_{x \to 0} \frac{\log(1 + 3x^2)}{x(e^{3x} - 1)} = \lim_{x \to 0} \frac{3x^2}{x \cdot 3x} = 1.$$

Donc, pour que f soit continue en $\mathbb{R}$, il doit être $\alpha = 1$.

Exercice 5.6. *Dire lesquelles entre les suivantes fonctions ont une discontinuité éliminable en $x_0 = 0$:*

$$f(x) := \arctan \left(\frac{1}{x^3} \right), \; g(x) := \frac{1}{x\sqrt{1 + \frac{1}{x^2}}},$$

$$h(x) := \log |\sin(x^2)| - \log(x^2).$$

Rèsolution. On a :

$$\lim_{x \to 0^-} f(x) = -\frac{\pi}{2}, \ \lim_{x \to 0^+} f(x) = \frac{\pi}{2} ;$$

$$\lim_{x \to 0^-} g(x) = \lim_{x \to 0^-} \frac{|x|}{x} \frac{1}{\sqrt{x^2 + 1}} = -1, \ \lim_{x \to 0^+} g(x) = 1 ;$$

$$\lim_{x \to 0} h(x) = \lim_{x \to 0} \log\left|\frac{\sin(x^2)}{x^2}\right| = 0 .$$

En conséquence, la fonction seule à avoir une discontinuité éliminable en 0 est h.

Exercice 5.7. *Trouver, si ils existent, α et $\beta \in \mathbb{R}$ de manière que soit continue en $(-1, 1)$ la fonction*

$$f(x) := \begin{cases} \frac{\sin(2x)}{x} & si \ -1 < x < 0 \\[2mm] \beta & si \ x = 0 \\[2mm] \alpha[\sin^2(x)]^{\frac{1}{\log(x^2)}} & si \ 0 < x < 1. \end{cases}$$

Rèsolution. Il est clair que f est continue en $(-1, 1) \setminus \{0\}$. De plus,

$$\lim_{x \to 0^-} f(x) = 2 ,$$

$$\lim_{x \to 0^+} f(x) = \lim_{x \to 0^+} \alpha e^{\frac{1}{\log(x^2)} \log(\sin^2 x)} = \alpha \lim_{x \to 0^+} e^{\frac{1}{\log(x^2)} \log(x^2)} = \alpha e .$$

Donc f est continue en $(-1, 1)$, si $\alpha = \frac{2}{e}$ et $\beta = 2$.

Exercice 5.8. *Étudier la continuité en $\mathbb{R}$ de la fonction*

$$f(x) := \begin{cases} e^{\frac{\alpha}{(x-3)^2}} & si \ x \neq 3 \\[2mm] 0 & si \ x = 3, \end{cases}$$

au varier du paramètre $\alpha \in \mathbb{R}$.

Rèsolution. En $\mathbb{R} \setminus \{3\}$ f elle est continue pour chaque $\alpha \in \mathbb{R}$. De plus, pour $x \to 3$, f elle tend à $+\infty$ si $\alpha > 0$; à 1, si $\alpha = 0$; à 0, si $\alpha < 0$. Donc f est continue en $\mathbb{R}$ si $\alpha < 0$. Par contre f a en $x_0 = 3$ une discontinuité si $\alpha \geq 0$.

Exercice 5.9. *Trouver* $\alpha, \beta \in \mathbb{R}$ *tels que soit continue en* $[0,1]$ *la fonction*

$$f(x) := \begin{cases} \dfrac{\sin[\pi(x+\log x)]}{\log x} & si \quad x \in (0,1) \\[3mm] \alpha & si \quad x = 0 \\[3mm] \beta & si \quad x = 1. \end{cases}$$

Rèsolution. La fonction f est continue en $(0,1)$. Car

$$\lim_{x \to 0^+} f(x) = 0,$$

il doit être $\alpha = 0$. De plus, en étant

$$\pi(x + \log x) = \pi - (\pi - \pi x - \pi \log x)$$

et $\sin(\pi - \gamma) = \sin(\gamma) \ (\gamma \in \mathbb{R})$, on a

$$\begin{aligned} \lim_{x \to 1^-} f(x) &= \lim_{x \to 1^-} \frac{\sin[\pi(1 - x - \log x)]}{\log x} \\ &= \lim_{x \to 1^-} \frac{\pi(1 - x - \log x)}{\log x} \\ &= -\pi - \pi \lim_{y \to 0^-} \frac{y}{\log(1+y)} = -2\pi, \end{aligned}$$

où $y := x - 1$. Donc $\beta = -2\pi$.

Exercice 5.10. *Déterminer l'ensemble de continuité de la fonction*

$$f(x) := \begin{cases} \sin(\frac{1}{x}) & si \quad x \in [-1,1] \setminus \mathbb{Q} \\[3mm] \frac{1}{2} & si \quad x \in [-1,1] \cap \mathbb{Q}. \end{cases}$$

Rèsolution. La fonction $x \mapsto \sin(\frac{1}{x})$ est continue en $[-1,1] \setminus \{0\}$, pendant que la fonction qui vaut identiquement $\frac{1}{2}$ est continue en $[-1,1]$. Par

conséquent f est continue en le points $x_0 \in [-1, 1]$ tels que $\sin(\frac{1}{x_0}) = \frac{1}{2}$.
S'il était $\sin(\frac{1}{x_0}) \neq \frac{1}{2}$, on aurait

$$\lim_{n \to +\infty} f(x_n) = \frac{1}{2} \neq \lim_{n \to +\infty} f(y_n) = \sin(\frac{1}{x_0}),$$

pour chaque

$$\{x_n\} \subseteq [-1, 1] \cap \mathbb{Q}, \{y_n\} \subseteq [-1, 1] \setminus \mathbb{Q}, x_n \to x_0, y_n \to x_0.$$

Donc f ne peut pas être continue en tels x_0. En conclusion f elle est continue pour chaque $x \in [-1, 1]$ tel que

$$\frac{1}{x} = \frac{\pi}{6} + 2h\pi$$

ou

$$\frac{1}{x} = \frac{5}{6}\pi + 2k\pi \ (h \in \mathbb{Z} \setminus \{0\}, k \in \mathbb{Z}).$$

Exercice 5.11. *Nous rappelons qu'une fonction $f : I \subseteq \mathbb{R} \to \mathbb{R}$ se déclare Lipschitziana in I si existe une constante $L > 0$ tel que*

$$|f(x) - f(y)| \leq L|x - y| \quad pour \ chaque \ x, y \in I.$$

  (i) *Démontrer que si f elle est Lipschitziana en I, alors f elle est uniformément continue en I.*
  (ii) *Vérifier que la fonction $f(x) = x^2$ elle est Lipschitziana en $[-1, 1]$.*
  (iii) *Démontrer que la fonction $f(x) = \sqrt{x}$ elle n'est pas Lipschitziana en $[0, 1]$.*

Rèsolution. (i) Soit $\varepsilon > 0$ fixé arbitrairement. Alors pour chaque $x_0, x \in I$ tel que $|x - x_0| < \frac{\varepsilon}{L} =: \delta$ on a

$$|f(x) - f(x_0)| \leq L|x - x_0| < L\frac{\varepsilon}{L} = \varepsilon,$$

donc f elle est uniformément continue en I.

(ii) Pour chaque $x, y \in [-1, 1]$ nous avons

$$|f(x) - f(y)| = |x^2 - y^2| = |x + y||x - y| \leq 2|x - y|,$$

en étant $|x + y| \leq 2$.

(*iii*) Si f elle fût Lipschitziana en I, il existerait une constante $L > 0$ tel que pour chaque $x, y \in [0, 1]$

$$|\sqrt{x} - \sqrt{y}| \leq L|x - y|.$$

En prenant dans l'inégalité précédente $y = 0$ on a $\sqrt{x} \leq Lx$ pour chaque $x \in [0, 1]$, donc $\frac{1}{\sqrt{x}} \leq L$ pour chaque $x \in (0, 1]$. Ceci est impossible, vu que $\frac{1}{\sqrt{x}} \to +\infty$ per $x \to 0^+$.

Exercice 5.12. *Nous rappelons qu'une fonction $f : I \subseteq \mathbb{R} \to \mathbb{R}$ elle se déclare Hölderiana en I d'ordre α (avec $\alpha \in (0, 1)$), s'il existe une constant $K > 0$ tel que*

$$|f(x) - f(y)| \leq K|x - y|^\alpha \quad \text{per ogni } x, y \in I \,.$$

Démontrer que si f elle est Hölderiana en I, alors f elle est uniformément continue en I.

Rèsolution. Sioit$\varepsilon > 0$ fixé arbitrairement. Alors pour chaque $x_0, x \in I$ tel que $|x - x_0| < \left(\frac{\varepsilon}{K}\right)^{\frac{1}{\alpha}} =: \delta$ on a

$$|f(x) - f(x_0)| \leq K|x - x_0|^\alpha < K\frac{\varepsilon}{K} = \varepsilon,$$

donc f elle est uniformément continue en I.

Exercice 5.13. *Montrer, en utilisant la définition qui les fonctions*

$$(i) \, f(x) := \sqrt{x}, \;\; (ii) \, g(x) := |x|$$

elles sont continues uniformément en le propre ensemble de définition.

Rèsolution. (*i*) Pour chaque $x, x_0 \in [0, +\infty)$ on a

$$|\sqrt{x} - \sqrt{x_0}| \leq \sqrt{|x - x_0|}.$$

Donc pour chaque $\varepsilon > 0$ on a

$$|\sqrt{x} - \sqrt{x_0}| < \varepsilon,$$

quand

$$|x - x_0| < \delta := \varepsilon^2 \,.$$

En alternative, nous pouvons observer que f elle est Hölderiana d'ordre $\frac{1}{2}$ in $[0, +\infty)$, en conséquence elle est ici uniformément continue

(*ii*) La fonction g est Lipschitziana en $\mathbb{R}$ avec constante $L = 1$, il suffit de prendre donc $\delta := \varepsilon$.

***Exercice* 5.14.** *Dire si la fonction*

$$f(x) = \frac{1}{x}$$

elle est uniformément continue en $(0, 1]$.

Rèsolution. Si la fonction f elle fût continue uniformément dans l'intervalle limité $(0, 2]$, elle serait limitée ici. Car

$$\lim_{x \to 0^+} f(x) = +\infty,$$

f elle n'est pas continue uniformément en $(0, 2]$.

***Exercice* 5.15.** *Établir si la fonction*

$$f(x) = \arctan\left(\frac{1}{x^3}\right)$$

elle est continue uniformément en $[-1, 0)$.

Rèsolution. Nous remarquons que

$$\lim_{x \to 0^-} f(x) = -\frac{\pi}{2}.$$

En conséquence f elle on peut prolonger avec de la continuité en $[-1, 0]$, en plaçant

$$f(0) = -\frac{\pi}{2}.$$

La fonction prolongée est continue dans l'intervalle fermé et limité $[0, 1]$, donc elle est uniformement continue en $[-1, 0]$. Il en s'ensuit que f elle est uniformement continue en $[-1, 0)$.

***Exercice* 5.16.** *Déterminer si la fonction*

$$f(x) = x^3$$

est uniformement continue en $[1, +\infty)$.

Rèsolution. Si f elle fût uniformément continue en $[1, +\infty)$, deux constantes existeraient $A, B > 0$ tels que

$$|f(x)| \le A + Bx \quad \forall\, x \in [1, +\infty).$$

Car tels A, B ils n'existent pas, f elle n'est pas uniformément continue en $[1, +\infty)$.

***Exercice* 5.17.** *Déterminer si elles sont continues uniformément en* $[1, +\infty)$ *les fonctions suivantes :*

$$(i)\ f(x) = \frac{x^3 + 1}{x^3}, \quad (ii)\ g(x) = \sqrt{\frac{x^3 + 3}{x + 1}}.$$

Rèsolution. (i) Nous remarquons que f elle est continue en $[1, +\infty)$. De plus,

$$\lim_{x \to +\infty} f(x) = 1;$$

donc f elle a comme asymptote horizontal pour $x \to +\infty$ la ligne droite $y = 1$. Donc f elle est uniformément continue en $[1, +\infty)$.

(ii) La fonction g elle est continue en $[1, +\infty)$. De plus,

$$\lim_{x \to +\infty} g(x) = +\infty, \quad \lim_{x \to +\infty} \frac{g(x)}{x} = 1, \quad \lim_{x \to +\infty} [g(x) - x] = -\frac{1}{2}.$$

En conséquence g elle admet comme asymptote oblique pour $x \to +\infty$ la droite $y = 1 - \frac{1}{2}$. Donc g elle est uniformément continue en $[1, +\infty)$.

***Exercice* 5.18.** *Déterminer si elles sont continues uniformément en* $[2, +\infty)$ *les fonctions suivantes :*

$$(i)\ f(x) = \sin^2(x), \quad g(x) = \sin(x^2).$$

Rèsolution. (i) Pour chaque $x \in [2, +\infty)$

$$f'(x) = 2 \sin x \cos x.$$

Donc

$$|f'(x)| \le 2 \quad \forall\, x \in [2, +\infty).$$

En conséquence

$$|f(x) - f(y)| \le \sup_{\xi \in [2, +\infty)} |f'(\xi)||x - y| \le 2|x - y| \quad \forall\, x, y \in [2, +\infty).$$

Donc f elle est Lipschitzienne en $[2, +\infty)$ et donc uniformément continue en $[2, +\infty)$.

(ii) Nous rappelons que g elle est uniformement continue en $[2, +\infty)$ si et seulement si pour chaque couple de successions $\{x_n\}, \{y_n\} \subset [2, +\infty)$ tels que $|x_n - y_n| \to 0$ per $n \to +\infty$ risulta $|g(x_n) - g(y_n)| \to 0$ per $n \to +\infty$. Maintenant nous considérons les successions

$$x_n = \sqrt{2\pi n}, \quad y_n = \sqrt{2\pi n + \frac{\pi}{2}}.$$

On a

$$|x_n - y_n| = \sqrt{2\pi n} \left(\sqrt{1 + \frac{1}{4n}} - 1 \right) = \sqrt{2\pi n} \left[\frac{1}{8n}(1 + o(1)) \right] \to 0,$$

pour $n \to +\infty$. De plus,

$$|g(x_n) - g(y_n)| = 1 \quad \forall\, n \in \mathbb{N}.$$

En conséquence g elle n'est pas uniformément continue en $[2, +\infty)$.

Exercice 5.19. *Vérifier que l'ensemble de continuité de la fonction*

$$f(x) := \begin{cases} \sqrt{\arctan x} & si\ x \in [0, +\infty) \cap \mathbb{Q} \\[2mm] -\log x & si\ x \in [0, +\infty) \setminus \mathbb{Q} \end{cases}$$

se compose exactement d'un élément.

Rèsolution. En étant $x \mapsto \sqrt{\arctan x}$ continue en $[0, +\infty)$ et $x \mapsto -\log x$ continue en $(0, +\infty)$, la fonction f elle est continue en tous et seuls les $x_0 \in (0, +\infty)$ dans lequel $\sqrt{\arctan x_0} = -\log x_0$. Nous définissons

$$\varphi(x) := \sqrt{\arctan x} + \log x \quad (x > 0).$$

Alors φ elle est continue en $(0, +\infty)$, en outre

$$\lim_{x \to +\infty} \varphi(x) = +\infty,$$

pendant que

$$\lim_{x \to 0^+} \varphi(x) = -\infty.$$

Pour le Théorème d'existence des zéros il existe $x_0 > 0$ tel que $\varphi(x_0) = 0$. Ce point x_0 il est unique, en étant φ étroitement croissant en $(0, +\infty)$.

Exercice 5.20. *Detérminer $a, b \in \mathbb{R}$ en fonction de di $c \in \mathbb{R}$ pour que soit dérivable en $\mathbb{R}$ la fonction*

$$f(x) := \begin{cases} x^2 & se\ x \le c \\[2mm] ax + b & se\ x > c. \end{cases}$$

Rèsolution. Clairement f est dérivable en $\mathbb{R}\backslash\{c\}$, pour chaque $a, b \in \mathbb{R}$. Pour que f soit dérivable en $x_0 = c$ est nécessaire que f soit continue en $x_0 = c$, et donc que $c^2 = ac + b$; de plus, il faut que

$$\lim_{h \to 0^-} \frac{f(c+h) - f(c)}{h} = 2c = \lim_{h \to 0^+} \frac{f(c+h) - f(c)}{h} = a.$$

Donc f est dérivable en $\mathbb{R}$, quand $a = 2c, b = -c^2$.

Exercice 5.21. Dites où sont derivables les fonctions suivantes, et en calculer la fonction dérivée :

$$(i)\ f(x) = \sqrt{x} + x^5, \quad (ii)\ g(x) = \cos(|x|), \quad (iii)\ h(x) = |x|x.$$

Rèsolution. $(i)\ f'(x) = \frac{1}{2\sqrt{x}} + 5x^4 \quad \forall\, x \in (0, +\infty)$.

(ii) Il résulte $\cos(|x|) = \cos x \quad \forall\, x \in \mathbb{R}$, donc

$$g'(x) = -\sin x \quad \forall\, x \in \mathbb{R}.$$

(iii) Si $x > 0, h(x) = x^2$, donc $h'(x) = 2x$. Si $x < 0, h(x) = -x^2$, donc $h'(x) = -2x$. De plus,

$$\lim_{x \to 0} \frac{|x|x}{x} = 0.$$

Donc h est dérivable en $\mathbb{R}$.

Exercice 5.22. Calculer les dérivées suivantes :

$$D\frac{x^2 - 2}{x(x+1)}, \quad D\sqrt{x}e^{1-x^2}, \quad D\cos\sqrt{1+x^2},$$

$$D\left(x^{\frac{3}{2}} + 1\right)^{\sin x}, \quad D\log|\log\cos x|.$$

Rèsolution. On a

$$D\frac{x^2 - 2}{x(x+1)} = \frac{2x(x^2 + x) - (x^2 - 2)(2x + 1)}{(x^2 + x)^2} = \frac{x^2 + 4x + 2}{(x^2 + x)^2},$$

$$D\sqrt{x}e^{1-x^2} = e^{1-x^2}\left(\frac{1}{2\sqrt{x}} - 2x\sqrt{x}\right),$$

$$D\cos\sqrt{1+x^2} = -\sin\sqrt{1+x^2}\,\frac{x}{\sqrt{1+x^2}},$$

$$D\left(x^{\frac{3}{2}}+1\right)^{\sin x} = De^{\sin(x)\log(x^{\frac{3}{2}}+1)}$$

$$= (x^{\frac{3}{2}}+1)^{\sin x}[\cos(x)\log(x^{\frac{3}{2}}+1)$$

$$+ \sin(x)(x^{\frac{3}{2}}+1)^{-1}\frac{3}{2}\sqrt{x}],$$

$$D\log|\log\cos x| = \frac{1}{|\log\cos x|}D|\log\cos x| = -\frac{\tan x}{\log\cos x}.$$

Exercice 5.23. *Déterminer l'ensemble de dérivabilité et la dérivée de la fonction*

$$f(x) := \frac{1}{\sqrt{|x^2-x|+x}}.$$

Rèsolution. Nous avons que $f(x) = -\frac{1}{x}$ se $x < 0$, $f(x) = \frac{1}{\sqrt{2x-x^2}}$ si $0 < x < 1$, $f(x) = \frac{1}{x}$ se $x \geq 1$. La fonction f est définie et continue $I = \mathbb{R} \setminus \{0\}$. Clairement en $I \setminus \{0,1\}$ est dérivable. Pour voire si f elle est dérivable aussi en $x_0 = 1$, nous calculons :

$$\lim_{h\to 0^+} \frac{f(1+h)-f(1)}{h} = -1,$$

$$\lim_{h\to 0^-} \frac{f(1+h)-f(1)}{h} = \lim_{h\to 0^-} \frac{(1-\sqrt{1-h^2})(1+\sqrt{1-h^2})}{h\sqrt{1-h^2}(1+\sqrt{1-h^2})} = 0;$$

donc f en $x_0 = 1$ n'est pas dérivable. Il résulte

$$f'(x) = \frac{1}{x^2} \quad \text{si } x < 0,$$

$$f'(x) = -(2x-x^2)^{-\frac{3}{2}}(1-x) \quad \text{si } 0 < x < 1,$$

$$f'(x) = -\frac{1}{x^2} \quad \text{si } x > 1.$$

Exercice 5.24. *Vérifier que la fonction*

$$f(x) := \begin{cases} x^2\sin\left(\frac{1}{x}\right) & \text{si } x \in \mathbb{R} \setminus \{0\} \\ 0 & \text{si } x = 0 \end{cases}$$

elle est dérivable en $\mathbb{R}$ et que la fonction dérivée f' n'est pas continue en $x_0 = 0$.

Rèsolution. Pour chaque $x \neq 0$, $f'(x) = 2x\sin(\frac{1}{x}) - \cos(\frac{1}{x})$, que elle est continue si $x \neq 0$. De plus,

$$\lim_{h \to 0} \frac{f(h) - f(0)}{h} = \lim_{h \to 0} \frac{h^2 \sin(\frac{1}{h})}{h} = 0,$$

donc f est dérivable aussi en $x_0 = 0$, donc en $\mathbb{R}$.
Comme $\lim_{x \to 0} f'(x)$ elle n'existe pas, la fonction f' n'est pas continue en $x_0 = 0$.

Exercice 5.25. *Déterminer l'ensemble de dérivabilité pour les fonctions*

(i)

$$f(x) := \begin{cases} \frac{\sqrt{x+1}-1}{\sqrt{x}} & \text{si } x > 0 \\ \\ 0 & \text{si } x = 0 \end{cases},$$

(ii)

$$g(x) := \begin{cases} x\arctan\left(\frac{1}{x}\right) & \text{si } x \neq 0 \\ \\ 0 & \text{si } x = 0 \end{cases}.$$

Rèsolution. (i) La fonction f est continue en $\mathbb{R}$. De plus, pour chaque $x \neq 0$

$$f'(x) = \frac{\frac{\sqrt{x}}{2\sqrt{x+1}} - (\sqrt{x+1} - 1)\frac{1}{2\sqrt{x}}}{x}$$

$$= \frac{x - (x+1) + \sqrt{x+1}}{2x\sqrt{x+1}\sqrt{x}}$$

$$= \frac{\sqrt{x+1} - 1}{2\sqrt{x+1}x^{\frac{3}{2}}}.$$

$$\lim_{x \to 0^+} f'(x) = \lim_{x \to 0^+} \frac{\sqrt{x+1} - 1}{2\sqrt{x+1}x^{\frac{3}{2}}} \frac{\sqrt{x+1} + 1}{\sqrt{x+1} + 1} = +\infty,$$

donc f n'est pas dérivable en 0 et l'ensemble de dérivabilité est $(0, +\infty)$.

(ii) La fonction g est continue en $\mathbb{R}$. De plus, pour chaque $x \neq 0$

$$g'(x) = \arctan\left(\frac{1}{x}\right) + x\frac{1}{1 + \frac{1}{x^2}}\left(-\frac{1}{x^2}\right) = \arctan\left(\frac{1}{x}\right) - \frac{x}{x^2 + 1}.$$

$$\lim_{x \to 0^+} g'(x) = \frac{\pi}{2}, \quad \lim_{x \to 0^-} g'(x) = -\frac{\pi}{2},$$

donc g n'est pas dérivable en 0 et l'ensemble de dérivabilité est $\mathbb{R} \setminus \{0\}$.

Exercice 5.26. *Déterminer* $a, b, c \in \mathbb{R}$ *tels que la fonction*

$$f(x) := \begin{cases} x^3 + ax^2 + bx + c & \text{si } x < 0 \\ \\ 5\arctan(x) + 5 & \text{si } x \geq 0 \end{cases}$$

(i) soit continue en $\mathbb{R}$, *(ii) elle ait derivée premier continue en* $\mathbb{R}$, *(iii) elle ait dérivée seconde continue en* $\mathbb{R}$.

Rèsolution. *(i)* f elle est continue en $\mathbb{R}$ si $c = 5$.

(ii) Nous avons

$$f'(x) := \begin{cases} 3x^2 + 2ax + b & \text{si } x < 0 \\ \\ \frac{5}{1+x^2} & \text{si } x > 0. \end{cases}$$

On a $\lim_{x \to 0^-} f'(x) = b, \lim_{x \to 0^-} f'(x) = 5$. Donc si

$$c = 5, b = 5,$$

f' est définie et continue en $\mathbb{R}$.

(iii) Nous avons

$$f''(x) := \begin{cases} 6x + 2ax & \text{si } x < 0 \\ \\ -\frac{10x}{(1+x^2)^2} & \text{si } x > 0. \end{cases}$$

On a $\lim_{x \to 0^-} f''(x) = 2a, \lim_{x \to 0^-} f'(x) = 0$, ainsi si

$$c = b = 5, a = 0,$$

f'' elle est définie et continue en $\mathbb{R}$.

5.2 Applications

Exercice 5.27. *Écrire le développement de Taylor centré en zéro du deuxième ordre de la fonction*

$$f(x) = (1 + x)e^x - (1 - x)\cos x - x\sqrt[3]{1 + x}.$$

Rèsolution. Comme ils les ont les développements de Taylor centrés en zéro (errore nel testo italiano : "centrati")

$$e^x = 1 + x + \frac{x^2}{2} + o(x^2)$$

$$\cos x = 1 - \frac{x^2}{2} + o(x^2)$$

$$\sqrt[3]{1+x} = 1 + \frac{x}{3} + o(x),$$

on a

$$f(x) = (1+x)e^x - (1-x)\cos x - x\sqrt[3]{1+x}$$

$$= (1+x)\left(1 + x + \frac{x^2}{2} + o(x^2)\right) - (1-x)\left(1 - \frac{x^2}{2} + o(x^2)\right)$$

$$- x\left(1 + \frac{x}{3} + o(x)\right)$$

$$= 1 + x + \frac{x^2}{2} + x + x^2 + o(x^2) - \left(1 - \frac{x^2}{2} - x + o(x^2)\right)$$

$$- x - \frac{x^2}{3} + o(x^2)$$

$$= 2x + \frac{5}{3}x^2 + o(x^2).$$

Exercice 5.28. *Déterminer le nombre de solutions admises par l'équation*

$$-e^{3x} + 5e^{2x} - 3e^x + 2 = 0.$$

Rèsolution. Nous définissons

$$f(x) := -e^{3x} + 5e^{2x} - 3e^x + 2, x \in \mathbb{R};$$

ainsi les zéros de f sont les solutions de l'équation. La fonction f est continue en $\mathbb{R}$

$$\lim_{x \to +\infty} f(x) = -\infty, \lim_{x \to -\infty} f(x) = 2.$$

Pour le Théorème d'existence des zéros, il existe au moins un zéro de f. Pour chaque $x \in \mathbb{R}$ on a :

$$f'(x) = e^x(-3e^{2x} + 10e^x - 3).$$

Nous avons

$$f'(x) > 0 \iff \frac{1}{3} < e^x < 3 \iff -\log 3 < x < \log 3;$$

$$f'(x) < 0 \Longleftrightarrow e^x < \frac{1}{3}$$

ou

$$e^x > 3 \Longleftrightarrow x < -\log 3 \quad \text{ou} \quad x > \log 3;$$

$$f'(x) = 0 \Longleftrightarrow x = \bar{x} = -\log 3 \quad \text{ou} \quad x = \log 3.$$

Ceci implique que $f(x) \geq f(\bar{x}) > 0$ pour chaque $x \in (-\infty, \log 3]$; en outre, f est strictement décroissante en $(\log 3, +\infty)$. Il n'y a donc qu'une seule solution $x_0 \in \mathbb{R}$ de l'equation; de plus, $x_0 > \log 3$.

Exercice 5.29. *Indiquer si l'équation*

$$\sqrt{\pi x} - \log(x) - \frac{1}{x} = 0$$

admet des solutions.

Rèsolution. Nous définissons

$$\varphi(x) := \sqrt{\pi x} - \log x - \frac{1}{x} \quad (x > 0).$$

Nous observons que φ est continue dans l'intervalle $(0, +\infty)$. On a :

$$\lim_{x \to +\infty} \varphi(x) = \lim_{x \to +\infty} x(\sqrt{\pi} - \frac{\log x}{x} - \frac{1}{x^2}) = +\infty,$$

$$\lim_{x \to 0+} \varphi(x) = \lim_{x \to 0+} \frac{1}{x}(\sqrt{\pi} x^2 - x \log x - 1) = -\infty.$$

Pour le Théorème d'existence des zéros, il existe $\bar{x} \in (0, +\infty)$ tel que $\varphi(\bar{x}) = 0$, c'est-à-dire qu'il existe au moins une solution de l'équation.

Exercice 5.30. *Veuillez démontrer que chacune des equations*

$$(i)\, x + \arctan x = -1, \quad (ii)\, \arctan(\sqrt{x}) + \log x = 0$$

admet une unique solution réelle.

Rèsolution. (i) Nous définissons

$$\varphi(x) := x + \arctan x + 1 \quad (x \in \mathbb{R}).$$

En étant φ continue en $\mathbb{R}$ et

$$\lim_{x \to +\infty} \varphi(x) = +\infty, \quad \lim_{x \to -\infty} \varphi(x) = -\infty,$$

du Théorème d'existence des zéros suit qu'il existe au moins une solution ;
l'unicité descend du fait que φ est strictement croissant en $\mathbb{R}$.

(*ii*) Nous définissons

$$\varphi(x) := \arctan(\sqrt{x}) + \log x \quad (x > 0).$$

En étant φ continue en $(0, +\infty)$ et

$$\lim_{x \to +\infty} \varphi(x) = +\infty, \quad \lim_{x \to 0^+} \varphi(x) = -\infty,$$

du Théorème d'existence des zéros suit qu'il existe au moins une solution ;
l'unicité descend du fait que φ est strictement croissant en $(0, +\infty)$, car
somme de fonctions strictement croissantes.

Exercice 5.31. *Soit $f : (a, b) \to \mathbb{R}$ une fonction continue en (a, b) $(a, b \in \mathbb{R}, a < b)$ tel que*

$$\lim_{x \to a^+} f(x) = -\infty, \quad \lim_{x \to b^-} f(x) = -\infty.$$

Montrer que f elle est supérieurement limitée en (a, b).

Rèsolution. Soit $M \in \mathbb{R}$. Pour définition de limite, il existe $\delta > 0$ tel
que $f(x) < M$ pour chaque $x \in I \cap [(a, a+\delta) \cup (b-\delta, b)]$. De plus, pour
le Théorème de Weierstrass f elle admet maximum en $[a+\delta, b-\delta]$. D'ici
suit l'assertion.

Exercice 5.32. *Soit*

$$P(x) := a_n x^n + a_{n-1} x^{n-1} + \ldots + a_0$$

*un polynôme aux coefficients réels de degré pair tel que $a_0 a_n < 0$. Dé-
montrer que l'equation $P(x) = 0$ admet au moins deux solutions réelles.*

Rèsolution. Pour fixer les idées nous supposons que $a_n > 0$ et $a_0 < 0$.
Alors $P(0) = a_0 < 0$, pendant que

$$\lim_{x \to +\infty} P(x) = +\infty, \quad \lim_{x \to -\infty} P(x) = +\infty.$$

En appliquant le Théorème de existence des zéros en $[0, +\infty)$ et en
$(-\infty, 0]$ on conclut

Exercice 5.33. *Écrire l'équation de la ligne droite tangente au graphique de chacune des fonctions suivantes dans le point x_0 indiqué :*

(i) $f(x) = 2x^2 - 3x + 5, \quad x_0 = 1,$

(ii) $g(x) = 2\sin(x) + x^2, \quad x_0 = 0,$

(iii) $h(x) = e^x + 4\log x, \quad x_0 = 1.$

Rèsolution. (i) En étant $f(1) = 4, f'(x) = 4x - 3, f'(1) = 1$ la ligne droite tangente a équation $y = x + 3$.

(ii) En étant $g(0) = 0, g'(x) = 2\cos(x) + 2x, g'(0) = 2$ la ligne droite tangente a équation $y = 2x$.

(iii) En étant $h(1) = e, h'(x) = e^x + \frac{4}{x}, h'(1) = e + 4$ la ligne droite tangente a équation $y = (e + 4)x - 4$.

Exercice 5.34. *Soit $P(x)$ un polynôme à coefficients réels. Démontrer que l'équation*

$$e^x \sin x + e^{-x} \cos(x^2) = P(x)$$

admet au moins une solution réelle.

Rèsolution. Nous définissons pour $x \in \mathbb{R}$

$$\varphi(x) := e^x \left(\sin(x) + \frac{\cos(x^2)}{e^{2x}} - \frac{P(x)}{e^x} \right).$$

Si $x_n := \frac{\pi}{2} + 2\pi n$ $(n \in \mathbb{N})$, alors

$$\lim_{n \to +\infty} \varphi(x_n) = +\infty.$$

Si $y_n := -\frac{\pi}{2} + 2\pi n$ $(n \in \mathbb{N})$, alors

$$\lim_{n \to +\infty} \varphi(y_n) = -\infty.$$

Donc φ prend des valeurs positives et négatives. Puisque φ est continue en $\mathbb{R}$, pour le théorème de l'existence des zéros, il existe $x_0 \in \mathbb{R}$ tel que $\varphi(x_0) = 0$, qui est donc la solution de l'équation.

Exercice 5.35. *Soit $f : \mathbb{R} \to \mathbb{R}$ une fonction dérivable en $\mathbb{R}$. En utilisant la définition de dérivée, montrer que si f est pair, alors f' est impair et que si f est impair, alors f' est pair.*

Rèsolution. Soit f pair. Alors pour chaque $x_0 \in \mathbb{R}$ nous avons :

$$f'(-x_0) = \lim_{h \to 0} \frac{f(-x_0 + h) - f(-x_0)}{h}$$

$$= -\lim_{h \to 0} \frac{f(x_0 - h) - f(x_0)}{-h} = -f'(x_0).$$

Soit f impair. Alors pour chaque $x_0 \in \mathbb{R}$ nous avons :

$$f'(-x_0) = \lim_{h \to 0} \frac{f(-x_0 + h) - f(-x_0)}{h}$$

$$= \lim_{h \to 0} \frac{f(x_0 - h) - f(x_0)}{-h} = f'(x_0).$$

Exercice 5.36. *Soit $f : \mathbb{R} \to \mathbb{R}$ une fonction tel que*

$$|f(x)| \le x^2 \quad \forall x \in \mathbb{R}.$$

Vérifier que
  (i) f elle est continue en $x_0 = 0$,
  (ii) f elle est dérivable en $x_0 = 0$.
Il existe nécessairement un autour de $x_0 = 0$ dans lequel f elle est continue ?

Rèsolution. (*i*) Il résulte $f(0) = 0$ et, pour comparaison, $\lim_{x \to 0} f(x) = 0$, par conséquent f elle est continue en $x_0 = 0$.

(*ii*) Nous avons :

$$0 \le \left| \frac{f(h) - f(0)}{h} \right| = \frac{|f(h)|}{|h|} \le \frac{h^2}{|h|} = |h|,$$

donc

$$f'(0) = \lim_{h \to 0} \frac{f(h) - f(0)}{h} = 0.$$

(*iii*) Non. Considérons par exemple la fonction

$$f(x) := \begin{cases} x^2 & \text{si } x \in \mathbb{Q} \\ -x^2 & \text{si } x \in \mathbb{R} \setminus \mathbb{Q}, \end{cases}$$

qu'elle est continue seulement en $x_0 = 0$.

Exercice 5.37. *Démontrer que*

$$(i) \ \arccos(x) + \arcsin(x) = \frac{\pi}{2} \quad \forall\, x \in [-1, 1],$$

$$(ii) \ \arccos(x) = \arctan \sqrt{\frac{1 - x^2}{x^2}} \quad \forall\, x \in (0, 1].$$

Rèsolution. (i) La fonction

$$\varphi(x) := \arccos(x) + \arcsin(x) - \frac{\pi}{2}, \quad (x \in [-1, 1])$$

elle est continue en $[-1, 1]$ et elle est déerivable en $(-1, 1)$. On a

$$\varphi'(x) = \frac{1}{\sqrt{1 - x^2}} - \frac{1}{\sqrt{1 - x^2}} = 0$$

si $x \in (-1, 1)$. En étant $(-1, 1)$ un intervalle, φ il est constant en $[-1, 1]$, ainsi $\varphi(x) = \varphi(0) = 0 \ \forall\, x \in [-1, 1]$.

(ii) La fonction

$$\psi(x) := \arccos(x) - \arctan \sqrt{\frac{1 - x^2}{x^2}}, \quad (x \in (0, 1])$$

elle est extensible avec de la continuité en $[0, 1]$ et elle est dérivable en $(0, 1)$. On a, $\forall\, x \in (0, 1)$,

$$\psi'(x) = -\frac{1}{\sqrt{1 - x^2}} - \frac{1}{1 + \frac{1-x^2}{x^2}} \frac{1}{2\sqrt{\frac{1-x^2}{x^2}}} \frac{-2x^3 - (1 - x^2)2x}{x^4} = 0.$$

En conséquence $\psi(x) = \psi(1) = 0 \ \forall\, x \in [0, 1]$.

Exercice 5.38. *Soit $f : [a, b] \to \mathbb{R}$ une fonction continue en $[a, b]$ et dérivable en (a, b). Démontrer que si la fonction dérivée f' elle est limitée en (a, b), alors f elle est Lipschitziana en $[a, b]$.*

Rèsolution. Ils soient $x, y \in [a, b]$ à loisir ; nous supposons que $x < y$. Pour le Théorème de Lagrange existe $\xi \in (x, y)$ tel que

$$\frac{f(x) - f(y)}{x - y} = f'(\xi).$$

En étant f' limitée en (a, b), il existe $L > 0$ tel que

$$|f'(t)| \le L \quad \forall\, t \in (a, b).$$

Donc

$$\left| \frac{f(x) - f(y)}{x - y} \right| = |f'(\xi)| \leq L,$$

de lequel il suit l'assertion. Si $x > y$ on procède d'une manière analogue, si $x = y$ pas il y a nulle à démontrer.

Exercice 5.39. *Soit $f : (a, b) \to \mathbb{R}$ une fonction continue en (a, b) et soit $x_0 \in (a, b)$. Nous supposons que f elle soit dérivable en $(a, b) \setminus \{x_0\}$. Démontrer que s'il existe fini la limite $\lim_{x \to x_0} f'(x) = L$, alors f elle est dérivable aussi en x_0 et $f'(x_0) = L$.*
Spécifier si l'hypothèse que f elle soit continue en x_0 elle est nécessaire. En outre, établir en quel des cas suivants on peut conclure que f elle n'est pas dérivable en x_0 :

(a) il n'existe pas $\lim_{x \to x_0} f'(x)$,

(b) il existe $\lim_{x \to x_0} f'(x)$ mais ne fini pas,

(c) ils existent et ils sont différents entre eux

$$\lim_{x \to x_0^+} f'(x), \quad \lim_{x \to x_0^-} f'(x).$$

Rèsolution. Soit $x \in (a, b), x \neq x_0$; pour le Théorème de Lagrange il existe ξ entre x et x_0 tel que

$$\frac{f(x) - f(x_0)}{x - x_0} = f'(\xi).$$

En faisant tendre x à x_0 il suit la thèse, parce que $\xi \to x_0$ et ainsi $f'(\xi) \to L$. L'hypothèse de continuité de f in x_0 elle est nécessaire ; en effet $f(x) := -1$ pour $x \in [-1, 0], f(x) := 1$ per $x \in (0, 1]$ elle n'est pas dérivable en 0, en n'étant pas continue en 0, pendant que $\lim_{x \to 0} f'(x) = 0$.

(a) Non. Il se considère par exemple la fonction

$$f(x) := \begin{cases} x^2 \sin\left(\frac{1}{x}\right) & \text{si } x \in \mathbb{R} \setminus \{0\} \\ 0 & \text{si } x = 0 \end{cases}.$$

Oui dans les cas (b) et (c), comme suit en raisonnant de même au cas

$$\lim_{x \to x_0} f'(x) = L \in \mathbb{R}.$$

Exercice 5.40. *Soit* $f : [a, b] \to \mathbb{R}$ *une fonction continue en* $[a, b]$ *et dérivable en* (a, b). *Démontrer qu'entre deux zéros consécutifs de* f' *en* (a, b) *c'est au plus un zéro de* f.

Rèsolution. Ils soient $x_0, y_0 \in (a, b)$, $x_0 < y_0$ deux zéros consécutifs de f'. Si ils existaient $\alpha, \beta \in [x_0, y_0]$, $\alpha \neq \beta$ tels que $f(\alpha) = f(\beta) = 0$, alors pour le Théorème de Lagrange il existerait ξ avec $x_0 \leq \alpha < \xi < \beta \leq y_0$ tel que $f'(\xi) = 0$. Ceci il contredit l'hypothèse que x_0, y_0 ils soient des zéros consécutifs de f'.

Exercice 5.41. (i) *En utilisant la concavité en* $(0, +\infty)$ *de la fonction*

$$x \mapsto \log x$$

démontrer que

$$\log(1 + x) \leq x \quad \text{pour chaque } x \geq 0.$$

(ii) *En utilisant la convexité en* $(-1, +\infty)$ *de la fonction*

$$x \mapsto (1 + x)^\alpha \ (\alpha \geq 1)$$

démontrer que

$$(1 + x)^\alpha \geq 1 + \alpha x \quad \text{pour chaque } x \geq -1.$$

Rèsolution. (i) Soit

$$f(x) = \log x, \quad x > 0.$$

Puisque

$$f''(x) = -\frac{1}{x^2} < 0 \quad \forall \, x > 0,$$

f elle est concave en $(0, +\infty)$. Donc $-f$ elle est convexe en $(0, +\infty)$ et ainsi

$$-f(x_1) \geq -f(x_0) + (-f'(x_0))(x_1 - x_0) \quad \forall \, x_1, x_0 \in (0, +\infty).$$

En prenant $x_1 = 1 + x$, $x_0 = 1$ $(x \geq 0)$ on a la thèse.

(ii) Soit

$$g(x) = (1 + x)^\alpha, \quad x \geq -1 \ (\alpha \geq 1).$$

Puisque

$$g''(x) = \alpha(\alpha - 1)(1 + x)^{\alpha - 2} \geq 0 \quad \forall \, x > -1,$$

g elle est convexe en $(-1, +\infty)$. Et ainsi

$$g(x_1) \geq g(x_0) + g'(x_0)(x_1 - x_0)$$

pour chaque $x_1, x_0 \in [-1, +\infty)$. De ceci il suit la thèse pour $x_1 = x$, $x_0 = 0$.

***Exercice* 5.42.** *Démontrer que pour chaque $\alpha, \beta \in \mathbb{R}$, tels que*

$$0 \leq \beta \leq \alpha < \frac{\pi}{2},$$

on a

$$\frac{\alpha - \beta}{\cos^2 \beta} \leq \tan \alpha - \tan \beta \leq \frac{\alpha - \beta}{\cos^2 \alpha}.$$

Rèsolution. Il soient $\alpha, \beta \in \mathbb{R}, 0 \leq \beta \leq \alpha < \frac{\pi}{2}$. Nous définissons

$$f(x) := \tan x, \quad x \in [\beta, \alpha].$$

La fonction f elle est dérivable in $[\beta, \alpha]$ et elle résulte

$$f'(x) = \frac{1}{\cos^2 x}, \; x \in [\beta, \alpha].$$

Pour le Théorème de Lagrange, il existe $\xi \in (\beta, \alpha)$ tel que

$$\frac{\tan a - \tan \beta}{\alpha - \beta} = \frac{1}{\cos^2 \xi}.$$

En étant $\xi \mapsto \frac{1}{\cos^2 \xi}$ croissant en $[\beta, \alpha]$, on a

$$\frac{1}{\cos^2 \beta} \leq \frac{1}{\cos^2 \xi} \leq \frac{1}{\cos^2 \alpha},$$

donc

$$\frac{1}{\cos^2 \beta} \leq \frac{\tan \alpha - \tan \beta}{\alpha - \beta} \leq \frac{1}{\cos^2 \alpha} \; (\alpha \neq \beta, 0 \leq \beta \leq \alpha < \frac{\pi}{2}).$$

De ceci il suit la thèse.

***Exercice* 5.43.** *Soit $f : [a, b] \to \mathbb{R}$ une fonction dérivable avec dérivée premier continue en $[a, b]$; de plus, f elle soit convexe en (a, b). Démontrer que si dans un point $x_0 \in (a, b)$ il résulte $f'(x_0) = 0$, alors x_0 il est un point de minimum absolu pour f.*

Rèsolution. En étant f convexe en (a, b), pour chaque $x_1 \in (a, b)$ on a

$$f(x_1) \geq f(x_0) + f'(x_0)(x_1 - x_0) = f(x_0),$$

de lequel suit la thèse.

Exercice 5.44. *Dire combien sont les points d'inflexion de la fonction*

$$f(x) := \frac{2x^2 + x + 1}{x^2 - 4x + 3}.$$

Rèsolution. La fonction f elle est définie et dérivable deux fois en $D :=$ $\mathbb{R} \setminus \{1, 3\}$. Pour chaque $x \in D$ nous avons :

$$f'(x) = \frac{-9x^2 + 10x + 7}{(x^2 - 4x + 3)^2},$$

$$f''(x) = \frac{2(9x^3 - 15x^2 - 21x + 43)}{(x^2 - 4x + 3)^3}.$$

Pour déterminer les zéros de f'', nous introduisons la fonction

$$g(x) := 9x^3 - 15x^2 - 21x + 43, \quad x \in D.$$

Nous avons

$$g'(x) = 3(9x^2 - 10x - 7), \quad x \in D.$$

Ils soient $x_{1,2}$ les zéros de g' ; il résulte $x_1 < 0, x_2 > 0, g(x_1) > 0, g(x_2) > 0$. La fonction g elle est croissante étroitement en $(-\infty, x_1)$ et en $(x_2, +\infty)$; elle est décroissante étroitement en (x_1, x_2); x_1 il est point de maximum relatif,, x_2 il est point de minimum relatif. Puisque

$$\lim_{x \to +\infty} g(x) = +\infty, \quad \lim_{x \to -\infty} g(x) = -\infty,$$

du Théorème d'existence des zéros il suit qu'un seul point existe $x_0 \in D$ tel que $g(x_0) = 0$; de plus, $x_0 < x_1$.
En considérant aussi le signe du dénominateur de f'' il suit que f elle est convexe en $(x_0, 1)$ et en $(3, +\infty)$; elle est concave en $(-\infty, x_0)$ et en $(1, 3)$; x_0 c'est le seul point d'inflexion.

Exercice 5.45. *Démontrer que si $0 < a < b < e$, alors*

$$a^b < b^a.$$

Rèsolution. Nous remarquons que pour chaque $0 < a < b < e$,

$$a^b < b^a \iff \log(a^b) < \log(b^a) \iff \frac{\log a}{a} < \frac{\log b}{b}.$$

Soit

$$f(x) := \frac{\log x}{x}, \quad x > 0.$$

Nous avons pour chaque $x > 0$,

$$f'(x) = \frac{1 - \log x}{x^2}.$$

Car $f' > 0$ in $(0, e)$, f elle est croissante strictement en $(0, e)$. Donc pour chaque $0 < a < b < e$ il résulte $\frac{\log a}{a} < \frac{\log b}{b}$, de lequel suit la thèse.

Exercice 5.46. *Soit* f *la fonction definie de*

$$f(x) = \left(1 + \sqrt{\frac{x}{2-x}}\right) e^{-\sqrt{1-x}}.$$

1. *Déterminer l'ensemble de définition* D *de la fonction* f,
2. *Démontrer que la fonction* f *est croissante sur* D.
3. *Déterminer l'image de* f.

Rèsolution. Pour que la fonction donnée soit définie il faut avoir

$$\begin{cases} \dfrac{x}{2-x} \geq 0 \\ 1 - x \geq 0 \end{cases} \quad \text{c'est à dire} \quad \begin{cases} 0 \leq x < 2 \\ x \leq 1. \end{cases}$$

Donc $D = [0, 1]$. La fonction f est croissante en étant le produit de deux fonctions positives croissantes. De manière équivalente, on a

$$f'(x) = \sqrt{\frac{2-x}{x}} \frac{1}{(2-x)^2} e^{-\sqrt{1-x}} + \left(1 + \sqrt{\frac{x}{2-x}}\right) \frac{e^{-\sqrt{1-x}}}{2\sqrt{1-x}} \geq 0$$

pour chaque $x \in (0, 1)$. Puisque f elle est croissante et continue en D, les valeurs maximales et minimales seront assumées aux extrêmes de l'intervalle D sur lequel il est défini. Parce que $f(0) = e^{-1}$ et $f(1) = 2$, on a $\mathrm{Im}\, f = [e^{-1}, 2]$.

Exercice 5.47. (*i*) *Déterminer l'ensemble de définition de la fonction*

$$f(x) = \log \left| \sin |x| - 1 \right|.$$

(*ii*) *Soit* $I = (-\frac{\pi}{2}, \frac{\pi}{2})$. *Construire le graphique de la fonction* $g : I \to \mathbb{R}$ *définie de*

$$g(x) = \left| \sin |x| - 1 \right| \quad \text{pour chaque } x \in I.$$

Ensuite, trouver deux sous-ensemble de I *dont l'union soit* I *et tels qu'en chaque d'eux la fonction* f *soit monotone.*

(*iii*) *Déterminer* $\sup\limits_I f, \inf\limits_I f$; *dire s'ils sont respectivement* $\max_I f$, $\min_I f$.

(*iv*) *Combien de ce sont les point d'intersection du graphique de* f *res-serrée à* I *avec la droite d'équation* $y = -2$?

Rèsolution. (i) Pour que f soit définie il doit être $\sin |x| \neq 1$, c'est à dire $|x| \neq \frac{\pi}{2} + 2k\pi$ ($k \in \mathbb{Z}$), qu'il signifie $x \neq \frac{\pi}{2} + 2h\pi$, $x \neq -\frac{\pi}{2} - 2h\pi$ ($h \in \mathbb{N} \cup \{0\}$).

Nous remarquons que

$$f(x) = \begin{cases} \log(1 - \sin x) & \text{si } x \in [0, \frac{\pi}{2}) \\ \\ \log(1 + \sin x) & \text{si } x \in (-\frac{\pi}{2}, 0). \end{cases}$$

(ii) En étant g pair, nous construisons d'abord le graphique de g resserrée à $[0, \frac{\pi}{2})$. On obrient ceci en prenant le graphique de $x \mapsto \sin x$ ($x \in [0, \frac{\pi}{2})$), en le déplaçant vers le bas de 1 et puis en le renversant respect à l'axe x. Le graphique de g resserrée à $(-\frac{\pi}{2}, 0)$, il on obtient en renversant respect à l'axe y le graphique construit avant.

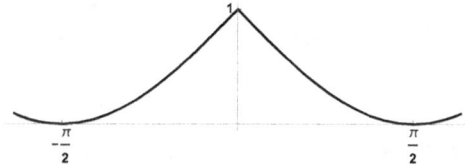

La fonction g résulte être croissante en $I_1 := (-\frac{\pi}{2}, 0)$ et décroissante en $I_2 := [0, \frac{\pi}{2})$. En étant $x \mapsto \log x$ croissant, aussi f est croissant en $I_1 := (-\frac{\pi}{2}, 0)$ et décroissant en $I_2 := [0, \frac{\pi}{2})$. Donc les ensembles que nous cerclons ils sont vraiment I_1 et I_2.

(iii) Des considérations faites en (ii), il suit que

$$\sup_I f = \max_I f = f(0) = 0,$$

par contre

$$\inf_I f = \lim_{x \to \frac{\pi}{2}} f(x) = \lim_{x \to -\frac{\pi}{2}} f(x) = -\infty,$$

donc $\min_I f$ il n'existe pas.

(iv) Car

$$\lim_{x \to \frac{\pi}{2}} f(x) = -\infty,$$

$f(0) = 0$ et f continue en I, pour le Théorème des valeurs intermédiaires il existe au moins un $\bar{x} \in (0, \frac{\pi}{2})$ tel que $f(\bar{x}) = -2$. Donc il existe au moins un point $P = (\bar{x}, -2)$ de intersection du graphique de f resserrée à $[0, \frac{\pi}{2})$ avec la ligne droite $y = -2$. Car f elle est décroissante en $[0, \frac{\pi}{2})$, ce point est unique.

De la parité de f il suit que la même situation se présente aussi en $(-\frac{\pi}{2}, 0)$. Nous pouvons conclure que les points de la type demandé sont exactement 2.

Exercice 5.48. *Dire pour quel valeurs du paramètre $\alpha > 0$ la fonction*

$$f(x) = e^x - \frac{\alpha}{20} x^5$$

elle est convexe en $(0, +\infty)$.

Rèsolution. La fonction f elle est convexe en $(0, +\infty)$ si et seulement si

$$f''(x) = e^x - \alpha x^3 \geq 0 \quad \forall\, x \in (0, +\infty).$$

Nous définissons

$$\varphi(x) = \frac{e^x}{x^3}, \quad x \in (0, +\infty).$$

Ainsi $f'' > 0$ in $(0, +\infty)$ si et seulement si $\varphi \geq \alpha$ in $(0, +\infty)$. Il résulte

$$\varphi'(x) = \frac{e^x}{x^4}(x - 3), \ x \in (0, +\infty).$$

Car

$$\lim_{x \to 0^+} \varphi(x) = \lim_{x \to +\infty} \varphi(x) = +\infty,$$

$x = 3$ est point de minimum absolu de φ in $(0, +\infty)$. En conséquence $\varphi \geq \varphi(3) = (\frac{e}{3})^3$ en $(0, +\infty)$. Nous déduisons que f elle est convexe en $(0, +\infty)$ lorsque $0 < \alpha \leq (\frac{e}{3})^3$.

Exercice 5.49. *Déterminer les points de maximum et de minimum relatif des fonctions suivantes :*

$$(i) \ f(x) = \frac{1}{x^3 - x}, \quad (ii) \ g(x) = e^{\sin x} - \sin x.$$

Rèsolution. (i) La fonction f est définie et dérivable en $I = \mathbb{R} \setminus \{-1, 0, 1\}$; nous avons

$$f'(x) = \frac{1 - 3x^2}{(x^3 - x)^2}$$

pour chaque $x \in I$. Nous avons $f' < 0$ en

$$\left[\left(-\infty, -\frac{1}{\sqrt{3}}\right) \cup \left(\frac{1}{\sqrt{3}}, +\infty\right)\right] \setminus \{-1, 1\};$$

$f' > 0$ en

$$\left(-\frac{1}{\sqrt{3}}, \frac{1}{\sqrt{3}}\right) \setminus \{0\}, f'\left(\pm\frac{1}{\sqrt{3}}\right) = 0.$$

Il s'ensuit que f a en $-\frac{1}{\sqrt{3}}$ un point de minimum relatif, en $\frac{1}{\sqrt{3}}$ un point de maximum relatif.

(*ii*) La fonction g est définie et dérivable en $\mathbb{R}$. Nous avons

$$g'(x) = \cos(x)[e^{\sin x} - 1] \quad \forall\, x \in \mathbb{R}.$$

On a $g' > 0$ en $(2k\pi, \frac{\pi}{2}+2k\pi) \cup (\pi+2k\pi, \frac{3}{2}\pi+2k\pi)$, $g'(k\pi) = g'(\frac{\pi}{2}+k\pi) = 0$, $g' < 0$ ailleurs; donc $x_k = \frac{\pi}{2} + k\pi$ ils sont points de maximum relatif, pendant que $x_k = k\pi$ ils sont points de minimum relatif $(k \in \mathbb{Z})$. (errore nel testo italiano)

Exercice 5.50. *Indiquer pour quelles valeurs de $\alpha \in \mathbb{R}$:*

(*i*) $f(x) = \frac{2}{3}x^3 - \alpha x^2 + 1$ *elle est croissante étroitement en* $(-\infty, 0)$ *et in* $(\sqrt{2}, +\infty)$;

(*ii*) $g(x) = \alpha \frac{\log x}{x}$ *elle est croissante étroitement en* $(e, +\infty)$.

Rèsolution. (*i*) La fonction f est définie et dérivable en $\mathbb{R}$; nous avons

$$f'(x) = 2x(x - \alpha).$$

On a $f' > 0$ se $x < 0$ o $x > \alpha$, $f'(0) = f'(\alpha) = 0$, $f' < 0$ ailleurs. Donc f est étroitement croissante en $(-\infty, 0)$ et in $(\alpha, +\infty)$; donc il doit être $\alpha = \sqrt{2}$.

(*ii*) La fonction g est définie et dérivable en $(0, +\infty)$; nous avons

$$g'(x) = \alpha \frac{1 - \log x}{x^2}.$$

C'est pour quoi $g' > 0$ in $(e, +\infty)$, et donc g est étroitement croissant en $(e, +\infty)$, se $\alpha < 0$.

Exercice 5.51. *Déterminer maximum et minimum absolus des fonctions :*

$$(i)\ f(x) = \begin{cases} x \log |x| & si\ x \in [-1, 1] \setminus \{0\} \\ \\ 0 & si\ x = 0 \end{cases},$$

$$(ii)\ g(x) = 6x^{\frac{2}{3}} - \sin x \quad \forall\, x \in \left[-\frac{1}{8}, \frac{1}{8}\right].$$

Rèsolution. (i) Car f elle est continue en $I = [-1, 1]$, pour le Théorème de Weierstrass f en I elle admet maximum et minimum. Nous avons

$$f'(x) = \log |x| + 1 \ \text{si} \ x \neq 0,$$

pendant que f elle n'est pas dérivable en in $x_0 = 0$, parce que

$$\lim_{h \to 0} \frac{h \log |h| - 0}{h} = +\infty.$$

Pour trouver $\max_I f, \min_I f$, nous évaluons f dans les extrêmes de I, en 0 et en $x = \frac{1}{e}, x = -\frac{1}{e}$, parce que $f'(\pm\frac{1}{e}) = 0$. Comme $f(-1) = f(1) = f(0) = 0$ et $f(-\frac{1}{e}) = \frac{1}{e}, f(\frac{1}{e}) = -\frac{1}{e}$, nous avons

$$\max_I f = \frac{1}{e}, \quad \min_I f = -\frac{1}{e}.$$

(ii) Puisque la fonction g est continue en $J = [-\frac{1}{8}, \frac{1}{8}]$, pour le Théorème de Weierstrass f en J elle admet maximum et minimum. Nous avons

$$g'(x) = \frac{4}{\sqrt[3]{x}} - \cos x \ \text{ si } x \in I \setminus \{0\}.$$

On a $g' \neq 0$ in $I \setminus \{0\}$. Pour trouver $\max_J g, \min_J g$, nous évaluons g dans les extrêmes de J, et en $x_0 = 0$, où g n'est pas dérivabile. On a :

$$g(0) = 0 = \min_J g, \quad g\left(-\frac{1}{8}\right) = \max_J g.$$

Exercice **5.52.** *Démontrer les suivantes inégalités :*

$$(i) \ \ x + 2 \sin x \leq 3(e^x - 1) \quad \forall x \geq 0,$$

$$(ii) \ \ (1 + x)^{\frac{5}{2}} \geq 1 + \frac{5}{2}x \quad \forall x \geq -1.$$

Rèsolution. (i) Nous définissons

$$\varphi(x) = x + 2 \sin x - 3(e^x - 1) \quad (x \geq 0).$$

On a

$$\varphi'(x) = 1 + 2 \cos x - 3e^x \quad (x \geq 0);$$

donc

$$\varphi'(x) \leq 1 + 2 - 3 = 0 \ (x \geq 0).$$

Pour ceci φ il est décroissant en $[0, +\infty)$; comme $\varphi(0) = 0$ on a l'inégalité (i).

(ii) Nous définissons

$$\psi(x) = (1 + x)^{\frac{5}{2}} - 1 - \frac{5}{2}x \quad (x \geq -1).$$

Nous avons

$$\psi'(x) = \frac{5}{2}[(x + 1)^{\frac{3}{2}} - 1] \quad (x \geq -1),$$

de plus $\psi'(x) > 0$ si $x > 0, \psi'(0) = 0, \psi'(x) < 0$ se $x \in [-1, 0)$. Donc $x_0 = 0$ il est point de mimimum absolu de ψ en $[-1, +\infty)$. En étant $\psi(0) = 0$, il suit l'assertion.

Exercice 5.53. *Démonter que che $xe^{\frac{1}{\sqrt{x}}} > 1$ pour chaque $x > 0$.*

Rèsolution. Nous définissons

$$f(x) = xe^{\frac{1}{\sqrt{x}}} \quad x > 0.$$

Il résulte

$$f'(x) = e^{\frac{1}{\sqrt{x}}}(1 - \frac{1}{2\sqrt{x}}), \quad x > 0.$$

De plus, $f'(x) = 0$ si $x = \frac{1}{4}, f'(x) > 0$ si $x \in (\frac{1}{4}, +\infty), f'(x) < 0$ si $x \in (0, \frac{1}{4})$. Donc $x_0 = \frac{1}{4}$ il est point de mimimum absolu. Par conséquent pour chaque $x > 0$ $f(x) \geq f(\frac{1}{4}) = \frac{1}{4}e^2 > 1$.

Exercice 5.54. *Démontrer que*

$$\frac{a - b}{a} \leq \log\left(\frac{a}{b}\right) \leq \frac{a - b}{b} \quad \text{pour chaque } a, b \in \mathbb{R}, 0 < b \leq a.$$

Rèsolution. Soit $x = \frac{a}{b}, 0 < b \leq a$. Nous définissons

$$f(x) = \log x - x + 1, \quad x \geq 1.$$

Nous avons

$$f'(x) = \frac{1}{x} - 1 \leq 0 \quad \forall x \geq 1.$$

Donc $f(x) \leq f(1) = 0$ pour chaque $x \geq 1$. De ceci il suit

$$\log\left(\frac{a}{b}\right) \leq \frac{a - b}{b}.$$

Nous définissons

$$g(x) = \log x - 1 + \frac{1}{x}, \quad \forall\, x \geq 1.$$

Nous avons

$$g'(x) = \frac{1}{x} - \frac{1}{x^2} = \frac{x-1}{x^2} \geq 0 \quad \forall\, x \geq 1.$$

De ceci il suit

$$\log\left(\frac{a}{b}\right) \geq \frac{a-b}{a}.$$

Exercice 5.55. *Trouver maximum et minimum absolu de la fonction*

$$f(x) = \sqrt{1-x^2} + \left| x + \frac{1}{2} \right|, \quad x \in [-1, 1].$$

Rèsolution. La fonction f est continue en $[-1, 1]$ donc pour le Théorème de Weierstrass elle a maximum et minimum. De plus, f est dérivable en $(-1, 1) \setminus \{-\frac{1}{2}\}$. Il résulte

$$\forall\, x \in \left(-\frac{1}{2}, 1\right), \quad f'(x) = \frac{\sqrt{1-x^2} - x}{\sqrt{1-x^2}};$$

$$\forall\, x \in \left(-1, -\frac{1}{2}\right), \quad f'(x) = -\frac{\sqrt{1-x^2} + x}{\sqrt{1-x^2}}.$$

En conséquence $f'(x) = 0$ si $x = \frac{1}{\sqrt{2}}$ o $x = -\frac{1}{\sqrt{2}}$. Puisque $f(-1) = \frac{1}{2}$, $f(1) = \frac{3}{2}$, $f\left(-\frac{1}{2}\right) = \frac{\sqrt{3}}{2}$, $f\left(\frac{1}{\sqrt{2}}\right) = \frac{1}{2} + \sqrt{2}$, $f\left(-\frac{1}{\sqrt{2}}\right) = \sqrt{2} - \frac{1}{2}$, nous avons

$$\max_{[-1,1]} f = \frac{1}{2} + \sqrt{2}, \quad \min_{[-1,1]} f = \frac{1}{2}.$$

Exercice 5.56. *Considérée la fonction*

$$f(x) = xe^{\sqrt[3]{x}} + \sqrt[3]{x-1},$$

il se demande de :

(i) établir si f elle est dérivable dans son domaine et classifier éventuels point de pas dérivabilité;

(ii) établir si f elle admet maximum ou minimum absolus dans l'intervalle $[1, 2]$ et si affirmatif en calculer la valeur.

Rèsolution. (i) La fonction est définie et continue en $D = \mathbb{R}$. Pour chaque $x \in \mathbb{R}\backslash\{0,1\}$ il est possible d'appliquer les règles de dérivation de somme, produit et composition de fonctions, en obtenant

$$f'(x) = e^{\sqrt[3]{x}} + \frac{1}{3}e^{\sqrt[3]{x}}\sqrt[3]{x} + \frac{1}{3\sqrt[3]{(x-1)^2}}.$$

Étudions maintenant la dérivabilité dans les points $x_1 = 0$ et $x_2 = 1$, où il n'était pas été possible d'appliquer les règles de dérivation ci-dessus.. Nous observons qu'on a

$$\lim_{x \to x_1} f'(x) = \lim_{x \to 0}\left(e^{\sqrt[3]{x}} + \frac{1}{3}e^{\sqrt[3]{x}}\sqrt[3]{x} + \frac{1}{3\sqrt[3]{(x-1)^2}}\right) = 1 + \frac{1}{3} = \frac{4}{3}.$$

Donc il existe aussi

$$\lim_{x \to x_1}\frac{f(x) - f(x_1)}{x - x_1}$$

et il vaut $\frac{4}{3}$, d'où nous déduisons que la fonction est dérivable en x_1 et on a

$$f'(x_1) = \frac{4}{3}.$$

En raisonnant de manière analogue pour le point x_2, on a

$$\lim_{x \to 1}\left(e^{\sqrt[3]{x}} + \frac{1}{3}e^{\sqrt[3]{x}}\sqrt[3]{x} + \frac{1}{3\sqrt[3]{(x-1)^2}}\right) = +\infty,$$

dont nous déduisons

$$\lim_{x \to 1}\frac{f(x) - f(1)}{x - 1} = +\infty$$

et donc f elle n'est pas dérivable en x_2, cque c'est un point d'inflexion à la tangente verticale

(ii) Il résulte évidemment $f'(x) > 0$ pour $x > 0$. Donc $f(x)$ est strictement croissante dans l'entracte assigné. Donc

$$\min_{[1,2]} f = f(1) = e, \max_{[1,2]} f = f(2) = 2e^{\sqrt[3]{2}} + 1.$$

Exercice 5.57. *Déterminer par calcul direct le polynôme de Taylor au deuxième ordre de la fonction*

$$f(x) = e^2 - e^{x^2 + x}$$

dans le point $x_0 = 1$.

Rèsolution. Il résulte

$$
\begin{aligned}
f'(x) &= -(2x+1)\,e^{x^2+x}, \\
f''(x) &= -\left(2e^{x^2+x} + e^{x^2+x}(2x+1)^2\right) \\
&= -e^{x^2+x}\left(4x^2 + 4x + 3\right),
\end{aligned}
$$

à partir duquel

$$f(1) = 0, \quad f'(1) = -3e^2, \quad f''(1) = -11e^2.$$

Donc

$$
\begin{aligned}
P_2(x;1) &= f(1) + f'(1)(x-1) + \frac{f''(1)}{2}(x-1)^2 \\
&= -3e^2(x-1) - \frac{11e^2}{2}(x-1)^2.
\end{aligned}
$$

Exercice 5.58. *Est donnée la fonction*

$$f(x) = 2x - \cos(x).$$

(i) Déterminer les intervalles di convexité et de concavité de f.

(ii) Établir si l'équation $f(x) = 0$ elle admet solutions en $\mathbb{R}$, et en cas affirmatif spécifier combien.

Rèsolution. *(i)* La fonction est définie et dérivable deux fois en $\mathbb{R}$. En outre, $\forall\, x \in \mathbb{R}$

$$f'(x) = 2 + \sin(x),$$
$$f''(x) = \cos(x).$$

Nous avons

$$f''(x) > 0 \iff x \in \left(-\frac{\pi}{2} + 2k\pi, \frac{\pi}{2} + 2k\pi\right) \quad (k \in \mathbb{Z}).$$

$$f''(x) < 0 \iff x \in \left(\frac{\pi}{2} + 2k\pi, \frac{3}{2}\pi + 2k\pi\right) \quad (k \in \mathbb{Z}).$$

En conséquence, pour chaques $k \in \mathbb{Z}$, la fonction est convexe dans l'intervalle

$$\left(-\frac{\pi}{2} + 2k\pi, \frac{\pi}{2} + 2k\pi\right),$$

pendant qu'elle est concave dans l'intervalle $\left(\frac{\pi}{2} + 2k\pi, \frac{3}{2}\pi + 2k\pi\right)$.

(ii) Nous observons que f elle est continue en $\mathbb{R}$. En outre,

$$f(0) = -1, \quad \lim_{x \to +\infty} f(x) = +\infty.$$

Donc, pour le Théorème d'existence des zéros, il existe au moins un point $x_0 \in (0, +\infty)$ tel que $f(x_0) = 0$. Nous remarquons que $f'(x) = 2 + \sin(x) > 0 \; \forall \, x \in \mathbb{R}$. en conséquence f elle est strictement croissante en $\mathbb{R}$, donc x_0 est la seule solution de l'équation $f(x) = 0$.

Exercice 5.59. *Est donnée la fonction*

$$f(x) = \frac{x}{2} + \log\left(\frac{x-1}{x-2}\right).$$

Déterminer les intervalles de convexité et de concavité de f.

Rèsolution. La fonction est définie et dérivable deux fois en

$$A = (-\infty, 1) \cup (2, +\infty).$$

Nous avons $\; \forall \, x \in A$

$$f'(x) = \frac{1}{2} - \frac{1}{(x-1)(x-2)},$$

$$f''(x) = \frac{2x-3}{[(x-1)(x-2)]^2}.$$

Il résulte

$$f''(x) > 0 \iff x \in (2, +\infty),$$

donc f elle est convexe en $(2, +\infty)$;

$$f''(x) < 0 \iff x \in (-\infty, 1),$$

donc f elle est concave en $(-\infty, 1)$.

Exercice 5.60. *Écrire, en utilisant la définition, le polynôme de Taylor d'ordre 3 et centre $x_0 = \frac{\pi}{4}$ de $f(x) = \cot g(x)$; écrire la formule de Taylor, d'ordre 3 et centre $x_0 = \frac{\pi}{4}$, d $f(x) = \cot g(x)$ avec le reste de Peano.*

Rèsolution. Nous avons

$$f\left(\frac{\pi}{4}\right) = 1;$$

$$f'(x) = -1 - \cot g^2(x), \quad f'\left(\frac{\pi}{4}\right) = -2;$$

$$f''(x) = 2\cot g(x)(1 + \cot g^2(x)), \quad f''\left(\frac{\pi}{4}\right) = 4;$$

$$f'''(x) = -2(1 + \cot g^2(x))[1 + 3\cot g^2(x)], \quad f'''\left(\frac{\pi}{4}\right) = -16.$$

Par conséquent, le polynôme demandé est

$$P_3\left(x; \frac{\pi}{4}\right) = 1 - 2\left(x - \frac{\pi}{4}\right) + 2\left(x - \frac{\pi}{4}\right)^2 - \frac{8}{3}\left(x - \frac{\pi}{4}\right)^3.$$

Donc on a

$$f(x) = P_3\left(x; \frac{\pi}{4}\right) + o\left(\left(x - \frac{\pi}{4}\right)^3\right).$$

Exercice 5.61. *Est donnée la fonction*

$$f(x) = (x-1)\sqrt{|x-1|}.$$

(i) Dire si f elle est dérivabile en $x_0 = 1$.

(ii) Dire si f elle admet maximum et/ou minimum absolu en $[2, +\infty)$.

Rèsolution. (i) Nous avons

$$f(x) = \begin{cases} (x-1)^{\frac{3}{2}} & \text{si } x \geq 1, \\ -(1-x)^{\frac{3}{2}} & \text{si } x < 1. \end{cases}$$

Donc, en étant

$$f(1) = \lim_{x \to 1^-} f(x) = \lim_{x \to 1^+} f(x) = 0,$$

f elle est continue en $x_0 = 1$. De plus,

$$f'(x) = \begin{cases} \frac{3}{2}(x-1)^{\frac{1}{2}} & \text{si } x > 1, \\ \frac{3}{2}(1-x)^{\frac{1}{2}} & \text{si } x < 1. \end{cases}$$

Donc

$$\lim_{x \to 1^-} f'(x) = \lim_{x \to 1^+} f'(x) = 0.$$

Il s'ensuit que f est dérivable en $x_0 = 1$.

(ii) Nous remarquons que f est continue en $[2, +\infty)$; de plus,

$$\lim_{x \to +\infty} f(x) = +\infty.$$

Donc, f elle admet minimum absolu en $[2, +\infty)$, pendant qu'elle n'admet pas maximum absolu. En particulier, en étant f croissante en $[2, \infty)$, le minimum absolu est $f(2) = 1$.

Exercice 5.62. *Démontrer que*

$$-\frac{\sqrt{\pi}}{x^2} - 2 \log x < 0 \quad \text{pour chaque } x > 0.$$

Rèsolution. L'inégalité vaut clairement en $[1, +\infty)$. >Il reste de la vérifier en $(0, 1]$. Pour le faire, nous définissons

$$f(x) = -\frac{\sqrt{\pi}}{x^2} - 2 \log x, x \in (0, 1].$$

Il résulte

$$f'(x) = \frac{2}{x^3}(\sqrt{\pi} - x^2) > 0 \quad \text{per ogni } x \in (0, 1].$$

Donc f elle est croissante en $(0, 1]$. En étant $f(1) < 0$, nous obtenons que $f < 0$ in $(0, 1]$.

Exercice 5.63. *Écrire le polynôme de Taylor de centre $x_0 = 0$, d'ordre 3 associé à la fonction*

$$f(x) = \log\left(\frac{1+x}{1-x}\right).$$

Exploiter le polynôme précédent pour trouver une valeur rationnelle approchant $\log 2$.

Rèsolution. Nous avons

$$f(x) = \log \frac{1+x}{1-x},$$

$$f'(x) = \frac{1}{1-x^2},$$

$$f''(x) = \frac{4x}{(1-x^2)^2},$$

$$f'''(x) = 4\frac{1+3x^2}{(1-x^2)^3}.$$

Donc $f(0) = f''(0) = 0$, $f'(0) = 2$, $f'''(0) = 4$, d'où il résulte que

$$P_3(x;0) = 2x + \frac{2}{3}x^3.$$

Pour approcher $\log 2$ en utilisant la fonction f, il faut choisir

$$\frac{1+x}{1-x} = 2,$$

donc $x = \frac{1}{3}$. La valeur approximative est donc

$$P_3\left(\frac{1}{3};0\right) = \frac{56}{81}.$$

Chapitre 6

Études de Fonction

Prérequis théoriques

◊ Prérequis requis dans les Chapitres 1, 4 et 5.
◊ Asymptotes verticaux, horizontaux et obliques.
◊ Points d'inflexion.

Exercice 6.1. *Considérons la fonction $f : \mathbb{R} \longrightarrow \mathbb{R}$ ainsi définie*

$$f(x) = \sqrt[3]{(x^2 - 1)^2}.$$

(a) *Trouver les points éventuels de minimum ou de maximum local de f.*

(b) *Déterminez s'il y a des asymptotes et dessiner le graphique de f.*

(c) *Écrire le polynôme de Taylor d'ordre 3 de f en $x = 0$.*

Rèsolution. La fonction est pair.

(a) La fonction prend toujours des valeurs positives, sauf pour -1 et 1, où elle s'annule. Donc -1 et 1 ils sont des points de minimum local.

En tous les points autres que ± 1 la fonction f est dérivable et

$$f'(x) = \frac{4}{3} \frac{x}{\sqrt[3]{x^2 - 1}}$$

La dérivée f' s'annule seulement en $x_0 = 0$, que c'est un point de maximum local. Il y n'a pas autres points de minimum ou de maximum local.

(b) Il y n'a pas asymptotes (parce que $f(x) \sim x^{4/3}$, pour $x \to +\infty$).

(c) Grâce à les développements remarquables, Il est facile de constater que

$$P_3(x;0) = 1 - \frac{2}{3}x^2.$$

Le graphique de f il est

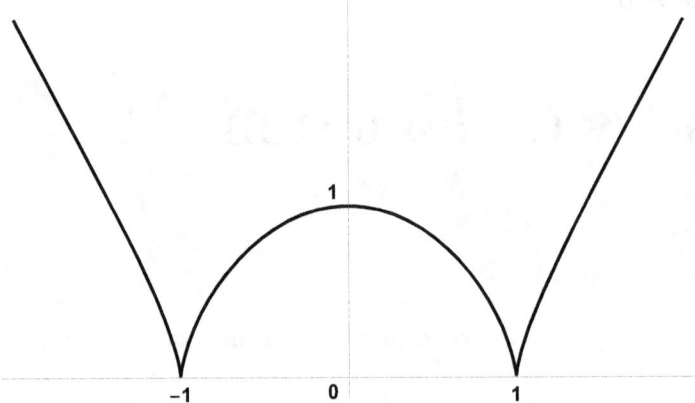

Exercice 6.2. *Soit* $f : \mathbb{R} \to \mathbb{R}$ *la fonction définie par*

$$f(x) = 2x - \sqrt{1 + x^2}\,.$$

1. *Déterminer les asymptotes éventuels d f.*

2. *Établir si f elle est strictement croissante.*

3. *Établir si f elle est réversible.*

4. *En utilisant uniquement les informations obtenues dans les points précédents, tracez le graphique de f.*

5. *Établir si l'intégrale impropre est convergente*

$$I = \int_0^{+\infty} \Big(x - f(x) \Big)\, dx\,.$$

Rèsolution. 1. En étant définie et continue sur tout $\mathbb{R}$, la fonction f n'a pas d'asymptotes verticales. De plus, pour $x \to \pm\infty$, on a $f(x) = 2x - \sqrt{1 + x^2} \sim 2x - |x|$, ou $f(x) \sim x$ per $x \to +\infty$ et $f(x) \sim 3x$ per $x \to -\infty$. Par conséquent, f elle n'a pas d'asymptotes horizontales, en étant

$$\lim_{x \to +\infty} f(x) = \lim_{x \to +\infty} x = +\infty,$$

$$\lim_{x \to -\infty} f(x) = \lim_{x \to -\infty} 3x = -\infty \,,$$

mais elle possède la ligne droite d'équation $y = x$ comme asymptote oblique pour $x \to +\infty$ et la ligne droite d'équation $y = 3x$ comme asymptote oblique pour $x \to -\infty$, en étant

$$m_1 = \lim_{x \to +\infty} \frac{f(x)}{x} = \lim_{x \to +\infty} \frac{x}{x} = 1,$$

$$q_1 = \lim_{x \to +\infty} (f(x) - x) = \lim_{x \to +\infty} (x - \sqrt{1 + x^2})$$

$$= \lim_{x \to +\infty} \frac{-1}{x + \sqrt{1 + x^2}} = 0,$$

e

$$m_2 = \lim_{x \to -\infty} \frac{f(x)}{x} = \lim_{x \to +\infty} \frac{3x}{x} = 3,$$

$$q_2 = \lim_{x \to -\infty} (f(x) - 3x) = \lim_{x \to -\infty} (-x - \sqrt{1 + x^2})$$

$$= \lim_{x \to -\infty} \frac{-1}{-x + \sqrt{1 + x^2}} = 0\,.$$

2. La fonction f est dérivable sur tout $\mathbb{R}$ et sa dérivée première est

$$f'(x) = 2 - \frac{x}{\sqrt{1 + x^2}}\,.$$

Clairement, $f'(x) > 0$ pour chaque $x \leq 0$. De plus, en étant $1 + x^2 \geq x^2$ pour chaque $x \in \mathbb{R}$ et en étant $\sqrt{x}$ une fonction croissante pour chaque $x > 0$, on a $\sqrt{1 + x^2} \geq \sqrt{x^2} = |x| = x$ pour chaque $x > 0$. Donc, on a

$$\frac{x}{\sqrt{1 + x^2}} \leq \frac{x}{x} = 1$$

pour chaque $x > 0$, c'est-à-dire $f'(x) \geq 1 > 0$ pour chaque $x > 0$. Par conséquent, $f'(x) > 0$ pour chaque $x \in \mathbb{R}$ et f elle est strictement croissante.

3. Comme elle est strictement croissante, f elle est réversible .

4. Le graphique de f il est

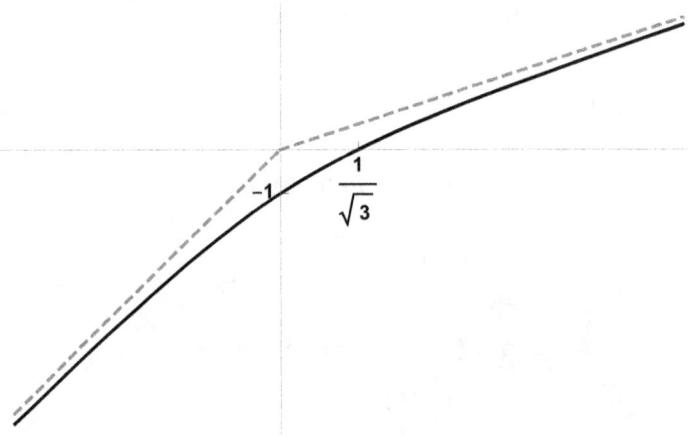

5. La fonction intégrante

$$g(x) = x - f(x) = -x + \sqrt{1 + x^2}$$

elle est définie, est continue et est positive sur tout l'intervalle d'intégration $[0, +\infty)$. De plus, pour $x \to +\infty$, on a

$$g(x) = \sqrt{1 + x^2} - x = \frac{1}{\sqrt{1 + x^2} + x} \sim \frac{1}{2}\frac{1}{x} .$$

Car la fonction $1/x$ elle n'est pas intégrable en sens impropre pour $x \to +\infty$, pour le critère de la comparaison asymptotique même pas la fonction g elle est intégrable en sens impropre pour $x \to +\infty$. Ensuite l'intégrale impropre I il n'est pas convergent (mais divergent à $+\infty$).

Exercice 6.3. *Soit f la fonction definie de*

$$f(x) = e^{\frac{1}{4 - x^2}} .$$

1. *Déterminerz le domaine et les éventuelles asymptotes de f.*

2. *Déterminer les maximums et minimums possibles de la fonction f.*

3. *Sans calculer la dérivée seconde, tracez le graphique de f.*

4. *Déterminer l'image de f.*

5. *Établir si l'intégrale impropre*

$$I = \int_2^{+\infty} \left(1 - f(x)\right) dx$$

il converge.

Rèsolution. La fonction f est pair. Il suffit donc de l'étudier pourr $x \geq 0$.

1. La fonction f a domain $D = \{x \in \mathbb{R} : x \neq \pm 2\}$. On a

$$\lim_{x \to 2^+} f(x) = \lim_{x \to k^+} e^{\frac{1}{2^2 - x^2}} = 0, \qquad \lim_{x \to 2^-} f(x) = \lim_{x \to k^-} e^{\frac{1}{2^2 - x^2}} = +\infty,$$

$$\lim_{x \to (-2)^+} f(x) = \lim_{x \to (-k)^+} e^{\frac{1}{2^2 - x^2}} = +\infty,$$

$$\lim_{x \to (-2)^-} f(x) = \lim_{x \to (-k)^-} e^{\frac{1}{2^2 - x^2}} = 0.$$

En conséquence, f elle a comme asymptote vertical la ligne droite d'équation $x = 2$ pour $x \to 2^-$ et elle a comme asymptote vertical la ligne droite d'equation $x = -2$ pour $x \to (-2)^+$. On a, en outre

$$\lim_{x \to \pm\infty} f(x) = \lim_{x \to \pm\infty} e^{\frac{1}{2^2 - x^2}} = 1.$$

Donc f elle possède un asymptote horizontal aussi, d'équation $y = 1$, per $x \to \pm\infty$.

2. La fcontion f est dérivable pour chaque $x \neq \pm 2$ et sa dérivée première est

$$f'(x) = \frac{2x}{(2^2 - x^2)^2} \, e^{\frac{1}{2^2 - x^2}} .$$

En conséquence, $f'(x) \geq 0$ si et seulement si $x \geq 0$. Ensuite f elle présente un point de minimum local en correspondance de $x = 0$, donné par $M \equiv (0, e^{\frac{1}{2^2}})$. Il y n'a pas d'autres points d'extrême.

3. Le graphique de f il est

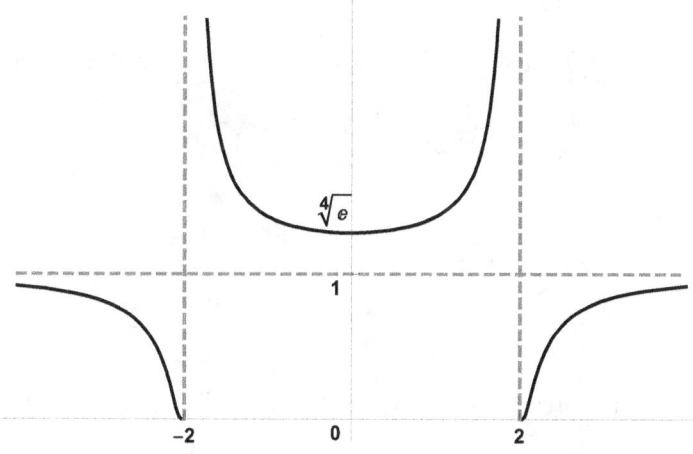

4. L'image de f est $\text{Im} f = (0,1) \cup (e^{\frac{1}{2^2}}, +\infty)$.

5. La fontion

$$g(x) = 1 - f(x) = 1 - e^{\frac{1}{2^2 - x^2}}$$

elle est définie, continue et positive sur tout l'entracte $(2, +\infty)$. Pour $x \to 2^+$, la fonction f est limitée (parce que $f(x) \to 0$, comme nous l'avons déjà vu). De plus, pour $x \to +\infty$, on a

$$\frac{1}{2^2 - x^2} \to 0$$

et donc

$$g(x) \sim -\frac{1}{2^2 - x^2} \sim \frac{1}{x^2}.$$

Car la fonction $1/x^2$ est intégrable en sens impropre pour $x \to +\infty$, pour le critère de la comparaison asymptotique on a qu'aussi la fonction $g(x)$ elle est intégrable en sens impropre pour $x \to +\infty$. En conséquence, en conclusion, l'intégrale impropre I il converge.

Exercice 6.4. *Étant donné la fonction*

$$f(x) := \sqrt[3]{3x^3 + 5x^2 + x},$$

a. *en déterminer les limites et les asymptotes éventuels;*

b. *en déterminer les points de dérivabilité et la dérivée première f';*

c. *en étudier la monotonie et les extrêmes locaux;*

d. *en dessiner le graphique;*

e. *déterminer l'existence d'au moins une solution $x \in (0, +\infty)$ de l'equation $f(x) = 4x - 1$.*

Rèsolution. *a.* On a $\lim_{x \to \pm\infty} f(x) = \pm\infty$. Parce que pour $x \to \pm\infty$ on a

$$f(x) = \sqrt[3]{3}x \left(1 + \frac{5}{3x} + \frac{1}{3x^2}\right)^{\frac{1}{3}} \sim \sqrt[3]{3}x$$

$$f(x) - \sqrt[3]{3}x = \sqrt[3]{3}x \left[\left(1 + \frac{5}{3x} + \frac{1}{3x^2}\right)^{\frac{1}{3}} - 1\right]$$

$$\sim \sqrt[3]{3}x \frac{1}{3}\left(\frac{5}{3x} + \frac{1}{3x^2}\right) \to \frac{5}{3\sqrt[3]{9}}$$

il y a des asymptotes obliques pour $x \to \pm\infty$ d'équation commune $y = \frac{9x+5}{3\sqrt[3]{9}}$.

b. La fonction n'est pas dérivable seulement dans l'ensemble de points dans lesquels elle s'annule, c'est-à-dire dans l'ensemble

$$\left\{ 0, z_{\pm} := \frac{-5 \pm \sqrt{13}}{6} \right\}.$$

Dans les autres points de $\mathbb{R}$ est dérivable parce qu'elle est composé de fonctions dérivables et on a

$$f'(x) = \frac{1}{3} \left(3x^3 + 5x^2 + x \right)^{-\frac{2}{3}} (9x^2 + 10x + 1), \qquad x \notin \{0, z_{\pm}\}.$$

c. Le signe de f' il coïncide avec celui de la fonction

$$g(x) := 9x^2 + 10x + 1 = 9(x - x_-)(x - x_+)$$

dove $x_- = -1$ et $x_+ = -\frac{1}{9}$. La fonction f est donc croissante en $(-\infty, x_-)$ et en $(x_+, +\infty)$ et décroissante en (x_-, x_+). La fonction a donc un maximum relatif en x_- et un minimum relatif en x_+.

d. Il grafico di f è

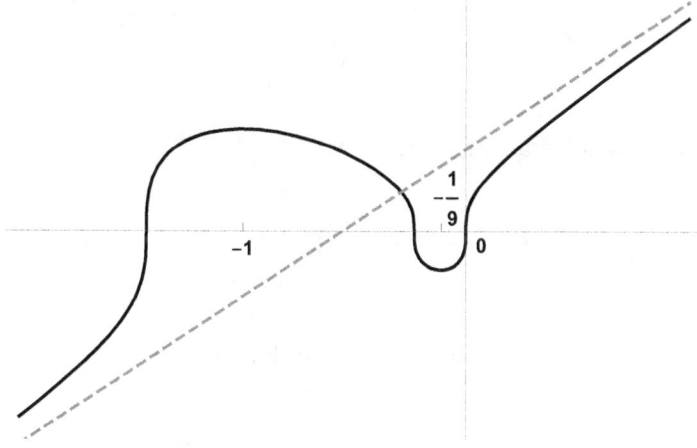

e. Définie la fontion $g(x) := f(x) - (4x - 1)$ pour $x \in (0, +\infty)$, si ha $g \in C(0, +\infty)$, $g(0) = 1 > 0$, $g(1) = -18 < 0$. Le Théorème de l'existence des zéros assure l'existence d'au moins une solution $x_1 \in (0, 1)$.

Exercice 6.5. *Assigné la fonction*

$$f(x) = |x| e^{-\frac{1}{x}} \qquad \forall\, x \in D = \mathbb{R} \setminus \{0\},$$

déterminer :

— *les limites aux extrêmes de D et asymptotes éventuels ;*
— *la dérivée première f' ;*
— *les extrêmes locaux ;*
— *l'image Im(f).*

Ensuite, tracez un graphique approximatif de la fonction.

Rèsolution. On trouve que

$$\lim_{x \to \pm\infty} f(x) = +\infty, \quad \lim_{x \to 0^-} f(x) = +\infty, \quad \lim_{x \to 0^+} f(x) = 0^+.$$

De plus,

$$m = \lim_{x \to \pm\infty} \frac{f(x)}{x} = \pm 1,$$

$$q = \lim_{x \to \pm\infty} (f(x) - mx) = \lim_{x \to \pm\infty} (|x|e^{-\frac{1}{x}} \mp x) = \lim_{x \to \pm\infty} |x|(e^{-\frac{1}{x}} - 1)$$
$$= \lim_{x \to \pm\infty} |x|(-x^{-1} + o(x^{-1})) = \mp 1.$$

Donc, nous avons les asymptotes obliques

$$y = \pm x \mp 1 \quad \text{pour } x \to \pm\infty.$$

La fonction f est certainement dérivable dans l'ensemble D et

$$f'(x) = e^{-\frac{1}{x}} \frac{x+1}{|x|} \qquad \forall\, x \in D.$$

Puisque $f'(x) > 0$ pour $x \in (-1, 0) \cup (0, +\infty)$, $f'(x) < 0$ pour $x \in (-\infty, -1)$ on a un minimum local en $x_m = -1$.

Puisque f est continue car elle est composée de fonctions continues, $f(x) > 0$ pour chaque $x \in D$, $\lim_{x \to 0^+} f(x) = 0^+$, $\lim_{x \to +\infty} f(x) = +\infty$, pour le Théorème des valeurs intermédiaires, on a $\text{Im}(f) = (0, +\infty)$.

Le graphique de f il est

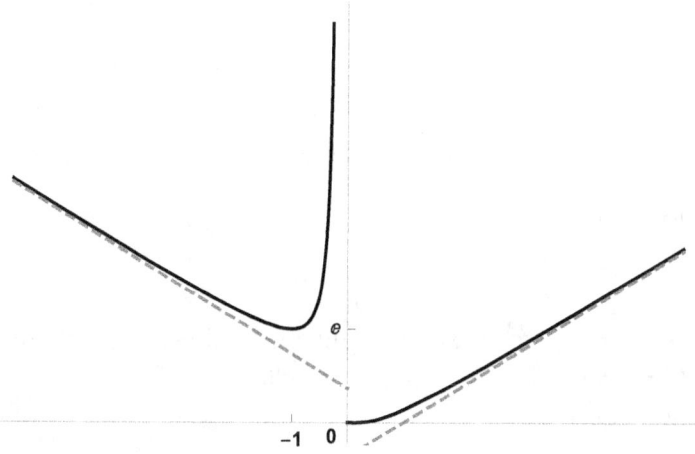

Exercice 6.6. *Étant donné la fonction* $f(x) = \dfrac{x \log x}{2 - \log x}$,

— *déterminer le domaine* D,
— *calculer les limites aux bords de* D *et déterminer les asymptotes éventuels,*
— *calculer la dérivée première,*
— *déterminer les points éventuels de maximum ou minimum en précisant s'ils sont absolus ou relatifs.*

Rèsolution. Le domain de f est

$$D = \{x \in \mathbb{R} : x > 0, x \neq e^2\}.$$

On a

$$\lim_{x \to 0^+} f(x) = 0, \quad \lim_{x \to (e^2)^+} f(x) = -\infty,$$

$$\lim_{x \to (e^2)^-} f(x) = +\infty, \quad \lim_{x \to +\infty} f(x) = -\infty.$$

Donc la ligne droite $x = e^2$ elle est asymptote vertical. Il y n'a pas asymptotes obliques, parce que

$$\lim_{x \to +\infty} \frac{f(x)}{x} = -1$$

et

$$\lim_{x \to +\infty} (f(x) + x) = -\infty.$$

Nous avons que

$$f'(x) = \frac{-\log^2 x + 2\log x + 2}{(\log x - 2)^2} \quad \forall\, x \in D.$$

Il résulte $f'(x) \geq 0$ si et seulement si

$$1 - \sqrt{3} \leq \log x \leq 1 + \sqrt{3}\,,$$

c'est-à-dire si et seulement si

$$e^{1-\sqrt{3}} \leq x \leq e^{1+\sqrt{3}}\,.$$

Il suit que $x = e^{1-\sqrt{3}}$ c'est un point de minimum relatif, tandis que $x = e^{1+\sqrt{3}}$ c'est un point de maximum relatif.

Le graphique de f il est

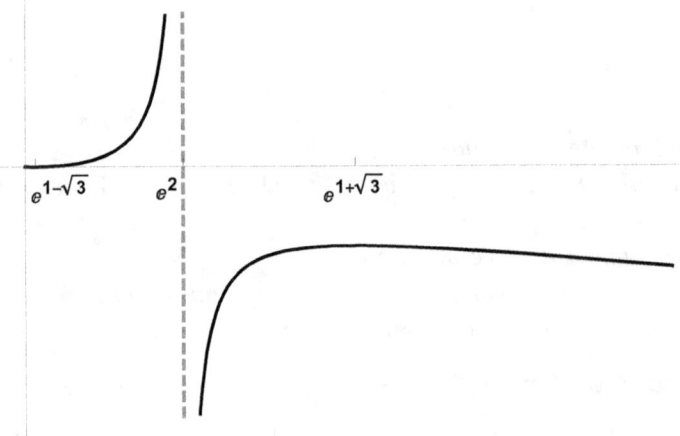

Exercice 6.7. *Soit f la fonction définie par*

$$f(x) = \frac{\sqrt{x^2 - 5x - 6}}{|x|}.$$

Déterminer :
- *le domaine de la fonction ;*
- *le signe de la fonction ;*
- *les maximums et minimums, en précisant s'il s'agit de points extrêmes locaux ou globaux ;*
- *le cours asymptotique de la fonction pour $x \to +\infty$ et pour $x \to -\infty$.*

Rèsolution. La fonction est bien définie si $x \neq 0$ et $x^2 - 5x - 6 \geq 0$, en conséquence

$$D = \{x \geq 6\} \cup \{x \leq -1\}.$$

De plus, $f(x) \geq 0$ pour chaqueogni $x \in D$.

La dérivée est

$$f'(x) = \text{sgn}(x) \left(\frac{5x + 12}{2x^2 \sqrt{x^2 - 5x - 6}} \right),$$

elle s'annule ensuite en $x = -\frac{12}{5}$, elle est positive pour $x > 6$ et $x < -\frac{12}{5}$. De plus la fonction n'est pas dérivable en $x = -1$ et $x = 6$. Le point $\left(-\frac{12}{5}, \frac{7}{2\sqrt{6}} \right)$ il est un maximum local (absolu), i punti $(-1, 0)$ et $(6, 0)$ ils sont minimums globaux. Nous avons que

$$\lim_{x \to \pm \infty} f(x) = 1,$$

donc la fonction a asymptote horizontal $y = 1$ pour $x \to +\infty$ et pour $x \to -\infty$.

Le graphique de f il est

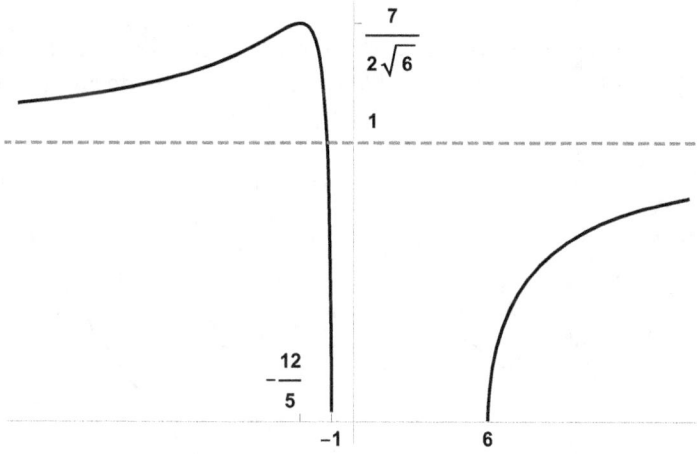

Exercice 6.8. *Soit f la fonction définie par*

$$f(x) = x - 2 \arctan x .$$

1. *Déterminer les asymptotes éventuels de f.*

2. *Déterminer les points éventuels de maximum et de minimum locaux.*

3. *Dessiner le graphique.*

Rèsolution. De toute évidence, la fonction f elle est bien définie et continue en $\mathbb{R}$. Évidemment,

$$\lim_{x \to +\infty} f(x) = +\infty.$$

De plus,

$$m = \lim_{x \to +\infty} \frac{f(x)}{x} = 1,$$

$$q = \lim_{x \to +\infty} [f(x) - x] = -\pi.$$

Donc, pour $x \to +\infty$, nous avons l'asymptote oblique

$$y = x - \pi.$$

De même, nous constatons que pour $x \to -\infty$, f elle a l'asymptote oblique

$$y = x + \pi.$$

Il résulte

$$f'(x) = 1 - \frac{2}{1 + x^2} = \frac{x^2 - 1}{x^2 + 1} \quad \forall\, x \in \mathbb{R}.$$

Ainsi, $x_1 = -1$ c'est le seul point de maximum local (le maximum local est $f(-1) = -1 + \pi/2$) et $x_1 = 1$ c'est le seul point de minimum local (le minimum local est $f(1) = 1 - \pi/2$).
Le graphique de f il est

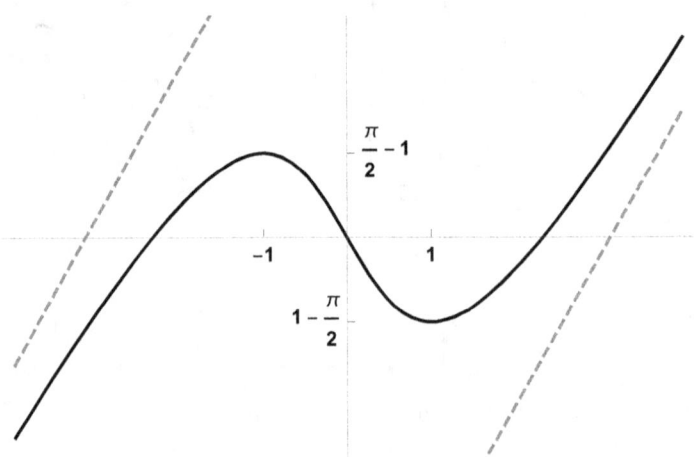

Exercice 6.9. *Étant donné la fonction*

$$f(x) := \sqrt[3]{\frac{(x + 1)^5}{x^2}},$$

déterminer

— *limites aux extrêmes du domaine,*
— *asymptotes éventuels,*
— *dérivée première,*
— *extrêmes locaux,*

Rèsolution. La fonction f elle est bien définie en

$$D = \mathbb{R} \setminus \{0\}.$$

On a

$$\lim_{x \to \pm\infty} f(x) = \pm\infty \quad \lim_{x \to 0} f(x) = +\infty.$$

Donc, la ligne droite $x = 0$ est un asymptote vertical.
Nous avons que

$$m := \lim_{x \to \pm\infty} \frac{f(x)}{x} = \lim_{x \to \pm\infty} \sqrt[3]{\frac{(x+1)^5}{x^5}} = 1,$$

$$q = \lim_{x \to \pm\infty} f(x) - x = \lim_{x \to \pm\infty} \sqrt[3]{\frac{(x+1)^5}{x^2}} - x$$

$$= \lim_{x \to \pm\infty} x \left(\sqrt[3]{\frac{(x+1)^5}{x^5}} - 1 \right)$$

$$= \lim_{x \to \pm\infty} x \left((1 + x^{-1})^{\frac{5}{3}} - 1 \right) = \frac{5}{3}.$$

Donc, la ligne droite $y = x + \frac{5}{3}$ est un asymptote oblique pour $x \to \pm\infty$.
Nous avons que

$$f'(x) = \frac{d}{dx} \left[x^{-\frac{2}{3}} (x+1)^{\frac{5}{3}} \right].$$

Donc

$$f'(x) = -\frac{2}{3} x^{-\frac{5}{3}} (x+1)^{\frac{5}{3}} + \frac{5}{3} x^{-\frac{2}{3}} (x+1)^{\frac{2}{3}}$$

$$= \frac{1}{3} x^{-\frac{2}{3}} (x+1)^{\frac{2}{3}} [5 - 2x^{-1}(x+1)]$$

$$= \frac{1}{3} (1 + x^{-1})^{\frac{2}{3}} (3 - 2x^{-1}) \quad \forall\, x \neq 0.$$

Nous remarquons que

$$f'(x) > 0 \quad \forall\, x \in (-\infty, 0) \cup (2/3, +\infty).$$

En conséquence f elle est croissante en $(-\infty, 0)$ et en $(2/3, +\infty)$, De plus,

$$f'(x) < 0 \quad \forall\, x \in (0, 2/3).$$

Donc f elle est décroissante en $(0, 2/3)$. Finalement,

$$f'(x) = 0 \Longleftrightarrow x = -1 \text{ ou } 2/3.$$

Il en suit qui $x_m := 2/3$ c'est le seul point de minimum local, pendant que $x_f := -1$ c'est un point d'inflexion horizontale.
Le graphique de f il est

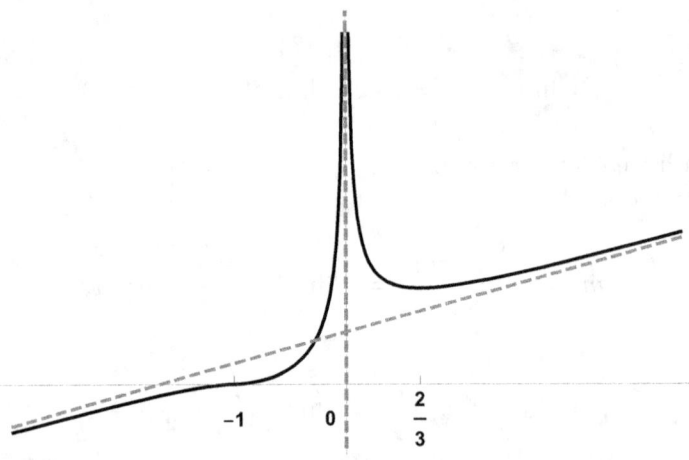

Exercice 6.10. *Il se considère la fonction* $f : \mathbb{R} \to \mathbb{R}$ *définie par*

$$f(x) = \frac{e^x}{\sqrt{e^{2x} + 1}}$$

pour chaque $x \in \mathbb{R}$.

1. (a) *Démontrer que la fonction* f *est croissante sur* $\mathbb{R}$.

   (b) *Calculer les limites*

   $$\lim_{x \to -\infty} f(x) \qquad e \qquad \lim_{x \to +\infty} f(x)$$

   et déterminer l'image I *de* f.

   (c) *Déterminer les points éventuels d'inflexion de la fonction* f.

   (d) *Dessiner le graphique qualitatif de la fonction* f.

2. (a) *Démontrer que la fonction* $f : \mathbb{R} \to I$ *est réversible.*

   (b) *Calculer la dérivée de la fonction inverse* f^{-1} *dans le point* $y_0 = \frac{1}{\sqrt{2}}$.

3. *Démontrer que l'equation* $f(x) - x^3 = 0$ *possède au moins une solution dans l'intervalle* $[-1, 1]$.

4. (a) *Écrire le développement de Taylor centré en 0 de la fonction f tronqué au second ordre, avec reste selon Peano.*

(b) *Calculer la limite*

$$L = \lim_{x \to 0} \frac{\sqrt{2}f(x) - \sqrt{1+x} + 3x^2}{x \log(1+x) + \cos x - 1}.$$

Rèsolution. 1. La fonction f elle est dérivable (et continue) sur tout $\mathbb{R}$. En outre,

$$f'(x) = \frac{e^x}{(e^{2x}+1)^{3/2}} \quad \forall\, x \in \mathbb{R}.$$

Car $f'(x) > 0$ pour chaque $x \in \mathbb{R}$, la fonction f elle est (strictement) croissant sur tout $\mathbb{R}$. On a

$$\lim_{x \to -\infty} f(x) = 0 \qquad \text{e} \qquad \lim_{x \to +\infty} f(x) = 1.$$

En conséquence, la fonction admet la ligne droite d'équation $y = 0$ comme asymptote horizontal pour $x \to -\infty$, et la ligne droite d'équation $y = 1$ comme asymptote horizontal pour $x \to +\infty$. Par conséquence, en étant la fonction continue et strictement croissante, on a $I = \text{Im}\, f = (0,1)$.

Car la dérivée deuxième de f est

$$f''(x) = \frac{e^x - 2e^{3x}}{(e^{2x}+1)^{5/2}},$$

on a $f''(x) \geq 0$ si et seulement si $1 - 2e^{2x} \geq 0$ si et seulement si $x \leq -\frac{\log 2}{2}$. Donc, la fonction f elle est convexe pour $x < -\frac{\log 2}{2}$, elle est concave pour $x > -\frac{\log 2}{2}$, et elle possède une inflexion dans le point

$$F = \left(-\frac{\log 2}{2}, \frac{1}{\sqrt{3}} \right).$$

Le graphique qualitatif de la fonction f èil est

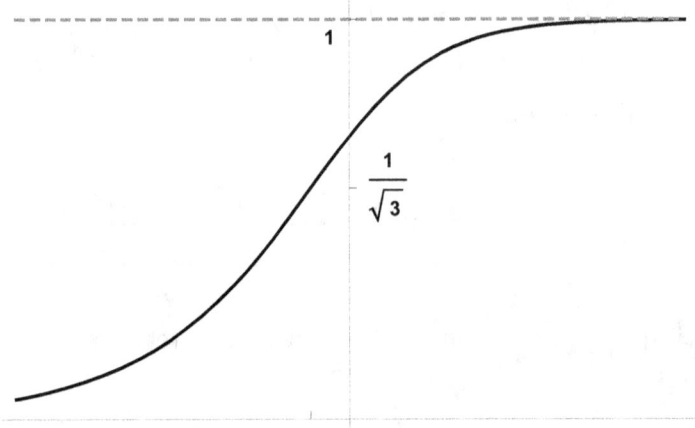

2. Car la fonction f de départ est stictement croissante, la fonction $f : \mathbb{R} \to I$ elle est réversible. Soit x_0 le point pour lequel $y_0 = f(x_0)$, c'est-à-dire $x_0 = f^{-1}(y_0)$. Car, comme initialement observé, on a $f(0) = \frac{1}{\sqrt{2}} = y_0$, on a $x_0 = 0$. Donc, la dérivée de la fonction inverse f^{-1} in $y_0 = \frac{1}{\sqrt{2}}$ elle est

$$(f^{-1})'(y_0) = \frac{1}{f'(f^{-1}(y_0))} = \frac{1}{f'(x_0)} = \frac{1}{f'(0)} = 2\sqrt{2}\,.$$

Le graphique de la fonction inverse $f^{-1} : I \to \mathbb{R}$ vous l'obtenez à partir du graphique de la fonction $f : \mathbb{R} \to I$ par une symétrie respect à la bissectrice du premier-troisième quadrant :

3. Nous considérons la fonction $F : [-1, 1] \to \mathbb{R}$ définie de $F(x) = f(x) - x^3$. Cette fonction est continue (en étant différence de fonctions continues) On a en outre,

$$F(-1) = \frac{e^{-1}}{\sqrt{e^{-2} + 1}} + 1 = \frac{1}{\sqrt{e^2 + 1}} + 1 > 0$$

$$F(1) = \frac{e}{\sqrt{e^2 + 1}} - 1 = \frac{e - \sqrt{e^2 + 1}}{\sqrt{e^2 + 1}} < 0\,.$$

En conséquence, en appliquant le Théorème d'existence des zéros, il existe au moins un point $x_0 \in (-1, 1)$ tel que $F(x_0) = 0$, c'est-à-dire tel que $f(x_0) - x_0^3 = 0$. Donc, l'equation $f(x) - x^3 = 0$ elle possède au moins une solution dans l'intervalle $(-1, 1)$.

4. Le développement de Taylor de f ronqué au deuxième ordre, avec reste selon Peano, il est

$$f(x) = f(0) + f'(0)x + \frac{f''(0)}{2}\, x^2 + o(x^2) \qquad \text{per } x \to 0\,.$$

Car

$$f(0) = \frac{1}{\sqrt{2}}, \qquad f'(0) = \frac{1}{2\sqrt{2}}, \qquad f''(0) = -\frac{1}{4\sqrt{2}},$$

on a

$$f(x) = \frac{1}{\sqrt{2}} + \frac{1}{2\sqrt{2}}\, x - \frac{1}{8\sqrt{2}}\, x^2 + o(x^2) \qquad \text{per } x \to 0.$$

Pour $x \to 0$, nous avons les développements

$$\sqrt{2}f(x) - \sqrt{1+x} + 3x^2 =$$

$$= 1 + \frac{1}{2}\, x - \frac{1}{8}\, x^2 + o(x^2) +$$

$$- \left(1 + \frac{1}{2}\, x - \frac{1}{8}\, x^2 + o(x^2)\right) + 3x^2$$

$$= 3x^2 + o(x^2)$$

$$x \log(1+x) + \cos x - 1 = x(x + o(x)) + 1 - \frac{x^2}{2} + o(x^2) - 1$$

$$= \frac{x^2}{2} + o(x^2).$$

On a en conséquence,

$$L = \lim_{x \to 0} \frac{3x^2 + o(x^2)}{\frac{x^2}{2} + o(x^2)} = \lim_{x \to 0} \frac{3 + o(1)}{\frac{1}{2} + o(1)} = 6.$$

Exercice 6.11. *Considérez la fonction*

$$f(x) = \frac{e^{-4x^2 + 2x}}{x - 1}, \qquad x \in (-\infty, 1) \cup (1, +\infty).$$

1. *Déterminer les points de maximum local et de minimum local de* f;
2. *Déterminez les éventuels asymptotes de* f;
3. *Dessiner un graphique qualitatif de* f;
4. *Écrire le polynôme de Taylor dè* f, *centré en* $x_0 = 0$, *d'ordre 2*;
5. *Établir si l'intégrale généralisée*

$$\int_2^{+\infty} f(x)\, dx$$

il est convergent ou divergent.

Rèsolution. La fonction f elle est dérivable en chaque point de sa domi-
nation, que c'est l'ensemble ouvert $(-\infty, 1) \cup (1, +\infty)$. Donc les éventuels
points de maximum ou de minimum local ils vont recherchés entre les
points dans lequel la dérivée premier de f elle s'annule. Les zéros de la
dérivée

$$f'(x) = \frac{e^{-4x^2+2x}(-8x^2+10x-3)}{(x-1)^2}$$

ce sont les zéro de $-8x^2 + 10x - 3 = 0$, c'est-a-dire $x_1 = 1/2$ et $x_2 = 3/4$.
On a $f'(x) < 0$ pour $x < 1/2$; $f'(x) > 0$ pour $1/2 < x < 3/4$;
$f'(x) < 0$ pour $3/4 < x < 1$; $f'(x) < 0$ pour $1 < x$. Donc $x_1 = 1/2$ c'est
point de minimum local et $x_2 = 3/4$ c'est point de maximum local.
La fonction f a l'asymptote horizontale $y = 0$ soit à $-\infty$, soit à $+\infty$. Il y
n'a pas asymptotes obliques. La ligne droite $x = 1$ est (le seul) asymptote
vertical. En effet, $\lim_{x \to 1-} f(x) = -\infty$ et $\lim_{x \to 1+} f(x) = +\infty$.
Le graphique de f il est

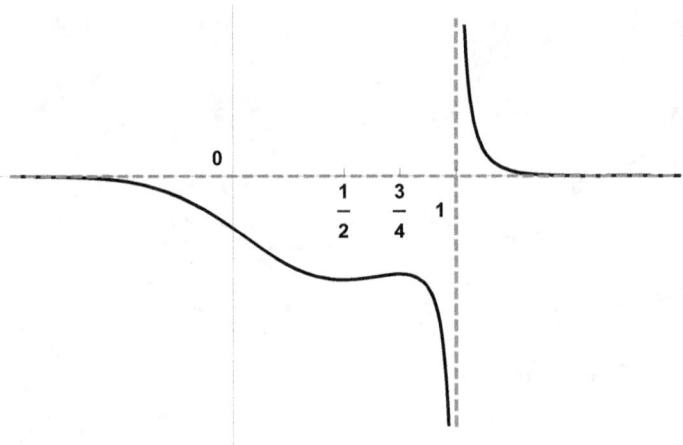

Pour $x \to 0$, on a $\frac{1}{x-1} = -\frac{1}{1-x} = -(1 + x + x^2 + o(x^2))$ et

$$e^{-4x^2+2x} = 1 + (-4x^2 + 2x) + \frac{4x^2}{2} + o(x^2) = 1 + 2x - 2x^2 + o(x^2)$$

Donc, pour $x \to 0$,

$$f(x) = \frac{e^{-4x^2+2x}}{x-1}$$
$$= (-1 - x - x^2 + o(x^2))(1 + 2x - 2x^2 + o(x^2))$$
$$= -1 - 3x - x^2 + o(x^2)$$

Le polynôme de Taylor de f, centré en $x_0 = 0$, d'ordre 2 est

$$P_2(x;0) = -1 - 3x - x^2.$$

Pour la comparaison entre infinis, on a

$$\frac{1}{e^{4x^2 - 2x}} < \frac{1}{x}$$

définitivement pour $x \to +\infty$. Donc, pour $x \to +\infty$,

$$0 < f(x) = \frac{e^{-4x^2 + 2x}}{x - 1} \sim \frac{1}{xe^{4x^2 - 2x}} < \frac{1}{x^2}$$

Alors, pour les critères de la comparaison et de la comparaison asymptotique, l'intégrale $\int_2^{+\infty} f(x)\,dx$ il est convergent.

Exercice 6.12. *Considérons la fonction définie par*

$$f(x) := e^x \sqrt[3]{1 - \frac{x^2}{4}}.$$

1. *Déterminez le domaine D et les limites aux extrêmes du domaine ;*

2. *Déterminez ses extrêmes locaux ;*

3. *Dessinez le graphique qualitatif en base des informations déterminées ci-dessus ;*

4. *Déterminez le développement de Taylor centré sur 0 au 2° ordre, puis la valeur de $f''(0)$.*

Rèsolution. La fonction f elle est bien définie en

$$D = \mathbb{R}.$$

De plus,

$$\lim_{x \to -\infty} f(x) = 0, \quad \lim_{x \to +\infty} f(x) = -\infty.$$

La fonction f a priori est dérivable dans $\mathbb{R} \setminus \{-2, 2\}$, car elle est constituée de fonctions dérivables. Il résulte

$$f'(x) = \frac{e^x(-x^2 - \frac{2}{3}x + 4)}{4\left(1 - \frac{x^2}{4}\right)^{\frac{2}{3}}} = \frac{e^x(x - x_-)(x_+ - x)}{4\left(1 - \frac{x^2}{4}\right)^{\frac{2}{3}}},$$

$\forall x \in D \setminus \{-2, 2\}$, où

$$x_\pm = -\frac{1}{3} \pm \frac{\sqrt{37}}{3}.$$

Nous observons que

$$x_- < -2 < 0 < x_+ < 2.$$

Car f elle est continue en D et

$$\lim_{x \to \pm 2} f'(x) = \infty,$$

nous pouvons conclure que f elle n'est pas dérivable en $x = \pm 2$. La fonction dérivée $f'(x)$ elle a le même signe du trinôme

$$(x - x_-)(x_+ - x).$$

Il ne suit que f a minimum local en x_- et maximum local en x_+.

Le graphique de la fonction est

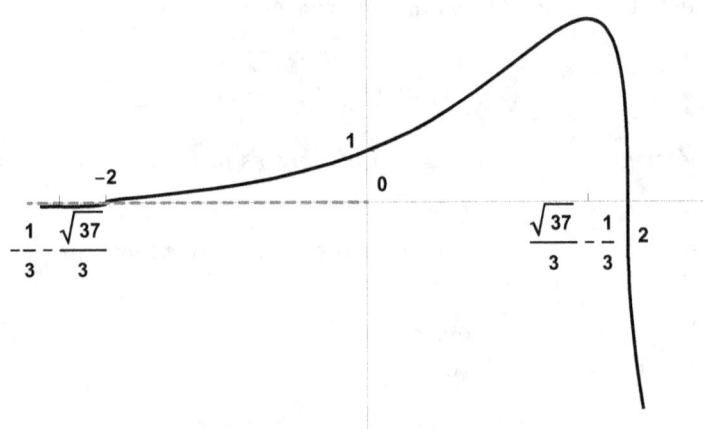

Nous rappelons les formules de Taylor

$$e^x = 1 + x + \frac{1}{2}x^2 + o(x^2), \qquad \left(1 - \frac{x^2}{4}\right)^{\frac{1}{3}} = 1 - \frac{1}{12}x^2 + o(x^2)$$

pour $x \to 0$. En conséquence

$$f(x) = \left(1 + x + \frac{1}{2}x^2 + o(x^2)\right)\left(1 - \frac{1}{12}x^2 + o(x^2)\right) = 1 + x + \frac{5}{12}x^2 + o(x^2)$$

pour $x \to 0$. Donc

$$f''(0) = \frac{5}{6}.$$

Exercice 6.13. *(a) Trouver l'extrême inférieur et l'extrême supérieur de*

$$f(x) = \arctan \sqrt{|x^2 - 1|}, \qquad x \in \mathbb{R},$$

en spécifiant s'il s'agit respectivement d'un minimum absolu et d'un maximum absolu.
(b) En utilisant l'identité :

$$\arctan t + \arctan \frac{1}{t} = \frac{\pi}{2}, \qquad per\ ogni\ t > 0$$

établir si la fonction

$$\frac{\pi}{2} - \arctan \sqrt{|x^2 - 1|}$$

il est intégrable (en sens généralisé) en $[2, +\infty)$.

Rèsolution. (a) La fonction $f(x) = \arctan \sqrt{|x^2 - 1|}$ elle est continue sur $\mathbb{R}$, pas négative et pair. Étudions-la pour $x \geq 0$. La fonction $|x^2 - 1|$ elle est décroissant sur $[0, 1]$ et croissant sur $[1, +\infty)$. Comme les fonctions racine carrée $(t \longmapsto \sqrt{t})$ et arctan elles sont les deux croissants sur $[0, +\infty)$, aussi la fonction composée $f(x) = \arctan \sqrt{|x^2 - 1|}$ elle est décroissant sur $[0, 1]$ et croissant sur $[1, +\infty)$. Alors :

$$\inf_{\mathbb{R}} f = 0 = f(1)(= f(-1)),$$

et 0 est ensuite le minimum absolu de f ;

$$\sup_{\mathbb{R}} f = \lim_{x \to +\infty} f(x) = \pi/2$$

qu'il n'est pas meilleur absolu, parce que la valeur $\pi/2$ elle n'appartient pas à l'image de arctan. De plus, en $x = 0$ la fonction a un point de maximum local, pas absolu.

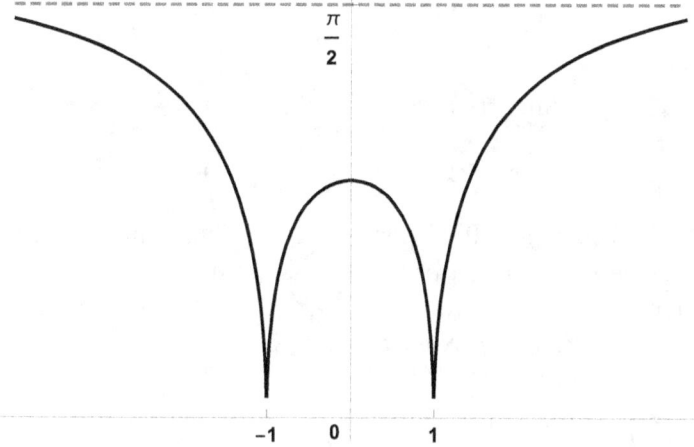

(*b*) La fonction f elle est continue dans l'intervalle illimitaté $[2, +\infty)$. De plus, pour $x \to +\infty$,

$$\frac{\pi}{2} - \arctan \sqrt{|x^2 - 1|} = \arctan \frac{1}{\sqrt{|x^2 - 1|}} \sim \arctan \frac{1}{x} \sim \frac{1}{x}$$

En conséquence, pour le critère de la comparaison asymptotique, la fonction

$$\frac{\pi}{2} - \arctan \sqrt{|x^2 - 1|}$$

elle n'est pas intégrable en sens généralisé en $[2, +\infty)$.

Exercice 6.14. *Étant donné la fonction*

$$f(x) = \arctan \left(\frac{2}{x^2 - 1} \right).$$

    a. Déterminer l'ensemble de définition D de f, les limites aux extrêmes de D et les asymptotes éventuels de f ;

    b. Déterminer la dérivée premiére de f, les ensembles de monotonìe, les points d'extrême relatif ;

    c. Déterminer la dérivée deuxième de f, les ensembles de convexité et de concavité, les points d'inflexion ;

    d. Tracer le graphique qualitatif de f.

Rèsolution. La fonction f elle est bien définie si et seulement si $x^2 - 1 \neq 0$. Donc $D = \mathbb{R} \setminus \{-1, 1\}$. La fonction f elle est continue en D, en étant fonction composée de fonctions continues en D. On a

$$\lim_{x \to -1^-} f(x) = \frac{\pi}{2}, \quad \lim_{x \to -1^+} f(x) = -\frac{\pi}{2} ;$$

$$\lim_{x \to 1^-} f(x) = -\frac{\pi}{2}, \quad \lim_{x \to 1^+} f(x) = \frac{\pi}{2} ;$$

$$\lim_{x \to -\infty} f(x) = 0, \quad \lim_{x \to +\infty} f(x) = 0.$$

Donc la ligne droite $y = 0$ elle est asymptote horizontal pour $x \to -\infty$ et pour $x \to +\infty$. Il y n'y a pas autres asymptotes.

La fonction f elle est dérivable en D, en étant fonction composée de fonctions dérivables en D. Nous avons

$$f'(x) = \frac{1}{1 + \frac{4}{(x^2-1)^2}} \left(-\frac{4x}{(x^2-1)^2} \right) = -\frac{4x}{x^4 - 2x^2 + 5} \quad \forall\, x \in D.$$

Car le dénominateur est $4(x^2 - 1)^2 + 1 > 0 \ \forall \, x \in D$, on a

$$f'(x) > 0 \iff x < 0, x \neq -1; \quad f'(x) = 0 \iff x = 0;$$

$$f'(x) < 0 \iff x > 0, x \neq 1 \,.$$

Par conséquent f este croissant en $(-\infty, -1)$ et en $(-1, 0)$; f est décroissant en $(0, 1)$ et en $(1, +\infty)$. De plus, $x = 0$ c'est un point de maximum relatif.

La fonction f' est dérivable en D, en étant fonction composée de fonctions dérivables en D. Par conséquent nous pouvons calculer

$$f''(x) = \frac{4(3x^4 - 2x^2 - 5)}{(x^4 - 2x^2 + 5)^2} \ \forall \, x \in D \,.$$

Le signe de f'' il est déterminé par son numérateur. En conséquence, en mettant $t = x^2$, nous trouvons

$$3t^2 - 2t - 5 > 0 \iff t < -1 \text{ oppure } t > \frac{5}{3}.$$

Par conséquence

$$f''(x) > 0 \iff x^2 > \frac{5}{3} \iff x < -\sqrt{\frac{5}{3}} \text{ oppure } x > \sqrt{\frac{5}{3}} \,.$$

De plus,

$$f''(x) < 0 \iff x \in \left(-\sqrt{\frac{5}{3}}, \sqrt{\frac{5}{3}}\right) \setminus \{-1, 1\},$$

$$f''(x) = 0 \iff x = -\sqrt{\frac{5}{3}} \text{ oppure } x = \sqrt{\frac{5}{3}} \,.$$

Donc f elle est convexe en $\left(-\infty, -\sqrt{\frac{5}{3}}\right)$ et en $\left(\sqrt{\frac{5}{3}}, +\infty\right)$, f elle est concave en $\left(-\sqrt{\frac{5}{3}}, -1\right)$, en $(-1, 1)$ et en $\left(1, \sqrt{\frac{5}{3}}\right)$. Deplus, $x = -\sqrt{\frac{5}{3}}$ et $x = \sqrt{\frac{5}{3}}$ ils sont points d'inflexion. Le graphique qualitatif de f c'est le suivant :

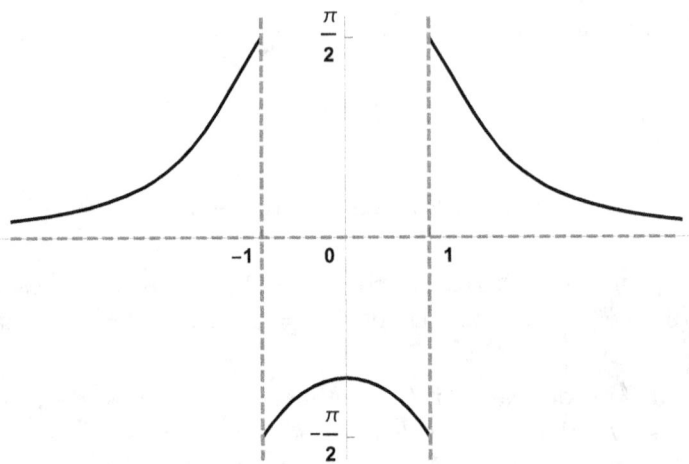

Exercice 6.15. *Soit* $f : D \to \mathbb{R}$ *la fonction définie par*

$$f(x) = \frac{xe^{-x^2}}{1 - xe^{-x^2}} \, .$$

1. *Déterminer l'ensemble de définition* D *de* f *, les limites de* f *aux extrêmes de* D *et les asymptotes éventuels de* f *.*

2. *Déterminer la dérivée première de di* f *, les ensembles de monotonie, les points d'extrême relatif.*

3. *Tracer le graphique qualitatif de* f *.*

4. *Stabilire se* f *il est intégrable (éventuellement en sens impropre) sur tout* D *.*

Rèsolution. La fonction est définie pour $xe^{-x^2} \neq 1$, c'est-à-dire pour $e^{x^2} \neq x$, et cette condition est vérifiée toujours. Ensuite $D = \mathbb{R}$. De plus, on a

$$\lim_{x \to \pm\infty} \frac{xe^{-x^2}}{1 - xe^{-x^2}} = 0 \, .$$

En conséquence, la ligne droite d'équation $y = 0$ c'est un asymptote horizontal de f pour $x \to \pm\infty$. La dérivée première de f elle est

$$f'(x) = \frac{(1 - 2x^2)\, e^{-x^2}}{(1 - xe^{-x^2})^2} \forall\, x \in D \, .$$

Le signe de f' il coïncide avec le signe de $1 - 2x^2$. Donc $f'(x) = 0$ pour $x = \pm\frac{1}{\sqrt{2}}$, $f'(x) > 0$ pour $-\frac{1}{\sqrt{2}} < x < \frac{1}{\sqrt{2}}$, et $f'(x) < 0$ pour $x < -\frac{1}{\sqrt{2}}$ et $x > \frac{1}{\sqrt{2}}$. Par conséquent, la fonction f elle est est strictement croissante pour $-\frac{1}{\sqrt{2}} < x < \frac{1}{\sqrt{2}}$ ee est strictement décroisante pour $x < -\frac{1}{\sqrt{2}}$ et pour $x > \frac{1}{\sqrt{2}}$. De plus, elle possède un point de minimum (absolu) en $\left(-\frac{1}{\sqrt{2}}, -\frac{1}{1+\sqrt{2e}}\right)$ et possède un point de maximum (absolu) in $\left(\frac{1}{\sqrt{2}}, \frac{1}{-1+\sqrt{2e}}\right)$. Le graphique de f il est

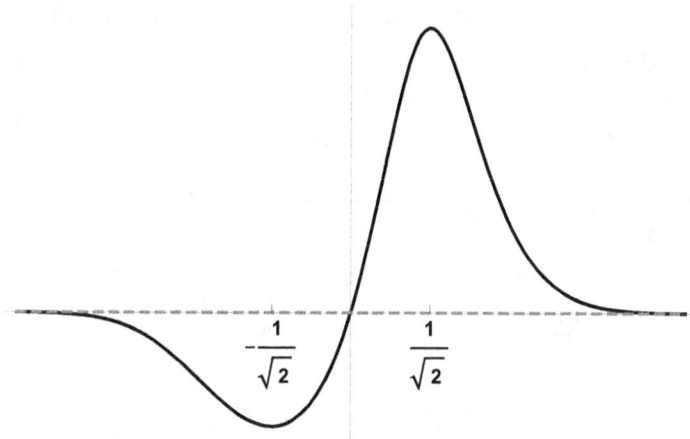

Il s'agit d'établir le caractère de l'intégrale impropre

$$I = \int_{-\infty}^{+\infty} f(x)\,dx = \int_{-\infty}^{+\infty} \frac{xe^{-x^2}}{1 - xe^{-x^2}}\,dx\,.$$

Pour faire celui-ci, on doit établir l'integrabilité en sens impropre de f à $+\infty$ et a $-\infty$ (séparément). La fonction f elle est continue sur tout $\mathbb{R}$ et elle est positive sur $[1, +\infty)$ et négative sur $(-\infty, -1]$. De plus, on a

$$f(x) \sim xe^{-x^2} \qquad \text{per } x \to \pm\infty\,.$$

Car l'exponentiel e^{x^2} c'est un infini d'ordre supérieur respect à chaque puissance x^α pour $x \to \pm\infty$, il en suit qui la fonction xe^{-x^2} elle est intégrable en sens impropre tant à $+\infty$, qu'à $-\infty$. Par conséquence, grâce à le critère de la comparaison asymptotique, aussi la fonction f elle est intégrable en sens impropre tant à $+\infty$ qu'à $-\infty$, et donc sur tout $\mathbb{R}$.

Exercice 6.16. *Sia*
$$f(x) = e^{x+1} - xe^x\,.$$

(i) *Déterminer l'ensemble de définition D et les asymptotes éventuels de f ;*

(ii) Calculer la dérivée première de f. Déterminer les ensembles de monotonie et les points d'extrême relatif de f ;

(iii) Calculer la dérivée deuxième de f. Déterminer les ensembles de concavité et de convexité et les points éventuels d'inflexion de f.

(iv) Déterminer $\operatorname{Im} f$ et calculer $\sup_D f, \inf_D f$, en spécifiant s'il se traite respectivement de maximum et de minimum absolu,.

(v) Établir si f restreinte à $[0, e]$ elle est réversible, et s'elle est f restreinte à $[e, +\infty)$.

(vi) Tracer un graphique qualitatif de f.

Rèsolution. Évidemment la fonction f elle est bien définie et continue en $D = \mathbb{R}$. Il résulte

$$\lim_{x \to +\infty} f(x) = -\infty, \quad \lim_{x \to +\infty} \frac{f(x)}{x} = -\infty;$$

$$\lim_{x \to -\infty} f(x) = 0.$$

Donc la ligne droite $y = 0$ elle est asymptote horizontal de f pour $x \to -\infty$. De plus, f ella n'a pas asymptotes verticaux, ni asymptotes pour $x \to +\infty$.

La fonction est certainement dérivable en D. Nous avons

$$f'(x) = e^x(e - 1 - x) \quad \forall x \in D.$$

En conséquence,

$$f'(x) < 0 \quad \forall x \in (e - 1, +\infty);$$

$$f'(e - 1) = 0;$$

$$f'(x) > 0 \quad \forall x \in (-\infty, e - 1).$$

Donc f elle est strictement décroissante en $(e - 1, +\infty)$, pendant que f elle est strictement croissante en $(-\infty, e - 1)$. De plus, $x = e - 1$ c'est un point de maximum relatif, pendant que $f(e - 1) = e^{e-1}$ il est un (valeur) maximum relatif.

Il résulte

$$f''(x) = e^x(e - 2 - x) \quad \forall x \in D.$$

En conséquence

$$f''(x) < 0 \quad \forall x \in (e - 2, +\infty);$$

$$f''(e - 2) = 0;$$

$$f''(x) > 0 \quad \forall x \in (-\infty, e - 2).$$

Donc f elle est concave en $(e-2, +\infty)$, pendat que f elle est convexe en $(-\infty, e-2)$. De plus, $x = e-2$ il est point d'inflexion,

Nous observons que $x = e-1$ il est de fait point de maximum absolu. Nous rappelons en outre, que $\lim_{x \to +\infty} f(x) = -\infty$. Car f elle est continue en D, pour le Théorème des valeurs intermédiaires, nous obtenons que $\operatorname{Im} f = (-\infty, e^{e-1}]$. Donc,

$$\sup_D f = \max_D f = e^{e-1}, \quad \inf_D f = -\infty.$$

Évidemment f elle n'a pas minimum absolu.

Vue la monotonie et la continuité de f, nous pouvons conclure que f restreinte à $[0, e]$ elle n'est pas injective et elle n'est pas réversible donc, pendant que f restreinte à $[e, +\infty)$ elle est injective et donc réversible. Le graphique de f il est

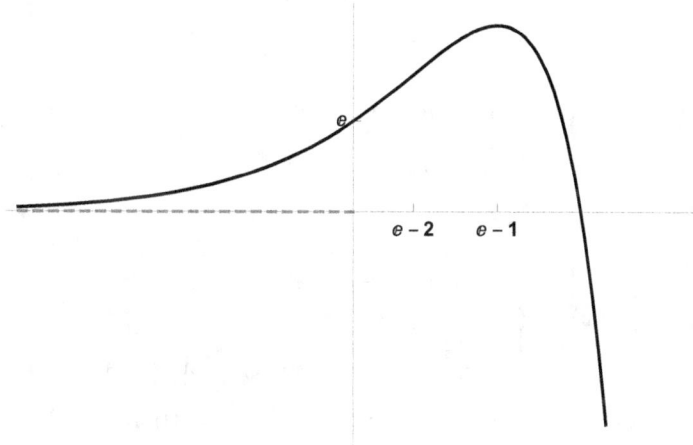

Exercice 6.17. *Étudier le graphique de la fonction*

$$f(x) := x^2 e^{\frac{|x|-1}{x}} .$$

Rèsolution. La fonction f elle est définie, continue et positive en

$$D := \mathbb{R} \setminus \{0\} .$$

Risulta

$$\lim_{x \to 0^+} f(x) = 0, \lim_{x \to 0^-} f(x) = +\infty,$$

donc $x = 0$ il est asymptote vertical de gauche. Car

$$\lim_{x \to +\infty} f(x) = +\infty, \lim_{x \to -\infty} f(x) = +\infty,$$

$$\lim_{x \to +\infty} \frac{f(x)}{x} = +\infty, \ \lim_{x \to -\infty} \frac{f(x)}{x} = -\infty,$$

il y n'a pas asymptotes horizontaux ou obliques.

Pour chaquei $x \in D$ il résulte

$$f'(x) = \begin{cases} e^{\frac{x-1}{x}}(2x+1) & \text{si } x > 0 \\ \\ e^{-\frac{x+1}{x}}(2x+1) & \text{si } x < 0; \end{cases}$$

en outre,

$$\lim_{x \to 0^+} f'(x) = 0.$$

Nous avons $f'(x) > 0$ se $-\frac{1}{2} < x < 0$ o $x > 0$, $f'(x) < 0$ si $x < -\frac{1}{2}$, $f'(-\frac{1}{2}) = 0$. Ainsi f elle est croissante strictement en $(-\frac{1}{2}, 0)$ et en $(0, +\infty)$; elle est décroissant strictement en $(-\infty, -\frac{1}{2})$. De plus, $x = -\frac{1}{2}$ il est le point de minimum relatif. On a que

$$\sup_D f = +\infty, \quad \inf_D f = 0$$

et f elle n'admet pas maximum ni minimum absolu. En outre,

$$\text{Im } f = (0, +\infty).$$

Pour chaque $x \in D$ il résulte

$$f''(x) = \begin{cases} \frac{e^{\frac{x-1}{x}}}{x^2}(2x^2 + 2x + 1) & \text{si } x > 0 \\ \\ \frac{e^{-\frac{x+1}{x}}}{x^2}(2x^2 + 2x + 1) & \text{si } x < 0; \end{cases}$$

donc $f'' > 0$ en D et f est ainsi convexe en $(-\infty, 0)$ et en $(0, +\infty)$.
Le graphique de f il est

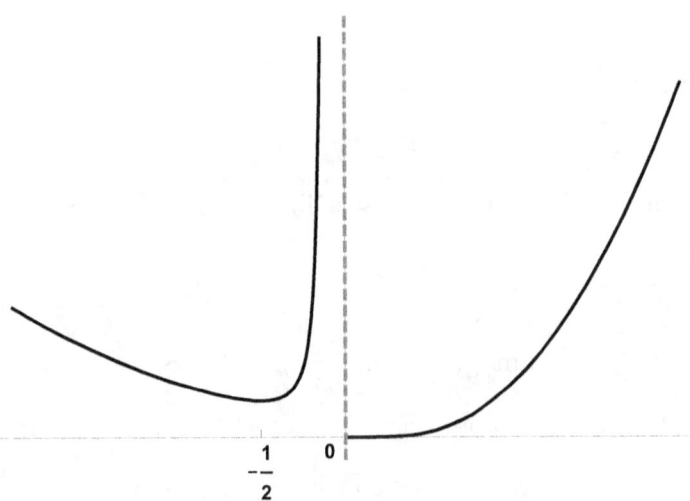

Exercice 6.18. *Étudier le graphique de la fonction*

$$f(x) := x \left(2 + \frac{1}{\log x} \right).$$

Rèsolution. La fonction est définie et continue en

$$D := (0, +\infty) \setminus \{1\};$$

$f < 0$ en $(e^{-\frac{1}{2}}, 1)$, pendant que $f > 0$ in $D \setminus (e^{-\frac{1}{2}}, 1)$.
On a

$$\lim_{x \to 0+} f(x) = 0, \quad \lim_{x \to 1-} f(x) = -\infty, \quad \lim_{x \to 1+} f(x) = +\infty,$$

donc $x = 1$ il est asymptote vertical. Car

$$\lim_{x \to +\infty} f(x) = +\infty, \lim_{x \to +\infty} \frac{f(x)}{x} = 2, \lim_{x \to +\infty} [f(x) - 2x] = +\infty,$$

il y n'a pas ni asymptotes horizontaux, ni obliques.
Pour chaque $x \in D$ il résulte

$$f'(x) = \frac{2 \log^2 x + \log x - 1}{\log^2 x};$$

$\lim_{x \to 0+} f'(x) = 2$. Nous avons

$$f' > 0 \iff \log x < -1 \text{ ou } \log x > \frac{1}{2} \iff x < e^{-1} \text{ ou } x > e^{\frac{1}{2}};$$

$$f' < 0 \text{ se } e^{-1} < x < e^{\frac{1}{2}}, x \neq 1;$$

$$f'(e^{-1}) = f'(e^{\frac{1}{2}}) = 0.$$

Donc f elle est croissante strictement en $(0, e^{-1})$ et en $(e^{\frac{1}{2}}, +\infty)$; f est décroissante strictement en $(e^{-1}, 1)$ et en $(1, e^{\frac{1}{2}})$; $x = e^{-1}$ il est point de maximum relatif, $x = e^{\frac{1}{2}}$ il est point de minimum relatif. Il résulte

$$f''(x) = \frac{2 - \log x}{x \log^3 x} \ \forall \, x \in D,$$

ainsi $f'' > 0$ in $(1, e^2)$, $f'' < 0$ en $(0, 1) \cup (e^2, +\infty)$. Donc f elle est convexe en $(1, e^2)$, elle est concave en $(0, 1)$ et en $(e^2, +\infty)$; $x = e^2$ c'est un point d'inflexion.
Le graphique de f il est

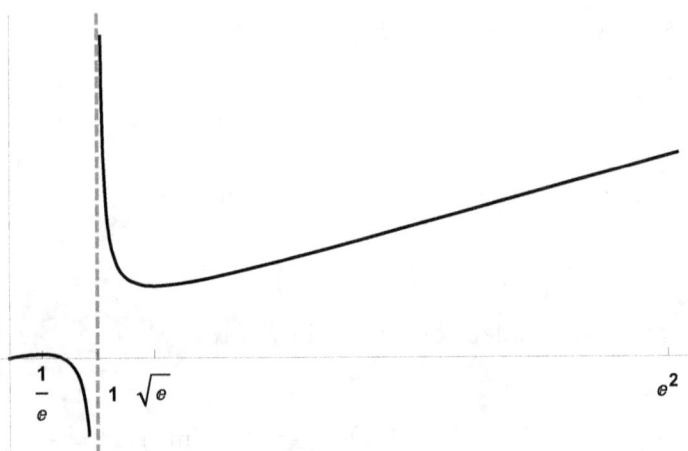

Exercice 6.19. *Étudier le graphique de la fonction*

$$f(x) := e^{\frac{1}{|x|-2}} .$$

Rèsolution. La fonction f elle est définie, positive et continue en

$$D := \mathbb{R} \setminus \{-2, 2\}.$$

Car f elle est pair, nous étudions tout d'abord

$$f(x) = e^{\frac{1}{x-2}}, \quad x \geq 0.$$

Nous avons

$$\lim_{x \to 2^+} f(x) = +\infty, \quad \lim_{x \to 2^-} f(x) = 0,$$

donc $x = 2$ il est asymptote vertical de droite.. Car

$$\lim_{x \to +\infty} f(x) = 1,$$

$y = 1$ il est asymptote horizontal pour $x \to +\infty$. Pour chaque $x \in (0, +\infty) \setminus \{2\}$

$$f'(x) = -\frac{1}{(x-2)^2} e^{\frac{1}{x-2}} < 0.$$

Donc f elle est décroissante en $(0, 2)$ et en $(2, +\infty)$. Nous remarquons que

$$\lim_{x \to 0^+} f'(x) = -\frac{1}{4} e^{-\frac{1}{2}},$$

pendant que

$$\lim_{x \to 0^-} f'(x) = \frac{1}{4} e^{-\frac{1}{2}},$$

donc f elle n'est pas dérivable en 0. De plus, $\lim_{x\to 2^-} f'(x) = 0$. Pour chaque $x \in (0, +\infty) \setminus \{2\}$ on a :

$$f''(x) = \frac{e^{\frac{1}{x-2}}}{(x-2)^4}(2x - 3).$$

Il résulte $f''(x) > 0$ si $x \in (\frac{3}{2}, +\infty) \setminus \{2\}$, $f''(\frac{3}{2}) = 0$, $f''(x) < 0$ si $x \in (0, \frac{3}{2})$. Donc f elle est convexe en $(\frac{3}{2}, 2)$ et en $(2, +\infty)$, pendant qu'elle est concave en $(0, \frac{3}{2})$; $x = \frac{3}{2}$ il est point d'inflexion. De la parité de f nous déduisons tout ce qu'en outre il suit. La ligne droite $x = -2$ elle est asymptote vertical de gauche, $y = 1$ asymptote horizontal pour $x \to -\infty$. En $(-\infty, -2)$ et en $(-2, 0)$ f elle est croissante; de plus, $x = 0$ il est point de maximum relatif, $\lim_{x\to -2^+} f'(x) = 0$. La fonction elle est convexe aussi en $(-\infty, -2)$ et en $(-2, -\frac{3}{2})$, concave en $(-\frac{3}{2}, 0)$, $x = -\frac{3}{2}$ il est point d'inflexion. Nous observons en outre que

$$\text{Im } f = (0, e^{-2}) \cup (1, +\infty),$$

$$\inf_D f = 0, \quad \sup_D f = +\infty,$$

f il n'y a pas de minimum ou de maximum absolus.
Le graphique de f il est

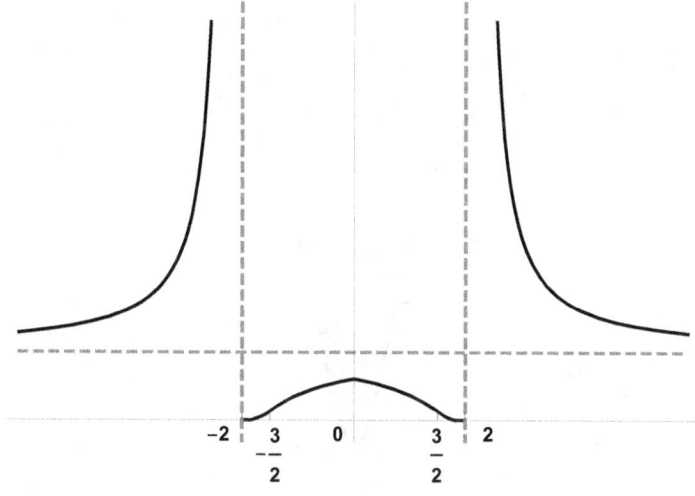

Exercice 6.20. *Étudier la fonction*

$$f(x) := \frac{x^2 - 1}{x^2 + 1},$$

en déterminant l'ensemble de définition, le signe, les asymptotes, les ensembles de continuité et de dérivabilité, les ensembles de croissance et de décroissance, les points de maximum et de minimum relatif et absolu, les extrêmes supérieur et inférieur, les ensemble image.

Rèsolution. La fonction f elle est définie et dérivable (et donc continue) en $\mathbb{R}$; $f(x) > 0$ si $x < -1$ ou $x > 1$, $f(-1) = f(1) = 0, f(x) < 0$ si $-1 < x < 1$. La ligne droite $y = 1$ c'est un asymptote horizontal pour f, parce que

$$\lim_{x \to +\infty} f(x) = \lim_{x \to -\infty} f(x) = 1.$$

On a :

$$f'(x) = \frac{2x(x^2 + 1) - (x^2 + 1)2x}{(x^2 + 1)^2} = \frac{4x}{(x^2 + 1)^2} \quad (x \in \mathbb{R}).$$

$f' > 0$ in $(0, +\infty)$; $f' < 0$ in $(-\infty, 0)$; $f'(0) = 0$. Donc f elle est strictement croissante en $(0, +\infty)$, strictement décroiisante en $(-\infty, 0)$, 0 il est point de minimum absolu. On a

$$\min_{\mathbb{R}} f = f(0) = -1, \quad \sup_{\mathbb{R}} f = 1,$$

$$\operatorname{Im} f = [-1, 1).$$

Le graphique de f il est

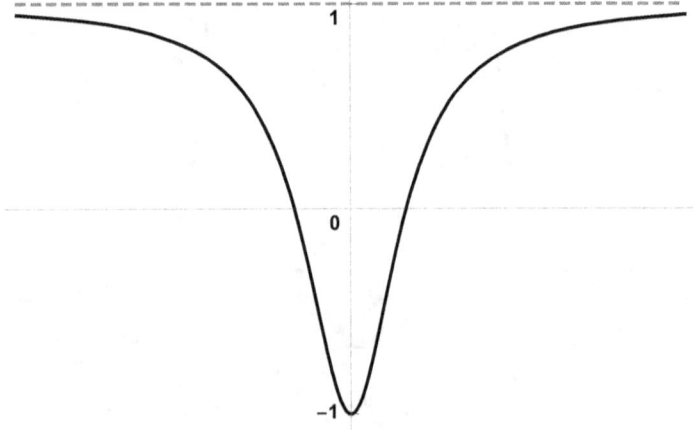

Exercice 6.21. *Étudier la fonction*

$$f(x) := \begin{cases} x^4 \log |x| & si\ x \neq 0 \\ \\ 0 & si\ x = 0 \end{cases},$$

den déterminant l'ensemble de définition, le signe, les asymptotes, les ensembles de continuité et de dérivabilité, les ensembles de croissance et de décroissance, les points de maximum et de minimum relatif et absolu, les extrêmes supérieur et inférieur, l'ensemble image.

Rèsolution. La fonction f elle est définie et continue en $\mathbb{R}$ et est paire. En conséquence nous étudierons le graphique de f restreinte à $[0, +\infty)$; pour symétrie respecte à l'axe y on construira le graphique de f. Nous avons $f < 0$ in $(0, 1)$, $f(0) = f(1) = 0$, $f > 0$ in $(1, +\infty)$. Comme

$$\lim_{x \to +\infty} f(x) = +\infty, \quad \lim_{x \to +\infty} \frac{f(x)}{x} = +\infty,$$

f il n'a pas d'asymptotes. Pour $x > 0$

$$f'(x) = x^3(4 \log x + 1).$$

Nous avons $f'(x) = 0$ si $x = e^{-\frac{1}{4}}$, $f'(x) > 0$ si $x > e^{-\frac{1}{4}}$, $f'(x) < 0$ si $x \in (0, e^{-\frac{1}{4}})$. Nous observons que f elle est dérivable aussi en 0, en effet

$$\lim_{x \to 0} \frac{f(x) - f(0)}{x} = \lim_{x \to 0} x^3 \log |x| = 0.$$

En outre, $x_0 = 0$ il est point de maximum relatif, $x_1 = e^{-\frac{1}{4}}$ il est point de minimum absolu. On a

$$\sup_{[0, +\infty)} f = +\infty, \quad \operatorname{Im} f = [f(e^{-\frac{1}{4}}), +\infty).$$

Le graphique de f il est

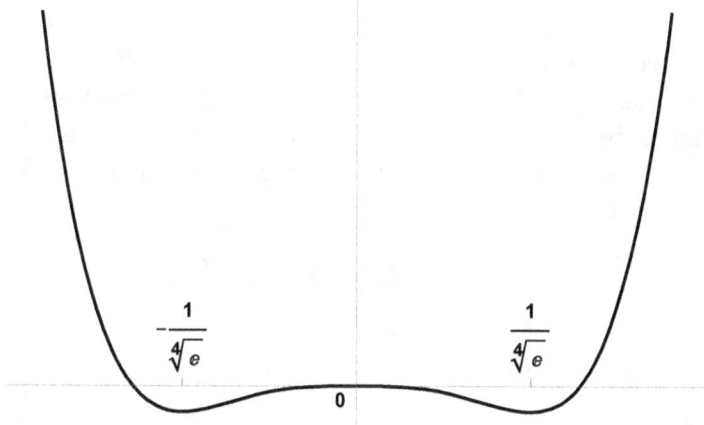

Exercice 6.22. *Étudier la fonction*

$$g(x) := \frac{\sqrt{x^2 - 1}}{x + 2}.$$

Rèsolution. La fonction g elle est définie et continue en

$$A := \{x \in \mathbb{R} \,|\, x \leq -1 \text{ ou } x \geq 1, x \neq -2\};$$

$g(x) = 0$ si et seulement si $x = \pm 1$. On a

$$\lim_{x \to +\infty} g(x) = 1, \ \lim_{x \to -\infty} g(x) = -\infty,$$

$$\lim_{x \to -2^+} g(x) = +\infty, \ \lim_{x \to -2^-} g(x) = -\infty,$$

ainsi $y = 1$ il est asymptote horizontal pour $x \to +\infty$, $y = -1$ il est pour $x \to -\infty$, pendant que $x = -2$ il est asymptote vertical.

La fonction g elle est dérivable en $A \setminus \{-1, 1\}$ et

$$g'(x) = \frac{2x + 1}{(x + 2)^2 \sqrt{x^2 - 1}} \quad \forall\, x \in A \setminus \{-1, 1\}.$$

Car

$$\lim_{x \to -1^-} g'(x) = -\infty, \ \lim_{x \to 1^+} g'(x) = +\infty,$$

g il n'est pas dérivable en $x = -1, x = 1$. On a $g'(x) > 0$ se $x > 1$; $g'(x) < 0$ se $x < -1, x \neq -2$. Donc g elle est croissante en $[1, +\infty)$, est décroiisamte en $(-\infty, -2)$, in $(-2, -1]$; g a en $(-1, 0)$ et $(1, 0)$ ligne droite tangente parallèle à l'axe y. En outre, $x = \pm 1$ il sonts points de mimimum rélatif,

$$\inf_A g = -\infty, \quad \sup_A g = +\infty,$$

$$\text{Im } f = (-\infty, -1) \cup [0, +\infty).$$

Nous omettons l'analyse de la dérivée deuxième.

Le graphique de g il est

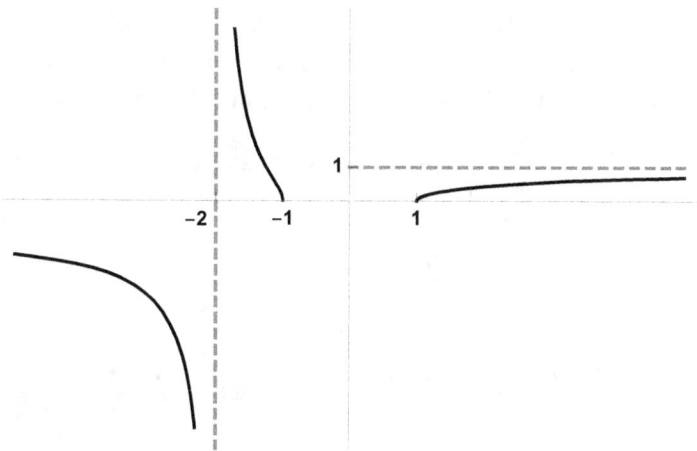

Exercice 6.23. *Étudier la fonction*

$$f(x) = e^{\left|\frac{x}{1-x}\right|}.$$

Rèsolution. La fonction f elle est définie, positive et continue en

$$D := \mathbb{R} \setminus \{1\}.$$

Nous avons que

$$\lim_{x \to -\infty} f(x) = \lim_{x \to +\infty} f(x) = e, \quad \lim_{x \to 1} f(x) = +\infty,$$

donc $y = e$ il est asymptote horizontal, pendant que $x = 1$ il est asymptote vertical. Nous remarquons que

$$f(x) = \begin{cases} e^{\frac{x}{1-x}} & \text{si } x \in [0,1) \\ \\ e^{\frac{x}{x-1}} & \text{si } x \in (-\infty, 0) \cup (1, +\infty). \end{cases}$$

Nous avons

$$f'(x) = \begin{cases} \frac{e^{\frac{x}{1-x}}}{(1-x)^2} & \text{si } x \in (0,1) \\ \\ -\frac{e^{\frac{x}{x-1}}}{(1-x)^2} & \text{si } x \in (-\infty, 0) \cup (1, +\infty). \end{cases}$$

Nous avons que

$$\lim_{x \to 0^+} f'(x) = 1, \quad \lim_{x \to 0^-} f'(x) = -1,$$

donc f elle est dérivable en $\mathbb{R} \setminus \{0,1\}$. De plus, f elle est croissante strictement en $[0,1)$; elle est décroissante strictement en $(-\infty,0)$, in $(1,+\infty)$. Donc $x=0$ il est point de minimum absolu. En outre,

$$\min_{\mathbb{R}\setminus\{1\}} f = 1, \quad \sup_{\mathbb{R}\setminus\{1\}} f = +\infty,$$

$$\operatorname{Im} f = [1,+\infty).$$

De plus,

$$f''(x) = \begin{cases} \dfrac{(3-2x)e^{\frac{x}{1-x}}}{(1-x)^4} & \text{si } x \in (0,1) \\[4mm] \dfrac{(2x-1)e^{\frac{x}{x-1}}}{(1-x)^4} & \text{si } x \in (-\infty,0) \cup (1,+\infty); \end{cases}$$

donc f elle est convexe en $(0,1)$ et en $(1,+\infty)$, elle est concave en $(-\infty,0)$.
Le graphique de f il est

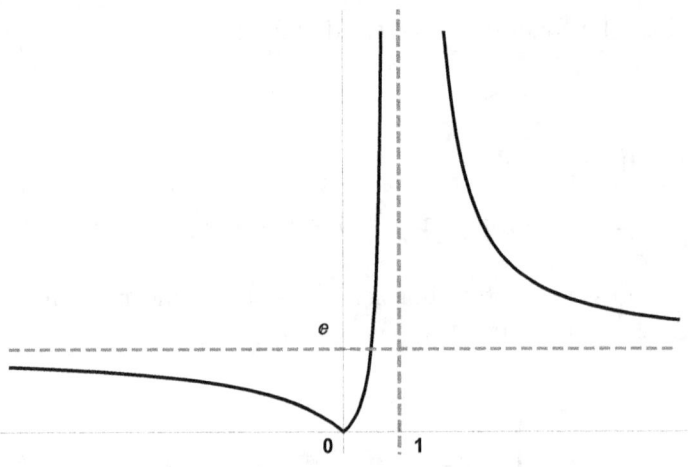

Exercice 6.24. *Étudier la fonction*

$$g(x) = e^{-x}\sqrt[3]{x^2}.$$

Rèsolution. La fonction g elle est définie et continue en $\mathbb{R}$; $g(x) > 0 \ \forall x \in \mathbb{R} \setminus \{0\}$, $g(0) = 0$, donc $x = 0$ il est point de minimum absolu. Car

$$\lim_{x\to+\infty} g(x) = 0,$$

$y = 0$ il est asymptote horizontal pour $x \to +\infty$; par contre g il n'a pas asymptotes pour $x \to -\infty$, parce que

$$\lim_{x \to -\infty} g(x) = -\infty, \quad \lim_{x \to -\infty} \frac{g(x)}{x} = -\infty.$$

In $\mathbb{R} \setminus \{0\}$, g elle est dérivable et on a

$$g'(x) = \frac{e^{-x}}{3\sqrt[3]{x}}(2 - 3x) \ \forall\, x \in \mathbb{R} \setminus \{0\}.$$

Nous remarquons que

$$\lim_{x \to 0^-} g'(x) = -\infty, \quad \lim_{x \to 0^+} g'(x) = +\infty.$$

Il résulte

$$g'(x) > 0 \quad \forall\, x \in (0, \frac{2}{3}),$$

$$g'(x) < 0 \quad \forall\, x \in (-\infty, 0) \cup (\frac{2}{3}, +\infty),$$

$g'(x) = 0$, se $x = \frac{2}{3}$. Donc g elle est croissante en $(0, \frac{2}{3}), g$ elle est décroissante en $(-\infty, 0)$ et en $(\frac{2}{3}, +\infty); x = \frac{2}{3}$ il est point de maximum relatif. Nous avons

$$\min_{\mathbb{R}} g = 0, \quad \sup_{\mathbb{R}} g = +\infty,$$

$$\operatorname{Im} f = [0, +\infty).$$

De plus, $\forall\, x \in \mathbb{R} \setminus \{0\}$

$$g''(x) = \frac{9x^2 - 12x - 2}{9e^x x^{\frac{4}{3}}}.$$

On a

$$g''(x) > 0\, \forall\, x < \frac{2 - \sqrt{6}}{3} \text{ o } x > \frac{2 + \sqrt{6}}{3},$$

$$g''(x) < 0\, \forall\, x \in \left(\frac{2 - \sqrt{6}}{3}, \frac{2 + \sqrt{6}}{3}\right) \setminus \{0\},$$

donc g elle est convexe en $\left(-\infty, \frac{2-\sqrt{6}}{3}\right)$ et en $\left(\frac{2+\sqrt{6}}{3}, +\infty\right)$, g elle est concave en $\left(\frac{2-\sqrt{6}}{3}, 0\right)$ et en $\left(0, \frac{2+\sqrt{6}}{3}\right)$; les points $x = \frac{2\pm\sqrt{6}}{3}$ sils sont points d'inflexion.

Le graphique de g il est

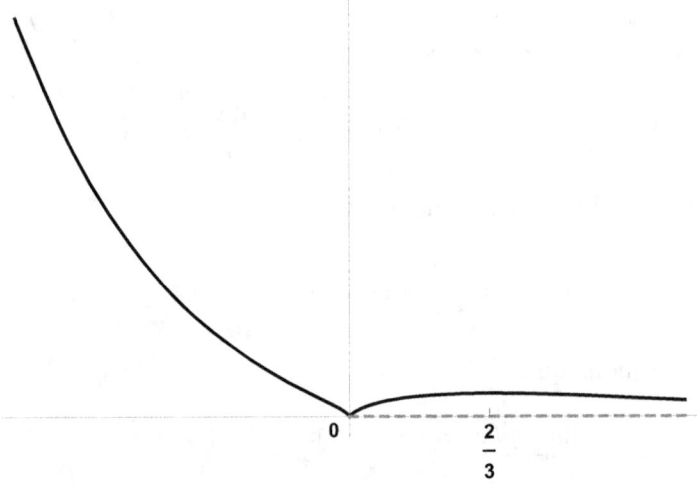

Exercice 6.25. *Étudier la fonction*

$$f(x) = \log|x - 1| - \sqrt{|x|}.$$

Résolution. La fonction f elle est définie et continue en

$$D := \mathbb{R} \setminus \{1\};$$

$x = 1$ il est asymptote vertical, vu que

$$\lim_{x \to 1} f(x) = -\infty.$$

Ni $x \to +\infty$ ni pour $x \to -\infty$ f elle a asymptotes, car

$$\lim_{x \to +\infty} f(x) = -\infty, \qquad \lim_{x \to +\infty} \frac{f(x)}{x} = 0,$$

$$\lim_{x \to -\infty} f(x) = -\infty, \qquad \lim_{x \to -\infty} \frac{f(x)}{x} = 0.$$

Pour chaque $x \in D \setminus \{0\}$ il réussit

$$f'(x) = \begin{cases} \frac{1}{x-1} - \frac{1}{2\sqrt{x}} & \text{si } x \in (0,1) \cup (1, +\infty) \\[2mm] \frac{1}{x-1} + \frac{1}{2\sqrt{-x}} & \text{si } x \in (-\infty, 0)\,; \end{cases}$$

$$\lim_{x \to 0^-} f'(x) = +\infty, \ \lim_{x \to 0^+} f'(x) = -\infty,$$

ainsi f elle n'est pas dérivable en $x = 0$. On voit que $f'(x) > 0 \ \forall x \in (-\infty, -1) \cup (-1, 0) \cup (1, 3+2\sqrt{2})$, $f'(x) < 0 \ \forall x \in (0, 1) \cup (3+2\sqrt{2}, +\infty)$, $f'(x) = 0$ si $x = -1$ ou $x = 3 + 2\sqrt{2}$. Donc f elle est croissante en $(-\infty, -1)$, en $(-1, 0)$, en $(1, 3+2\sqrt{2})$, f elle est décroissante en $(0, 1)$, en $(3+2\sqrt{2}, +\infty)$; $x = 0$ et $x = 3+2\sqrt{2}$ il sont points de maximum relatif, $x = -1$ il est point d'inflexion à la tangente horizontal. En outre,

$$\max_D f = f(0) = 0, \quad \inf_D f = -\infty,$$

$$\operatorname{Im} f = (-\infty, 0].$$

Le graphique de f il est

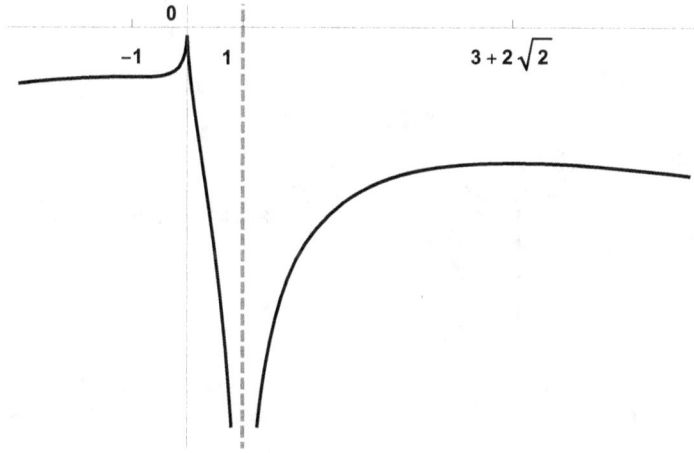

Exercice 6.26. *Étudier la fonction*

$$g(x) = \arcsin\left(\frac{|x|}{x+1}\right).$$

Rèsolution. La fonction g elle est bien définie en

$$D = \left\{ x \in \mathbb{R} \mid -1 \le \frac{|x|}{x+1} \le 1 \right\} = \left[-\frac{1}{2}, +\infty \right).$$

Nous remarquons que $g(x) > 0 \ \forall x \in D \setminus \{0\}$, $g(0) = 0$, ainsi $x = 0$ il est point de minimum absolu de g. Car

$$\lim_{x \to +\infty} g(x) = \frac{\pi}{2},$$

la ligne droite $y = \frac{\pi}{2}$ elle est asymptote horizontal pour $x \to +\infty$. On a

$$g'(x) = \begin{cases} \dfrac{1}{(x+1)\sqrt{2x+1}} & \text{si } x \in (0, +\infty) \\[3mm] -\dfrac{1}{(x+1)\sqrt{2x+1}} & \text{si } x \in \left(-\frac{1}{2}, 0\right); \end{cases}$$

$$\lim_{x \to 0^+} g'(x) = 1, \quad \lim_{x \to 0^-} g'(x) = -1, \quad \lim_{x \to \frac{1}{2}^+} g'(x) = -\infty,$$

ainsi g elle est dérivable en $D \setminus \{-\frac{1}{2}, 0\}$. Il riéulte $g'(x) > 0 \,\forall\, x \in (0, +\infty), g'(x) < 0 \,\forall\, x \in \left(-\frac{1}{2}, 0\right)$, ainsi g elle augmente en $(0, +\infty)$, pendant qu'elle décroît en $\left(-\frac{1}{2}, 0\right)$. De plus

$$\min_D g = g(0) = 0, \quad \max_D g = g\left(-\frac{1}{2}\right) = \frac{\pi}{2},$$

$$\operatorname{Im} g = \left[0, \frac{\pi}{2}\right].$$

Nous avons

$$g''(x) = \begin{cases} -\dfrac{3x+2}{(x+1)\sqrt{(2x+1)^3}} & \text{si } x \in (0, +\infty) \\[3mm] \dfrac{3x+2}{(x+1)\sqrt{(2x+1)^3}} & \text{si } x \in \left(-\frac{1}{2}, 0\right); \end{cases}$$

$g''(x) < 0 \,\forall\, x \in (0, +\infty), g''(x) > 0 \,\forall\, x \in \left(-\frac{1}{2}, 0\right)$. Donc g elle est concave en $(0, +\infty)$, elle est convexe en $\left(-\frac{1}{2}, 0\right)$ et $x = 0$ il est point d'inflexion.
Le graphique de g il est

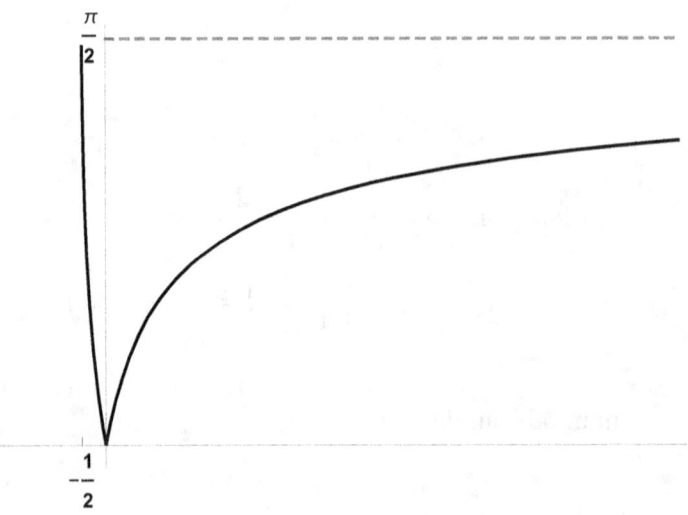

Exercice 6.27. *Étudier la fonction*

$$f(x) = (x^2 + 12x)e^{-\frac{2}{x}},$$

en omettant l'analyse de la dérivée deuxième.

Rèsolution. La fonction f elle est définie en

$$D := \mathbb{R} \setminus \{0\};$$

$f > 0$ en $(-\infty, 0) \cup (0, +\infty)$, $f < 0$ en $(-12, 0)$, $f(-12) = f(0) = 0$. Car

$$\lim_{x \to -\infty} f(x) = +\infty, \qquad \lim_{x \to +\infty} \frac{f(x)}{x} = +\infty,$$

$$\lim_{x \to -\infty} f(x) = +\infty, \qquad \lim_{x \to -\infty} \frac{f(x)}{x} = -\infty$$

il y n'a pas asymptotes horizontaux ni obliques. Comme

$$\lim_{x \to 0^-} f(x) = -\infty, \qquad \lim_{x \to 0^+} f(x) = 0,$$

la ligne droite $x = 0$ elle est asymptote vertical pour $x \to 0^-$. Pour chaque $x \in D$ on a

$$f'(x) = e^{-\frac{2}{x}} \left[\frac{2}{x^2}(x^2 + 12x) + 2x + 12 \right] = 2\frac{e^{-\frac{2}{x}}}{x}(x^2 + 7x + 12).$$

Nous remarquons que

$$\lim_{x \to 0^+} f'(x) = 0.$$

Nous avons que $f' > 0$ en $(-4, -3) \cup (0, +\infty)$, $f' < 0$ en $(-\infty, -4) \cup (-3, 0)$, $f'(-4) = f'(-3) = 0$. Donc f elle est croissante en $(-4, -3)$ et en $(0, +\infty)$; elle est décroissante en $(-\infty, -4)$ et en $(-3, 0)$; $x = -4$ il est point de minimum relatif, $x = -3$ il est point de maximum relatif. Il résulte

$$\inf_{\mathbb{R}} f = -\infty, \qquad \sup_{\mathbb{R}} f = +\infty,$$

$$\text{Im } f = \mathbb{R}.$$

Le graphique de f il est

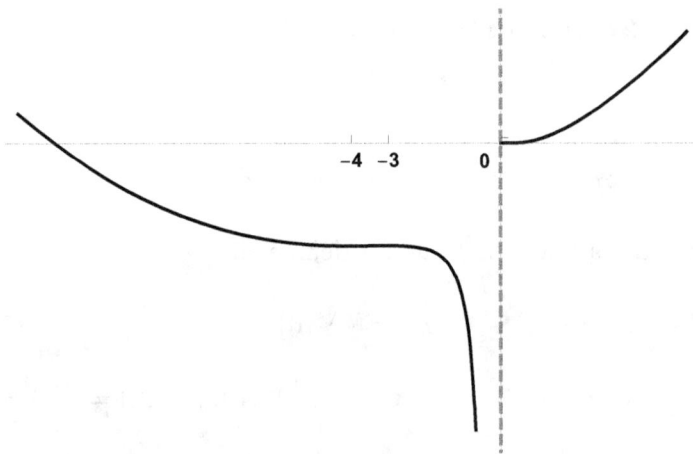

Exercice 6.28. *Étudier la fonction*

$$f(x) = |\sin x| + \cos x.$$

Rèsolution. La fonction est définie et continue en $\mathbb{R}$; ide plus, elle est périodique et pair, donc il suffit de l'étudier en $[0, \pi]$.

Il résulte $f(x) > 0 \ \forall \, x \in [0, \frac{3}{4}\pi]$;

$$f'(x) = \cos x - \sin x > 0 \ \forall \, x \in [0, \frac{\pi}{4}),$$

$$f''(x) = -(\sin x + \cos x) > 0 \ \forall \, x \in (\frac{3}{4}\pi, \pi].$$

Donc f elle est croissante en $[0, \frac{\pi}{4}]$, décroissante en $[\frac{\pi}{4}, \pi]$. De plus, f elle est concave en $[0, \frac{3}{4}\pi]$, convexe en $[\frac{3}{4}\pi, \pi]$.

Nous remarquons que $x_k = \pm 2k\pi$ ils sont points de minimum relatif, $x_k = \pm(2k+1)\pi$ ils sont point de minimum absolu, $x_k = \pm(\frac{\pi}{4} + 2k\pi)$ ils sont point de maximum absolu, $x_k = \pm(\frac{3}{4}\pi + 2k\pi)$ sont des points d'inflexion; en outre, f n'est pas dérivabile en $x_k = \pm k\pi \ (k \in \mathbb{N} \cup \{0\})$.

Le graphique de f il est

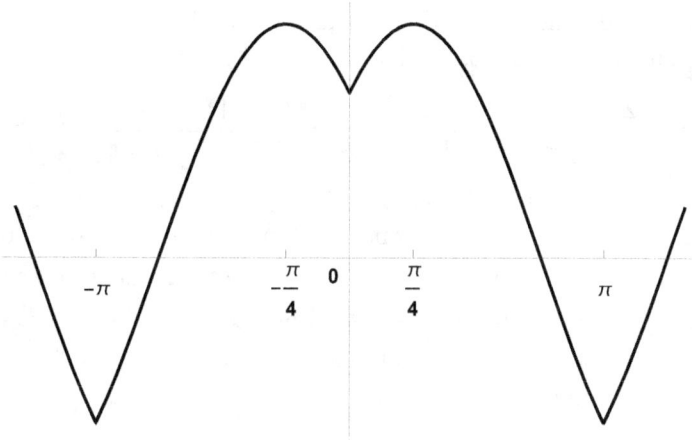

Exercice 6.29. *Considérons la fonction définie par*

$$f(x) = x - \frac{2}{3} \ln(1 + x^3).$$

1. *Déterminer l'ensemble de définition de* f.
2. *Déterminer les asymptotes éventuels de* f.
3. *Déterminer les points de maximum local et de minimum local de* f.
4. *Dessiner le graphique de* f.
5. *Écrire le développement de Taylor centré en* 0 *de* f *d'ordre* 6.

Rèsolution. La fonction f elle est bien définie pour $1 + x^3 > 0$, ossia per $x > -1$. En conséquence l'ensemble de définition de f il est

$$D = (-1, +\infty).$$

La fonction f elle a un asymptote vertical pour $x \to (-1)^+$, en étant

$$\lim_{x \to (-1)^+} f(x) = \lim_{x \to (-1)^+} \left(x - \frac{2}{3} \ln(1 + x^3) \right) = +\infty.$$

En outre, en étant

$$\lim_{x \to +\infty} f(x) = \lim_{x \to +\infty} \left(x - \frac{2}{3} \ln(1 + x^3) \right) = +\infty$$

$$\lim_{x \to +\infty} \frac{f(x)}{x} = \lim_{x \to +\infty} \left(1 - \frac{2}{3} \frac{\ln(1 + x^3)}{x} \right) = 1$$

$$\lim_{x \to +\infty} (f(x) - x) = \lim_{x \to +\infty} -\frac{2}{3} \ln(1 + x^3) = -\infty$$

la fonction f elle ne présente pas ni asymptote horizontal ni asymptote oblique pour $x \to +\infty$. La dérivée première de f elle est

$$f'(x) = 1 - \frac{2}{3}\frac{3x^2}{1+x^3} = \frac{x^3 + 2x^2 + 1}{1+x^3} = \frac{(x-1)(x^2 - x - 1)}{1+x^3} \quad \forall; x \in D.$$

Car $1 + x^3 > 0$ sur D, on a $f'(x) \geq 0$ si et seulement si $(x - 1)(x^2 - x - 1) \geq 0$. En conséquence, la fonction f elle est décroissante pour $x < \frac{1-\sqrt{5}}{2}$ et pour $1 < x < \frac{1+\sqrt{5}}{2}$, et elle est croissante pour $\frac{1-\sqrt{5}}{2} < x < 1$ et pour $x > \frac{1+\sqrt{5}}{2}$. Par conséquence, la fonction f elle présente un point de maximum local pour $x = 1$, et un point de minimum local pour $x = \frac{1\pm\sqrt{5}}{2}$. Le graphique de f il est

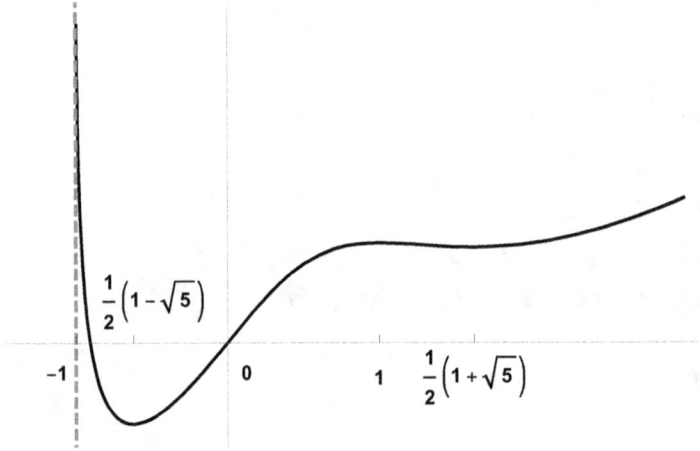

En utilisant le développement de Taylor de la fonction logarithme (en tenant compte du fait que x^3 c'est une fonction infinitésimale pour $x \to 0$), lle développement de Taylor de f d'ordre 6 il est

$$f(x) = x - \frac{2}{3}\ln(1+x^3)$$
$$= x - \frac{2}{3}\left(x^3 - \frac{x^6}{2} + o(x^6)\right)$$
$$= x - \frac{2}{3}x^3 + \frac{1}{3}x^6 + o(x^6)$$

pour $x \to 0$.

Exercice 6.30. *Étudier la fonction*

$$f(x) = \sqrt[3]{x}\,\frac{x-2}{x+1},$$

en omettant l'analyse de la dérivée deuxième.

Rèsolution. L'ensemble de définition de la fonction f il est

$$D = (-\infty, -1) \cup (-1, +\infty).$$

Il résulte $f(0) = 0$ et

$$f(x) = 0 \iff x = 0 \text{ o } x = 2,$$

Par conséquent, les points d'intersection avec les axes sont $(0,0)$ et $(2,0)$. Nous avons que

$$\lim_{x \to +\infty} f(x) = +\infty, \quad \lim_{x \to -\infty} f(x) = -\infty$$

$$\lim_{x \to -1^+} f(x) = +\infty, \quad \lim_{x \to -1^-} f(x) = -\infty.$$

En conséquence la ligne droite $x = -1$ est une asymptote verticale, alors qu'il n'y a pas d'asymptotes horizontales. Car

$$\lim_{x \to \pm\infty} \frac{f(x)}{x} = 0,$$

la fonction n'admet pas asymptotes obliques.

Il est possible d'appliquer la règle de dérivation de produit de fonctions $\forall x \in D \backslash \{0\}$, ottenendo :

$$f'(x) = \frac{1}{3x^{\frac{2}{3}}} \left(\frac{x-2}{x+1} \right) + x^{\frac{1}{3}} \frac{3}{(x+1)^2}$$

$$= \frac{x^2 + 8x - 2}{3x^{\frac{2}{3}} (x+1)^2}.$$

Car f elle est continue en $x_0 = 0$ et

$$\lim_{x \to 0^\pm} f'(x) = -\infty,$$

nous en déduisons qu'il y a également

$$\lim_{x \to 0^\pm} \frac{f(x) - f(0)}{x - 0} = -\infty,$$

et donc $x_0 = 0$ c'est un point d'inflexion à la tangente verticale pour f. De plus,

$$f'(x) = \frac{x^2 + 8x - 2}{3x^{\frac{2}{3}} (x+1)^2} \geq 0,$$

$$x^2 + 8x - 2 \geq 0 \iff x \leq -4 + 3\sqrt{2} \text{ o } x \geq -4 + 3\sqrt{2},$$

donc $x = -4 - 3\sqrt{2}$ c'est un point de maximum relatif pour f et $x = -4 + 3\sqrt{2}$ c'est un point de minimum relatif pour f.
Le graphique de f il est

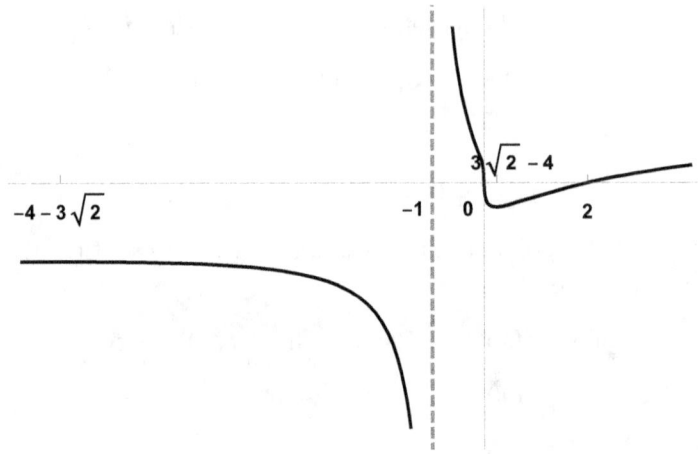

Exercice 6.31. *Étudier la fonction*

$$f(x) = \frac{e^x}{x^2 - 4},$$

en omettant l'analyse de la dérivée deuxième.

Rèsolution. La fonction f elle est bien définie et continue en

$$D = \mathbb{R} \setminus \{-2, 2\}.$$

En étant le numérateur positif pour chaque $x \in D$, on trouve que

$$f(x) > 0 \ \forall \ x \in (-\infty, -2) \cup (2, +\infty); \ f(x) < 0 \ \forall \ x \in (-2, 2) \,.$$

L'équation $f(x) = 0$ elle n'admet pas de solutions ; d'autre part, $f(0) = -\frac{1}{4}$. Donc, l'unique je pique d'intersection avec les as il est $\left(0, -\frac{1}{4}\right)$.
Nous avons que

$$\lim_{x \to -2^-} f(x) = +\infty, \quad \lim_{x \to -2^+} f(x) = -\infty;$$

$$\lim_{x \to 2^-} f(x) = -\infty, \quad \lim_{x \to 2^+} f(x) = +\infty \,;$$

$$\lim_{x \to +\infty} f(x) = +\infty, \quad \lim_{x \to -\infty} f(x) = 0 \,.$$

Donc les lignes droites $x = -2$, $x = 2$ elles sont asymptote verticaux, pendant que la ligne droite $y = 0$ c'est asymptote horizontal pour $x \to -\infty$. Car

$$\lim_{x \to +\infty} \frac{f(x)}{x} = +\infty \,,$$

la fonction n'admet pas asymptotes obliques.
La fonction est dérivable en D et elle se tropuve :

$$f'(x) = e^x \frac{x^2 - 2x - 4}{(x^2 - 4)^2} \quad \forall \, x \in D.$$

On a

$$f'(x) = e^x \frac{x^2 - 2x - 4}{(x^2 - 4)^2} \geq 0$$

$$\Longleftrightarrow x^2 - 2x - 4 \geq 0 \Longleftrightarrow x \leq 1 - \sqrt{5} \text{ oppure } x \geq 1 + \sqrt{5}.$$

Donc $x_1 = 1 - \sqrt{5}$ il est un point de maximum relatif pour f et $x_2 = 1 + \sqrt{5}$ il est un point de minimum relatif pour f.
Le graphique de f il est

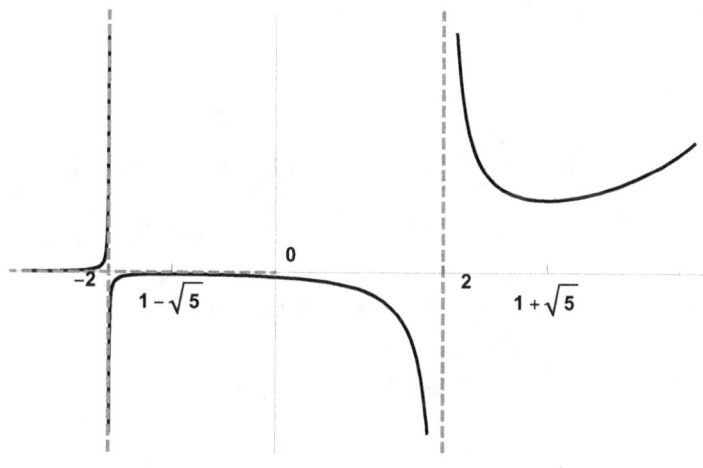

Exercice 6.32. *Étudier la fonction*

$$f(x) = x\sqrt{1 + \frac{2}{x}},$$

en omettant l'analyse de la dérivée deuxième.

Rèsolution. La fonction est bien définie et continue en

$$D = (-\infty, -2] \cup (0, +\infty).$$

On trouve que

$$f(x) > 0 \; \forall \, x \in (0, +\infty); \; f(x) < 0 \; \forall \, x \in (-\infty, -2).$$

L'equation $f(x) = 0$ elle admet comme solution $x = -2$, donc f elle coupe l'axe x dans le point $(-2, 0)$; d'autre part, $0 \notin D$, donc, f elle ne coupe pas l'axe y. On a

$$\lim_{x \to -\infty} f(x) = -\infty, \qquad \lim_{x \to +\infty} f(x) = +\infty;$$

$$\lim_{x \to 0^+} f(x) = 0.$$

Donc f peut être étendue avec de la continuité en $x_0 = 0$, en mettant $f(0) = 0$. La fonction étendue donc elle rencontre les axes dans l'origine $O = (0, 0)$. Il n'y a pas d'asymptômes horizontaux ou verticaux. Nous avons que

$$m = \lim_{x \to +\infty} \frac{f(x)}{x} = \lim_{x \to +\infty} \sqrt{1 + \frac{2}{x}} = 1;$$

$$q = \lim_{x \to +\infty} x \left(\sqrt{1 + \frac{2}{x}} - 1 \right) = 2 \lim_{t \to 0^+} \frac{\sqrt{1 + 2t} - 1}{2t} = 2\frac{1}{2} = 1,$$

ayant mis $t := \frac{1}{x}$. De même on trouve

$$m' = \lim_{x \to -\infty} \frac{f(x)}{x} = 1, \quad q' = \lim_{x \to -\infty} [f(x) - x] = 1.$$

Donc, la ligne droite $y = x + 1$ est une asymptote oblique pour les deux $x \to -\infty$ et $x \to +\infty$.

Pour chaque $x \in (-\infty, -2) \cup (0, +\infty)$ on trouve :

$$f'(x) = \frac{x + 1}{x\sqrt{1 + \frac{2}{x}}}.$$

En outre, en étant la fonction continue en $x = -2$ et en résultant

$$\lim_{x \to -2^-} f'(x) = +\infty,$$

f n'est pas dérivable en $x = -2$. En étant f extensible pour continuité en $x = 0$ et en résultant

$$\lim_{x \to 0^+} f'(x) = +\infty,$$

f elle n'est pas dérivable en $x = 0$.

On a

$$f'(x) = \frac{x + 1}{x\sqrt{1 + \frac{2}{x}}} > 0$$

$$\iff \frac{x + 1}{x} > 0 \iff x < -2 \text{ ou } x > 0.$$

Il n'y a donc pas de points maximum ou minimum relatifs dans le domaine. Nous pouvons dire que $x_1 = -2$ c'est un point de maximum relatif (en partant de la gauche) pour f, et $x_2 = 0$ c'est un point de minimum relatif pour f en partant de la droite.
Le graphique de f il est

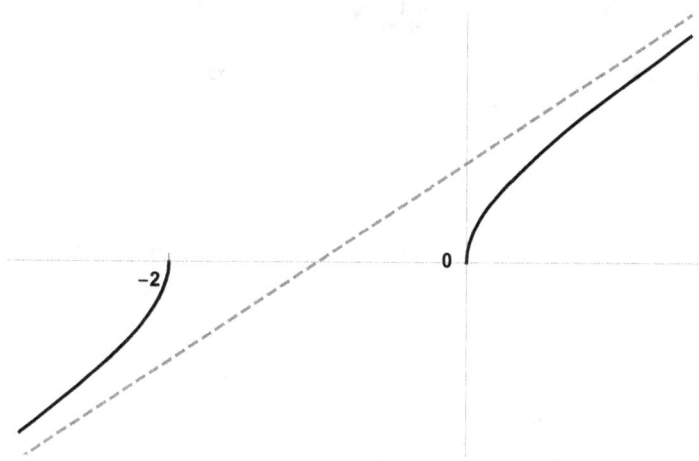

Exercice 6.33. *Étudier la fonction*

$$f(x) = \log\left(\frac{x^2 + 1}{x + 2}\right)$$

en omettant l'analyse de la dérivée deuxième.

Rèsolution. L'ensemble de définition de f il est

$$D = (-2, +\infty).$$

On trouve que

$$f(x) > 0 \; \forall \, x \in \left(-2, \frac{1 - \sqrt{5}}{2}\right) \cup \left(\frac{1 + \sqrt{5}}{2}, +\infty\right).$$

L'équation $f(x) = 0$ elle admet comme solutions

$$x_1 = \frac{1 - \sqrt{5}}{2}, \quad x_2 = \frac{1 + \sqrt{5}}{2},$$

donc f elle coupe l'axe x dans les points $\left(\frac{1-\sqrt{5}}{2}, 0\right), \left(\frac{1+\sqrt{5}}{2}, 0\right)$; d'autre part, f elle coupe l'axe y dans le point $\left(0, \log\frac{1}{2}\right)$. En outre,

$$\lim_{x \to -2+} f(x) = +\infty, \quad \lim_{x \to +\infty} f(x) = +\infty.$$

Donc f elle peut être étendue avec de la continuité en $x_0 = 0$, en mettant $f(0) = 0$. La fonction étendue donc elle rencontre les axes dans l'origine $O = (0,0)$. La ligne droite $x = -2$ elle est asymptote vertical de droite, pendant qu'il ny a pas asymptotes horizontaux. Car

$$\lim_{x \to +\infty} \frac{f(x)}{x} = 0,$$

il n'existe pas asymptote oblique pour $x \to +\infty$.

Pour chaque $x \in D$ on trouve

$$f'(x) = \frac{x^2 + 4x - 1}{(x^2 + 1)(x + 2)}.$$

En outre, en étant la fonction continue en $x = -2$ et en résultant

$$\lim_{x \to -2^-} f'(x) = +\infty,$$

f elle n'est pas dérivable en $x = -2$. En étant f extensible pour continuité en in $x = 0$ et en résultant

$$\lim_{x \to 0^+} f'(x) = +\infty,$$

f elle n'est pas dérivable en $x = 0$.

On a

$$f'(x) = \frac{x^2 + 4x - 1}{(x^2 + 1)(x + 2)} > 0 \iff x > -2 + \sqrt{5}.$$

$$f'(-2 + \sqrt{5}) = 0;$$

$$f'(x) < 0 \iff -2 < x < -2 + \sqrt{5}.$$

Donc $x = -2 + \sqrt{5}$ c'est un point de minimum relatif.

Le graphique de f il est

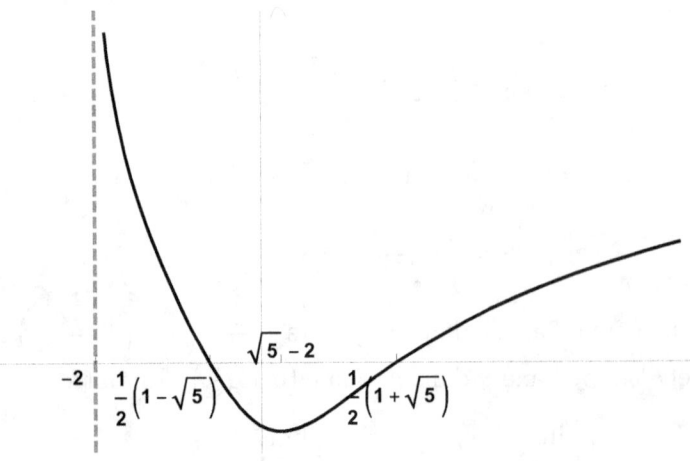

Exercice 6.34. *Étant donné la fonction*

$$f(x) = \begin{cases} \dfrac{x^2}{x+1} & si \ x \leq 0, x \neq -1 \\[3mm] x^3 \ln 2x & si \ x > 0 \end{cases}$$

a) déterminer si la fonction est continue dans tout son domaine;

b) déterminer si la fonction est dérivable dans tout son domaine;

c) calculer les limites à la frontière du domaine et noter l'équation des asymptotes éventuels;

d) déterminer les points éventuels de maximum, de minimum relatif et d'inflexion;

e) dessiner le graphique de la fonction.

Rèsolution. *a)* La fonction est continue dans son domaine, en effet elle est continue si $x \neq 0$, et car $\lim\limits_{x \to 0^+} x^3 \ln 2x = 0 = f(0)$, f elle résulte continue aussi en $x = 0$.

b) La fonction est dérivable en tout son domaine. Nous avons

$$f'(x) = \begin{cases} \dfrac{x^2 + 2x}{(x+1)^2} & si \ x < 0, \ x \neq -1 \\[3mm] 3x^2 \ln 2x + x^2 & si \ x > 0 \end{cases}$$

En $x = 0$ la dérivée vaut 0, en effet

$$\lim_{x \to 0^+} 3x^2 \ln 2x + x^2 = \lim_{x \to 0^-} \frac{x^2 + 2x}{(x+1)^2} = 0.$$

c) La fonction a un asymptote oblique pour $x \to -\infty$ ayant l'équation $y = x - 1$, en effet on a que $f(x) \sim x$ per $x \to -\infty$ et

$$\lim_{x \to -\infty} \left(\frac{x^2}{x+1} - x \right) = -1.$$

De plus, f elle possède un asymptote vertical d'équation $x = -1$.

d) Nous étudions le signe de la dérivée première. On a $3x^2 \ln 2x + x^2 \geq 0$ si $x \geq \dfrac{1}{2\sqrt[3]{e}}$; $\dfrac{x^2 + 2x}{(x+1)^2} \geq 0$ si $x \leq -2$. On trouve donc un point maximum relatif en $x = -2$ et un point de minimum relatif en $\dfrac{1}{2\sqrt[3]{e}}$. En $x = 0$ il y a un point d'inflexion à la tangente horizontale.

e) Le graphique de f il est

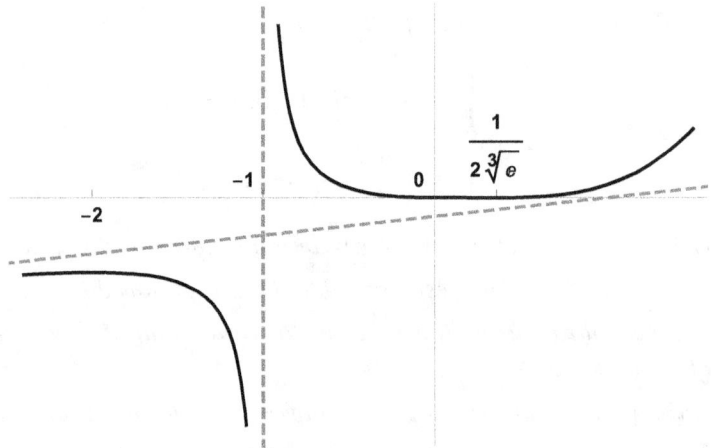

Exercice 6.35. *Soit*

$$f(x) = \log^2(x) - 2\log(x).$$

(i) *Déterminer l'ensemble de définition D et les asymptotes éventuels de f.*

(ii) *Calculer la dérivée première de f. Déterminer les ensembles de monotonie et les points d'extrême relatif de f.*

(iii) *Calculer la dérivée deuxième de f. Déterminer les ensembles de concavité et de convexité et les points éventuels d'inflexion def.*

(iv) *Déterminer $\operatorname{Im} f$ et calculer $\sup_D f, \inf_D f$, en spécifiant s'il se traite de maximum et de minimum absolus, respectivement.*

(v) *Établir si f restreinte à $[1, e^2]$ elle est réversible et s'elle est f restreinte à $[e^2, +\infty)$.*

(vi) *Tracer un graphique qualitatif de f.*

Rèsolution. Évidemment la fonction f elle est bien définie et continue en $D = (0, +\infty)$. Il résulte

$$\lim_{x \to +\infty} f(x) = +\infty, \qquad \lim_{x \to +\infty} \frac{f(x)}{x} = 0;$$

$$\lim_{x \to 0^+} f(x) = +\infty.$$

Donc la ligne droite $y = 0$ elle est asymptote vertical de f de droite. En outre, f pour $x \to +\infty$ elle n'a pas d'asymptotes.

La fonction est dérivable certainement en D. Nous avons

$$f'(x) = 2\frac{\log(x) - 1}{x} \quad \forall x \in D.$$

Par conséquent,

$$f'(x) > 0 \quad \forall x \in (e, +\infty); \quad f'(e) = 0; \quad f'(x) < 0 \quad \forall x \in (0, e).$$

Donc f elle est croissante strictement en $(e, +\infty)$, pendant que f elle est décroissant strictement en $(0, e)$. De plus, $x = e$ c'est un point de minimum relatif, pendant que $f(e) = -1$ il est un (valeur) minimum relatif.

Il résulte

$$f''(x) = 2\frac{-\log(x) + 2}{x^2} \quad \forall x \in D.$$

Par conséquent

$$f''(x) > 0 \quad \forall x \in (0, e^2); \quad f''(e^2) = 0; \quad f''(x) < 0 \quad \forall x \in (e^2, +\infty).$$

Donc f elle est convexe en $(0, e^2)$, pendant que f elle est concave en $(e^2, +\infty)$. De plus, $x = e^2$ c'est point d'inflexion.

Nous observons que $x = e$ il est de fait point de minimum absolu. Nous rappelons en outre, que $\lim_{x \to +\infty} f(x) = +\infty$. Alors, en étant f continue en D, pour le Théorème des valeurs intermédiaires, nous obtenons que $\text{Im } f = [-1, +\infty)$. Donc

$$\sup_D f = +\infty, \quad \inf_D f = \min_D f = -1.$$

Évidemment f elle n'a pas maximum absolu.

Vue la monotonie et la continuité de f, nous pouvons conclure que f restreinte à $[1, e^2]$ elle n'est pas injective et elle n'est pas réversible donc, pendant que f restreinte à $[e^2, +\infty)$ elle est injective et donc réversible.

Le graphique de f il est

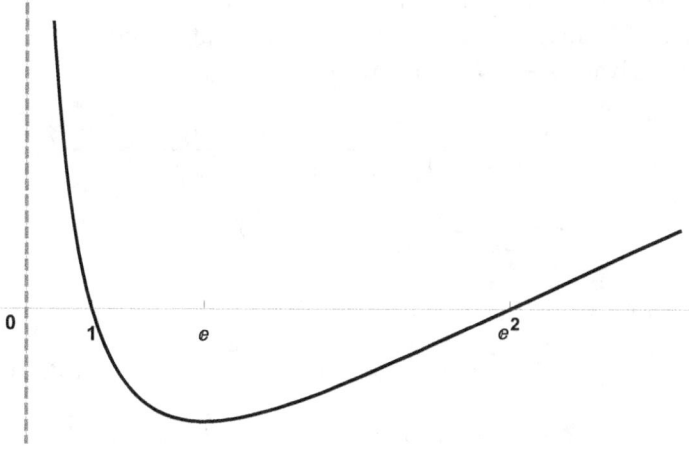

Exercice 6.36. *Étant donnée la fonction*

$$f(x) = \log\left[\left(\frac{x^2 - 4}{x + 4}\right)^2\right].$$

   a. *Déterminer l'ensemble de définition D de f, les limites aux extrêmes de D et les asymptotes éventuels de f ;*

   b. *Déterminer la dérivée première de f, les ensembles de monotonie, les points des extrêmes relatifs ;*

   c. *Tracer le graphique qualitatif de f.*

   d. *Écrire la formule de Taylor de f d'ordre 2 et de point initial $x_0 = 0$ avec le reste de Peano.*

Rèsolution. La fonction f elle est bien définie si et seulement si $x^2 - 4 \neq 0$ et $x + 4 \neq 0$. Donc
$$D = \mathbb{R} \setminus \{-4, -2, 2\}.$$

La fonction f elle est continue en D, en étant composition de fonctions continues en D. On a

$$\lim_{x \to 2} f(x) = -\infty, \quad \lim_{x \to -2} f(x) = -\infty, \quad \lim_{x \to -4} f(x) = +\infty.$$

Donc les lignes droites $x = -2, x = 2, x = -4$ elles sont asymptote verticaux pour f. En outre,

$$\lim_{x \to +\infty} f(x) = +\infty, \quad \lim_{x \to +\infty} \frac{f(x)}{x} = 0 ;$$

$$\lim_{x \to -\infty} f(x) = +\infty, \quad \lim_{x \to -\infty} \frac{f(x)}{x} = 0.$$

Asymptotes horizontaux, ni obliques n'existent pas donc.
La fontion f elle est dérivable en D, en étant fonction composée de fonctions dérivables en D. Nous avons

$$f'(x) = 2\left(\frac{x + 4}{x^2 - 4}\right)^2 \frac{x^2 - 4}{x + 4} \frac{2x(x + 4) - (x^2 - 4)}{(x + 4)^2}$$
$$= \frac{2(x^2 + 8x + 4)}{(x^2 - 4)(x + 4)} \quad \forall\, x \in D.$$

Nous obtenons que

$$f'(x) > 0 \iff -4 - 2\sqrt{3} < x < -4 \ \text{ ou } \ -2 < x < -4 + 2\sqrt{3} \ \text{ ou } \ x > 2 ;$$

$$f'(x) < 0 \iff x < -4 - 2\sqrt{3} \ \text{ ou } \ -4 < x < -2 \ \text{ ou } \ -4 + 2\sqrt{3} < x < 2 ;$$

$$f'(x) = 0 \iff x = -4 - 2\sqrt{3} \quad \text{ou} \quad x = -4 + 2\sqrt{3}.$$

En conséquence f elle est croissante en $(-4-2\sqrt{3}, -4)$, en $(-2, -4+2\sqrt{3})$ et en $(2, +\infty)$, par contre f elle est décroissante en $(-\infty, -4 - 2\sqrt{3})$, en $(-4, -2)$ et en $(-4 + 2\sqrt{3}, 2)$. De plus, $x = -4 - 2\sqrt{3}$ c'est un point de minimum relatif, pendant que $x = -4+2\sqrt{3}$ c'est un point de maximum relatif..

Le graphique de f il est

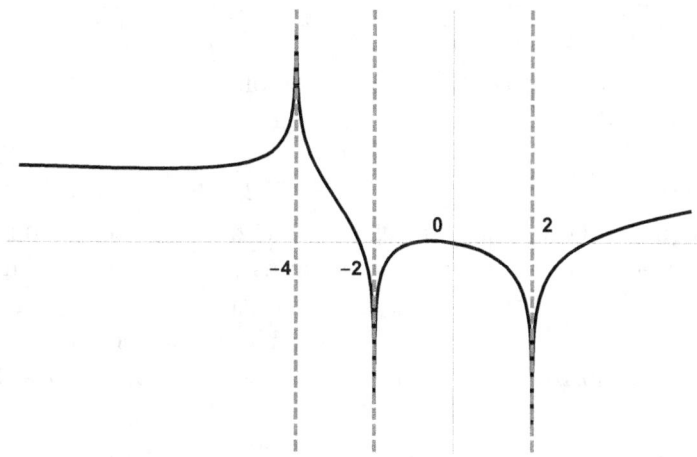

Nous avons

$$f''(x) = -\frac{2(x^4 + 16x^3 + 48x^2 + 64x + 112)}{(x + 4)^2(x^2 - 4)^2} \quad \forall\, x \in D.$$

En conséquence $f''(0) = -\frac{7}{8}$. La formule demandé est donc :

$$f(x) = f(0) + f'(0)x + \frac{1}{2}f''(0)x^2 + o(x^2) = -\frac{1}{2}x - \frac{7}{16}x^2 + o(x^2)$$

pour $x \to 0$.

Exercice 6.37. *Soit*

$$F(x) = \int_0^x \frac{e^{-t^2}}{1 + t^2}\, dt\,.$$

1. *Déterminer le signe et les symétries éventuelles de F.*

2. *Déterminer les asymptotes éventuels de F.*

3. *Déterminer les points éventuels extrêmaux et d'inflexion de di F.*

Rèsolution. 1. Car la fonction à intégrer $f(t) = \frac{e^{-t^2}}{1+t^2}$ elle est positive, on il a :

$$F(0) = 0, \quad F(x) > 0 \ \forall \, x > 0, \quad F(x) < 0 \ \forall \, x < 0.$$

En outre, en étant f pair, F il est impair.

2. On a

$$\lim_{x \to +\infty} F(x) = \lim_{x \to +\infty} \int_0^x \frac{e^{-t^2}}{1+t^2} \, dt = \int_0^{+\infty} \frac{e^{-t^2}}{1+t^2} \, dt \,.$$

La fonction f elle est continue en $\mathbb{R}$; de plus,

$$0 < f(t) = \frac{e^{-t^2}}{1+t^2} \leq \frac{e^{-t^2}}{t^2} \leq \frac{1}{t^2} \quad \forall \, t > 0.$$

En conséquence la fonction f elle est intégrable en sens impropre en $[0, +\infty)$, grâce à le critère de la comparaison simple. Ainsi l'intégrale impropre $\int_0^{+\infty} f(t) dt$ il converge et la fonction F elle a un asymptote horizontal pour $x \to +\infty$. Pour symétrie, la fonction F elle a un asymptote horizontal aussi pour $x \to -\infty$. Il n'y a pas d'autres asymptotes.

3. En vertu du théorème fondamental du calcul intégral,

$$F'(x) = f(x) = \frac{e^{-x^2}}{1+x^2} > 0 \quad \forall \, x \in \mathbb{R}.$$

Donc la fonction F elle est croissant strictement et elle n'a pas points de maximum ou de minimum relatif. De plus,

$$F''(x) = f'(x) = -\frac{2x(2 + x^2)e^{-x^2}}{(1+x^2)^2} \quad \forall \, x \in \mathbb{R}.$$

Donc

$$F''(x) > 0 \ \forall \, x \in (-\infty, 0), \quad F(0) = 0, \quad F''(x) < 0 \ \forall \, x \in (0, +\infty).$$

Ainsi F elle est convexe dans $(-\infty, 0)$ et elle est concave en $(0, +\infty)$, et $x_0 = 0$ il est point d'inflexion.

Exercice 6.38. *Assignée la fonction*

$$f(x) = e^x \sqrt[3]{1 - e^{-x}}.$$

1. *Déterminez l'ensemble de définition et les asymptotes éventuels.*

2. *Étudier le signe de f.*

3. *Calculer la dérivée première de f. Déterminez les ensembles de la croissance et de la décroissance, les points maximum et minimum relatifs et absolus de f.*

4. *Calculer la dérivée deuxième de f. Déterminer les ensembles de convexité et de concavité et les points éventuels d'inflexion de f.*

Rèsolution. 1. La fonction f elle est definie en $D = \mathbb{R}$. Nous avons

$$\lim_{x \to -\infty} f(x) = 0.$$

Donc la ligne droite $y = 0$ c'est un asymptote horizontal pour $x \to -\infty$. D'un autre côté

$$\lim_{x \to +\infty} f(x) = +\infty, \quad \lim_{x \to +\infty} \frac{f(x)}{x} = +\infty.$$

Donc pour $x \to +\infty$ la fonction n'admet pas d'asymptotes.

2. Le signe de la fonction f il dépend seulement du terme $1 - e^{-x}$. Quindi

$$f(x) > 0 \ \forall x > 0, \quad f(x) < 0 \ \forall x < 0, \quad f(0) = 0.$$

3. Grâce aux règles de dérivation, on peut dire que f est certainement dérivable pour tous les $x \in \mathbb{R}$ donc l'enracinement n'est pas nul, c'est-à-dire pour $x \neq 0$. Donc, pour chaque $x \in \mathbb{R} \setminus \{0\}$

$$
\begin{aligned}
f'(x) &= e^x \cdot \sqrt[3]{1 - e^{-x}} + e^x \cdot \frac{1}{3} \left(1 - e^{-x}\right)^{-2/3} \cdot e^{-x} \\
&= e^x \cdot \sqrt[3]{1 - e^{-x}} + \frac{1}{3 \left(1 - e^{-x}\right)^{2/3}} \\
&= \frac{3 e^x \left(1 - e^{-x}\right) + 1}{3 \left(1 - e^{-x}\right)^{2/3}} \\
&= \frac{3 e^x - 2}{3 \left(1 - e^{-x}\right)^{2/3}}.
\end{aligned}
$$

En outre,

$$\lim_{x \to 0} f'(x) = +\infty.$$

Donc f, en étant continue en D et particulièrement en $x_0 = 0$, elle n'est pas dérivable en $x_0 = 0$. En outre,

$$f'(x) = 0 \quad \text{per} \ x = \log \frac{2}{3} =: x^*,$$

$$f'(x) > 0 \quad \forall \, x > x^*, x \neq 0 \quad f'(x) < 0 \quad \forall \, x < x^*.$$

Il s'ensuit que f elle est croissante en $(x^*, +\infty)$, elle est décroissant en $(-\infty, x^*)$. Le point x^* c'est non seulement un point de minimum relatif, mais aussi absolu. Il n'y a pas de points maximums relatifs. Puisque $\lim_{x \to +\infty} f(x) = +\infty$, la fonction f elle n'admet pas maximum absolu, pendant que $\sup_D f = +\infty$.

4. Pour chaque $x \in \mathbb{R} \setminus \{0\}$

$$f''(x) = \frac{3e^x \cdot 3\left(1 - e^{-x}\right)^{2/3} - (3e^x - 2) \cdot 2(1 - e^{-x})^{-1/3} e^{-x}}{9\left(1 - e^{-x}\right)^{4/3}}.$$

Le signe de la dérivée deuxième dépend seulement du signe de son numérateur, que nous pouvons réécrire de la façon suivante :

$$9e^x \left(1 - e^{-x}\right)^{2/3} - \frac{2(3e^x - 2)}{e^x(1 - e^{-x})^{1/3}} = \frac{9e^{2x}(1 - e^{-x}) - 6e^x + 4}{e^x(1 - e^{-x})^{1/3}}$$

$$= \frac{9e^{2x} - 15e^x + 4}{e^x(1 - e^{-x})^{1/3}}.$$

En mettant $w = e^x$, et en étudiant le signe du polynôme de deuxième degré $9w^2 - 15w + 4$, nous déduisons que $f''(x) = 0$ per $x = x_1 := \log \frac{1}{3}$ ou pour $x = x_2 := \log \frac{4}{3}$. En outre, $f''(x) > 0 \quad \forall\, x \in (x_1, 0) \cup (x_2, +\infty)$; $f''(x) < 0 \quad \forall\, x \in (-\infty, x_1) \cup (0, x_2)$. Donc f elle est concave en $(-\infty, x_1)$ et en $(0, x_2)$; f elle est convexe en $(x_1, 0)$ et en $(x_2, +\infty)$. Finalement, les points $x_1, x_0 = 0, x_2$ ils sont points d'inflexion.

Le graphique qualitatif de f c'est le suivant :

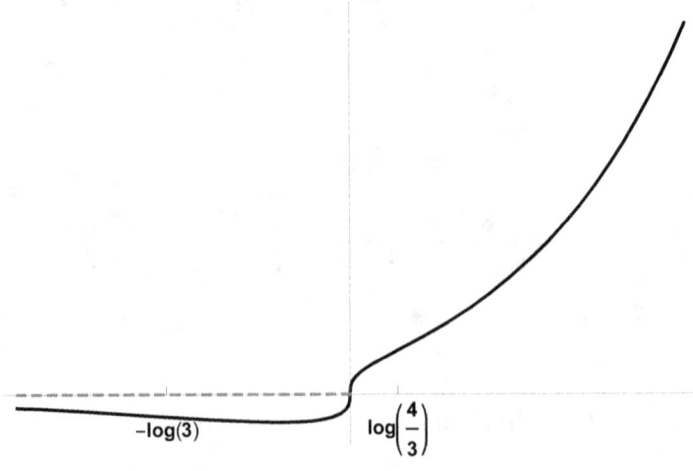

Exercice 6.39. *Soit*

$$f(x) = \log\left(e^x - x\right).$$

(a) *Déterminer l'ensemble de définition D de f, et étudier le signe de f.*

(b) *Calculer les limites de f aux extrêmes de D et déterminer les asymptotes éventuels de f.*

(c) *Écrire la dérivée première de f. Préciser en quel ensemble f elle est dérivable.*

(d) *Déterminer les intervalles de monotonie de f et les points éventuels d'extrême relatif.*

(e) *Écrire la dérivée deuxième de f.*

(f) *Déterminer les intervalles de convexité et de concavité de f et les points éventuels d'inflexion.*

(g) *Dessiner le graphique qualitatif de f.*

Rèsolution. (a) Car

$$e^x > x \quad \forall\, x \in \mathbb{R},$$

il résulte $D = \mathbb{R}$. En outre, car

$$e^x > 1 + x \quad \forall\, x \in \mathbb{R} \setminus \{0\},$$

nous obtenons que

$$f(x) > 0 \quad \forall\, x \in \mathbb{R} \setminus \{0\},$$

pendant que $f(0) = 0$.

(b) Nous avons que

$$\lim_{x \to -\infty} f(x) = +\infty, \qquad \lim_{x \to +\infty} f(x) = +\infty.$$

En outre,

$$m = \lim_{x \to +\infty} \frac{f(x)}{x} = 1, \quad q = \lim_{x \to +\infty} [f(x) - x] = 0.$$

Donc, $y = x$ il est asymptote oblique pour $x \to +\infty$. Par contre, pour $x \to -\infty$ la fonction f elle n'admet pas d'asymptotes.

(c) La fonction f est dérivable en D, et on a

$$f'(x) = \frac{e^x - 1}{e^x - x}, \quad \forall\, x \in \mathbb{R}.$$

(d) Nous avons que $f'(x) > 0$ en $(0, +\infty)$, $f'(x) < 0$ in $(-\infty, 0)$ et $f'(x) = 0$ pour $x = 0$. Nous pouvons inférer en conséquence que f elle est strictement croissante en $(0, +\infty)$, strictement décroissante en $(-\infty, 0)$, $x_0 = 0$ il est point de minimum relatif, (et de fait absolu).

(e) Nous avons que

$$f''(x) = -\frac{(x-2)e^x + 1}{(e^x - x)^2}, \quad \forall\, x \in \mathbb{R}.$$

(f) Nous étudions le signe de f''. Pour résoudre l'inéquation

$$e^{-x} > 2 - x,$$

nous analysons les graphiques des fonctions

$$x \mapsto e^{-x}, \quad x \mapsto 2 - x.$$

Nous pouvons déduire qu'ils existent $\alpha < 0$ et $\beta > 0$ tels que $f''(x) > 0$ in (α, β), $f''(x) < 0$ in $(-\infty, \alpha) \cup (\beta, +\infty)$ et $f''(x) = 0$ per $x = \alpha$ ou $x = \beta$. En conséquence f elle est convexe en (α, β), concave en $(-\infty, \alpha)$ et in $(\beta, +\infty)$; en outre, $x_1 = \alpha$, $x_2 = \beta$ ils sont point d'inflexion.

(g) Le graphique de f c'est le suivant :

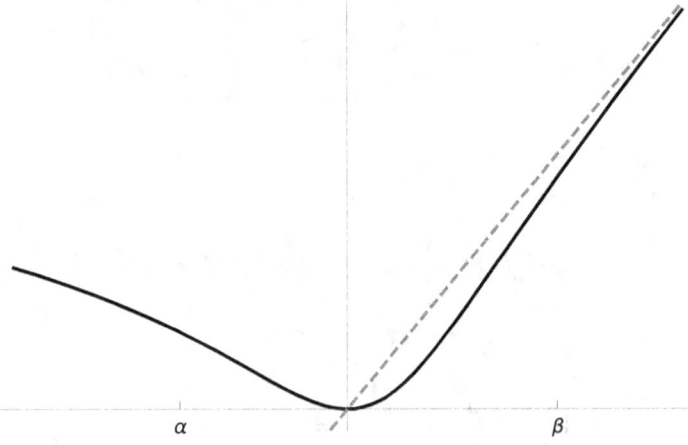

Chapitre 7

Intégrales

Prérequis théoriques

◇ Fonctions intégrables selon Riemann, intégral de Riemann et leur propriété.
◇ Fonction intégrale
◇ Théorème fondamental du calcul intégral.
◇ Intégrales indéfinis et propriété.
◇ Formules d'intégrales pour parties et pour substitution.
◇ Intégration de fonctions rationnelles.
◇ Intégrales impropres.
◇ Critères de la comparaison et de la comparaison asymptotique.

7.1 Intégrales Indéfinis et Définis

Exercice 7.1. *Calculer les suivants intégrales indéfinis*

$$(i) \int \sin x \cos x \, dx, \quad (ii) \int \frac{1}{x\sqrt{1 - \log^2 x}} \, dx,$$

$$(iii) \int x\sqrt{1 - x^2} \, dx.$$

Rèsolution. (i) On a

$$\int \sin x \cos x \, dx = \frac{1}{2} \sin^2 x + c.$$

(*ii*) On a

$$\int \frac{1}{x\sqrt{1 - \log^2 x}}\, dx = \arcsin \log x + c.$$

(*iii*) On a

$$\int x\sqrt{1 - x^2}\, dx = -\frac{1}{3}\left(1 - x^2\right)^{\frac{3}{2}} + c.$$

Exercice 7.2. *Calculer les suivants intégrales indéfinis :*

$$(i) \int x \log x\, dx, \quad (ii) \int \arctan x\, dx.$$

Rèsolution. Ils se résolvent en intégrant pour parties.
(*i*) On a

$$\int x \log x\, dx = \frac{1}{2}x^2 \log x - \frac{1}{2}\int x\, dx = \frac{1}{2}x^2\left(\log x - \frac{1}{2}\right) + c.$$

(*ii*) On a

$$\int \arctan x\, dx = x \arctan x - \int \frac{x}{1 + x^2} dx$$
$$= x \arctan x - \frac{1}{2}\log\left(1 + x^2\right) + c.$$

Exercice 7.3. *Calculer les suivants intégrales indéfinis :*

$$(i) \int \log^2 x\, dx, \quad (ii) \int e^x \sin x\, dx.$$

Rèsolution. (*i*) On a

$$\int \log^2 x\, dx = x \log^2 x - 2\int \log x\, dx$$
$$= x \log^2 x - 2x \log x + 2x + c.$$

(*ii*) On a

$$\int e^x \sin x \, dx = -e^x \cos x + \int e^x \cos x \, dx$$

$$= -e^x \cos x + e^x \sin x - \int e^x \sin x \, dx,$$

de lequel suit

$$\int e^x \sin x \, dx = \frac{1}{2} e^x (\sin x - \cos x) + c.$$

Exercice 7.4. *Calculer les suivants intégrales indéfinis :*

$$(i) \int \frac{1}{x^2 - 3x + 2} \, dx, \quad (ii) \int \frac{x+3}{x^2 - 2x + 1} \, dx.$$

Rèsolution. (i) On a

$$\frac{1}{x^2 - 3x + 2} = \frac{1}{x - 2} - \frac{1}{x - 1},$$

de lequel suit

$$\int \frac{1}{x^2 - 3x + 2} \, dx = -\log|x - 1| + \log|x - 2| + c.$$

(ii) On a

$$\frac{x+3}{x^2 - 2x + 1} = \frac{x+3}{(x-1)^2} = \frac{1}{x-1} + \frac{4}{(x-1)^2},$$

de lequel suit

$$\int \frac{x+3}{x^2 - 2x + 1} \, dx = \log|x - 1| - \frac{4}{x - 1} + c.$$

Exercice 7.5. *Calculer les suivants intégrales indéfinis :*

$$(i) \int \frac{x+2}{2x^2 + 4x + 3} \, dx, \quad (ii) \int \frac{1}{(x+1)(x^2 - 1)} \, dx.$$

Rèsolution. (i) On a

$$\frac{x+2}{2x^2+4x+3} = \frac{1}{4}\frac{4x+4}{2x^2+4x+3} + \frac{1}{2x^2+4x+3}$$
$$= \frac{1}{4}\frac{4x+4}{2x^2+4x+3} + \frac{1}{1+\left[\sqrt{2}(x+1)\right]^2}$$

de lequel suit

$$\int \frac{x+2}{2x^2+4x+3}\, dx$$
$$= \frac{1}{4}\log\left(2x^2+4x+3\right) - \frac{1}{\sqrt{2}}\arctan\left[\sqrt{2}(x+1)\right] + c.$$

(ii) On a

$$\frac{1}{(x+1)(x^2-1)} = \frac{1}{4(x-1)} - \frac{1}{4(x+1)} - \frac{1}{2(x+1)^2},$$

de lequel suit

$$\int \frac{1}{(x+1)(x^2-1)}\, dx$$
$$= \frac{1}{4}\log|x-1| - \frac{1}{4}\log|x+1| + \frac{1}{2(x+1)} + c.$$

Exercice 7.6. *Calculer l'intégrale définie*

$$\int_0^4 |\arctan(x-1)|\, dx.$$

Rèsolution. Si ha :

$$\int_0^4 |\arctan(1-x)|\, dx = \int_0^1 \arctan(1-x)\, dx - \int_1^4 \arctan(1-x)\, dx.$$

De la formule d'intégrations pour parties nous obtenons :

$$\int \arctan(1-x)\, dx = (x-1)\arctan(1-x) + \frac{1}{2}\log\left[1+(1-x)^2\right] + c.$$

Donc la donnée intégrale vaut :

$$\frac{\pi}{4} - \frac{1}{2}\log 2 + 3\arctan 3 - \frac{1}{2}\log 10.$$

Exercice 7.7. *Calculer l'aire de l'ellipse de l'équation cartésienne*

$$\frac{x^2}{4} + \frac{y^2}{9} = 1.$$

Rèsolution. L'aire est donnée de :

$$4 \int_0^2 3 \sqrt{1 - \frac{x^2}{4}} \, dx.$$

En utilisant la formule de substitution avec $x = 2\sin t$ et d'intégration pour parties nous obtenons

$$12 \int_0^2 \sqrt{1 - \frac{x^2}{4}} \, dx = 24 \int_0^{\frac{\pi}{2}} \cos^2 t \, dt = 6\pi.$$

Exercice 7.8. *Calculez l'aire de la région du plan sous-jacente au graphique de la fonction $f(x) = e^{-2x} \sin x$ dans l'intervalle $[0, 2\pi]$.*

Rèsolution. Nous étudions le signe de la fonction donnée dans l'intervalle assigné :

$$f(x) \geq 0 \Leftrightarrow \sin x \geq 0 \Leftrightarrow x \in [0, \pi].$$

En intégrant deux fois pour parties, on il a

$$\int e^{-2x} \sin x \, dx$$

$$= -\frac{1}{2} e^{-2x} \sin x + \frac{1}{2} \int e^{-2x} \cos x \, dx$$

$$= -\frac{1}{2} e^{-2x} \sin x - \frac{1}{4} e^{-2x} \cos x - \frac{1}{4} \int e^{-2x} \sin x \, dx,$$

d'où

$$\int e^{-2x} \sin x \, dx = -\frac{2}{5} e^{-2x} \sin x - \frac{1}{5} e^{-2x} \cos x + c.$$

Ensuite, dite A l'aire demandée, il résulte

$$A = \int_0^\pi e^{-2x} \sin x \, dx - \int_\pi^{2\pi} e^{-2x} \sin x \, dx$$

$$= \left[-\frac{2}{5} e^{-2x} \sin x - \frac{1}{5} e^{-2x} \cos x \right]_0^\pi$$

$$- \left[-\frac{2}{5} e^{-2x} \sin x - \frac{1}{5} e^{-2x} \cos x \right]_\pi^{2\pi}$$

$$= \frac{1}{5} e^{-4\pi} + \frac{1}{5} e^{-2\pi} + \frac{2}{5}.$$

Exercice 7.9. *Calculer l'intégrale*

$$\int_0^{\frac{\pi}{2}} \left[x \sin(x) + \frac{x-1}{x^2 + 3x + 2} \right] dx .$$

Résolution. En intégrant pour parties, on il a

$$\int x \sin(x) dx = -x \cos(x) + \int \cos(x) dx = -x \cos(x) + \sin(x) + c.$$

Nous remarquons en outre, que $x^2 + 3x + 2 = 0$ pour $x = -2$ ou $x = -1$. En imposant qu'il résulte

$$\frac{x-1}{x^2 + 3x + 2} = \frac{A}{x+1} + \frac{B}{x+2},$$

nous trouvons que $A = -2, B = 3$. Donc

$$\int \frac{x-2}{x^2 + 3x + 2} dx = -2 \int \frac{1}{x+1} dx + 3 \int \frac{1}{x+3} dx$$
$$= -2 \log |x+1| + 3 \log |x+2| + c.$$

Alors

$$\int_0^{\pi/2} \left[x \sin(x) + \frac{x-1}{x^2 + 3x + 2} \right] dx$$
$$= \left[-x \cos(x) + \sin(x) - 2 \log |x+1| + 3 \log |x+2| \right]_{x=0}^{x=\pi/2}$$
$$= 1 - 2 \log \left(1 + \frac{\pi}{2} \right) + 3 \log \left(\frac{\pi}{2} + 2 \right) - 3 \log 2 .$$

Exercice 7.10. *Calculer l'aire sous-tendue au graphique de la fonction* $f(x) = e^{3x} \sin(2x)$, *pour* $x \in [0, \pi]$.

Résolution. Nous observons que $f(x) > 0$ si et seulement si $\sin(2x) > 0$. Donc $f(x) > 0$ pour $0 < x < \frac{\pi}{2}$, pendant que $f(x) < 0$ pour $\frac{\pi}{2} < x < \pi$. En conséquence l'aire sous-tendue au graphique de f elle est

$$A = \int_0^{\frac{\pi}{2}} f(x) dx - \int_{\frac{\pi}{2}}^{\pi} f(x) dx .$$

En intégrant pour parties nous avons

$$\int e^{3x} \sin(2x) dx = \frac{1}{3} e^{3x} \sin(2x) - \frac{2}{3} \int e^{3x} \cos(2x) dx,$$

en intégrant de nouveau pour parties nous trouvons

$$\int e^{3x} \cos(2x)dx = \frac{1}{3}e^{3x}\cos(2x) + \frac{2}{3}\int e^{3x}\sin(2x)dx\,.$$

En conséquence

$$\int e^{3x}\sin(2x)dx = \frac{1}{3}e^{3x}\sin(2x) - \frac{2}{9}e^{3x}\cos(2x) - \frac{4}{9}\int e^{3x}\sin(2x)dx,$$

donc

$$\int e^{3x}\sin(2x)dx = \frac{3}{13}e^{3x}\left[\sin(2x) - \frac{2}{3}(\cos(2x))\right]\,.$$

Enfin il résulte

$$A = \frac{2}{13}(e^{\frac{3}{2}\pi}+1) + \frac{2}{13}(e^{3\pi}+e^{\frac{3}{2}\pi}) = \frac{2}{13}(e^{3\pi}+2e^{\frac{3}{2}\pi}+1)\,.$$

Exercice 7.11. *Calculer*

$$\int_2^3 \frac{x+2}{x^2-1}\,dx\,.$$

Rèsolution. Nous calculons tout d'abord

$$\int \frac{x+2}{x^2-1}\,dx\,.$$

Nous remarquons que $x^2-1 = 0$ pour $x = -1$ ou $x = 1$. Donc nous imposons que

$$\frac{x+2}{x^2-1} = \frac{A}{x-1} + \frac{B}{x+1}\,.$$

Nous avons

$$\frac{x+2}{x^2-1} = \frac{(A+B)x + A - B}{x^2-1}\,,$$

en conséquence $A = \frac{3}{2}, B = -\frac{1}{2}$. Alors nous trouvons

$$\int \frac{x+2}{x^2-1}\,dx = \frac{3}{2}\log|x-1| - \frac{1}{2}\log|x+1| + c \;\;(c \in \mathbb{R})\,,$$

et donc

$$\int_2^3 \frac{x+2}{x^2-1}\,dx = \frac{3}{2}\log 2 + \frac{1}{2}\log\frac{3}{4}\,.$$

***Exercice* 7.12.** *Calculer l'intégrale*

$$\int \frac{1}{\sin x} dx\,.$$

Rèsolution. Nous rappelons que

$$\sin x = 2\sin\left(\frac{x}{2}\right)\cos\left(\frac{x}{2}\right),\, \tan\left(\frac{x}{2}\right) = \frac{\sin x}{1+\cos x}.$$

En opérant la substitution

$$t = \frac{x}{2},$$

nous avons

$$\int \frac{1}{\sin x} dx = \int \frac{1}{\sin t \cos t} dt = \log|\tan t| + c$$

$$= \log\left|\tan\left(\frac{x}{2}\right)\right| + c = \log\left|\frac{\sin x}{1+\cos x}\right| + c.$$

***Exercice* 7.13.** *Calculer l'intégrale*

$$\int \sin^2(x) dx\,.$$

Rèsolution. *Première manière.* Nous rappelons que

$$\sin^2(x) = \frac{1-\cos(2x)}{2}\,.$$

En conséquence, en opérant la substitution $t = 2x$, on a

$$\int \sin^2(x) dx = \int \frac{1-\cos(2x)}{2} dx$$

$$= \frac{1}{4}\int (1-\cos(t)) dt = \frac{1}{4}(t - \sin t) + c$$

$$= \frac{x - \sin(x)\cos(x)}{2} + c\,.$$

Deuxième manière. En intégrant pour parties on a

$$\int \sin^2(x) dx = -\cos(x)\sin(x) + \int \cos^2(x) dx$$

$$= -\cos(x)\sin(x) + \int (1-\sin^2(x)) dx$$

$$= -\cos(x)\sin(x) + x - \int \sin^2(x) dx\,.$$

Donc

$$\int \sin^2(x) dx = \frac{x - \cos(x)\sin(x)}{2} + c\,.$$

Calculer l'intégrale

$$\int \cosh^2 x \, dx \, .$$

En intégrant pour parties on a

$$\int \cosh^2 x \, dx = \cosh(x)\sinh(x) - \int \sinh^2 x \, dx$$

$$= \cosh(x)\sinh(x) - \int [-1 + \cosh^2(x)] dx$$

$$= \cosh(x)\sinh(x) + x - \int \cosh^2(x) dx \, .$$

Par conséquent

$$\int \cosh^2 x \, dx = \frac{x}{2} + \frac{1}{2}\cosh(x)\sinh(x) + c \, .$$

Exercice 7.14. *Calculer l'intégrale*

$$\int \cosh^2 x \, dx \, .$$

Rèsolution. En intégrant pour parties on a

$$\int \cosh^2 x \, dx = \cosh(x)\sinh(x) - \int \sinh^2 x \, dx$$

$$= \cosh(x)\sinh(x) - \int [-1 + \cosh^2(x)] dx$$

$$= \cosh(x)\sinh(x) + x - \int \cosh^2(x) dx \, .$$

Par conséquent

$$\int \cosh^2 x \, dx = \frac{x}{2} + \frac{1}{2}\cosh(x)\sinh(x) + c \, .$$

Exercice 7.15. *Calculer l'intégrale*

$$\int \sin(\log x) dx \, .$$

Rèsolution. Nous intégrons pour parties et nous obtenons

$$\int \sin(\log x)dx = x\sin(\log x) - \int \cos(\log x)dx \,.$$

Nous intégrons encore pour parties et nous avons

$$\int \cos(\log x)dx = x\cos(\log x) + \int \sin(\log x)dx.$$

En conséquence

$$\int \sin(\log x)dx = x\sin(\log x) - x\cos(\log x) - \int \sin(\log x)dx \,,$$

et donc

$$\int \sin(\log x)dx = \frac{x}{2}\left[\sin(\log x) - \cos(\log x)\right] + c \,.$$

Exercice 7.16. *Calculer l'intégrale*

$$\int_0^{\frac{1}{2}} \frac{x^3}{\sqrt{1-x^2}}dx \,.$$

Rèsolution. En opérant la substitution $x = \sin t$ on a

$$\int_0^{\frac{1}{2}} \frac{x^3}{\sqrt{1-x^2}}dx = \int_0^{\frac{\pi}{6}} \frac{\sin^3(t)\cos(t)}{\sqrt{1-\sin^2(t)}}dt = \int_0^{\frac{\pi}{6}} \sin^3 t\,dt \,.$$

En intégrant pour parties nous trouvons que

$$\int \sin^3 dt = \int (1-\cos^2 t)\sin t\,dt$$

$$= \int \sin t\,dt - \int \cos^2 t \sin t\,dt = -\cos t + \frac{\cos^3 t}{3} + c \,.$$

Donc

$$\int_0^{\frac{1}{2}} \frac{x^3}{\sqrt{1-x^2}}dx = \left[-\cos t + \frac{\cos^3 t}{3}\right]_0^{\frac{\pi}{6}} = \frac{2}{3} - \frac{3\sqrt{3}}{8} \,.$$

Exercice 7.17. *Calculer l'intégrale*

$$\int \sqrt{e^x - 9}\,dx \,.$$

Rèsolution. Nous mettons $e^x - 9 = t^2$, ou de façon équivalente nous opérons la substitution $x = \log(t^2 + 9)$. Donc

$$\int \sqrt{e^x - 9}\, dx = \int t \frac{2t}{t^2 + 9}\, dt$$

$$= \int \frac{2t^2}{t^2 + 9}\, dt = 2 \int \frac{t^2 + 9 - 9}{t^2 + 9}\, dt$$

$$= 2 \left[\int dt - 9 \int \frac{dt}{t^2 + 9} \right]$$

$$= 2t - 18 \int \frac{dt}{9 \left[1 + \left(\frac{t}{3} \right)^2 \right]}$$

$$= 2t - \frac{2}{3} \int \frac{\frac{1}{3}}{\left[1 + \left(\frac{t}{3} \right)^2 \right]}\, dt = 2t - \frac{2}{3} \arctan \left(\frac{t}{3} \right) + c.$$

Exercice 7.18. *Au changer de $a, b \in (0, +\infty)$, calculer l'intégrale*

$$\int_0^b \sqrt{a^2 + x^2}\, dx.$$

Rèsolution. Nous opérons la substitution $x = a \sinh t$. En plaçant $c = \sinh^{-1} \left(\frac{b}{a} \right)$, nous obtenons

$$\int_0^b \sqrt{a^2 + x^2}\, dx = a \int_0^b \sqrt{1 + \frac{x^2}{a^2}}\, dx$$

$$= a \int_0^c \sqrt{1 + \sinh^2 t}\, a \cosh t\, dt$$

$$= a^2 \int_0^c \cosh^2 t\, dt = \frac{a^2}{2} [t + \cosh(t) \sinh(t)]_0^c$$

$$= \frac{a^2}{2} \left[t + \sqrt{1 + \sinh^2 t}\, \sinh t \right]_0^c$$

$$= \frac{a^2}{2} c + \frac{b}{2} \sqrt{a^2 + b^2}.$$

Exercice 7.19. *Calculer l'intégrale*

$$\int \frac{xe^x}{(1 + x)^2}\, dx.$$

Rèsolution. En intégrant pour parties, nous obtenons

$$\int \frac{xe^x}{(1+x)^2}\,dx = -\frac{xe^x}{1+x} + \int \frac{e^x + xe^x}{1+x}dx$$

$$= -\frac{x}{1+x}e^x + \int e^x dx$$

$$= e^x\left(1 - \frac{x}{1+x}\right) = \frac{e^x}{1+x}\,.$$

Exercice 7.20. *Calculer l'intégrale*

$$\int \arctan\sqrt{x}\,dx\,.$$

Rèsolution. En intégrant pour parties on a

$$\int \arctan(\sqrt{x})dx = x\arctan\sqrt{x} - \int x\frac{1}{1+x}\frac{1}{2\sqrt{x}}dx$$

$$= x\arctan\sqrt{x} - \int \frac{x}{2\sqrt{x}(1+x)}dx,\,.$$

Maintenant nous calculons $\int \frac{x}{2\sqrt{x}(1+x)}dx$ en opérant la substitution $t = \sqrt{x}$. Nous avons

$$\int \frac{x}{2\sqrt{x}(1+x)}dx = \int \frac{t^2}{1+t^2}dt$$

$$= \int \frac{t^2 + 1 - 1}{t^2 + 1}dt$$

$$= t - \int \frac{1}{1+t^2}dt = t - \arctan t + c.$$

En conséquence

$$\int \arctan\sqrt{x}\,dx = x\arctan\sqrt{x} - \sqrt{x} + \arctan\sqrt{x} + c\,.$$

Exercice 7.21. *Calculer l'intégrale*

$$\int \frac{\sqrt{1+x}}{x}\,dx\,.$$

Rèsolution. En mettant $t = \sqrt{1+x}$, cioè $x = t^2 - 1$, on a

$$\int \frac{\sqrt{1+x}}{x} dx = 2\int \frac{t^2}{t^2-1} dt = 2\int \frac{t^2-1+1}{t^2-1} dt$$

$$= 2t + \int \frac{1}{t^2-1} dt$$

$$= 2t + \int \frac{1}{t-1} dt - \int \frac{1}{t+1} dt$$

$$= 2t + \log \left|\frac{t-1}{t+1}\right| + c$$

$$= 2\sqrt{1+x} + \log \frac{|-1+\sqrt{1+x}|}{1+\sqrt{1+x}} + c.$$

Exercice 7.22. Calculer l'intégrale

$$\int \frac{1}{2 - 3\cos^2(x)} dx.$$

Rèsolution. Nous remarquons que $\cos^2 x = \frac{1}{1+\tan^2 x}$. Donc

$$\int \frac{1}{2 - 3\cos^2(x)} dx = \int \frac{1+\tan^2 x}{2\tan^2 x - 1} dx.$$

Nous opérons la substitution $u = \tan x$, c'est-à-dire $x = \arctan u$. Donc

$$dx = \frac{1}{1+u^2} du = \frac{1}{1+\tan^2 x} du.$$

L'intégrale devient donc

$$\int \frac{du}{2u^2 - 1}.$$

En imposant

$$\frac{1}{u^2 - \frac{1}{2}} = \frac{A}{u - \frac{1}{\sqrt{2}}} + \frac{B}{u + \frac{1}{\sqrt{2}}},$$

on y trouve $A = \frac{\sqrt{2}}{2}, B = -\frac{\sqrt{2}}{2}$. Donc

$$\int \frac{du}{2u^2 - 1} = \frac{\sqrt{2}}{4} \log \left|u - \frac{1}{\sqrt{2}}\right| - \frac{\sqrt{2}}{4} \log \left|u + \frac{1}{\sqrt{2}}\right| + c.$$

Il suit que

$$\int \frac{1}{2 - 3\cos^2(x)} dx$$

$$= \frac{\sqrt{2}}{4} \log \left|\tan x - \frac{1}{\sqrt{2}}\right| - \frac{\sqrt{2}}{4} \log \left|\tan x + \frac{1}{\sqrt{2}}\right| + c.$$

7.2 Intégrales impropres

Exercice 7.23. *Établir si l'équation*

$$x^2 + \int_0^x te^{-|t|^5} = \sqrt{\pi}$$

elle admet solutions et, en cas affirmatif, dire combien d'elles sont.

Rèsolution. Soit

$$f(x) = x^2 + \int_0^x te^{-|t|^5} - \sqrt{\pi}\,.$$

Nous observons que

$$\lim_{x \to +\infty} f(x) = \lim_{x \to -\infty} f(x) = +\infty\,.$$

En outre, pour chaque $x \in \mathbb{R}$,

$$f'(x) = 2x + xe^{-|x|^5} = x(2 + e^{-|x|^5})\,.$$

En conséquence $f' > 0$ en $(0, +\infty)$; $f' < 0$ en $(-\infty, 0)$, $f'(0) = 0$. Donc f elle est croissant strictement en $(0, +\infty)$, pendat que f elle est décroissant strictement en $(-\infty, 0)$. En outre $x_0 = 0$ il est point de minimum absolu et $f(0) = -\sqrt{\pi} < 0$ c'est la valeur minimum absolu. Grâce à les limites calculées, pour le théorème des valeurs intermédiaires et pour l'étreinte monotonìe, une solution seule de l'équation existe $x_1 \in (0, \infty)$ et une solution seule $x_2 \in (-\infty, 0)$. L'équation admet conséquemment, exactement deux solutions.

Exercice 7.24. *Dire pour quel valeurs du paramètre $\alpha > 0$ l'intégrale impropre converge*

$$\int_1^{+\infty} \frac{1}{(e^x - e)^{\frac{1}{4}}(x-1)^\alpha} dx\,.$$

Rèsolution. La fonction integrand

$$f(x) = \frac{1}{(e^x - e)^{\frac{1}{4}}(x-1)^\alpha}$$

elle est définie continue et positive en $(1, +\infty)$. De plus,

$$\lim_{x \to 1^+} f(x) = +\infty\,.$$

Nous écrivons

$$\int_1^{+\infty} f(x)dx = \int_1^2 f(x)dx + \int_2^{+\infty} f(x)dx \,.$$

Nous remarquons que

$$\lim_{x \to 1^+} \frac{f(x)}{\frac{1}{(x-1)^{\alpha+\frac{1}{4}}}} = e^{-\frac{1}{4}} \neq 0,$$

ainsi, grâce à le critère de la comparaison asymptotique, l'intégrale

$$\int_1^2 f(x)\,dx$$

il converge si et seulement si $\alpha < \frac{3}{4}$. En outre, pour chaque $\alpha > 0$,

$$\lim_{x \to +\infty} \frac{f(x)}{\frac{1}{x^2}} = 0 \,.$$

Donc, pour le théorème de la comparaison asymptotique (généralisé), $\int_2^{\infty} f(x)dx$ il converge pour chaque $\alpha > 0$. Il en suit qui l'intégrale impropre $\int_1^{+\infty} f(x)\,dx$ il converge si et seulement si $\alpha < \frac{3}{4}$.

Exercice 7.25. *Soit donnée, pour chaque valeur du paramètre réel α, la fonction*

$$f_\alpha(x) = \frac{\sqrt{1+x} - \sqrt{x}}{x} e^{-\alpha x}, \quad x \in [1, +\infty).$$

(a) Établir pour quels α converge l'integrale $\displaystyle\int_1^{+\infty} f_\alpha(x)dx$;

(b) calculer la valeur de l'intégrale pour $\alpha = 0$.

Rèsolution. (a) Nous remarquons préliminairement que la fonction f_α elle est continue en tout l'intervalle illimité $[1, +\infty)$. En outre, f_α elle est positive en $(1, +\infty)$. Il est donc possible appliquer le critère de la comparaison asymptotique. Car, pour $x \to +\infty$, il vaut la relation

$$f_\alpha(x) \sim \frac{1}{2x^{3/2}} e^{-\alpha x},$$

on a

$$\int_1^{+\infty} f_\alpha(x)dx \quad \begin{cases} \text{il converge} & \Longleftrightarrow \quad \alpha \geq 0, \\[2mm] \text{il diverge} & \Longleftrightarrow \quad \alpha < 0. \end{cases}$$

(b) Soit $\alpha = 0$. Car

$$\int \frac{\sqrt{1+x} - \sqrt{x}}{x} dx$$

$$= 2\left(\sqrt{1+x} - \sqrt{x}\right) + \log\left(\frac{x}{\left(\sqrt{1+x}+1\right)^2}\right) + c$$

nous avons

$$\int_1^{+\infty} f_0(x)dx =$$

$$= \lim_{M\to+\infty} \int_1^M \frac{\sqrt{1+x} - \sqrt{x}}{x} dx$$

$$= \lim_{M\to+\infty} \left[2\left(\sqrt{1+x} - \sqrt{x}\right) + \ln\left(\frac{x}{\left(\sqrt{1+x}+1\right)^2}\right)\right]_1^M$$

$$= \lim_{M\to+\infty} \left[2\left(\sqrt{1+M} - \sqrt{M}\right) + \log\left(\frac{M}{\left(\sqrt{1+M}+1\right)^2}\right)\right]$$

$$- 2(\sqrt{2}-1) - \log\left(\frac{1}{\left(\sqrt{2}+1\right)^2}\right)$$

$$= 2\log(\sqrt{2}+1) - 2(\sqrt{2}-1).$$

Exercice 7.26. *Déterminer pour quelles valeurs du paramètre $\alpha \in \mathbb{R}$, $\alpha > 0$, l'intégrale impropre*

$$I = \int_0^{+\infty} \frac{(e^{-x} + x - 1)^{1/6}}{x^\alpha \sqrt{1+x^\alpha}} dx$$

il converge.

Rèsolution. La fonction integrand

$$f(x) = \frac{(e^{-x} + x - 1)^{1/6}}{x^\alpha \sqrt{1+x^\alpha}}$$

elle est définie, elle est continue et elle est positive sur tout l'intervalle $(0, +\infty)$. Il s'agit donc d'étudier l'intégrabilité de f en un autour droit de 0 et en un autour de $+\infty$.
Pour $x \to 0^+$, on a

$$f(x) = \frac{(1 - x + \frac{x^2}{2} + o(x^2) + x - 1)^{1/6}}{x^\alpha \sqrt{1+x^\alpha}}$$

$$= \frac{\left(\frac{x^2}{2} + o(x^2)\right)^{1/6}}{x^\alpha \sqrt{1+x^\alpha}} \sim \frac{1}{2^{1/6}} \frac{x^{1/3}}{x^\alpha} = \frac{1}{2^{1/6}} \frac{1}{x^{\alpha - 1/3}}.$$

La fonction $1/x^{\alpha-1/3}$ elle est intégrable en sens impropre pour $x \to 0^+$ lorsque $\alpha - \frac{1}{3} < 1$, c'est-à-dire pour $\alpha < 1 + \frac{1}{3} = \frac{4}{3}$. En conséquence, en appliquant le critère de la comparaison asymptotique, même la fonction f elle est intégrable en sens impropre pourr $x \to 0^+$ pour $\alpha < 4/3$.

Pour $x \to +\infty$, on a

$$f(x) \sim \frac{x^{1/6}}{x^\alpha x^{\alpha/2}} = \frac{1}{x^{3\alpha/2-1/6}}.$$

La fonction $1/x^{3\alpha/2-1/6}$ elle est intégrable en sens impropre en un autour de $+\infty$ lorsque $\frac{3}{2}\alpha - \frac{1}{6} > 1$, c'est-à-dire pour $\alpha > \frac{2}{3}(1+\frac{1}{6}) = \frac{7}{9}$. Ensuite, pour le critère de la comparaison asymptotique, nous pouvons conclure qu'aussi la fonction f elle est intégrable en sens impropre en un autour de $+\infty$ pour $\alpha > \frac{7}{9}$.

En conclusion, la fonction f il est intégrable en sens impropre, et donc l'intégrale I il est convergent, si et seulement si

$$\frac{7}{9} < \alpha < \frac{4}{3}.$$

Exercice 7.27. *i) Déterminer l'intégrabilité de la fonction*

$$f(t) := \frac{(1-e^{-t})^2}{e^{2t}-1}$$

in $(0, +\infty)$.

ii) Calculer l'intégrale

$$I = \int_0^{+\infty} \frac{(1-e^{-t})^2}{e^{2t}-1}\, dt.$$

Rèsolution.

i) Car $f(t) \geq 0$, $f(t) \sim \frac{t}{2}$ pour $t \to 0^+$ et $f(t) \sim e^{-2t}$ pour $t \to +\infty$, on a que f elle est intégrable en sens généralisé en $(0, +\infty)$.

ii) Nous opérons la substitution $x = e^t$. Donc $t = \log x, dt = x^{-1}dx$.
Nous avons :

$$
\begin{aligned}
I &= \int_0^{+\infty} \frac{(1-e^{-t})^2}{e^{2t}-1} \, dt \\
&= \int_1^{+\infty} \frac{1}{x} \frac{(1-x^{-1})^2}{x^2-1} \, dx \\
&= \int_1^{+\infty} \frac{(x-1)}{x^3(x+1)} \, dx \\
&= \int_1^{+\infty} \left(\frac{-2x^2+2x-1}{x^3} + \frac{2}{x+1} \right) dx \\
&= \int_1^{+\infty} \left(-\frac{2}{x} + \frac{2}{x^2} - \frac{1}{x^3} + \frac{2}{x+1} \right) dx \\
&= \left[-2\log|x| + 2\log|x+1| - \frac{2}{x} + \frac{1}{2x^2} \right]_0^{+\infty} \\
&= \left[2\log\frac{x+1}{x} - \frac{2}{x} + \frac{1}{2x^2} \right]_1^{+\infty} = -(2\log 2 - 2 + \frac{1}{2}) = \frac{3}{2} - \log 4 .
\end{aligned}
$$

Exercice 7.28. *Établir pour quel valeurs du paramètre réel α le suivant intégral impropre converge*

$$
\int_0^{+\infty} \frac{(e^{\alpha x}-1)x}{\sqrt[3]{x}(x^3+x^2)^{1-\alpha}} .
$$

Rèsolution. Si $\alpha = 0$ la fonction integrand $f(x)$ elle est nulle donc intégrable. Si $\alpha \neq 0$ et $x \to 0^+$, on a que $f(x) \sim \dfrac{\alpha x^2}{\sqrt[3]{x}(x2)^{1-\alpha}} = \dfrac{\alpha}{x^{\frac{1}{3}-2\alpha}}$.
Donc $f(x)$ elle est intégrable autour en un autour de l'origine si $\alpha > -\dfrac{1}{3}$.
Si $x \to +\infty$, on a que : si $\alpha > 0$ $f(x)$ c'est un infini, donc pas intégrable, pendant que si $\alpha < 0$ $f(x)$ c'est une partie infinitésimal d'ordre supérieur par le deuxième, donc intégrable.
Alors l'intégrale il converge si $-\dfrac{1}{3} < \alpha < 0$.

Exercice 7.29. *(a) Étudier, au changer du paramètre réel β, la convergence du suivant intégral impropre :*

$$
\int_0^{+\infty} x^2 e^{-x^\beta} \, dx.
$$

(b) Calculer l'intégrale pour la valeur $\beta = 1$.

Rèsolution. (a) Nous remarquons préalablement que la fonction integrand est continue et positive sur le domaine d'intégration $(0, +\infty)$. En outre, elle ne présente pas de singularité pour $x \to 0^+$. Nous pouvons donc appliquer le critère de la comparaison asymptotique, et il est suffisant d'étudier le comportement de la fonction integrand pour $x \to +\infty$. Pour $\beta > 0$ et pour chaque $x > 0$ assez grand on voit aisément que

$$x^2 e^{-x^\beta} \leq \frac{1}{x^2},$$

et par conséquence l'intégrale converge pour le critère de la comparaison. Pour $\beta \leq 0$, nous avons par contre que

$$\lim_{x \to \infty} x^2 e^{-x^\beta} = +\infty,$$

et donc l'intégrale résulte divergente. En résumant, telle intégrale converge si et seulement si $\beta > 0$.

(b) En réitérant deux fois une intégration pour parties, on voit aisément que

$$\int x^2 e^{-x} dx = e^{-x}(-x^2 - 2x - 2) + c,$$

de lequel nous avons

$$\int_0^{+\infty} x^2 e^{-x} dx = \lim_{M \to +\infty} \int_0^M x^2 e^{-x} dx$$

$$= \lim_{M \to +\infty} \left[e^{-x}(-x^2 - 2x - 2) \right]_0^M$$

$$= 2 - \lim_{M \to +\infty} e^{-M}(M^2 + 2M) = 2.$$

Exercice 7.30. *Dire si la fonction*

$$g(x) = x \left(\int_0^x e^{-t^2} dx - \frac{\sqrt{\pi}}{2} \right)$$

elle admet asymptote pour $x \to +\infty$. Utilisez le fait que

$$\int_0^{+\infty} e^{-t^2} dt = \frac{\sqrt{\pi}}{2}.$$

Rèsolution. En utilisant la formule de de l'Hospital on a

$$\lim_{x \to +\infty} g(x) = \lim_{x \to +\infty} = \frac{\int_0^x e^{-t^2} dx - \frac{\sqrt{\pi}}{2}}{\frac{1}{x}}$$

$$= \lim_{x \to +\infty} \frac{e^{-x^2}}{-\frac{1}{x^2}} = -\lim_{x \to +\infty} \frac{x^2}{e^{x^2}} = 0.$$

En conséquence la ligne droite $y = 0$ elle est asymptote horizontal pour $x \to +\infty$.

Exercice 7.31. *Dire pour quel valeurs du paramètre $\alpha > 0$ l'intégrale impropre converge*

$$\int_0^1 \frac{x^2 - \log[(1 + \sin x)^x]}{x^\alpha}\, dx\,.$$

Rèsolution. Soit

$$f(x) = x^2 - \log[(1 + \sin x)^x]\,, \quad \forall\, x \in [0,1]\,.$$

Nous avons que

$$f(x) = x^2 - x \log(1 + \sin x)\,, \quad \forall\, x \in [0,1]\,.$$

Nous écrivons la formule de Taylor pour$f$ avec centre x_0. On a

$$f(x) = x^2 - x \log(1 + x + o(x^2))$$

$$= x^2 - x \left[x + o(x^2) - \frac{1}{2}(x + o(x^2))^2 \right]$$

$$= \frac{1}{2}x^3 + o(x^3) \ \text{ per } x \to 0^+\,.$$

Il s'ensuit qu'il existe $\delta > 0$ tel que

$$f(x) > 0 \quad \forall\, x \in (0, \delta)\,.$$

Car

$$\int_0^1 \frac{f(x)}{x^\alpha}\, dx = \int_0^\delta \frac{f(x)}{x^\alpha}\, dx + \int_\delta^1 \frac{f(x)}{x^\alpha}\, dx$$

et la fonction $x \mapsto g(x) := \frac{f(x)}{x^\alpha}$ elle est continue en $(0,1]$, l'intégrale impropre

$$\int_0^1 g(x)\, dx$$

ilconverge si et seulement si l'integrale impropre il onverge

$$\int_0^\delta \frac{f(x)}{x^\alpha}\, dx\,.$$

Car g elle est positive en $(0, \delta]$, nous pouvons appliquer le critère de la comparaison asymptotique. Nous avons

$$\lim_{x \to 0^+} \frac{g(x)}{\frac{1}{x^{\alpha-3}}} = \lim_{x \to 0^+} \frac{\frac{x^3}{2} + o(x^3)}{x^\alpha} x^{\alpha-3} = \frac{1}{2}\,.$$

Vu que

$$\int_0^\delta \frac{1}{x^{\alpha-3}} dx$$

il converge pour $\alpha < 4$, l'intégrale $\int_0^1 g(x)dx$ converge pour $\alpha < 4$.

Exercice 7.32. *Étudier la convergence du suivant intégral impropre*

$$\int_0^{+\infty} \frac{1 - \cos x}{x^2 \log(1 + \sqrt{x})} dx.$$

Rèsolution. nous Remarquons que la fonction integrand f elle est continue et pas négative en $(0, +\infty)$. Nous écrivons

$$\int_0^{+\infty} f(x)dx = \int_0^1 f(x)dx + \int_1^{+\infty} f(x)dx,$$

et nous étudions les deux intégrales séparément au deuxième membre. Car, pour $x \to 0^+$,

$$1 - \cos x \sim \frac{1}{2}x^2, \quad \log(1 + \sqrt{x}) \sim \sqrt{x},$$

nous déduisons que

$$\lim_{x\to 0^+} \frac{f(x)}{\frac{1}{\sqrt{x}}} = \frac{1}{2}.$$

En conséquence, grâce à le critère de la comparaison asymptotique, l'intégrale impropre $\int_0^1 f(x)dx$ il converge.
Nous observons que

$$1 - \cos x \leq 2 \quad \text{et} \quad \log(1 + \sqrt{x}) \geq \log 2, \quad \forall x \geq 1.$$

En conséquence il vaut la majoration

$$f(x) \leq \frac{2}{x^2 \log 2}, \quad \forall x \geq 1.$$

Donc, pour le critère de la comparaison, l'intègrale impropre $\int_1^{+\infty} f(x)dx$ il converge.

Il s'ensuit que l'intégrale impropre $\int_0^{+\infty} f(x)dx$ il converge.

Chapitre 8

Géométrie Analytique dans l'Espace

Prérequis théoriques

◊ Géométrie élémentaire euclidienne.

◊ Vecteurs dans le plan et l'espace.

◊ Produit scalaire, vectorielle et mixte entre vecteurs.

◊ Équations des lignes droites et des plans dans l'espace euclidien.

◊ Position réciproque entre lignes droites et plans.

◊ Distance point-droite et point-plan.

◊ Équation de la sphère dans l'espace.

Exercice 8.1. *Ils soient donnés les deux vecteurs de* $\mathbb{R}^3$

$$\vec{u} = (1, 2, 3), \quad \vec{v} = (-1, 5, 3).$$

Calculer : le module des vecteurs, le produit scalaire $\vec{u} \cdot \vec{v}$, *la projection orthogonale de* $\vec{u}$ *le long de* $\vec{v}$ *et le produit vectoriel* $\vec{u} \times \vec{v}$.

Rèsolution. On a

$$\|\vec{u}\| = \sqrt{1^2 + 2^2 + 3^2} = \sqrt{14}, \quad \|\vec{v}\| = \sqrt{35}.$$

En outre

$$\vec{u} \cdot \vec{v} = (1)(-1) + (2)(5) + (3)(3) = -1 + 10 + 9 = 18.$$

En particulier la projection orthogonale de u le long de v est donnée par

$$\vec{u}_{\vec{v}} = \left(\frac{\vec{u} \cdot \vec{v}}{\|\vec{v}\|^2}\right)\vec{v} = \frac{18}{35}(-1, 5, 3) = \left(-\frac{18}{35}, \frac{18}{7}, \frac{64}{35}\right).$$

Enfin

$$\vec{u} \times \vec{v} = \begin{vmatrix} \vec{i} & \vec{j} & \vec{k} \\ 1 & 2 & 3 \\ -1 & 5 & 3 \end{vmatrix}$$

$$= \begin{vmatrix} 2 & 3 \\ 5 & 3 \end{vmatrix} \vec{i} - \begin{vmatrix} 1 & 3 \\ -1 & 3 \end{vmatrix} \vec{j} + \begin{vmatrix} 1 & 2 \\ -1 & 5 \end{vmatrix} \vec{k}$$

$$= (-9, -6, 7).$$

Exercice 8.2. *Ils soient donnés les trois vecteurs de $\mathbb{R}^3$*

$$\vec{u} = (\alpha, 1, 2), \quad \vec{v} = (-2, 3, 1), \quad \vec{w} = (1, 2, -1), \quad \alpha \in \mathbb{R}.$$

Calculer le produit mixte $\vec{u} \cdot (\vec{v} \times \vec{w})$. Pour quelle valeur de $\alpha \in \mathbb{R}$ les trois vecteurs sont coplanaires ? Pour quelle valeur de $\alpha \in \mathbb{R}$ la triade $(\vec{u}, \vec{v}, \vec{w})$ elle est une triade à droite ?

Rèsolution. Vous avez

$$\vec{v} \times \vec{w} = \begin{vmatrix} \vec{i} & \vec{j} & \vec{k} \\ -2 & 3 & 1 \\ 1 & 2 & -1 \end{vmatrix}$$

$$= \begin{vmatrix} 3 & 1 \\ 2 & -1 \end{vmatrix} \vec{i} - \begin{vmatrix} -2 & 1 \\ 1 & -1 \end{vmatrix} \vec{j} + \begin{vmatrix} -2 & 3 \\ 1 & 2 \end{vmatrix} \vec{k}$$

$$= (-5, -1, -7).$$

Il suit que
$$\vec{u} \cdot \vec{v} \times \vec{w} = -5\alpha - 1 - 14 = -5\alpha - 15.$$

Les trois vecteurs sont coplanaires si et seulement si

$$\vec{u} \cdot \vec{v} \times \vec{w} = 0 \quad \Longleftrightarrow \quad \alpha = -3.$$

La triade $(\vec{u}, \vec{v}, \vec{w})$ elle est droitière si et seulement si

$$\vec{u} \cdot \vec{v} \times \vec{w} > 0 \quad \Longleftrightarrow \quad \alpha < -3.$$

Exercice 8.3. *Ils soient donnés les trois points en* $\mathbb{R}^3$

$$A = (1, 4, -2), \quad B = (2, 3, -2), \quad C = (1, 5, 1).$$

*Vérifiez que les trois points ne sont pas alignés; trouvez l'équation car-
tésienne du plan π qu'il les contient; écrivez les composantes de tous les
vecteurs orthogonaux au plan π.*

Rèsolution. Si ha

$$\vec{u} := \overrightarrow{AB} = (x_B - x_A, y_B - y_A, z_B - z_A) = (1, -1, 0),$$

$$\vec{v} := \overrightarrow{AC} = (x_C - x_A, y_C - y_A, z_C - z_A) = (0, 1, 3).$$

Les vecteurs $\vec{u}$ et $\vec{v}$ ne sont pas parallèles car ils ne sont pas proportionnels, donc les trois points A, B, C ils ne sont pas alignés. Pour écrire
l'équation du plan π passant pour les trois points il suffit de calculer un
vecteur normale $\vec{n}$ al piano *pi*. On a

$$\vec{n} := \vec{u} \times \vec{v} = \begin{vmatrix} \vec{i} & \vec{j} & \vec{k} \\ 1 & -1 & 0 \\ 0 & 1 & 3 \end{vmatrix}$$

$$= \begin{vmatrix} -1 & 0 \\ 1 & 3 \end{vmatrix} \vec{i} - \begin{vmatrix} 1 & 0 \\ 0 & 3 \end{vmatrix} \vec{j} + \begin{vmatrix} 1 & -1 \\ 0 & 1 \end{vmatrix} \vec{k}$$

$$= (-3, -3, 1).$$

L'équation cartésienne du plan générique π passant par A et avec direction normale $\vec{n}$ elle est donnée de

$$\pi : \quad x_n (x - x_A) + y_n (y - y_A) + z_n (z - z_A) = 0.$$

En remplaçant nous obtenons

$$\pi : \quad -3x - 3y + z + 17 = 0.$$

Enfin, les vecteurs orthogonaux au plan π sont tous et seulement les
vecteurs parallèles (proportionnels) à $\vec{n}$, c'est-à-dire du type

$$(-3\lambda, -3\lambda, 1), \quad \lambda \in \mathbb{R}.$$

Exercice 8.4. *Écrire les équations paramétriques des lignes droites :*

a) r_1 *passant par les points* $P_0 = (2, 1, 0)$ *et* $P_1 = (1, 4, -1)$;

b) r_2 *passant par le point* $(1, 2, 3)$ *et ayant un vecteur directionnel* $\vec{v} = (1, 0, -3)$;

c) r_3 *intersection des plans* $\pi_1 : x + 2y - z - 1 = 0$ *et* $\pi_2 : 2x - 3y + z = 0$;

d) r_4 *passant par* $(1, 2, 0)$ *et parallèle à la ligne droite* r_2.

Rèsolution. *a*) La ligne droite r_1 il a comme vecteur directionnel

$$\overrightarrow{P_0P_1} = (-1, 3, -1).$$

elle a équations paramétriques donc

$$\begin{cases} x = 2 - t \\ y = 1 + 3t \qquad (t \in \mathbb{R}). \\ z = -t \end{cases}$$

b) La ligne droite r_2 elle à équations paramétriques

$$\begin{cases} x = 1 + t \\ y = 2 \qquad (t \in \mathbb{R}). \\ z = 3 - 3t \end{cases}$$

c) Nous résolvons le système

$$\begin{cases} x + 2y - z - 1 = 0 \\ 2x - 3y + z = 0 \end{cases}.$$

En mettant $z = t$ on il obtient

$$\begin{cases} x = \frac{3}{7} + \frac{9}{7}t \\ y = \frac{2}{7} - \frac{1}{7}t \qquad (t \in \mathbb{R}). \\ z = t \end{cases}$$

d) La ligne droite r_4 elle a comme vecteur directionnel un n'importe quel multiple de $\underline{v}$. Donc

$$\begin{cases} x = 1 + t \\ y = 2 \qquad (t \in \mathbb{R}). \\ z = -3t \end{cases}$$

Exercice 8.5. *Écrire l'équation cartésienne des suivants plans :*

a) π_1 *passant par les points* $P_0 = (2, 1, -1)$ *orthogonale au vecteur* $\overrightarrow{n} = (3, 0, -2)$;

b) π_2 *passant par les points* $P_1 = (1, 0, -1), P_2 = (0, 2, 0), P_3 = (0, 0, 3)$;

c) π_3 *qu'elle contient les lignes droites*

$$r_1 : \begin{cases} x = 2t \\ y = 3t + 1 \\ z = -t + 3 \end{cases} , \quad r_2 : \begin{cases} x = s \\ y = 4s + 1 \\ z = -s + 3 \end{cases} .$$

d) π_4 *passant par* $P_4 = (0, 1, 2)$ *et parallèle au plan* π_1.

Rèsolution. a) Soit $P = (x, y, z)$ un point générique de $\mathbb{R}^3$. Le plan π_1 il est identifié par l'équation

$$\langle \overrightarrow{P_0 P}, \overrightarrow{n} \rangle = 0,$$

donc

$$3x - 2z - 8 = 0.$$

b) Le plan π_2 il est orthogonal au vecteur.

$$\overrightarrow{u} = \overrightarrow{P_1 P_2} \times \overrightarrow{P_1 P_3} = (8, 3, 2).$$

Il a équation donc

$$\langle \overrightarrow{P_1 P}, \overrightarrow{u} \rangle = 0,$$

c'est-à-dire

$$8x + 3y + 2z - 6 = 0.$$

c) Nous observons que $r_1 \cap r_2 = \{P_5\}$, où $P_5 = (0, 1, 3)$. Les vecteurs directionnels des lignes droites r_1 et r_2 ils sont respectivement $\overrightarrow{v} = (2, 3, -1)$ et $\overrightarrow{w} = (1, 4, -1)$. En conséquence le plan π_4 il passe par P_5 et il est orthogonale à $\overrightarrow{N} = \overrightarrow{v} \times \overrightarrow{w} = (1, 1, 5)$. Il a équation donc

$$\langle \overrightarrow{P_5 P}, \overrightarrow{N} \rangle = 0,$$

donc[2]

$$x + y + 5z - 16 = 0.$$

d) Le plan π_4, en étant parallèle à π_1, il est orthogonale à un n'importe quel multiple de $\overrightarrow{n}$. Comme il passe par P_4, il a équation

$$\langle \overrightarrow{P_4 P}, \overrightarrow{n} \rangle = 0,$$

en conséquence

$$3x - 2z + 4 = 0.$$

Exercice 8.6. *Soit r la ligne droite d'équations cartésiennes*

$$3x = y - 1 = -z.$$

Déterminer

     a) le plan π_1 qu'il contient r et le point $P = \left(\frac{1}{3}, 0, 1\right)$;

     b) le plan π_2 qu'il contient r et il est orthogonale au plan $x + 4z = 0$.

Rèsolution. a) Nous écrivons le faisceau de plans avec le soutien r :

$$\pi_{\mu,\lambda} : \mu(3x - y + 1) + \lambda(y - 1 + 2z) = 0 \quad (\mu, \lambda \in \mathbb{R}).$$

En imposant $P \in \pi_1$ on trouve que $\lambda = -2\mu$. Donc π_1 il a équation cartésienne

$$3x - 3y - 4z + 3 = 0.$$

b) Le plan $x + 4z = 0$ il est orthogonal au vecteur $\overrightarrow{w} = (1, 0, 4)$. Nous remarquons que $\overrightarrow{v} = (4, 0, -1)$ il est orthogonal à $\overrightarrow{w}$. De plus,

$$\pi_{\mu,\lambda} : 3\mu x + (\lambda - \mu)y + 2\lambda z + \mu - \lambda = 0.$$

Donc, pour trouver π_2 il suffit d'imposer que le plan générique du faisceau $\pi_{\mu,\lambda}$ ait comme paramètre de dispposition les composants de $\overrightarrow{v}$. Si nous imposons cette condition, nous trouvons $\mu = \frac{4}{3}, \lambda = -\frac{1}{2}$. Donc

$$\pi_2 : 4x - \frac{11}{6}y - z + \frac{11}{6} = 0.$$

Exercice 8.7. *Déterminer la distance de $P = (0, 0, 1)$ par rapport au plan*

$$x - 2y + z - 2 = 0.$$

En outre, déterminez la distance de $Q = (1, 0, 2)$ par rapport à la ligne droite

$$r : \begin{cases} x = t + 2 \\ y = -t \\ z = 2t - 5. \end{cases}$$

Rèsolution. En appliquant la formule qui fournit la distance point-plan on obtient immédiatement

$$\operatorname{dist}(P, \pi) = \frac{1}{\sqrt{6}}.$$

Nous choisissons deux points $A, B \in r$. Nous prenons $A = (2, 0, -5), B = (3, -1, -3)$. Donc $\overrightarrow{AB} = (1, -1, 2), \|\overrightarrow{AB}\| = \sqrt{6}$. Nous avons

$$\overrightarrow{AQ} \times \overrightarrow{AB} = (7, 9, 1).$$

En conséquence

$$\text{dist}(Q, r) = \frac{\|\overrightarrow{AQ} \times \overrightarrow{AB}\|}{\|\overrightarrow{AB}\|} = \sqrt{\frac{131}{6}}.$$

Exercice 8.8. *Établir si les lignes droites*

$$r_1 : \begin{cases} x = 4 + t \\ y = -2 - t \\ z = 2 \end{cases} , \quad r_2 : \begin{cases} x = 1 + 2s \\ y = 1 + s \\ z = 2 + 3s \end{cases}$$

sont complanaires.

Rèsolution. Le vecteur directionnel de r_1 il est $\overrightarrow{v}_1 = (1, -1, 0)$, ce de r_2 il est $\overrightarrow{v}_2 = (2, 1, 3)$. Puisque $\overrightarrow{v_1}$ et $\overrightarrow{v_2}$ ne sont pas parallèles, les lignes droites r_1 et r_2 ne le sont pas non plus. Par conséquent les lignes droites r_1 et r_2 elles sont complanaires si et seulement si elles sont incidents. Nous remarquons que $r_1 \cap r_2 = \{(1, 1, 2)\}, (t = -3, s = 0)$ donc les lignes droites r_1 et r_2 elles sont complanaires.

Exercice 8.9. *Établir la position réciproque entre la sphère d'équation*

$$x^2 + y^2 + z^2 + 2x + 4y - 6z = 0$$

et le plan

$$\pi : x - 2z = 0.$$

Rèsolution. La sphère a centre dans le point $C = (-1, -2, 3)$ et rayon $R = \sqrt{14}$. grâce à la formule de la distance point-plan nous trouvons que

$$\text{dist}(C, \pi) = \frac{7}{\sqrt{5}}.$$

Car $\text{dist}(C, \pi) = \frac{7}{\sqrt{5}} < \sqrt{14} = R$, le plan π est sécante la sphère.

***Exercice* 8.10.**   *1. Établir la position réciproque des lignes droites*

$$r_1 : \begin{cases} x = 1 + t \\ y = 2 - t \\ z = 1 - 2t \end{cases} , \quad r_2 : \begin{cases} x + 4y + 2z - 1 = 0 \\ 2x - y + z + 4 = 0 . \end{cases}$$

2. *Ils soient* Φ_1 *et* Φ_2 *les faisceaux de plans qu'ils ont pour le soutien respectivement les lignes droites* r_1 *ed* r_2. *Établir s'il existe un plan qui appartient aux deux faisceaux* Φ_1 *et* Φ_2.

3. *Établir si le plan* $\pi : x + y + z + 1 = 0$ *il appartient au faisceau* Φ_2.

Rèsolution. Le vecteur directionnel de r_1 il est $(1, -1, -2)$. On voit que ce de r_2 il est $(2, 1, -3)$. En ayant vecteurs directionnels pas proportionnels, les deux lignes droites r_1 ed r_2 elles ne sont pas parallèles. En coupant r_1 ed r_2, on parvient au système

$$\begin{cases} 1 + t + 4(2 - t) + 2(1 - 2t) - 1 = 0 \\ 2(1 + t) - 2 + t + 1 - 2t + 4 = 0 \end{cases}$$

c'est-à-dire

$$\begin{cases} 7t - 10 = 0 \\ t + 5 = 0 . \end{cases}$$

Car tel système est incompatible évidemment, les deux lignes droites r_1 ed r_2 elles ne sont pas incidents. Par conséquence, les deux lignes droites qui en ne sont pas parallèles ni incidents r_1 et r_2 elles sont gauches. Si les deux faisceaux Φ_1 et Φ_2 ils possédassent un plan en commune, alors tel plan contiendrait les soutiens des deux les faisceaux et donc les lignes droites r_1 et r_2 elles devraient être complanaires. Cependant, comme il a été montré dans le point précédent, les deux lignes droites r_1 et r_2 elles sont gauches et elles ne peuvent pas donc être complanaires. Par conséquence, $\Phi_1 \cap \Phi_2 = \emptyset$.
Nous considérons, par exemple, le point $P = (0, 0, -1)$ qu'il appartient au plan π, mais pas à la ligne droite r_2. Soit π' le plan appartenant au faisceau Φ_2 passant pour P. Car l'équation de Φ_2 elle est

$$\lambda(x + 4y + 2z - 1) + \mu(2x - y + z + 4) = 0 ,$$

en imposant le passage pour P, on obtient $-3\lambda + 3\mu = 0$, c'est-à-dire $\lambda = \mu$. Donc, $\pi' : 3x + 3y + 3z + 3 = 0$, c'est-à-dire $\pi' : x + y + z + 1 = 0$. Par conséquence, $\pi' = \pi$ et donc $\pi \in \Phi_2$.

Exercice 8.11. *Soit r la ligne droite représentée par les équations paramétriques*

$$\begin{cases} x = 1 + 2t \\ y = 3 + t \\ z = 2t \end{cases}$$

et soit π le plan parallèle à r qu'il passe par les points $A = (2, 1, -1)$ et $B = (1, 3, 1)$.

1. *Déterminer une équation du plan π.*

2. *Déterminer les points P de la ligne droite r pour qui le triangle APB il est rectangle en P.*

Rèsolution. Dans le faisceau d'étages qu'il a pour soutien la ligne droite AB, nous cherchons celui qui est parallèle à r. La ligne droite AB elle est représentée par les équations paramétriques

$$\begin{cases} x = 2 - t \\ y = 1 + 2t \\ z = -1 + 2t \end{cases} .$$

En obtenant t de la première équation et en remplaçant les deux autres, on obtient les équations $2x + y - 5 = 0$ et $2x + z - 3 = 0$, qui représentent deux plans contenant la ligne droite AB. Le faisceau des plans qui contiennent la ligne droite AB alors il est représenté par l'équation $2x + y - 5 + k(2x + z - 3) = 0$, équivalent à

$$(2 + 2k)x + y + kz - 5 - 3k = 0.$$

en réalité, cette représentation exclut le plan de l'équation $2x + z - 3 = 0$, que cependant il n'est pas parallèle à la ligne droite r et ce n'est pas le plan cherché par conséquence. Le plan générique du faisceau est parallèle à la ligne droite r si et seulement si le vecteur $\overrightarrow{n} = (2 + 2k, 1, k)$ — orthogonal à celui — il est orthogonal au vecteur $\overrightarrow{v} = (2, 1, 2)$ — qu'il est parallèle à r — et cela se produit si et seulement si $\overrightarrow{n} \cdot \overrightarrow{v} = 0$, c'est-à-dire si et seulement si $4 + 4k + 1 + 2k = 0$, c'est-à-dire si et seulement si $k = -\frac{5}{6}$. En remplaçant telle valeur de k dans l'équation du faisceau et en simplifiant, on obtient l'équation

$$2x + 6y - 5z - 15 = 0,$$

représentant le plan π.

Soit $P = (1 + 2t, 3 + t, 2t)$ le point générique de la ligne droite r. Le triangle APB il est rectangle en P si et seulement si les vecteurs $\overrightarrow{AP}$ et $\overrightarrow{BP}$ si ils sont orthogonaux, c'est-à-dire si et seulement si leur produit scalaire est nul. Puisqu'il en résulte $\overrightarrow{AP} = (1+2t, 3+t, 2t) - (2, 1, -1) = (2t - 1, t + 2, 2t + 1)$ et $\overrightarrow{BP} = (1+2t, 3+t, 2t) - (1, 3, 1) = (2t, t, 2t - 1)$, nous avons que $\overrightarrow{AP} \cdot \overrightarrow{BP} = 9t^2 - 1$, pour lequel le produit scalaire $\overrightarrow{AP} \cdot \overrightarrow{BP}$ il s'annule et seulement si $t = 1/3$ ou $t = -1/3$. Ces deux valeurs du paramètre t ils correspondent aux deux-points respectivement

$$P_1 = \left(\frac{5}{3}, \frac{10}{3}, \frac{2}{3} \right) \qquad \text{et} \qquad P_2 = \left(\frac{1}{3}, \frac{8}{3}, -\frac{2}{3} \right),$$

que ce sont les point cherchés.

Exercice 8.12. *Soit r la ligne droite représentée par les équations*

$$\begin{cases} x + y + z = 1 \\ x - y - z = 0 \end{cases}$$

et soit π le plan parallèle à r qu'il passe par les points

$$A = (0, 0, 0), \quad B = (1, 1, 1).$$

1. *Déterminer une équation du plan π.*

2. *Déterminer les points situés sur la ligne droite r et éloignés 1 du point A.*

Rèsolution. Sous forme paramétrique, la ligne droite r elle est définie par :

$$\begin{cases} x = \frac{1}{2} \\ y = \frac{1}{2} - t \\ z = t \end{cases}$$

Le plan π a équation :

$$ax + by + cz + d = 0.$$

En imposant le passage par A et B on obtient :

$$ax + by + (-a - b)z = 0.$$

Ensuite, en imposant la condition de perpendicularité entre les paramètres directeurs de r et les coefficients de π on obtient :

$$0a + (-1)b + 1(-a - b) = 0 \quad \Rightarrow \quad a = -2b\,.$$

Donc

$$-2bx + by + bz = 0 \quad \Rightarrow \quad 2x - y - z = 0\,.$$

En coupant la sphère $x^2 + y^2 + z^2 = 1$ avec les équations paramétriques
de la ligne droite on obtient :

$$\frac{1}{4} + \left(\frac{1}{2} - t\right)^2 + t^2 - 1 = 0,$$

dont

$$t = \frac{1 \pm \sqrt{5}}{4}\,.$$

Les points sont donc les suivants

$$P_1 = \left(\frac{1}{2}, \frac{1 + \sqrt{5}}{4}, \frac{1 - \sqrt{5}}{4}\right)\,, \qquad P_2 = \left(\frac{1}{2}, \frac{1 - \sqrt{5}}{4}, \frac{1 + \sqrt{5}}{4}\right)\,.$$

Exercice 8.13. *Dans l'espace $\mathbb{R}^3$, soit r la ligne droite passant par $A = (1, 0, 2)$ et $B = (3, 4, 1)$ et soit s la ligne droite intersection des plans $x - 2y - 1 = 0$ et $y + z = 0$.*

(a) *Établir si r et s elles sont incidents, parallèles ou gauches.*

(b) *Soit $\mathcal{P}_\lambda$ la famille de plans d'équation $x - 2y - 1 + \lambda(y + z) = 0$, $\lambda \in \mathbb{R}$. Déterminer le plan $\mathcal{P}_\lambda$ parallèle à la ligne droite r.*

(c) *Calculer la distance entre les lignes droites r et s.*

Rèsolution. (a) Les équations paramétriques de r et de s elles sont

$$r : \begin{cases} x = 1 + 2t \\ y = 4t \\ z = 2 - t \end{cases} \qquad s : \begin{cases} x = -2t' + 1 \\ y = t' \\ z = -t'\,. \end{cases}$$

Les lignes droites sont gauches.

(b) Les plans ont un vecteur normal $\overrightarrow{n} = (1, -2 + \lambda, \lambda)$. En imposant
que

$$\overrightarrow{n} \cdot (2, 4, -1) = 0\,,$$

on trouve $\lambda = 2$. Le plan du faisceau parallèle à r il a équation $x+2z-1 = 0$

c) La distance entre les deux lignes droites peut être calculée en choisissant n'importe quel point $P \in r$ et en calculant la distance de P à partir de π. Donc

$$\text{dist}(r, s) = \text{dist}(A, \pi) = \frac{4}{\sqrt{5}}.$$

Exercice 8.14. *Dans l'espace rapporté à un système cartésien $Oxyz$, soit $P = (-1, 2, 3)$ et soit r la ligne droite qu'on obtient en coupant les deux plans représentés par les équations $-x + 2y + 3z + 1 = 0$ et $x + y + z = 0$.*

   (i) Écrire une équation cartésienne du plan orthogonal à r qui passe par P ;

   (ii) déterminer les coordonnées du point P', symétrique de P par rapport à r.

Rèsolution. (*i*) Un vecteur directionnel de la ligne droite peut être obtenu en calculant le produit vectoriel des vecteurs $(-1, 2, 3)$ et $(1, 1, 1)$ (orthogonaux aux deux plans) ou en écrivant la ligne sous forme paramétrique. Suivons cette deuxième voie. En résolvant le système

$$\begin{cases} -x + 2y + 3z + 1 = 0 \\ x + y + z = 0 \end{cases}$$

par rapport à x et à y, on obtient

$$\begin{cases} x = \frac{z+1}{3} \\ y = \frac{-4z-1}{3} \end{cases}$$

Une représentation paramétrique de la ligne droite r elle est donc la suivante :

$$\begin{cases} x = \frac{1}{3} + \frac{1}{3}t \\ y = -\frac{1}{3} - \frac{4}{3}t \\ z = t \end{cases} .$$

Les vecteurs directionnels de la ligne droite r ils sont donc tous et seulement les vecteurs parallèles pas nuls au vecteur $(1/3, -4/3, 1)$. Nous choisissons par exemple comme vecteur directionnel r le vecteur $v = (1, -4, 3)$. Le plan recherché passe par le point $P = (-1, 2, 3)$ et il est orthogonal au vecteur $\overrightarrow{v}$, il a donc équation $x+1-4(y-2)+3(z-3) = 0$, c'est-à-dire $x - 4y + 3z = 0$.

(*ii*) Le point cherché est le symétrique du point P par rapport au point d'intersection entre la droite r et le plan trouvé aux points ii). En coupant la ligne droite r avec tel étage on obtient l'équation

$$\frac{1+t}{3} - 4\frac{-1-4t}{3} + 3t = 0 \,,$$

de lequel on obtient le valeur $t = -\dfrac{5}{26}$, qu'il correspond au point $Q = \left(\dfrac{7}{26}, -\dfrac{1}{13}, -\dfrac{5}{26}\right)$ de la ligne droite r. Car le point Q c'est le point moyen entre les points P et P', en admettant $P' = (x, y, z)$, il résulte

$$\left(\frac{7}{26}, -\frac{1}{13}, -\frac{5}{26}\right) = \left(\frac{x-1}{2}, \frac{y+2}{2}, \frac{z+3}{2}\right) \,,$$

de lequel on obtient

$$P' = \left(\frac{20}{13}, -\frac{28}{13}, -\frac{44}{13}\right) \,.$$

Exercice 8.15. *Dans l'espace rapporté à un système cartésien Oxyz, soit r la ligne droite représentée par les équations*

$$\begin{cases} x = 2 - 3t \\ y = 1 + t \\ z = -1 + t \end{cases}$$

et soit s la ligne droite qui obtient en coupant les deux plans représentés par les équations $x - z = 1$ et $x + y - 2z - 3 = 0$.

(*i*) *Représenter en forme paramétrique la ligne droite s.*

(*ii*) *Déterminer l'intersection des lignes droites r et s.*

(*iii*) *Écrire une équation cartésienne du plan qui contient r et s.*

Rèsolution. (*i*) Il suffit de mettre $z = t$ et résoudre respect à x et y pour obtenir la suivante représentation paramétrique de la ligne droite s :

$$\begin{cases} x = 1 + t \\ y = 2 + t \\ z = t \,. \end{cases}$$

(*ii*) Il faut vérifier que r et s ils ont un et un point seul en commune. La recherche de points communs aux lignes droites r et s il équivaut à la recherche des couples de valeurs h et k du paramètre t qui remplacées dans les représentations de r et s ils donnent un même point, c'est-à-dire à la recherche des couples h et k tels que $2 - 3h = 1 + k$, $1 + h = 2 + k$, $-1 + h = k$. On obtient aisément la seule solution $h = \dfrac{1}{2}$, $k = -\dfrac{1}{2}$, valeurs correspondantes au point commun unique

$$P_0 = \left(\frac{1}{2}, \frac{3}{2}, -\frac{1}{2} \right).$$

(iii) Soit π le plan qui contient les lignes droites r et s. Une manière pour trouver une équation de π est de déterminer un vecteur $\overrightarrow{n}$ orthogonal à π — en calculant le produit vectoriel de deux vecteurs directionnels de r et s — et de puis écrire l'équation de l'étage orthogonal à $\overrightarrow{n}$ qu'il passe pour le point commun P_0 trouvé précédemment. Un vecteur directionnel de r c'est le vecteur $\overrightarrow{v} = (-3, 1, 1)$, pendant qu'un lanceur directionnel de s c'erst le vecteur $\overrightarrow{w} = (1, 1, 1)$. Alors nous mettons $\overrightarrow{n} = \overrightarrow{v} \times \overrightarrow{w} = (0, 4, -4)$. Une équation de π elle est donc

$$4\left(y - \frac{3}{2} \right) - 4\left(z + \frac{1}{2} \right) = 0 \,,$$

équivalent à

$$y - z - 2 = 0 \,.$$

Exercice 8.16. *Soit π le plan d'equation $x - 2y + z - 1 = 0$ et soit r la ligne droite représentée par le système*

$$\begin{cases} x - y + z = 1 \\ 2x + z = 4 \end{cases}$$

a) *Déterminer une représentation paramétrique de la ligne droite qu'on obtient en projetant orthogonalement r sur π.*

b) *Déterminer une représentation paramétrique de la ligne droite symétrique de r par rapport à π.*

Rèsolution. a) Il suffit de déterminer les projections orthogonales P', Q' sur le plan π de deux points P, Q de la ligne droite r et écrire les équations paramétriques de la ligne droite qui passe pour les deux-points trouvés.

D'abord, nous représentons paramétriquement la ligne droite r. En plaçant $x = t$ et en résolvant le système par rapport à y et z, vous obtenez facilement

$$\begin{cases} x = t \\ y = 3 - t \\ z = 4 - 2t \, . \end{cases}$$

Le point premier P il pourrait être le point d'intersection entre r et π, qu'il se projette sur si même, (il résulte donc $P' = P$). En remplaçant t, $3 - t$ et $4 - 2t$ à la place de x, y et z dans l'équation de π, vous obtenez l'équation

$$t - 2(3 - t) + 4 - 2t - 1 = 0 \, ,$$

qu'elle a comme solution $t = 3$, valeur qu'il correspond au point $P = (3, 0, -2)$. Le point Q il pourrait être le correspondant à la valeur $t = 0$, c'est-à-dire" le point $(0, 3, 4)$. Pour trouver Q' nous considérons la ligne droite p qui passe par Q orthogonal à π et nous la coupons avec π. Les équations paramétriques de p elles sont

$$\begin{cases} x = t \\ y = 3 - 2t \\ z = 4 + t \, . \end{cases}$$

En remplaçant dans l'équation de π on obtient $t - 2(3 - 2t) + 4 + t - 1 = 0$, qu'il a comme solution $t = \frac{1}{2}$, qu'il correspond au point

$$Q' = (\frac{1}{2}, 2, \frac{9}{2}).$$

La projection orthogonale de r su π c'est la ligne droite qui passe par P' et Q', c'est-à-dire la ligne droite

$$\begin{cases} x = 3 - \frac{5}{2}t \\ y = 2t \\ z = -2 + \frac{13}{2}t \, . \end{cases}$$

Solution alternative : dans le faisceau des plans contenant la ligne droite r, on cherche l'orthogonal à π et puis il se le coupe avec π.

b) Indiqué avec Q'' le symétrique de Q respect à π, nous remarquons que la ligne droite cherchée est la ligne droite qui passe par P et Q''. Nous mettons $Q'' = (\overline{x}, \overline{y}, \overline{z})$. Car Q' c'est le point moyen entre Q et Q'', il sera

$$\left(\frac{0 + \overline{x}}{2}, \frac{3 + \overline{y}}{2}, \frac{4 + \overline{z}}{2} \right) = \left(\frac{1}{2}, 2, \frac{9}{2} \right) .$$

de lequel on obtient $Q'' = (1, 1, 5)$. La ligne droite qu'elle passe par P et Q'' c'est donc la ligne droite

$$\begin{cases} x = 3 - 2t \\ y = t \\ z = -2 + 7t \,. \end{cases}$$

Exercice 8.17. *Dans l'espace euclidien* $\mathbb{R}^3$, *considérons les plans* $\mathcal{P}$ *et* $\mathcal{P}'$, *respectivement d'équations cartésiennes*

$$\mathcal{P}: \quad x - y - z - 1 = 0, \qquad\qquad \mathcal{P}': \quad 3x - y + z - 1 = 0$$

et le point $A = (0, 3, 4)$.

(a) Trouver un vecteur de direction de la ligne droite $\mathcal{P} \cap \mathcal{P}'$.

(b) Ecrire les équations paramétriques d'une ligne droite, si elle existe, passant par le point A *et étant parallèle à* $\mathcal{P}$ *et à* $\mathcal{P}'$.

Rèsolution. (*a*) Les deux plans ne sont pas parallèles. Un vecteur de direction de $\mathcal{P} \cap \mathcal{P}'$ c'est un n'importe quel multiple (pas nul) du produit vectoriel $\overrightarrow{w} \times \overrightarrow{w'}$, où $\overrightarrow{w}$ et $\overrightarrow{w'}$ ils sont vecteur de position de $\mathcal{P}$ et $\mathcal{P}'$ respectivement. Par exemple, un vecteur de direction de $\mathcal{P} \cap \mathcal{P}'$ c'est $(1, 2, -1)$.

(*b*) Une ligne droite unique existe, appelons-la r, qu'elle passe par le point A et qu'elle est parallèle soit à $\mathcal{P}$, soit à $\mathcal{P}'$. C'est la ligne droite passant précisément, par A et parallèle à la ligne droite $\mathcal{P} \cap \mathcal{P}'$. Équations paramétriques pour telle ligne droite r sont :

$$r: \begin{cases} x = t \\ y = 3 + 2t \\ z = 4 - t \end{cases} \qquad t \in \mathbb{R}\,.$$

Exercice 8.18. *Déterminer le paramètre réel* α *en manière que les deux lignes droites*

$$r: \begin{cases} x = 1 + 3t \\ y = 3 - t \\ z = 1 - 2t \end{cases} \qquad ed \qquad s: \begin{cases} x = 3 - u \\ y = \alpha + u \\ z = 1 + u \end{cases}$$

elles soient incidents dans un point P. *Pour les valeurs de* α *trouvés, déterminer l'équation du plan* π *contenant les lignes droites* r *et* s.

Rèsolution. Les vecteurs directeurs des lignes droites r et s ils sont respectivement $A = (3, -1, -2)$ et $B = (-1, 1, 1)$. Les deux lignes droites, donc, ne peuvent pas être jamais parallèles. On obtient Le point éventuel d'intersection du système

$$\begin{cases} 1 + 3t = 3 - u \\ 3 - t = \alpha + u \\ 1 - 2t = 1 + u \end{cases}$$

De la dernière équation on obtient $u = -2t$. En remplaçant dans la première équation, on a $3t = 2 + 2t$, ou $t = 2$. On a ensuite $u = -4$ et, de la deuxième équation, on il a $3 - 2 = \alpha - 4$, ou $\alpha = 5$. En conséquence, $\alpha = 5$, on a le point $P = r \cap s = (7, 1, -3)$.

Le plan π qu'il contient les lignes droites r et s il peut être vu comme le plan passant par le point P et ayant direction normale donnée par le vecteur $A \times B = (1, -1, 2)$. On a en conséquence,

$$\pi \ : \ 1 \cdot (x - 7) - 1 \cdot (y - 1) + 2 \cdot (z + 3) = 0$$

ou

$$\pi \ : \ x - y + 2z = 0.$$

Chapitre 9

Courbes

Prérequis théoriques

◊ Définitions de courbe, soutien, équations paramétriques.
◊ Courbes simples, fermées.
◊ Courbes régulières, régulières par traits.
◊ Courbes équivalentes.
◊ Verseur tangent.
◊ Longueur d'une courbe et propriété.
◊ Intégrales curvilignes de première espèce.
◊ Verseur normal, courbure, verseur binormal.
◊ Triade intrinsèque, plans coordonnés, rayon de courbure, cercle osculateur.
◊ Formules de Frénet et torsion.

Exercice 9.1. *Considérons la courbe*

$$\varphi(t) = \left(\log(t^2 - 1), t\right), \quad t \in [2, 3].$$

Écrire l'équation de la ligne droite tangente au soutien de φ dans le point $\varphi\left(\frac{5}{2}\right)$. En outre, calculer la longueur de la courbe.

Rèsolution. Nous avons que

$$\varphi'(t) = \left(\frac{2t}{t^2 - 1}, 1\right), \quad \forall\, t \in [2, 3].$$

Donc

$$\varphi'\left(\frac{5}{2}\right) = \left(\frac{20}{21}, 1\right).$$

La ligne droite tangente a équations paramétriques

$$\begin{cases} x = \log\left(\frac{21}{4}\right) + \frac{20}{21}t \\ y = \frac{5}{2} + t. \end{cases}$$

Il résulte

$$\|\varphi'(t)\| = \frac{t^2+1}{t^2-1}, \quad \forall t \in [2,3].$$

En conséquence

$$L(\varphi) = \int_2^3 \frac{t^2+1}{t^2-1}dt = \int_2^3 \left(1 + \frac{2}{t^2-1}\right)dt$$

$$= \int_2^3 \left[1 + \frac{1}{t-1} - \frac{1}{t+1}\right]dt = \left[t + \log\left(\frac{t-1}{t+1}\right)\right]_2^3 = 1 - \log 2.$$

Exercice 9.2. *Dire si la courbe*

$$\varphi(t) = (t^2-1, t^4+2t-3), \quad t \in \mathbb{R},$$

elle est simple et si elle est régulière.

Rèsolution. La courbe φ est simple. Nous avons que

$$\varphi'(t) = (2t, 4t^3+2)$$

il ne s'annule jamais.. En effet, la première composante de φ' elle est nulle seulement pour $t=0$, pendant que le deuxième composante pour $t=0$ elle est différente de 0. Donc φ elle est réguliere.

Exercice 9.3. *Déterminer la courbe φ ayant comme soutien l'arc de circonférence qu'il joint, en sens inverse aux aiguilles d'une montre, le point $(R,0)$ au point $(0,R)$, en étant $R > 0$. Calculer l'intégrale curviligne de première espèce de la fonction $f(x,y) = xy$ le long de φ.*

Rèsolution. La courbe φ elle a équations paramétriques

$$\begin{cases} x(t) = R\cos t \\ y(t) = R\sin t \end{cases}, \quad t \in \left[0, \frac{\pi}{2}\right].$$

On a

$$\begin{cases} x'(t) = -R\sin t \\ y'(t) = R\cos t \end{cases}, \quad t \in \left[0, \frac{\pi}{2}\right].$$

En conséquence

$$\|\varphi'(t)\| = R.$$

Donc

$$\int_\varphi f\,ds = \int_0^{\frac{\pi}{2}} R^3 \cos t \sin t\,dt = R^3 \left[\frac{\sin^2 t}{2}\right]_0^{\frac{\pi}{2}} = \frac{R^3}{2}.$$

Exercice 9.4. *Soit* $\gamma \subset \mathbb{R}^2$ *la courbe*

$$\gamma(t) := \begin{bmatrix} x(t) \\ y(t) \end{bmatrix} \quad avec \quad \begin{cases} x(t) = e^{\cos t} \\ y(t) = e^{\sin t} \end{cases} \qquad \forall t \in [0, 2\pi].$$

(a) *Montrer que* γ *elle est fermée et régulier et en calculer la vitesse* $\gamma'(t)$.

(b) *Écrire l'équation de la ligne droite tangente à* γ *dans le point*

$$P = \left(e^{\frac{\sqrt{2}}{2}}, e^{\frac{\sqrt{2}}{2}}\right).$$

Rèsolution. (a) La courbe est fermée car $\gamma(0) = \gamma(2\pi) = (e, 1)$. En outre, $t \mapsto \gamma(t)$ c'est une fonction $C^1(\mathbb{R})$ en étant dérivables avec de la continuité tous ses composants. En calculant les dérivées de tels composants, nous obtenons :

$$\gamma'(t) = \begin{bmatrix} -\sin t\, e^{\cos t} \\ \cos t\, e^{\sin t} \end{bmatrix} \qquad \forall t \in \mathbb{R}. \tag{9.1}$$

La vitesse s'annule en t si et seulement si $\sin t = \cos t = 0$, le qu'il est impossible et la courbe est ensuite régulière.

D'abord nous observons que le point $P = \gamma\left(\frac{\pi}{4}\right)$. Grâce à elle (9.1),

$$\gamma'\left(\frac{\pi}{4}\right) = \frac{\sqrt{2}}{2}\, e^{\frac{\sqrt{2}}{2}} \begin{bmatrix} -1 \\ 1 \end{bmatrix}.$$

Il suit que la ligne droite tangente est donnée par les équations paramétriques

$$\begin{cases} x(h) = -\frac{\sqrt{2}}{2}\, e^{\frac{\sqrt{2}}{2}} \left(h - \sqrt{2}\right) \\ y(h) = \frac{\sqrt{2}}{2}\, e^{\frac{\sqrt{2}}{2}} \left(h + \sqrt{2}\right) \end{cases} \qquad \forall h \in \mathbb{R},$$

qui sont équivalentes à l'équation cartésienne unique

$$y = 2\, e^{\frac{\sqrt{2}}{2}} - x.$$

Exercice 9.5. *Étant donné la constante réelle* $\omega > 0$, *nous définissons la courbe (hélice cylindrique) :*

$$\gamma(t) := \begin{bmatrix} x(t) \\ y(t) \\ z(t) \end{bmatrix} \quad avec \quad \begin{cases} x(t) = \cos(\omega t) \\ y(t) = \sin(\omega t) \\ z(t) = t \end{cases} \quad \forall t \in \mathbb{R}.$$

(a) *Calculer la vitesse scalaire* $|\gamma'(t)|$ *et le verseur tangent* $\overrightarrow{T}(t)$.

(b) *Calculer la longueur de l'arc de courbe* γ_π *correspondant à* $t \in [0, \pi]$.

(c) *Vérifier que le soutien de* γ *il est étendu sur le cylindre unitaire*

$$\{(x, y, z) \in \mathbb{R}^3 : x^2 + y^2 = 1\}.$$

Rèsolution. (a) Tout d'abord, nous notons que $\gamma(t)$ elle est une fonction $C^1(\mathbb{R})$ car tous ses composants le sont. En calculant les dérivés de ces composants, nous obtenons :

$$\gamma'(t) = \begin{bmatrix} -\omega \sin(\omega t) \\ \omega \cos(\omega t) \\ 1 \end{bmatrix} \quad \forall t \in \mathbb{R}.$$

Par conséquent

$$\|\gamma'(t)\| = \sqrt{[-\omega \sin(\omega t)]^2 + [\omega \cos(\omega t)]^2 + 1^2}$$
$$= \sqrt{\omega^2 [\sin^2(\omega t) + \cos^2(\omega t)] + 1} = \sqrt{\omega^2 + 1}.$$

Notez que $\|\gamma'(t)\| \neq 0$ pour chaque $t \in \mathbb{R}$, c'est-a-dire γ c'est une courbe régulière et est donc bien défini le verseur tangent $\overrightarrow{T}(t)$, qui est obtenu en normalisant $\gamma'(t)$:

$$\overrightarrow{T}(t) = \frac{\gamma'(t)}{\|\gamma'(t)\|} = \begin{bmatrix} -\frac{\omega}{\sqrt{\omega^2+1}} \sin(\omega t) \\ \frac{\omega}{\sqrt{\omega^2+1}} \cos(\omega t) \\ \frac{1}{\sqrt{\omega^2+1}} \end{bmatrix} \quad \forall t \in \mathbb{R}.$$

(b) Grâce à le point (a) et à la définition de longueur pour un arc de courbe régulière, nous obtenons :

$$L(\gamma_\pi) = \int_0^\pi \|\gamma'(t)\| \, dt = \int_0^\pi \sqrt{\omega^2 + 1} \, dt = \pi \sqrt{\omega^2 + 1}.$$

(c) Il suffit de constater que

$$x(t)^2 + y(t)^2 = \cos^2(\omega t) + \sin^2(\omega t) = 1 \quad \forall t \in \mathbb{R},$$

c'est-à-dire le vecteur $(x(t), y(t), z(t))$ il satisfait, en chaque instant de temps, l'identité qui caractérise les points qui appartiennent au cylindre unitaire.

Exercice 9.6. *Nous considérons la courbe*

$$\varphi(t) = (t - \sqrt{2}, -3t^2, 6t^3), \quad t \in [0, 1].$$

Dire si la courbe est simple, si elle est fermée et s'il est régulier. En outre, en calculer la longueur.

Rèsolution. La courbe est simple, parce que la première composante est une fonction injective. Car $\varphi(0) \neq \varphi(1)$, la courbe n'est pas fermée. On a

$$\varphi'(t) = (1, -6t, 18t^2), \quad t \in [0, 1].$$

Clairement, $\varphi'(t) \neq (0, 0, 0) \quad \forall t \in (0, 1)$, donc φ elle est régulière. Il résulte

$$\|\varphi'(t)\| = 1 + 18t^2,$$

Par conséquent

$$L(\varphi) = \int_0^1 (1 + 18t^2) dt = \frac{21}{3}.$$

Exercice 9.7. *Calculer la longueur de la courbe*

$$\varphi(t) = (\arcsin t, \log(1 + t)), \quad 0 \leq t \leq \frac{1}{2}.$$

Rèsolution. Il résulte

$$\varphi'(t) = \left(\frac{1}{\sqrt{1-t^2}}, \frac{1}{1+t} \right).$$

Donc

$$L(\varphi) = \int_0^{\frac{1}{2}} \left(\frac{1}{1-t^2} + \frac{1}{(1+t)^2} \right)^{\frac{1}{2}} dt$$

$$= \int_0^{\frac{1}{2}} \left(\frac{2}{(1+t)^2(1-t)} \right)^{\frac{1}{2}} dt = -2 \left[\tanh^{-1} \left(\sqrt{\frac{1-t}{2}} \right) \right]_0^{\frac{1}{2}}$$

$$= 2 \tanh^{-1} \left(\frac{1}{\sqrt{2}} \right) - 2 \tanh^{-1} \left(\frac{1}{2} \right).$$

Exercice 9.8. *Calculer la longueur de la courbe*

$$\varphi(t) = \left(\frac{\cos(2t)}{4}, \cos^3 t, \sin^3 t \right), \quad t \in \left[0, \frac{\pi}{2} \right].$$

Rèsolution. Nous avons

$$\varphi'(t) = (-\sin t \cos t, -3 \cos^2 t \sin t, 3 \sin^2 t \cos t), \quad t \in \left[0, \frac{\pi}{2} \right].$$

Donc, $\forall t \in \left[0, \frac{\pi}{2} \right]$,

$$\|\varphi'(t)\| = \sqrt{10 \cos^2 t \sin^2 t} = \sqrt{10} |\cos t \sin t| = \sqrt{10} \cos t \sin t.$$

Par conséquent

$$L(\varphi) = \sqrt{10} \int_0^{\frac{\pi}{2}} \cos t \sin t \, dt = \sqrt{10} \left[\frac{\sin^2 t}{2} \right]_0^{\frac{\pi}{2}} = \frac{\sqrt{10}}{2}.$$

Exercice 9.9. *Calculer la longueur de l'arc en spirale d'Archimède*

$$\rho(\theta) = a\theta, \quad (0 \le \theta \le 2\pi),$$

en ètant a > 0 un paramètre.

Rèsolution. La courbe peut être exprimée comme suit :

$$\psi(\theta) = (a\theta \cos \theta, a\theta \sin \theta), \quad 0 \le \theta \le 2\pi.$$

Sa longueur est donnée de

$$L = \int_0^{2\pi} \sqrt{(a\cos\theta - a\theta\sin\theta)^2 + (a\sin\theta + a\theta\cos\theta)^2}d\theta$$

$$= a\int_0^{2\pi} \sqrt{1+\theta^2}d\theta.$$

En opérant la substitution $\theta = \sinh t$ on voit que

$$\int \sqrt{1+\theta^2}d\theta = \int \sqrt{1+\sinh^2 t}\cosh t\, dt$$

$$= \int \cosh^2 t\, dt = \int \left(\frac{e^t + e^{-t}}{2}\right)^2 dt$$

$$= \int \left(\frac{e^{2t}}{4} + \frac{e^{-2t}}{4} + \frac{1}{2}\right) dt$$

$$= \frac{1}{2}\sinh t\cosh t + \frac{t}{2} + c$$

$$= \frac{\theta}{2}\sqrt{1+\theta^2} + \frac{1}{2}\log(\theta + \sqrt{1+\theta^2}) + c.$$

Donc

$$L = a\pi\sqrt{1+4\pi} + \frac{a}{2}\log(2\pi + \sqrt{1+4\pi^2}).$$

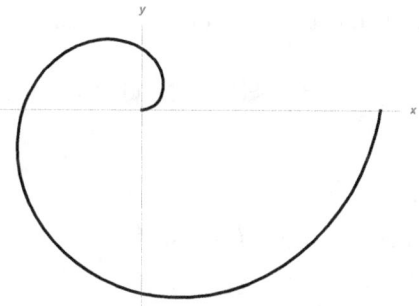

Exercice 9.10. *Calculer la longueur de la courbe ayant comme support le graphique de la fonction*

$$f(x) = \log[\cos(x)], \quad x \in \left[0, \frac{\pi}{4}\right].$$

Rèsolution. On a

$$L = \int_0^{\frac{\pi}{4}} \sqrt{1 + [f'(x)]^2}dx = \int_0^{\frac{\pi}{4}} \sqrt{1 + \tan^2(x)}\, dx$$

$$= \int_0^{\frac{\pi}{4}} \frac{1}{\cos x}dx = \left[\log\left(\tan(x) + \frac{1}{\cos(x)}\right)\right]_0^{\frac{\pi}{4}} = \log(1 + \sqrt{2}).$$

Exercice 9.11. *Calculer la longueur de la courbe, appelée caténaire, ayant pour support le graphique de la fonction*

$$f(x) = \cosh(x), \quad x \in [0,1].$$

Rèsolution. On a

$$L = \int_0^1 \sqrt{1 + [f'(x)]^2}dx = \int_0^1 \sqrt{1 + \sinh^2 x}\,dx$$
$$= \int_0^1 \cosh x\, dx = [\sinh x]_0^1 = \sinh 1.$$

Exercice 9.12. *Considérons la courbe, appelée cardioïde,*

$$\gamma : \begin{cases} x(t) = (1 - \cos t)\sin(t) \\ y(t) = (1 - \cos t)\cos(t) \end{cases}, \quad t \in [0, 2\pi].$$

Dire si γ elle est simple, si elle est fermée, et si elle est régulière. Calculer la longueur de la courbe.

Rèsolution. La courbe est simple et fermée. En outre,

$$x'(t) = 1 - 2\cos^2 t + \cos(t), \quad y'(t) = 2\sin t \cos t - \sin t,$$

$$\|\gamma'(t)\|^2 = [x'(t)]^2 + [y'(t)]^2$$
$$= 4\sin^2 t \cos^2 t + \sin^2 t - 4\sin^2 t \cos t + 1 + 4\cos^4 t + \cos^2 t$$
$$- 4\cos^2 t + 2\cos t - 4\cos^3 t$$
$$= 2(1 - \cos t).$$

Car $\|\gamma'(t)\|^2 > 0 \ \forall \, t \in (0, 2\pi)$, la courbe est régulière. On a

$$l(\gamma) = \sqrt{2} \int_0^{2\pi} \sqrt{1 - \cos t}\, dt = 2\sqrt{2} \int_0^\pi \sqrt{1 - \cos(2s)}\, ds$$
$$= 2\sqrt{2} \int_0^\pi \sqrt{2 - 2\cos^2(s)}\, ds = 4 \int_0^\pi \sin s\, ds$$
$$= -4\,[\cos s]_0^\pi = 8,$$

en ayant opéré la substitution $t = 2s$ et utilisé l'identité goniométrique $\cos(2s) = 2\cos^2(s) - 1$.

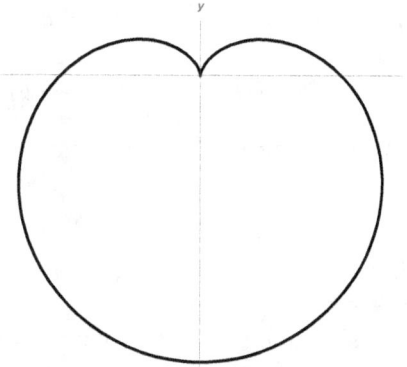

Exercice 9.13. *Considérons la courbe, dont le support trace le profil d'un œuf,*

$$\gamma : \begin{cases} x(t) = (1 + \cos t)\sin(t) \\ y(t) = -(2 + \cos t)\cos(t) + 3 \end{cases} , \quad t \in [0, 2\pi].$$

Établir si γ est simple, fermée, régulière ou si elle est régulière par moments.

Rèsolution. La courbe γ est simple et fermée. On a

$$\begin{cases} x'(t) = -\sin^2 t + \cos t + \cos^2 t \\ y'(t) = -2\sin t(\cos t + 1) \end{cases} , \quad t \in [0, 2\pi].$$

Pour $t \in (0, 2\pi)$ il résulte $y'(t) = 0$ si et seulement si $t = \pi$. En outre, $x'(\pi) = 0$. Donc $\gamma'(\pi) = (0, 0)$. Par conséquent la courbe γ elle est régulière par moments.

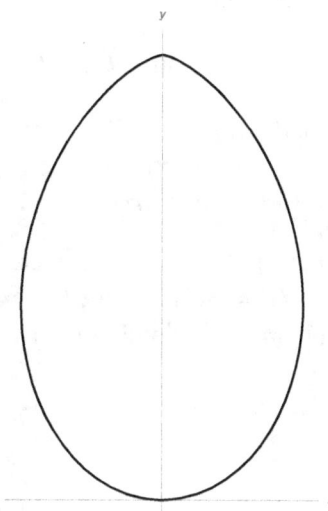

***Exercice* 9.14.** *Considérons la courbe, appelée astéroïde,*

$$\varphi(t) = (\cos^3 t, \sin^3 t), \quad t \in [0, 2\pi].$$

Établir si φ elle est régulière ou régulière par moments.

Rèsolution. On a

$$\varphi'(t) = (-3\cos^2 t \sin t, 3\sin^2 t \cos t).$$

En conséquence φ' elle s'annule en $(0, 2\pi)$ pour $t = \frac{\pi}{2}, t = \pi$ ou $t = \frac{3\pi}{2}$. Donc la courbe γ elle est régulière par moments.

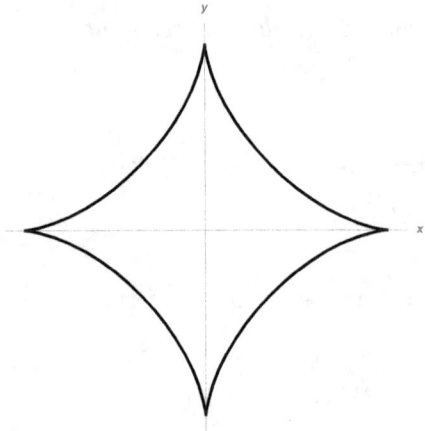

***Exercice* 9.15.** *Considérons la courbe*

$$\varphi(t) = \left(t^2 \cos t, t^2 \sin t, t^2\right), \quad t \in [1, 2].$$

(*i*) *Dire si la courbe est simple, si elle est fermée ;*
(*ii*) *déterminer si la courbe est régulière ;*
(*iii*) *calculer la longueur de la courbe.*

Rèsolution. (*i*) La fonction $t \mapsto t^2$ est injective en $[1, 2]$, donc pour chaque $t_1, t_2 \in (1, 2)$ avec $t_1 \neq t_2$ il résulte $\varphi(t_1) \neq \varphi(t_2)$, donc la courbe est simple. En outre, $\varphi(1) \neq \varphi(2)$, donc la courbe n'est pas fermée..

(*ii*) La courbe φ elle est de classe C^1 en $[1, 2]$. Pour chaque $t \in [1, 2]$ nous avons

$$\varphi'(t) = \left(2t \cos(t) - t^2 \sin(t), 2t \sin(t) + t^2 \cos(t), 2t\right),$$

donc

$$\|\varphi'(t)\|^2 = 8t^2 + t^4\,.$$

Car $8t^2 + t^4 > 0 \ \forall\, t \in [1, 2]$, la courbe est régulière.

(*iii*) En étant φ de classe C^1 en $[1, 2]$ nous avons que la longueur de la courbe est donnée par

$$L = \int_1^2 \|\varphi'(t)\|\, dt = \int_1^2 \sqrt{8t^2 + t^4}\, dt = \int_1^2 t\sqrt{8 + t^2}\, dt$$

$$= \frac{1}{2}\int_1^2 2t\sqrt{8 + t^2}\, dt = \frac{1}{3}\big[(8 + t^2)^{\frac{3}{2}}\big]_{t=1}^{t=2} = 8\sqrt{3} - 9\,.$$

Exercice 9.16. *Calculer la longueur de la courbe donnée en coordonnées polaires par*

$$\rho = \sin\theta, \quad 0 \le \theta \le \pi\,.$$

Rèsolution. On a

$$L = \int_0^\pi \sqrt{[\rho_\theta(\theta)]^2 + [\rho(\theta)]^2}\, d\theta = \int_0^\pi d\theta = \pi\,.$$

Exercice 9.17. *Calculer la longueur de la courbe, appelée spirale quadratique, donnée en coordonnées polaires par*

$$\rho = \theta^2, \quad 0 \le \theta \le \pi\,.$$

Rèsolution. On a

$$L = \int_0^\pi \sqrt{[\rho_\theta(\theta)]^2 + [\rho(\theta)]^2}\, d\theta = \int_0^\pi \sqrt{4\theta^2 + \theta^4}\, d\theta$$

$$= \int_0^\pi \theta(4 + \theta^2)^{\frac{1}{2}}\, d\theta = \frac{1}{3}\big[(4 + \theta^2)^{\frac{3}{2}}\big]_0^\pi = \frac{1}{3}(4 + \pi^2)^{\frac{3}{2}} - \frac{8}{3}\,.$$

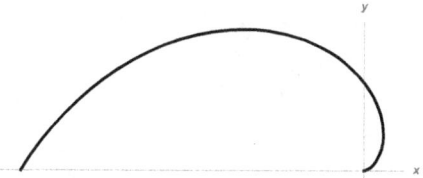

Exercice 9.18. *Calculer l'intégrale curviligne de première espèce*

$$\int_\gamma \frac{x}{\sqrt{1+4y}}\,ds,$$

en étant

$$\gamma(t) = (t, t^2), \quad t \in [0, 1].$$

Rèsolution. Nous avons

$$\|\gamma'(t)\| = \sqrt{1 + 4t^2},$$

$$\int_\gamma \frac{x}{\sqrt{1+4y}}\,ds = \int_0^1 \frac{t}{\sqrt{1+4t^2}}\|\gamma'(t)\|dt = \int_0^1 t\,dt = \frac{1}{2}[t^2]_0^1 = \frac{1}{2}.$$

Exercice 9.19. *Calculer l'intégrale curviligne de première espèce*

$$\int_\gamma \sqrt{1-y^2}\,ds,$$

en étant

$$\gamma(t) = (\cos t, \sin t), \quad t \in [0, \pi].$$

Rèsolution. Car $\|\gamma'(t)\| = 1$, nous avons

$$\int_\gamma \sqrt{1-y^2}\,ds = \int_0^\pi \sqrt{1 - \sin^2 t}\,\|\gamma'(t)\|dt = \int_0^\pi |\cos t|dt$$

$$= \int_0^{\frac{\pi}{2}} \cos t\,dt + \int_{\frac{\pi}{2}}^\pi (-\cos t)dt = [\sin t]_0^{\frac{\pi}{2}} - [\sin t]_{\frac{\pi}{2}}^\pi = 2.$$

Exercice 9.20. *Calculer l'intégrale curviligne de première espèce*

$$\int_\gamma \sqrt{z}\,ds,$$

en étant

$$\gamma(t) = (\cos t, \sin t, t^2), \quad t \in [0, \pi].$$

Rèsolution. Nous avons

$$\|\gamma'(t)\| = \sqrt{1 + 4t^2}.$$

Par conséquent

$$\int_\gamma \sqrt{z}\,ds = \int_0^\pi t\sqrt{1+4t^2}dt = \frac{1}{12}\left[(1+4t^2)^{\frac{3}{2}}\right]_0^\pi = \frac{1}{12}[(1+4\pi^2)^{\frac{3}{2}} - 1].$$

Exercice 9.21. *Considérons la courbe* $\alpha : \mathbb{R} \longrightarrow \mathbb{R}^3$,

$$\alpha(t) = \left(\sin(t) \cos(t), \sin(t)^2, \cos(t) \right), \quad t \in \mathbb{R}.$$

Dit P_0 le point de la courbe α correspondant à la valeur $t = 0$ du paramètre, trouver :

1. *la triade fondamental $\overrightarrow{T}, \overrightarrow{N}, \overrightarrow{B}$ dans le point P_0,*

2. *une équation cartésienne du plan osculateur en P_0,*

3. *la courbure en P_0.*

Rèsolution. Le vecteur vitesse est donnée par

$$\alpha'(t) = (\cos 2t, \sin 2t, -\sin t).$$

Pour $t = 0$ on a
$$\alpha'(0) = (1, 0, 0) = \overrightarrow{T}(0).$$

Le vecteur accélération est donnée par $\alpha''(t) = (-2 \sin 2t, 2 \cos 2t, -\cos t)$, donc $\alpha''(0) = (0, 2, -1)$. Car, dans ce cas spécial, $\alpha''(0)$ il est orthogonal à $\overrightarrow{T}(0)$, tout de suite nous obtenons le vecteur normal $\overrightarrow{N}(0)$ en normalisant $\alpha''(0)$. Donc

$$\overrightarrow{N}(0) = \frac{1}{\|\alpha''(0)\|} \alpha''(0) = \frac{1}{\sqrt{5}}(0, 2, -1) = \left(0, \frac{2}{\sqrt{5}}, -\frac{1}{\sqrt{5}} \right).$$

Une autre façon de trouver $\overrightarrow{N}(0)$ c'est la suivante. Il se normalise $\alpha' \times \alpha''$, en obtenant ainsi¬ $\overrightarrow{B}$. Ensuite, nous trouvons $\overrightarrow{N} = \overrightarrow{B} \times \overrightarrow{T}$.
Le vecteur binormal est donné par le produit vectoriel :

$$\overrightarrow{B}(0) = \overrightarrow{T}(0) \times \overrightarrow{N}(0) = (1, 0, 0) \times \left(0, \frac{2}{\sqrt{5}}, -\frac{1}{\sqrt{5}} \right) = \left(0, \frac{1}{\sqrt{5}}, \frac{2}{\sqrt{5}} \right).$$

(b) Le plan osculateur cherché est le plan qui passe pour $\alpha(0) = (0, 0, 1)$ et il est orthogonal à (un multiple pas-nul de) $\overrightarrow{B}(0)$. Son équation cartésienne est

$$0(x - 0) + 1(y - 0) + 2(z - 1) = 0$$

c'est-à-dire
$$y + 2z - 2 = 0.$$

(c) La courbure en $t = 0$ elle est donnée par

$$k(0) = \frac{\|\alpha'(0) \times \alpha''(0)\|}{\|\alpha'(0)\|^3} = \frac{\|(0, 1, 2)\|}{1^3} = \sqrt{5}.$$

Une autre façon pour trouver la courbure est la suivante. Le vecteur dérivé deuxième (accélération)) $\alpha''(t)$ s'écrit comme une combinaison linéaire de $\overrightarrow{T}$ et $\overrightarrow{N}$ de la façon suivante :

$$\alpha''(t) = \frac{dv}{dt}\overrightarrow{T} + v^2 k \overrightarrow{N},$$

où $v = v(t) = \|\alpha(t)\|$ c'est la vitesse scalaire et k la courbure. En $t = 0$, la composant tangentiel $\frac{dv}{dt}\overrightarrow{T}$ elle est nulle, et ensuite

$$\alpha''(0) = v^2 k \overrightarrow{N}(0).$$

Car $v = \|\alpha'(0)\| = 1$ et $\|\alpha''(0)\| = \sqrt{5}$, on obtient $k = \sqrt{5}$.

Exercice 9.22. *Soit Γ le soutien de la courbe $\varphi : \mathbb{R} \to \mathbb{R}^3$ définie par*

$$\varphi(t) = (2t + \cos t, 2 - \sin t, t),$$

et soit π le plan rectifiant de φ au point $P_0 \equiv (1, 2, 0)$.

  a. *Vérifier que la courbe est simple et régulière.*
  b. *Déterminer une équation du plan π.*
  c. *Dans le faisceau de plans qui contiennent la ligne droite tangente à Γ in P_0, repérer ceux qui forment avec π un angle de 30.*

Rèsolution. a. Dire que la courbe est simple il équivaut à dire que la fonction φ elle est injective. Ceci est vérifiable aisément, par exemple en observant que la sienne troisième composant est, évidemment, injective. Dire qu'elle est régulière il équivaut à dire que $\|\varphi'(t)\| > 0 \ \forall t \in \mathbb{R}$. Car il résulte

$$\varphi'(t) = (2 - \sin t, -\cos t, 1),$$

nous avons que

$$\|\varphi'(t)\| = \sqrt{(2 - \sin t)^2 + (-\cos t)^2 + 1^2)} = \sqrt{6 - 4\sin t}.$$

Car $6 - 4\sin t > 0$, φ il est régulier.

b. Le point P_0 correspond à la valeur $t = 0$. Nous avons

$$\varphi'(t) = (2 - \sin t, -\cos t, 1)$$

et donc

$$\varphi''(t) = (-\cos t, \sin t, 0).$$

Il suit
$$\varphi'(0) = (2, -1, 1)$$

et
$$\varphi''(0) = (-1, 0, 0).$$

En effectuant les calculs, on il obtient
$$\varphi'(0) \wedge \varphi''(0) = (0, -1, -1).$$

Ce vecteur a la direction de la ligne droite binormale, donc le vecteur $(0, -1, -1) \wedge (2, -1, 1)$ a la direction de la droite normale, qui est perpendiculaire au plan rectifiant. En effectuant les calculs, on obtient
$$(0, -1, -1) \wedge (2, -1, 1) = (-2, -2, 2),$$

donc le plan rectifiant a équation
$$-2(x - 1) - 2(y - 2) + 2z = 0,$$

équivalente à
$$x + y - z - 3 = 0.$$

c. La ligne droite tangente à Γ en P_0 est représentée paramétriquement par les équations
$$\begin{cases} x = 1 + 2t \\ y = 2 - t \\ z = t \end{cases}$$

pour lequel on peut exprimer aisément comme intersection des plans
$$x = 1 + 2z$$

et
$$y = 2 - z.$$

Les plans qui contiennent cette droite sont donc tous et seulement ceux de l'équation
$$x - 2z - 1 + k(y + z - 2) = 0$$

à la variation du paramètre k, avec l'exception du plan $y + z - 2 = 0$. Vous remarquerez immédiatement que ce plan n'est pas la solution au problème, car il est orthogonal au plan π. Un angle entre les deux plans est égal à l'angle entre deux vecteurs normaux aux plans $\vec{n}_1$ et $\vec{n}_2$, arbitrairement choisis — l'autre est le sien supplémentaire. Un vecteur

normal à π c'est le vecteur $\vec{n}_1 = (1, 1, -1)$. En outre, comme le plan
général du faisceau peut également être écrit dans la forme

$$x + ky + (k - 2)z - 2k - 1 = 0,$$

son vecteur normal est le vecteur $\vec{n}_2 = (1, k, k - 2)$. Dit θ l'angle formé
par $\vec{n}_1$ et $\vec{n}_2$, le deux plan foment un angle de 30 si et seulement si
$|\cos\theta| = \sqrt{3}/2$. Car

$$\cos\theta = \frac{\vec{n_1} \cdot \vec{n}_2}{\|\vec{n}_1\|\|\vec{n}_2\|} = \frac{3}{\sqrt{3}\sqrt{1^2 + k^2 + (k-2)^2}} = \frac{\sqrt{3}}{\sqrt{2k^2 - 4k + 5}},$$

les deux plans sont orthogonaux si et seulement si $\sqrt{2k^2 - 4k + 5} = 2$.
La dernière équation est équivalente à l'équation $2k^2 - 4k + 5 = 4$, qu'elle
a comme solutions $k = \dfrac{2 \pm \sqrt{2}}{2} = 1 \pm \dfrac{\sqrt{2}}{2}$. En remplaçant ces valeurs de
k dans l'équation du plan générique du faisceau, on obtient les équations
des deux plans recherchés.

Exercice 9.23.   (a) *Écrire les équations paramétriques de la ligne
droite*

$$r : \begin{cases} x + 3y - 2z - 2 = 0 \\ x + 2y - z - 2 = 0. \end{cases}$$

(b) *Montrer que la ligne droite* r *croise le support de la courbe*

$$\gamma : \begin{cases} x = t \\ y = 1 + t - t^2 \\ z = 1 + t^2 - t^3 \end{cases} \qquad (t \in \mathbb{R})$$

en un point unique P.

(c) *Déterminer si la ligne droite* r *est tangente à la courbe* γ.

(d) *Calculer la courbure de* γ *dans le point* P.

Rèsolution. (a) Les équations paramétriques de la ligne droite r sont

$$r : \begin{cases} x = k \\ y = 2 - k \\ z = 2 - k \end{cases} \qquad (k \in \mathbb{R}).$$

(b) Les points d'intersection entre r et le soutien de γ ils les obtiennent
en résolvant le système

$$\begin{cases} t + 3(1 + t - t^2) - 2(1 + t^2 - t^3) - 2 = 0 \\ t + 2(1 + t - t^2) - (1 + t^2 - t^3) - 2 = 0, \end{cases}$$

c'est-à-dire

$$\begin{cases} 2t^3 - 5t^2 + 4t - 1 = 0 \\ t^3 - 3t^2 + 3t - 1 = 0 \,. \end{cases}$$

De la dernière équation on a $(t-1)^3 = 0$ et donc $t = 1$. Il se vérifie aisément que $t = 1$ c'est une racine aussi de la première équation. Ainsi, le seul point d'intersection entre r et le soutien de γ il est

$$P \equiv f(1) = (1, 1, 1) \,.$$

(c) Si la ligne droite r elle est tangente à la courbe γ, il est nécessairement dans le seul point P d'intersection entre r et γ. Nous calculons la direction de la ligne droite r' tangente à γ en P. Car

$$\begin{cases} x' = 1 \\ y' = 1 - 2t \\ z' = 2t - 3t^2 \,, \end{cases}$$

la direction de r' est $(x'(1), y'(1), z'(1)) = (1, -1, -1)$. En conséquence, en passant pour le même point P et en ayant la même direction, les deux lignes droites r et r' elles coïncident. En conclusion, la ligne droite r elle est tangente à γ en P. Car $\gamma'(t) = (1, 1 - 2t, 2t - 3t^2)$, on a $\gamma''(t) = (0, -2, 2 - 6t)$. En conséquence $\gamma'(1) = (1, -1, -1)$, $\gamma''(1) = (0, -2, -4)$ et

$$\gamma'(1) \wedge \gamma''(1) = \begin{vmatrix} i & j & k \\ 1 & -1 & -1 \\ 0 & -2 & -4 \end{vmatrix} = (2, 4, -2) \,.$$

(d) Finalement, en étant $\|\gamma'(1)\| = \sqrt{3}$ et $\|\gamma'(1) \wedge \gamma''(1)\| = 2\sqrt{6}$, la courbure de γ en P elle est

$$\kappa(1) = \frac{\|\gamma'(1) \wedge \gamma''(1)\|}{\|\gamma'(1)\|^3} = \frac{2\sqrt{6}}{3\sqrt{3}} = \frac{2\sqrt{2}}{3} \,.$$

Exercice 9.24. *Vérifier que la courbe*

$$\varphi(t) = (\cos t, \sin t, -\ln t), \quad 1 \le t \le 5,$$

est régulière et calculez sa longueur. (Il est recommandé, lors du calcul de la longueur de la courbe, de procéder au remplacement $s = \sqrt{1 + t^2}$).

Rèsolution. On a que

$$\varphi'(t) = (-\sin t, \cos t, -\frac{1}{t})$$

et

$$\|\varphi'(t)\| = \sqrt{1 + \frac{1}{t^2}} \neq 0 \quad \forall\, t \in (1,5).$$

La courbe est régulière donc. Sa longueur vaut

$$L = \int_1^5 \sqrt{1 + \frac{1}{t^2}}\, dt = \int_1^5 \frac{\sqrt{1+t^2}}{|t|}\, dt = \int_1^5 \frac{\sqrt{1+t^2}}{t}\, dt\,.$$

Avec la substitution

$$s = \sqrt{1+t^2},$$

de lequel

$$t^2 = s^2 - 1, \quad t\,dt = s\,ds\,,$$

l'intégrale devient :

$$\int_{\sqrt{2}}^{\sqrt{26}} \frac{s^2}{s^2 - 1}\, ds = \int_{\sqrt{2}}^{\sqrt{26}} \left(1 + \frac{1}{2}\frac{1}{s-1} - \frac{1}{2}\frac{1}{s+1}\right) ds =$$

$$= \left| s + \frac{1}{2} \ln \frac{s-1}{s+1} \right|_{\sqrt{2}}^{\sqrt{26}} = \sqrt{26} - \sqrt{2} + \frac{1}{2} \ln \frac{\sqrt{26}-1}{\sqrt{26}+1} - \frac{1}{2} \ln \frac{\sqrt{2}-1}{\sqrt{2}+1}\,.$$

Exercice 9.25. *Soit* γ *le fil d'équations paramétriques*

$$\begin{cases} x = r \cos\theta \\ y = r \sin\theta \end{cases} \qquad \theta \in [0, \pi] \quad (con\; r > 0)$$

muni de la densité de masse $\delta(\theta) = e^{\theta}$.

    (a) Calculer la masse total M de γ.

    (b) Calculer les coordonnées du barycentre B du fil γ.

Rèsolution. (a) Indiquée avec $f(\theta) = (r\cos\theta, r\sin\theta)$ la fonction vectorielle que paramétrise γ, on a $f'(\theta) = (-r\sin\theta, r\cos\theta)$ et $\|f'(\theta)\| = r$.

La masse total de γ c'est

$$M = \int_\gamma \delta\, ds = \int_0^\pi \delta(\theta)\, \|f'(\theta)\|\, d\theta = r \int_0^\pi e^\theta\, d\theta = r(e^\pi - 1)\,.$$

(b) Les coordonnées du barycentre B di γ sont

$$x_B = \frac{1}{M} \int_\gamma \delta\, x\, ds = \frac{1}{M} \int_0^\pi \delta(\theta)\, x(\theta)\, \|f'(\theta)\|\, d\theta$$

$$= \frac{r^2}{M} \int_0^\pi e^\theta \cos\theta\, d\theta\,,$$

$$y_B = \frac{1}{M} \int_\gamma \delta\, y\, ds = \frac{1}{M} \int_0^\pi \delta(\theta)\, y(\theta)\, \|f'(\theta)\|\, d\theta$$

$$= \frac{r^2}{M} \int_0^\pi e^\theta \sin\theta\, d\theta\,.$$

En intégrant deux fois pour parties, on il a

$$\int e^\theta \cos\theta\, d\theta = e^\theta \cos\theta + \int e^\theta \sin\theta\, d\theta$$

$$= e^\theta \cos\theta + e^\theta \sin\theta - \int e^\theta \cos\theta\, d\theta\,,$$

de lequel on obtient

$$\int e^\theta \cos\theta\, d\theta = \frac{e^\theta}{2}\,(\cos\theta + \sin\theta)\,.$$

En intégrant encore pour parties et en utilisant l'intégrale juste trouvée, on il a

$$\int e^\theta \sin\theta\, d\theta = e^\theta \sin\theta - \int e^\theta \cos\theta\, d\theta = \frac{e^\theta}{2}\,(\sin\theta - \cos\theta)\,.$$

On a, en conséquence

$$x_B = \frac{r^2}{r(e^\pi - 1)} \left[\frac{e^\theta}{2}\,(\sin\theta + \cos\theta)\right]_0^\pi = -\frac{e^\pi + 1}{e^\pi - 1}\frac{r}{2}\,,$$

$$y_B = \frac{r^2}{r(e^\pi - 1)} \left[\frac{e^\theta}{2}\,(\sin\theta - \cos\theta)\right]_0^\pi = \frac{e^\pi + 1}{e^\pi - 1}\frac{r}{2}\,.$$

En conclusion, on a

$$B \equiv \left(-\frac{e^\pi + 1}{e^\pi - 1}\frac{r}{2}, \frac{e^\pi + 1}{e^\pi - 1}\frac{r}{2}\right)\,.$$

Exercice 9.26. *La courbe suivante est attribuée*

$$\gamma(t) = \left(\frac{t^2}{2}, \sqrt{2}\frac{t^3}{3}, \frac{t^4}{4}\right), \qquad t \in [1, 2].$$

i) En déterminer la longueur $l(\gamma)$.

ii) Déterminer le plan osculateur à γ dans le point $p_0 = (1, \frac{4}{3}, 1)$.

iii) Déterminer la courbure k et le rayon de courbure ρ dans le point p_0.

iv) Déterminer le centre q_0 du cercle osculateur dans le point p_0.

Rèsolution. (i) Nous avons

$$\gamma'(t) = (t, \sqrt{2}t^2, t^3), \qquad \|\gamma'(t)\| = t(t^2 + 1), \qquad t \in [1, 2].$$

Donc

$$l(\gamma) = \int_1^2 \|\gamma'(t)\|\, dt = \int_1^2 t(t^2 + 1)\, dt = \left[\frac{t^4}{4} + \frac{t^2}{2}\right]_1^2 = \frac{21}{4}.$$

(ii) Soit Γ ile soutien de γ. Le point $p_0 \in \Gamma$ il correspond à la valeur $t_0 = \sqrt{2}$ du paramètre : $p_0 = \gamma(\sqrt{2})$. Comme vecteur orthogonal au planosculateur on peut considèrer

$$\overrightarrow{n} = \gamma'(\sqrt{2}) \wedge \gamma''(\sqrt{2}).$$

Car

$$\gamma'(t) = (t, \sqrt{2}t^2, t^3), \qquad t \in [1, 2],$$
$$\gamma''(t) = (1, 2\sqrt{2}t, 3t^2), \qquad t \in [1, 2],$$
$$\gamma'(t) \wedge \gamma''(t) = t^2(\sqrt{2}t^2, -2t, \sqrt{2}), \qquad t \in [1, 2],$$

nous avons

$$\overrightarrow{n} = 2\sqrt{2}(2, -2, 1).$$

Il piano osculatore ha quindi equazione cartesiana

$$\left\langle (2, -2, 1), \left(x - 1, y - \frac{4}{3}, z - 1\right)\right\rangle = 0,$$

donc

$$2x - 2y + z = \frac{1}{3}.$$

(iii) La courbure et le rayon du cercle osculateur dans le point p_0 ils sont donnés par

$$k = \frac{\|\gamma'(\sqrt{2}) \wedge \gamma''(\sqrt{2})\|}{\|\gamma'(\sqrt{2})\|^3} = \frac{\|2\sqrt{2}(2, -2, 1)\|}{\|3\sqrt{2}\|^3} = \frac{1}{9}, \qquad \rho = \frac{1}{k} = 9.$$

(iv) Le centre du cercle osculateur est donné par

$$q_0 = p_0 + \rho \, \overrightarrow{N}(\sqrt{2}) \, ,$$

oùe $\overrightarrow{N}(\sqrt{2})$ c'est le verseur normal à Γ en $p_0 = \gamma(\sqrt{2})$. Comme le verseur binormal est donné par

$$\begin{aligned} \overrightarrow{B}(\sqrt{2}) &= \frac{\bar{n}}{\|\bar{n}\|} \\ &= \frac{\gamma'(\sqrt{2}) \wedge \gamma''(\sqrt{2})}{\|\gamma'(\sqrt{2}) \wedge \gamma''(\sqrt{2})\|} = \frac{2\sqrt{2}(2,-2,1)}{\|2\sqrt{2}(2,-2,1)\|} \\ &= \frac{2\sqrt{2}(2,-2,1)}{6\sqrt{2}} = \frac{1}{3}(2,-2,1) \, , \end{aligned}$$

le verseur tangent est donné par

$$\overrightarrow{T}(\sqrt{2}) = \frac{\gamma'(\sqrt{2})}{\|\gamma'(\sqrt{2})\|} = \frac{\sqrt{2}(1,2,2)}{\|\sqrt{2}(1,2,2)\|} = \frac{1}{3}(1,2,2)$$

et le vereur normal résulte être

$$\overrightarrow{N}(\sqrt{2}) = \overrightarrow{B}(\sqrt{2}) \wedge \overrightarrow{T}(\sqrt{2}) = \frac{1}{3}(-2,-1,2) \, .$$

Donc

$$\begin{aligned} q_0 &= \left(1, \frac{4}{3}, 1\right) + 9\frac{1}{3}(-2,-1,2) \\ &= \left(1, \frac{4}{3}, 1\right) + 3(-2,-1,2) = \left(-5, -\frac{5}{3}, 7\right) . \end{aligned}$$

Exercice 9.27. *Étant donné la courbe*

$$\gamma : I \to \mathbb{R}^3, \qquad \gamma(t) = (e^t \cos t, e^t \sin t, e^t), \qquad t \in I := [-1, 1],$$

avec soutien $\Gamma \subset \mathbb{R}^3$,

i) déterminer la ligne droite tangente L à Γ dans le point $p = (1, 0, 1) \in \Gamma$;

ii) déterminer le rayon et le centre du cercle osculateur dans le point $p \in \Gamma$;

iii) déterminer la longueur $l(\gamma)$;

iv) déterminer le moment d'inertie $I(\Gamma, Z, \rho)$ de Γ par rapport à l'axe Z avec densité de masse

$$d_\Gamma : \Gamma \to [0, +\infty), \qquad d_\Gamma(x, y, z) := \frac{1}{|z|}, \qquad (x, y, z) \in \Gamma.$$

Rèsolution. i) $p = \gamma(t)$ $\Leftrightarrow$ $t = 0$ $\Rightarrow$ $p = \gamma(0)$.
On a

$$\gamma'(t) = (e^t(\cos t - \sin t), e^t(\cos t + \sin t), e^t), \qquad \gamma'(0) = (1, 1, 1).$$

De plus,

$$L = \{\gamma(0) + s\gamma'(0) \in \mathbb{R}^3 : s \in \mathbb{R}\} = \{(1 + s, s, 1 + s) \in \mathbb{R}^3 : s \in \mathbb{R}\}.$$

ii) Nous avons

$$\gamma''(t) = e^t(-2\sin t, +2\cos t, 1), \qquad \gamma''(0) = (0, 2, 1).$$

Nous observons que $\gamma'(0) \wedge \gamma''(0) = (-1, -1, 2)$, $\|\gamma'(0)\| = \sqrt{3}$. Donc

$$k(0) = \frac{\|\gamma'(0) \wedge \gamma''(0)\|}{\|\gamma'(0)\|^3} = \frac{\sqrt{2}}{3}, \qquad \rho(0) = \frac{1}{k(0)} = \frac{3}{\sqrt{2}},$$

$$\vec{B}(0) = \frac{\gamma'(0) \wedge \gamma''(0)}{\|\gamma'(0) \wedge \gamma''(0)\|} = \frac{1}{\sqrt{6}}(-1, -1, 2),$$

$$\vec{T}(0) = \frac{1}{\sqrt{3}}(1, 1, 1),$$

$$\vec{N}(0) = \vec{B}(0) \wedge \vec{T}(0) = \frac{1}{\sqrt{2}}(-1, 1, 0).$$

Le rayon du cercle osculateur est¨ $\rho(0) = \frac{3}{\sqrt{2}}$, pendant que son centre est¨

$$C(0) = \gamma(0) + \rho(0)\vec{N}(0) = \left(-\frac{1}{2}, \frac{3}{2}, 1\right).$$

iii) Car

$$\|\gamma'(t)\| = \sqrt{(\cos t - \sin t)^2 + (\cos t + \sin t)^2 + 1} = \sqrt{3}e^t,$$

nous avons3

$$\int_{-1}^{1} e^t \, dt = \sqrt{3}(e - e^{-1}).$$

iv) La distance de l'axe Z est¨

$$\delta_Z(x, y, z) = \sqrt{x^2 + y^2}, \qquad \delta_Z(\gamma(t)) = e^t.$$

La densité de masse est¨ $d_\Gamma(\gamma(t)) = e^{-t}$. Donc le moment d'inertie résulte être

$$I(\Gamma, Z, d_\Gamma) = \int_\Gamma \delta_Z^2 \, d_\Gamma \, ds = \sqrt{3} \int_{-1}^{1} e^{2t}e^{-t}e^t \, dt = \frac{\sqrt{3}}{2}(e^2 - e^{-2}).$$

Exercice 9.28. *Étant donné la courbe*

$$\varphi(t) = \left(\frac{t^2}{2}, t, \frac{2\sqrt{2}}{3}\sqrt{t^3}\right), \quad t \geq 0,$$

a) *déterminer les verseurs de la triade intrinsèque au point*

$$P = \left(\frac{1}{2}, 1, \frac{2\sqrt{2}}{3}\right);$$

b) *écrire les équations de la droite tangente à la courbe en P et de la droite en appartenant au plan osculateur normal à la courbe en P ;*

c) *trouver un point A en appartenant à la courbe en manière que l'arc de courbe d'extrêmes O et A ait une longueur 4.*

Rèsolution. a) Nous avons que

$$\varphi'(t) = \left(t, 1, \sqrt{2t}\right),$$

$$\varphi'(1) = (1, 1, \sqrt{2}).$$

Donc[2]

$$\vec{T}(1) = \left(\frac{1}{2}, \frac{1}{2}, \frac{\sqrt{2}}{2}\right).$$

En outre,

$$\varphi''(1) = \left(1, 0, \frac{\sqrt{2}}{2}\right),$$

$$\vec{B}(1) = \frac{\varphi'(1) \times \varphi''(1)}{|\varphi'(1) \times \varphi''(1)|} = \left(\frac{1}{2}, \frac{1}{2}, -\frac{\sqrt{2}}{2}\right),$$

$$\vec{N}(1) = \vec{B}(1) \times \vec{T}(1) = \left(\frac{1}{2}\sqrt{2}, -\frac{1}{2}\sqrt{2}, 0\right).$$

b) L'equation de la droite tangente est

$$x = \frac{1}{2} + t, \ y = 1 + t, \ z = \frac{2}{3}\sqrt{2} + \sqrt{2}t,$$

l'equation de la droitea normale est

$$x = \frac{1}{2} + t, \ y = 1 - t, \ z = \frac{2}{3}\sqrt{2}.$$

c) La longueur de l'arc d'extrêmes O et A est

$$\int_0^a \sqrt{t^2 + 1 + 2t}\,dt = \int_0^a (t+1)\,dt = \frac{1}{2}a^2 + a\,.$$

L'equation $\frac{1}{2}a^2 + a = 4$ a solutions $a = 2$, $a = -4$. La valeur de a recherchée est $a = 2$ à laquelle correspond le point $A = \left(2, 2, \frac{8}{3}\right)$.

Exercice 9.29. *Considérons la courbe* $\gamma : \mathbb{R} \to \mathbb{R}^3$ *d'équations paramétriques :*

$$\begin{cases} x = 1 - t \\ y = t^2 + t \\ z = t^3\,. \end{cases}$$

1. *Déterminer une équation cartésienne du plan* π *qui contient la tangente droite à* γ *au point* $P = (0, 2, 1)$ *et qu'il passe par le point* $Q = (1, 0, 1)$.

2. *Trouver une équation de l'étage osculateur à* γ *dans le point* P.

Rèsolution. 1. Le point P il correspond à la valeur $t = 1$ du paramètre. Nous mettons $\gamma(t) = (1-t, t^2+t, t^3)$ et nous indiquons avec τ la tangente à la courbe γ dans le point P. Car $\gamma'(t) = (-1, 2t+1, 3t^2)$, il résulte $\gamma'(1) = (-1, 3, 3)$, pour lequel la droite τ elle est représentée par les équations paramétriques

$$\begin{cases} x = -t \\ y = 2 + 3t \\ z = 1 + 3t\,. \end{cases} \qquad (t \in \mathbb{R})$$

En tirant t de la première équation et en le remplaçant dans les autres deux, on voit qu'on peut exprimer τ ccomme l'intersection des plans d'équations $3x + y - 2 = 0$ et $3x + z - 1 = 0$. Le plan cherché est représenté donc d'une équation du type $3x + y - 2 + k(3x + z - 1) = 0$, pour quelque valeur du paramètre k. En effet, le plan unique du faisceau de soutien τ qu'il n'est pas représenté par la équation précédente est le plan d'équation $3x + z - 1 = 0$, qu'il ne passe pas pour Q. En imposant le passage par le point Q on obtient $k = -1/3$, pour lequel le plan cherché est représenté par l'équation $3x + y - 2 - x - (1/3)z + (1/3) = 0$, équivalent à $6x + 3y - z - 5 = 0$.

2. Car $\gamma'(t) = (-1, 2t+1, 3t^2)$, il résulte $\gamma''(t) = (0, 2, 6t)$. Il suit $\gamma'(1) = (-1, 3, 3)$ (comme il a déjà été calculé au point i)) et $\gamma''(1) = (0, 2, 6)$. Avec des calculs simples, on obtient $(-1, 3, 3) \times (0, 2, 6) = (12, 6, -2)$. Le vecteur $(12, 6, -2)$ il est donc orthogonal au plan osculateur à γ en P, que donc il est représenté par l'équation $12x + 6(y - 2) - 2(z - 1) = 0$, équivalent à $6x + 3y - z - 5 = 0$.

Exercice 9.30. *i) Déterminer la courbe γ ayant soutien*

$$\Gamma = \{(x, y, z) \in \mathbb{R}^3 : y = x^2, \quad 3z = 2xy\}.$$

ii) Déterminer la longueur de l'arc $\Gamma_1 \subset \Gamma$ dont les extrêmes sont les points d'intersection de Γ avec les plans $P_0 := \{z = 0\}$ et $P_1 := \{z = 2/3\}$.

iii) Soit $f : \mathbb{R}^3 \to \mathbb{R}$, $f(x, y, z) = x^2 + y$. Calculer l'intégrale de f le long de Γ_1.

Rèsolution. i) Mis $x = t$ nous avons

$$\begin{cases} y = x^2 \\ 3z = 2xy \end{cases}, \quad \begin{cases} y = t^2 \\ z = \frac{2}{3}t^3 \end{cases}$$

et

$$\gamma(t) = \left(t, t^2, \frac{2}{3}t^3\right), \quad t \in \mathbb{R}.$$

ii) Si $\Gamma \cap P_0 \ni (x, y, z)$, alors $z = 0$ et

$$\begin{cases} 0 = xy \\ y = x^2 \end{cases}, \quad \begin{cases} x = 0 \\ y = 0. \end{cases}$$

Donc

$$\Gamma \cap P_0 = \{(0, 0, 0)\}, \quad (0, 0, 0) = \gamma(0).$$

Si $\Gamma \cap P_1 \ni (x, y, z)$, alors $z = 2/3$ et

$$\begin{cases} xy = 1 \\ y = x^2 \end{cases}, \quad \begin{cases} x = 1 \\ y = 1. \end{cases}$$

En conséquence

$$\Gamma \cap P_1 = \{(1, 1, 2/3)\}, \quad (1, 1, 2/3) = \gamma(1).$$

Car $\gamma'(t) = (1, 2t, 2t^2)$ et $\|\gamma'(t)\| = 1 + 2t^2$ nous avons

$$l(\Gamma_1) = \int_0^1 (1 + 2t^2)\, dt = \frac{5}{3}\,.$$

iii)

$$\int_\gamma f\, ds = \int_0^1 (t^2 + t^2)(1 + 2t^2)\, dt = \frac{22}{15}\,.$$

Exercice 9.31. *Démontrer que la courbe*

$$\varphi(t) = \left(t, \frac{1+t}{t}, \frac{1-t^2}{t} \right), \qquad t \in [1, 2]\,,$$

est plate et trouver l'équation du plan qui la contient. Déterminer égale-ment la courbure à varier de t.

Rèsolution. Nous avons que, pour chaque $t \in [1, 2]$,

$$\varphi'(t) = \left(1, -\frac{1}{t^2}, -1 - \frac{1}{t^2} \right),$$

$$\varphi''(t) = \left(0, \frac{2}{t^3}, \frac{2}{t^3} \right),$$

$$\varphi'(t) \wedge \varphi''(t) = \left(\frac{2}{t^3}, -\frac{2}{t^3}, \frac{2}{t^3} \right),$$

$$\|\varphi'(t)\| = \sqrt{2 + \frac{2}{t^2} + \frac{2}{t^4}}\,,$$

$$\|\varphi'(t) \wedge \varphi''(t)\| = \frac{2\sqrt{3}}{t^3}\,,$$

En conséquence

$$\vec{B}(t) = \left(\frac{1}{\sqrt{3}}, -\frac{1}{\sqrt{3}}, \frac{1}{\sqrt{3}} \right).$$

La courbe est plate parce que le verseur B il est constant.
Pour le plan, les 3 premiers coefficients sont donnés par les composantes de B. Donc

$$\frac{1}{\sqrt{3}}x - \frac{1}{\sqrt{3}}y + \frac{1}{\sqrt{3}}z + d = 0\,.$$

Par simplicité, il est reformulé comme suit

$$x - y + z + \delta = 0\,.$$

Pour trouver δ, nous remarquons que $\varphi(1) = (1, 2, 0)$. En imposant que $\varphi(1)$ appartient au plan. vous obtenez $\delta = 1$. Donci

$$x - y + z + 1 = 0.$$

Enfin, la courbe vaut

$$k(t) = \frac{2\sqrt{3}}{t^3 \sqrt{\left(2 + \frac{2}{t^2} + \frac{2}{t^4}\right)^3}}.$$

Exercice 9.32. *Nous considérons la courbe*

$$\varphi(t) = \Big((2 + \cos t) \sin t, \; (2 + \cos t) \cos t, \; \sin t\Big), \qquad t \in [0, 2\pi].$$

(a) Calculer la courbure en $\varphi\left(\frac{\pi}{2}\right)$.

(b) Calculer les équations du plan osculateur et rectifiant au point $\varphi\left(\frac{\pi}{2}\right)$.

Rèsolution. (a) Nous observons que la courbe est de classe C^∞ et il résulte

$$\varphi'(t) = (2 \cos t + \cos(2t), -(2 \sin t + \sin(2t)), \cos t), \qquad t \in [0, 2\pi].$$

Par conséquent

$$\|\varphi'(t)\|^2 = 5 + 4 \cos t + \cos^2 t \geq 1, \qquad t \in [0, 2\pi].$$

La courbe est régulière donc
Nous aurons

$$\varphi'\left(\frac{\pi}{2}\right) = (-1, -2, 0), \quad \left\|\varphi'\left(\frac{\pi}{2}\right)\right\| = \sqrt{5}.$$

En outre

$$\varphi''(t) = (-2(\sin t + \sin(2t)), -2(\cos t + \cos(2t)), -\sin t).$$

En particulier,

$$\varphi''\left(\frac{\pi}{2}\right) = (-2, 2, -1).$$

En conséquence

$$\varphi'\left(\frac{\pi}{2}\right) \wedge \varphi''\left(\frac{\pi}{2}\right) = (2, -1, -6),$$

et

$$\left\| \varphi' \left(\frac{\pi}{2} \right) \wedge \varphi'' \left(\frac{\pi}{2} \right) \right\| = \sqrt{41}.$$

La courbure sera donnée donc par

$$\kappa = \frac{\left\| \varphi' \left(\frac{\pi}{2} \right) \wedge \varphi'' \left(\frac{\pi}{2} \right) \right\|}{\left\| \varphi' \left(\frac{\pi}{2} \right) \right\|^3} = \frac{1}{5} \sqrt{\frac{41}{5}}.$$

(b) En étant $\varphi \left(\frac{\pi}{2} \right) = (2, 0, 1)$, le plan osculateur aura équation

$$\left\langle (x, y, z) - \varphi \left(\frac{\pi}{2} \right), \varphi' \left(\frac{\pi}{2} \right) \wedge \varphi'' \left(\frac{\pi}{2} \right) \right\rangle = 2(x - 2) - y - 6(z - 1) = 0,$$

i.e.

$$2x - y - 6z + 2 = 0.$$

Enfin, nous observons qu'un vecteur normal au plan rectifiant en $\varphi(\frac{\pi}{2})$ est

$$\left(\varphi' \left(\frac{\pi}{2} \right) \wedge \varphi'' \left(\frac{\pi}{2} \right) \right) \wedge \varphi' \left(\frac{\pi}{2} \right) = (-12, 6, -5).$$

Donc l'equation du plan rectifiant est

$$\left\langle (x, y, z) - \varphi \left(\frac{\pi}{2} \right), (-12, 6, -5) \right\rangle = -12(x - 2) + 6y - 5(z - 1) = 0,$$

i.e.

$$-12x + 6y - 5z + 29 = 0.$$

Exercice 9.33. *Calculer l'intégrale de ligne*

$$I = \int_\gamma x \sqrt{x^2 + y^2 + z^2} \, ds$$

où

$$\gamma : \begin{cases} x = e^t \cos t \\ y = e^t \sin t \\ z = e^t, \end{cases} \qquad t \in [0, \pi].$$

Rèsolution. Car

$$\begin{cases} x' = e^t \cos t - e^t \sin t \\ y' = e^t \sin t + e^t \cos t \\ z' = e^t, \end{cases} \qquad t \in [0, \pi],$$

nous avons $\|\gamma'(t)\| = \sqrt{3}\, e^t$, et

$$I = \int_0^\pi x(t) \sqrt{x(t)^2 + y(t)^2 + z(t)^2}\, \|f'(t)\|\, dt = \sqrt{6} \int_0^\pi e^{3t} \cos t\, dt.$$

En intégrant pour parties, on il a

$$\int e^{3t} \cos t\, dt = e^{3t} \sin t - 3 \int e^{3t} \sin t\, dt$$

$$= e^{3t} \sin t + 3e^{3t} \cos t - 9 \int e^{3t} \cos t\, dt$$

de lequel on a

$$\int e^{3t} \cos t\, dt = \frac{e^{3t}}{10} (\sin t + 3 \cos t) + c.$$

On a, en conséquence

$$I = \sqrt{6} \left[\frac{e^{3t}}{10} (\sin t + 3 \cos t) \right]_0^\pi = -\frac{3}{5} \sqrt{\frac{3}{2}} \left(e^{3\pi} + 1 \right).$$

Exercice 9.34. *Nous considérons la courbe*

$$\varphi(t) = \left(\operatorname{artan}(2t), -5, \frac{\log\left(1 + 4t^2\right)}{4} \right)$$

avec $t \in [0, +\infty)$.

1. *Déterminer le trièdre de Frene $\overrightarrow{T}, \overrightarrow{N}, \overrightarrow{B}$ dans le point $P = (0, -5, 0)$, correspondant à la valeur du paramètre $t = 0$.*

2. *Déterminer le plan osculateur en*

3. *Déterminer courbure et rayon de courbure en P.*

4. *Déterminer l'équation du cercle osculateur en P.*

Rèsolution. 1. Nous avons :

$$\varphi'(t) = \left(\frac{2}{1 + 4t^2}, 0, \frac{2t}{1 + 4t^2} \right)$$

$$\|\varphi'(t)\| = \sqrt{\left(\frac{2}{1 + 4t^2} \right)^2 + \left(\frac{2t}{1 + 4t^2} \right)^2} = \frac{\sqrt{4 + 4t^2}}{1 + 4t^2}$$

Donc

$$\overrightarrow{T}(t) = \frac{\varphi'(t)}{|\varphi'(t)|} = \left(\frac{2}{\sqrt{4+4t^2}}, 0, \frac{2t}{\sqrt{4+4t^2}} \right)$$

$$\overrightarrow{T}(0) = (1, 0, 0).$$

On dérive $\overrightarrow{T}$ et on calcule le module :

$$\overrightarrow{T}'(t) = \left(-2\frac{1}{2}\frac{8t}{(4+4t^2)^{\frac{3}{2}}}, 0, \frac{2\sqrt{4+4t^2} - 2t\frac{8t}{2\sqrt{4+4t^2}}}{4+4t^2} \right) =$$

$$= \left(-\frac{8t}{(9+4t^2)^{\frac{3}{2}}}, 0, \frac{8}{(4+4t^2)^{\frac{3}{2}}} \right)$$

$$\left\| \overrightarrow{T}'(t) \right\| = \sqrt{ \left(\frac{8t}{(4+4t^2)^{\frac{3}{2}}} \right)^2 + \left(\frac{8}{(4+4t^2)^{\frac{3}{2}}} \right)^2 } = \frac{\sqrt{64+64t^2}}{(4+4t^2)^{\frac{3}{2}}}$$

Donc

$$\overrightarrow{N}(t) = \frac{\overrightarrow{T}'(t)}{\left\| \overrightarrow{T}'(t) \right\|} = \left(-\frac{8t}{\sqrt{64+64t^2}}, 0, \frac{8}{\sqrt{64+64t^2}} \right)$$

$$\overrightarrow{N}(0) = (0, 0, 1).$$

Finalement :

$$\overrightarrow{B}(0) = \overrightarrow{T}(0) \times \overrightarrow{N}(0) = (0, -1, 0).$$

2. Le plan osculateur en $t = 0$ il a normal $\overrightarrow{B}(0) = (0, -1, 0)$. Donc :

$$-y + d = 0$$

$$y = d$$

Pour trouver d il s'impose le passage pour le point $P = (0, -5, 0)$. Le plan osculateur est :

$$y = -5$$

D'autre part, la courbe est plate car la composante y elle est fixée même à -5.

3. La courbure est donnée par :

$$k(t) = \frac{\left\|\vec{T}'(t)\right\|}{\left\|\varphi'(t)\right\|} = \frac{\sqrt{64 + 64t^2}}{(4 + 4t^2)^{\frac{3}{2}}} \frac{1 + 4t^2}{\sqrt{4 + 4t^2}}$$

Donc :

$$k(0) = \frac{\sqrt{64}}{(4)^{\frac{3}{2}}} \frac{1}{\sqrt{4}} = \frac{8}{16} = \frac{1}{2}$$

Le rayon par courbure est donné par :

$$\rho(0) = \frac{1}{k(0)} = 2$$

Le cercle osculateur se trouve dans le plan $y = -5$, il a rayon 2 et le centre à une distance 2 du point $P = (0, -5, 0)$ dans la direction et le sens donnés pa $N(0) = (0, 0, 1)$. Il est donc en $C = (0, -5, 2)$.

4. L'équation du cercle osculateur est donc :

$$\begin{cases} x^2 + (y + 5)^2 + (z - 2)^2 = 4 \\ y = -5. \end{cases}$$

Exercice 9.35. *Nous considérons la courbe*

$$\gamma : \begin{cases} x = t + \cos t \\ y = t + \sin t \\ z = 1 + t, \end{cases} \qquad t \in [-\pi, \pi].$$

1. *Vérifier que la courbe* γ *elle est régulière.*

2. *Déterminer les verseurs de la triade intrinsèque de* γ *dans le point* $P \equiv (1, 0, 1)$.

3. *Déterminer la courbure de* γ *dans le point* P.

Rèsolution. Nous commençons avec l'observer qu'on a

$$\begin{cases} x' = 1 - \sin t \\ y' = 1 + \cos t \\ z' = 1 \end{cases} \qquad \text{et} \qquad \begin{cases} x'' = -\cos t \\ y'' = -\sin t \\ z'' = 0. \end{cases}$$

1. Car $z'(t) = 1 \neq 0$ pour chaque $t \in [-\pi, \pi]$, la courbe γ elle est régulière.

2. Tout de suite il se voit que le point $P \equiv (1, 0, 1)$ il appartient au soutien de γ et qu'il correspond au point qu'on obtient pour $t = 0$. On a, en outre $\gamma'(0) = (1, 2, 1)$ et $\gamma''(0) = (-1, 0, 0)$. Donc

$$\gamma'(0) \wedge \gamma''(0) = \begin{vmatrix} i & j & k \\ 1 & 2 & 1 \\ -1 & 0 & 0 \end{vmatrix} = (0, -1, 2)$$

et $\|\gamma'(0) \wedge \gamma''(0)\| = \sqrt{5}$. On a ainsi les verseurs

$$\vec{T}(0) = \frac{\gamma'(0)}{\|\gamma'(0)\|} = \frac{(1, 2, 1)}{\sqrt{6}},$$

$$\vec{B}(0) = \frac{\gamma'(0) \wedge \gamma''(0)}{\|\gamma'(0) \wedge \gamma''(0)\|} = \frac{(0, -1, 2)}{\sqrt{5}}.$$

Enfin, le verseur normal est donné par

$$\vec{N}(0) = \vec{B}(0) \wedge \vec{T}(0) = \frac{1}{\sqrt{30}} \begin{vmatrix} i & j & k \\ 0 & -1 & 2 \\ 1 & 2 & 1 \end{vmatrix} = \frac{(-5, 2, 1)}{\sqrt{30}}.$$

3. La courbure et le rayon de courbure de γ en P ils sont donnés par

$$\kappa(0) = \frac{\|\gamma'(0) \wedge \gamma''(0)\|}{\|\gamma'(0)\|^3} = \frac{\sqrt{5}}{6\sqrt{6}} \qquad e \qquad \rho(0) = \frac{1}{\kappa(0)} = \frac{6\sqrt{6}}{\sqrt{5}}.$$

Exercice 9.36. *Elle est donnée la courbe* γ *d'équations paramétriques*

$$\gamma : \begin{cases} x = t + \cos^2 t \\ y = t + \sin^2 t \\ z = \sqrt{2} \sin t \cos t, \end{cases} \qquad t \in \mathbb{R}.$$

1. *Démontrer que la courbe est bi-régulière dans le point* $P = \gamma(0)$.

2. *Déterminer le triade intrinsèque de* γ *en* P.

3. *Calculer l'intégrale curviligne*

$$I = \int_\Gamma (x^2 - y^2) z \, ds,$$

où Γ *c'est l'arc de la courbe* γ *qu'on obtient pour* $t \in [0, 2\pi]$.

4. *Établir si ils existent* $t \in \mathbb{R}$ *tels que* $\gamma'(t)$ *et* $\gamma''(t)$ *ils sont orthogonaux.*

Rèsolution. (a) Nous remarquons que, $\forall\, t \in \mathbb{R}$,

$$\begin{cases} x'(t) = 1 - 2\cos t \sin t = 1 - \sin 2t \\ y'(t) = 1 + 2\sin t \cos t = 1 + \sin 2t \\ z'(t) = \sqrt{2}\cos 2t\,, \end{cases} \qquad \begin{cases} x''(t) = -2\cos 2t \\ y''(t) = 2\cos 2t \\ z''(t) = -2\sqrt{2}\sin 2t\,. \end{cases}$$

On a

$$P = \gamma(0) = (1,0,0), \quad \gamma'(0) = (1,1,\sqrt{2}), \quad \gamma''(0) = (-2,2,0)\,.$$

Donc

$$\gamma'(0) \wedge \gamma''(0) = \begin{vmatrix} i & j & k \\ 1 & 1 & \sqrt{2} \\ -2 & 2 & 0 \end{vmatrix} = 2\,(-\sqrt{2}, -\sqrt{2}, 2)\,,$$

$$\|\gamma'(0)\| = 2 \qquad \text{e} \qquad \|\gamma'(0) \wedge \gamma''(0)\| = 4\sqrt{2}\,.$$

car $\|\gamma'(0) \wedge \gamma''(0)\| \neq 0$, la courbe γ elle est bi-régulière en P.

(b) Le triade intrinsèque de γ en P 'est

$$\vec{T}(0) = \frac{\gamma'(0)}{\|\gamma'(0)\|} = \frac{1}{2}(1,1,\sqrt{2}),$$

$$\vec{B}(0) = \frac{\gamma'(0) \wedge \gamma''(0)}{\|\gamma'(0) \wedge \gamma''(0)\|} = \frac{1}{2}(-1,-1,\sqrt{2}),$$

$$\vec{N}(0) = \vec{B}(0) \wedge \vec{T}(0) = \frac{1}{\sqrt{2}}(-1,1,0)\,.$$

c. Car

$$\|\gamma'(t)\| = \sqrt{2 + 2\sin^2 2t + 2\cos^2 2t} = 2\,,$$

la courbe γ elle est régulièere, et

$$I = \int_{\Gamma} (x-y)(x+y)\, z\, ds$$

$$= \int_0^{\pi} (\cos^2 t - \sin^2 t)(2t + \cos^2 t + \sin^2 t)\frac{\sqrt{2}}{2}\sin 2t\,\|\gamma'(t)\|\, dt$$

$$= \sqrt{2}\int_0^{\pi} \sin 2t \cos 2t\,(2t+1)\, dt$$

$$= \frac{\sqrt{2}}{2}\int_0^{\pi} \sin 4t\,(2t+1)\, dt$$

$$= \frac{\sqrt{2}}{2}\int_0^{\pi} (2t\sin 4t + \sin 4t)\, dt\,.$$

En intégrant par parties, nous avons

$$\int t \sin 4t \, dt = -\frac{t}{4} \cos 4t + \frac{1}{4} \int \cos 4t \, dt = -\frac{t}{4} \cos 4t + \frac{1}{16} \sin 4t \,.$$

Donc

$$I = \frac{\sqrt{2}}{2} \left[-\frac{t}{2} \cos 4t + \frac{1}{8} \sin 4t - \frac{1}{4} \cos 4t \right]_0^{2\pi} = -\frac{\sqrt{2}}{2} \pi \,.$$

d. Pour chaque $t \in \mathbb{R}$ nous avons

$$\langle \gamma'(t), \gamma''(t) \rangle = -2 \cos 2t (1 - \sin 2t) + 2 \cos 2t (1 + \sin 2t) - 4 \sin 2t \cos 2t = 0 \,.$$

Donc $\gamma'(t)$ et $\gamma''(t)$ sont orthogonaux pour chaque $t \in \mathbb{R}$.

Exercice 9.37. *Nous considérons la courbe*

$$\gamma : \begin{cases} x = t^2 \sin t \\ y = t^2 \cos t \\ z = 2t \,, \end{cases} \qquad t \in [-1, 1] \,.$$

1. *Calculer la longueur de* γ.

2. *Calculer l'intégrale curviligne de premières espèces*

$$I = \int_\gamma xyz^2 ds \,.$$

Rèsolution. 1. Nous avons

$$\begin{cases} x'(t) = 2t \sin t + t^2 \cos t \\ y'(t) = 2t \cos t - t^2 \sin t \\ z'(t) = 2 \,, \end{cases} \qquad t \in [-1, 1],$$

et

$$\|\gamma'(t)\| = \sqrt{4 + 4t^2 + t^4} = 2 + t^2 \,.$$

Donc γ elle est une courbe régulièere et

$$L(\gamma) = \int_{-1}^1 \|\gamma'(t)\| \, dt = \int_{-1}^1 (2 + t^2) \, dt = \frac{14}{3} \,.$$

2. On a

$$I = \int_\gamma xyz^2 ds = 16 \int_{-1}^1 t^6 (2 + t^2) \sin t \cos t \, dt \,.$$

Comme la fonction d'intégration est égale et que l'intervalle d'intégration est symétrique par rapport à l'origine, nous avons $I = 0$.

Chapitre 10

Algèbre Linéaire

Prérequis théoriques

◇ Matrices, déterminant.
◇ Espaces vectoriels.
◇ Systèmes linéaires, élimination de Gauss.
◇ Applications linéaires.
◇ Vecteurs propres,et valeurs propres.
◇ Espaces vectoriels métriques, projections orthogonales, or-
thonormalisation de Gram-Schmidt,.
◇ Formes quadratiques.

10.1   Matrices et systèmes linéaires

Exercice 10.1. *Résoudre le système linéaire*

$$\begin{cases} x_1 - x_2 + 2x_3 & = 5 \\ -x_1 - x_3 & = -3 \\ x_2 + x_3 & = 2 \end{cases}.$$

Rèsolution. La matrice des coefficients du système complétée avec le vecteur des termes connus est

$$\left[\begin{array}{ccc} 1 & -1 & 2 \\ -1 & 0 & -1 \\ 0 & 1 & 1 \end{array}\right. \left.\begin{array}{c} 5 \\ -3 \\ 2 \end{array}\right].$$

En exécutant l'élimination de Gauss, nous obtenons

$$\left[\begin{array}{ccc} 1 & -1 & 2 \\ 0 & -1 & 1 \\ 0 & 0 & 2 \end{array}\right. \left|\begin{array}{c} 5 \\ 2 \\ 4 \end{array}\right] .$$

En le résolvant à l'envers, on trouve la solution $\mathbf{x} = (1, 0, 2)$.

Exercice 10.2. *Résoudre le système linéaire*

$$\begin{cases} 2x_1 - x_2 + x_3 & = 1 \\ 2x_1 + 3x_2 - 4x_3 & = -5 \\ x_2 + x_3 & = 3 \end{cases} .$$

Rèsolution. La matrice des coefficients du système complétée avec le vecteur des termes connus est

$$\left[\begin{array}{ccc} 2 & -1 & 1 \\ 2 & 3 & -4 \\ 0 & 1 & 1 \end{array}\right. \left|\begin{array}{c} 1 \\ -5 \\ 3 \end{array}\right] .$$

En exécutant l'élimination de Gauss, nous obtenons

$$\left[\begin{array}{ccc} 2 & -1 & 1 \\ 0 & 4 & -5 \\ 0 & 0 & \frac{9}{4} \end{array}\right. \left|\begin{array}{c} 1 \\ -6 \\ \frac{9}{2} \end{array}\right] .$$

En le résolvant à l'envers, on trouve la solution $\mathbf{x} = (0, 1, 2)$.

Exercice 10.3. *Résoudre le système linéaire*

$$\begin{cases} x_1 - 2x_2 + 5x_3 & = -1 \\ -x_1 + 2x_2 - 6x_3 & = 1 \\ x_1 + 3x_2 - x_3 & = 9 \end{cases} .$$

Rèsolution. La matrice des coefficients du système complétée avec le vecteur des termes connus est

$$\left[\begin{array}{ccc} 1 & -2 & 5 \\ -1 & 2 & -6 \\ 1 & 3 & -1 \end{array}\right. \left|\begin{array}{c} -1 \\ 1 \\ 9 \end{array}\right] .$$

En exécutant l'élimination de Gauss, nous obtenons

$$\left[\begin{array}{ccc|c} 1 & -2 & 5 & -1 \\ 0 & 5 & -6 & 10 \\ 0 & 0 & -1 & 0 \end{array}\right].$$

En le résolvant à l'envers, on trouve la solution $\mathbf{x} = (3, 2, 0)$.

Exercice 10.4. *Résoudre le système linéaire*

$$\begin{cases} x_1 - 2x_2 + x_3 & = 1 \\ x_1 + x_2 + x_3 & = 4 \\ 3x_1 + 3x_3 & = 9 \end{cases}.$$

Rèsolution. La matrice des coefficients du système complétée avec le vecteur des termes connus est

$$\left[\begin{array}{ccc|c} 1 & -2 & 1 & 1 \\ 1 & 1 & 1 & 4 \\ 3 & 0 & 3 & 9 \end{array}\right].$$

En exécutant l'élimination de Gauss, nous obtenons

$$\left[\begin{array}{ccc|c} 1 & -2 & 1 & 1 \\ 0 & 3 & 0 & 3 \\ 0 & 0 & 0 & 0 \end{array}\right].$$

Par conséquent x_3 c'est une variable libre. Nous mettons $x_3 = t$, $t \in \mathbb{R}$. En le résolvant à l'envers, on trouve ∞^1 solutions $\mathbf{x} = (3 - t, 1, t)$.

Exercice 10.5. *Résoudre le système linéaire*

$$\begin{cases} 2x_1 + x_2 + x_3 & = 6 \\ x_1 - x_2 - x_3 & = 0 \\ 5x_1 - 2x_2 - 2x_3 & = 6 \end{cases}.$$

Rèsolution. La matrice des coefficients du système complétée avec le vecteur des termes connus est

$$\left[\begin{array}{ccc|c} 2 & 1 & 1 & 6 \\ 1 & -1 & -1 & 0 \\ 5 & -2 & -2 & 6 \end{array}\right].$$

En exécutant l'élimination de Gauss, nous obtenons

$$\left[\begin{array}{ccc} 2 & 1 & 1 \\ 0 & -\frac{3}{2} & -\frac{3}{2} \\ 0 & 0 & 0 \end{array}\right] \begin{array}{c} 6 \\ -3 \\ 0 \end{array} \ .$$

Par conséquent x_3 c'est une variable libre. Nous mettons $x_3 = t$, $t \in \mathbb{R}$. En le résolvant à l'envers, on trouve ∞^1 solutions $\mathbf{x} = (2, 2 - t, t)$.

Exercice 10.6. *Résoudre le système linéaire*

$$\begin{cases} x_1 + x_2 + x_3 & = 3 \\ -x_1 + x_2 & = 0 \\ 2x_2 + x_3 & = 2 \end{cases} \ .$$

Rèsolution. La matrice des coefficients du système complétée avec le vecteur des termes connus est

$$\left[\begin{array}{ccc} 1 & 1 & 1 \\ -1 & 1 & 0 \\ 0 & 2 & 1 \end{array}\right] \begin{array}{c} 3 \\ 0 \\ 2 \end{array} \ .$$

En exécutant l'élimination de Gauss, nous obtenons

$$\left[\begin{array}{ccc} 1 & 1 & 1 \\ 0 & 2 & 1 \\ 0 & 0 & 0 \end{array}\right] \begin{array}{c} 3 \\ 3 \\ -1 \end{array} \ .$$

Le système est incompatible en conséquence.

Exercice 10.7. *Résoudre le système linéaire*

$$\begin{cases} 3x_1 + x_2 + x_3 & = 7 \\ 6x_1 - x_2 - x_3 & = 2 \\ -3x_1 + 2x_2 + 2x_3 & = 5 \end{cases} \ .$$

Rèsolution. La matrice des coefficients du système complétée avec le vecteur des termes connus est

$$\left[\begin{array}{ccc} 3 & 1 & 1 \\ 6 & -1 & -1 \\ -3 & 2 & 2 \end{array}\right] \begin{array}{c} 7 \\ 2 \\ 5 \end{array} \ .$$

En exécutant l'élimination de Gauss, nous obtenons

$$\left[\begin{array}{ccc|c} 3 & 1 & 1 & 7 \\ 0 & -3 & -3 & -12 \\ 0 & 0 & 0 & 0 \end{array}\right].$$

Par conséquent x_3 c'est une variable libre. Nous mettons $x_3 = t$, $t \in \mathbb{R}$. En le résolvant à l'envers, on trouve ∞^1 solutions $\mathbf{x} = (1, 4 - t, t)$.

Exercice 10.8. *Résoudre le système linéaire*

$$\begin{cases} x_1 - x_2 + x_3 & = 3 \\ -x_1 - x_2 + 3x_3 & = 7 \\ x_2 - 5x_3 & = -14 \end{cases}.$$

Rèsolution. La matrice des coefficients du système complétée avec le vecteur des termes connus est

$$\left[\begin{array}{ccc|c} 1 & -1 & 1 & 3 \\ -1 & -1 & 3 & 7 \\ 0 & 1 & -5 & -14 \end{array}\right].$$

En exécutant l'elimination de Gauss, nous obtenons

$$\left[\begin{array}{ccc|c} 1 & -1 & 1 & 3 \\ 0 & -2 & 4 & 10 \\ 0 & 0 & -3 & -9 \end{array}\right].$$

En le résolvant à l'envers, on trouve la solution $\mathbf{x} = (1, 1, 3)$.

Exercice 10.9. *Résoudre le système linéaire*

$$\begin{cases} x_1 - x_2 - x_3 & = 0 \\ x_2 + x_3 & = 2 \\ x_1 + x_2 + x_3 & = 3 \end{cases}.$$

Rèsolution. La matrice des coefficients du système complétée avec le vecteur des termes connus est

$$\left[\begin{array}{ccc|c} 1 & -1 & -1 & 0 \\ 1 & 1 & 1 & 3 \\ 0 & 1 & 1 & 2 \end{array}\right].$$

En exécutant l'elimination de Gauss, nous obtenons

$$\left[\begin{array}{ccc} 1 & -1 & 1 \\ 0 & 2 & 2 \\ 0 & 0 & 0 \end{array}\middle|\begin{array}{c} 0 \\ 3 \\ \frac{1}{2} \end{array}\right].$$

Le système est incompatible en conséquence.

Exercice 10.10. *Résoudre le système linéaire*

$$\begin{cases} 2x_1 + x_2 - 3x_3 + x_4 & = 1 \\ x_3 - x_4 & = 0. \end{cases}$$

Rèsolution. Il s'agit d'un système linéaire à échelle. Les variables libres sont $x_2 = t, x_4 = s$, $t, s \in \mathbb{R}$. Le système admet ∞^2 solutions :

$$\mathbf{x} = t\begin{bmatrix} -1/2 \\ 1 \\ 0 \\ 0 \end{bmatrix} + s\begin{bmatrix} 1 \\ 0 \\ 1 \\ 1 \end{bmatrix} + \begin{bmatrix} 1/2 \\ 0 \\ 0 \\ 0 \end{bmatrix}.$$

Exercice 10.11. *Résoudre le système linéaire*

$$\begin{cases} x_1 + x_2 - 3x_3 + x_4 - x_5 & = 1 \\ 2x_2 - x_4 & = 3 \\ x_5 & = -2. \end{cases}$$

Rèsolution. Il s'agit d'un système linéaire à échelle. Les variables libres sont $x_3 = t, x_4 = s$, $t, s \in \mathbb{R}$. Le système admet ∞^2 solutions :

$$\mathbf{x} = t\begin{bmatrix} 3 \\ 0 \\ 1 \\ 0 \\ 0 \end{bmatrix} + s\begin{bmatrix} -3/2 \\ 1/2 \\ 0 \\ 1 \\ 0 \end{bmatrix} + \begin{bmatrix} -5/2 \\ 3/2 \\ 0 \\ 0 \\ -2 \end{bmatrix}.$$

Exercice 10.12. *Résoudre le système linéaire*

$$\begin{cases} x_1 + 2x_2 & = 1 \\ 2x_1 + 4x_2 + x_3 + x_4 & = 2 \\ x_1 + 2x_2 + x_3 & = 2. \end{cases}$$

Rèsolution. La matrice des coefficients du système complétée avec le vecteur des termes connus est

$$\left[\begin{array}{cccc} 1 & 2 & 0 & 0 \\ 2 & 4 & 1 & 1 \\ 1 & 2 & 1 & 0 \end{array}\right| \begin{array}{c} 1 \\ 2 \\ 2 \end{array}].$$

En exécutant l'élimination de Gauss, la matrice précédente se réduit à la matrice à échelle suivante

$$\left[\begin{array}{cccc} 1 & 2 & 0 & 0 \\ 0 & 0 & 1 & 1 \\ 0 & 0 & 0 & -1 \end{array}\right| \begin{array}{c} 1 \\ 0 \\ 1 \end{array}].$$

Nous avons 3 pivots, situés en la première, troisième et quatrième colonne. Le système a donc ∞^1 solutions, qui dépendent de la "variable libre" $x_2 = t, t \in \mathbb{R}$. Les solutions sont :

$$x_1 = 1 - 2t, \ x_2 = t, \ x_3 = 1, \ x_4 = -1.$$

Exercice 10.13. *Résoudre le système linéaire*

$$A\mathbf{x} = \mathbf{b},$$

en étant

$$A = \left[\begin{array}{cccc} 1 & 0 & 3 & -2 \\ 2 & 1 & 0 & 4 \\ 3 & 1 & 1 & 2 \\ 4 & 2 & -2 & 8 \end{array}\right], \quad \mathbf{b} = \left[\begin{array}{c} 1 \\ 2 \\ 5 \\ 6 \end{array}\right].$$

Rèsolution. En exécutant l'élimination de Gauss à la matrice $A|\mathbf{b}$ on parvient à la matrice à échelle

$$\left[\begin{array}{cccc} 1 & 0 & 3 & -2 \\ 0 & 1 & -6 & 8 \\ 0 & 0 & -2 & 0 \\ 0 & 0 & 0 & 0 \end{array}\right| \begin{array}{c} 1 \\ 0 \\ 2 \\ 0 \end{array}].$$

Nous avons donc le système à échelle équivalente

$$\begin{cases} x_1 + 3x_3 - 2x_4 & = 1 \\ x_2 - 6x_3 + 8x_4 & = 0 \\ -2x_3 & = 2, \end{cases}$$

avec variable libre $x_4 = t$, $t \in \mathbb{R}$. Le système admet ∞^1 solutions :

$$\xi = \begin{bmatrix} 4 \\ -6 \\ -1 \\ 0 \end{bmatrix} + t \begin{bmatrix} 2 \\ -8 \\ 0 \\ 1 \end{bmatrix}.$$

Exercice 10.14. *Résoudre le système linéaire*

$$\begin{cases} x_1 - 2x_2 + x_3 = 1 \\ -x_1 + 4x_2 - 3x_3 = -1 \\ x_2 - x_3 = 2. \end{cases}$$

Rèsolution. Nous effectuons l'élimination de Gauss à la matrice complète du système $A|\mathbf{b}$, en étant $\mathbf{b}$ le vecteur des termes connus. Nous obtenons la matrice à échelle

$$\left[\begin{array}{ccc} 1 & -2 & 1 \\ 0 & 2 & -2 \\ 0 & 0 & 0 \end{array}\right. \left.\begin{array}{c} 1 \\ 0 \\ 2. \end{array}\right]$$

Le système n'est donc pas compatible.

Exercice 10.15. *Résoudre le système linéaire*

$$\begin{cases} 2x_1 + 5x_2 + 3x_3 - 4x_4 = 0 \\ x_1 - x_2 + x_3 + x_4 = 1 \\ 3x_1 + 4x_2 + 4x_3 - x_4 = 2. \end{cases}$$

Rèsolution. La matrice des coefficients est la suivante

$$A = \begin{bmatrix} 2 & 5 & 3 & -4 \\ 1 & -1 & 1 & 1 \\ 3 & 4 & 4 & -1 \end{bmatrix}.$$

Nous effectuons l'élimination de Gauss à la matrice complète du système $A|\mathbf{b}$, en étant $\mathbf{b}$ le vecteur des termes connus. Nous obtenons la matrice à échelle

$$\left[\begin{array}{cccc} 2 & 5 & 3 & -4 \\ 0 & -7/2 & -1/2 & 3 \\ 0 & 0 & 0 & 2 \end{array}\right. \left.\begin{array}{c} 0 \\ 1 \\ 1. \end{array}\right]$$

Nous avons ∞^1 solution, x_3 est une variable libre. Nous mettons $x_3 = t$, $t \in \mathbb{R}$. En le résolvant à l'envers, on trouve les solutions

$$\left(\frac{9}{14} - \frac{8}{7}t, \frac{1}{7} - \frac{t}{7}, t, \frac{1}{2} \right).$$

Exercice 10.16. *Résoudre les systèmes linéaires*

$$Ax = b$$

et

$$Ax = 0,$$

en étant

$$A = \begin{bmatrix} 1 & -1 & 0 & 0 & 1 \\ 0 & 0 & 1 & 1 & 0 \\ 1 & 0 & 0 & -1 & -2 \end{bmatrix}, \quad b = \begin{bmatrix} 1 \\ 0 \\ 3 \end{bmatrix}.$$

Rèsolution. Nous résolvons le système $Ax = b$. Nous exécutons l'élimination de Gauss sur la matrice complète du système :

$$\begin{bmatrix} 1 & -1 & 0 & 0 & 1 \\ 0 & 0 & 1 & 1 & 0 \\ 1 & 0 & 0 & -1 & -2 \end{bmatrix} \begin{matrix} 1 \\ 0 \\ 3 \end{matrix} \to \begin{bmatrix} 1 & -1 & 0 & 0 & 1 \\ 1 & 0 & 0 & -1 & -2 \\ 0 & 0 & 1 & 1 & 0 \end{bmatrix} \begin{matrix} 1 \\ 3 \\ 0 \end{matrix}$$

$$\to \begin{bmatrix} 1 & -1 & 0 & 0 & 1 \\ 0 & 1 & 0 & -1 & -3 \\ 0 & 0 & 1 & 1 & 0 \end{bmatrix} \begin{matrix} 1 \\ 2 \\ 0. \end{matrix}$$

Nous avons deux variables libres $x_4 = t, x_5 = s$. Donc le système admet ∞^2 solutions donnée par

$$x = \begin{bmatrix} 3 \\ 2 \\ 0 \\ 0 \\ 0 \end{bmatrix} + t \begin{bmatrix} 1 \\ 1 \\ -1 \\ 1 \\ 0 \end{bmatrix} + s \begin{bmatrix} 2 \\ 3 \\ 0 \\ 0 \\ 1 \end{bmatrix}, \quad t, s \in \mathbb{R}.$$

Du théorème de structure il suit immédiatement que les ∞^2 solutions du système homogène $Ax = 0$ sont

$$x = t \begin{bmatrix} 1 \\ 1 \\ -1 \\ 1 \\ 0 \end{bmatrix} + s \begin{bmatrix} 2 \\ 3 \\ 0 \\ 0 \\ 1 \end{bmatrix}, \quad t, s \in \mathbb{R}.$$

Exercice 10.17. *Résoudre le système linéaire*

$$\begin{cases} x_1 + 2x_2 - x_3 = 0 \\ x_1 - 2x_2 - 3x_3 = 1 \\ x_2 + 1/2x_3 = 3/4. \end{cases}$$

Rèsolution. Nous effectuons l'élimination de Gauss à la matrice complète du système $A|\mathbf{b}$, en étant $\mathbf{b}$ le vecteur des termes connus. Nous obtenons la matrice à échelle

$$\left[\begin{array}{ccc|c} 1 & 2 & -1 & 0 \\ 0 & -4 & -2 & 1 \\ 0 & 0 & 0 & 1 \end{array}\right].$$

Le système n'est donc pas compatible.

***Exercice* 10.18.** *Résoudre les systèmes linéaires*

$$A\mathbf{x} = \mathbf{b}$$

et

$$A\mathbf{x} = \mathbf{0},$$

en étant

$$A = \left[\begin{array}{cccc} 1 & -3 & 1 & 0 \\ 0 & 1 & -1 & 1 \\ 2 & -3 & -1 & 3 \end{array}\right], \quad \mathbf{b} = \left[\begin{array}{c} 1 \\ 2 \\ 8 \end{array}\right].$$

Rèsolution. Nous résolvons le système $A\mathbf{x} = \mathbf{b}$. Nous exécutons l'élimination de Gauss sur la matrice complète du système :

$$\left[\begin{array}{cccc|c} 1 & -3 & 1 & 0 & 1 \\ 0 & 1 & -1 & 1 & 2 \\ 2 & -3 & -1 & 3 & 8 \end{array}\right] \rightarrow \left[\begin{array}{cccc|c} 1 & -3 & 1 & 0 & 1 \\ 2 & -3 & -1 & 3 & 8 \\ 0 & 1 & -1 & 1 & 2 \end{array}\right]$$

$$\rightarrow \left[\begin{array}{cccc|c} 1 & -3 & 1 & 0 & 1 \\ 0 & 3 & -3 & 3 & 6 \\ 0 & 0 & 0 & 0 & 0 \end{array}\right].$$

Nous avons deux variables libres $x_3 = t, x_4 = s$. Donc le système admet ∞^2 solutions donnée par

$$\mathbf{x} = \left[\begin{array}{c} 7 \\ 2 \\ 0 \\ 0 \end{array}\right] + t \left[\begin{array}{c} 2 \\ 1 \\ 1 \\ 0 \end{array}\right] + s \left[\begin{array}{c} -3 \\ -1 \\ 0 \\ 1 \end{array}\right], \quad t, s \in \mathbb{R}.$$

Du théorème de structure il suit immédiatement que les ∞^2 solutions du système homogène $A\mathbf{x} = \mathbf{0}$ elles sont

$$\mathbf{x} = t \left[\begin{array}{c} 2 \\ 1 \\ 1 \\ 0 \end{array}\right] + s \left[\begin{array}{c} -3 \\ -1 \\ 0 \\ 1 \end{array}\right], \quad t, s \in \mathbb{R}.$$

Exercice 10.19. *Établir si la matrice*

$$A = \begin{bmatrix} 2 & -1 & 1 \\ 1 & 0 & 2 \\ 0 & 1 & 3 \end{bmatrix}$$

est singulière ou pas singulière.

Rèsolution. En exécutant l'élimination de Gauss on parvient à la matrice

$$\begin{bmatrix} 2 & -1 & 1 \\ 0 & \frac{1}{2} & \frac{3}{2} \\ 0 & 0 & 0 \end{bmatrix}.$$

La matrice est singulière en conséquence

Exercice 10.20. *Établir si la matrice*

$$A = \begin{bmatrix} 1 & 0 & 1 \\ 2 & 1 & 3 \\ 2 & 0 & 1 \end{bmatrix}$$

est singulière ou pas singulière.

Rèsolution. En exécutant l'élimination de Gauss on parvient à la matrice

$$\begin{bmatrix} 1 & 0 & 1 \\ 0 & 1 & 1 \\ 0 & 0 & -1 \end{bmatrix}.$$

La matrice est en conséquence pas singulière.

Exercice 10.21. *Calculer le rang de la matrice*

$$A = \begin{bmatrix} 1 & 0 & 2 \\ 1 & 2 & 1 \\ 2 & 2 & 4 \end{bmatrix}.$$

Rèsolution. En exécutant l'élimination de Gauss on parvient à la matrice

$$\begin{bmatrix} 1 & 0 & 2 \\ 0 & 2 & -1 \\ 0 & 0 & 1 \end{bmatrix}.$$

Donc $rg(A) = 3$.

Exercice 10.22. *Calculer le rang de la matrice*

$$A = \begin{bmatrix} 2 & 0 & 1 \\ 3 & 1 & 1 \\ 1 & 1 & 0 \end{bmatrix}.$$

Rèsolution. En exécutant l'élimination de Gauss on parvient à la matrice

$$\begin{bmatrix} 2 & 0 & 1 \\ 0 & 1 & -\frac{1}{2} \\ 0 & 0 & 0 \end{bmatrix}.$$

Donc $rg(A) = 2$.

Exercice 10.23. *Calculer le rang de la matrice*

$$A = \begin{bmatrix} 2 & 1 & 1 & 3 \\ 4 & 0 & 0 & 1 \\ 0 & 1 & 2 & 0 \\ 2 & 3 & 0 & 1 \end{bmatrix}.$$

Rèsolution. En exécutant l'élimination de Gauss on parvient à la matrice

$$\begin{bmatrix} 2 & 1 & 1 & 3 \\ 0 & -2 & -2 & -5 \\ 0 & 0 & 1 & \frac{5}{2} \\ 0 & 0 & 0 & \frac{1}{2} \end{bmatrix}.$$

Donc $rg(A) = 4$.

Exercice 10.24. *Ils soient*

$$A = \begin{bmatrix} 1 & 0 & 1 \\ 2 & 3 & -1 \end{bmatrix}, \quad B = \begin{bmatrix} 2 & 0 & 5 & 1 \\ 1 & 2 & 0 & -1 \\ 0 & 4 & 1 & 3 \end{bmatrix}.$$

Calculer

$$A \cdot B.$$

Rèsolution. En exécutant le produit lignes pour colonnes on trouve :

$$A \cdot B = \begin{bmatrix} 2 & 4 & 6 & 4 \\ 7 & 2 & 9 & -4 \end{bmatrix}.$$

Exercice 10.25. *Soit*

$$A = \begin{bmatrix} 2 & 3 \\ 4 & 1 \end{bmatrix}.$$

Vérifier que la matrice A elle est inversible et déterminer la matrice inverse A^{-1}.

Rèsolution. On a

$$\det A = -10 \neq 0,$$

donc A elle est inversible. Nous calculons les compléments algébriques des éléments a_{ij}. On a

$$\mathcal{A}_{11} = 1, \quad \mathcal{A}_{12} = -4,$$

$$\mathcal{A}_{21} = -3, \quad \mathcal{A}_{22} = 2.$$

Par conséquent

$$A^{-1} = -\frac{1}{10}A = -\frac{1}{10}\begin{bmatrix} 1 & -3 \\ -4 & 2 \end{bmatrix}.$$

Exercice 10.26. *Soit*

$$A = \begin{bmatrix} 1 & 2 & 0 \\ 0 & 1 & 3 \\ 1 & 0 & 2 \end{bmatrix}.$$

(i) Vérifier que la matrice A elle est inversible et déterminer la matrice inverse A^{-1}.
(ii) Résoudre le système linéaire

$$A\mathbf{x} = \begin{bmatrix} 1 \\ 0 \\ 0 \end{bmatrix}.$$

Rèsolution. (i) Nous calculons les compléments algébriques des éléments a_{1j}. Si ha

$$\mathcal{A}_{11} = 2, \quad \mathcal{A}_{12} = 3, \quad \mathcal{A}_{13} = -1,$$

En utilisant le développement de Laplace par rapport à la première ligne, nous obtenons

$$\det A = 2 + 6 = 8 \neq 0.$$

En conséquence la matrice A elle est inversible. Nous déterminons tous les autres compléments algébriques. Nous avons

$$\mathcal{A}_{21} = -4, \quad \mathcal{A}_{22} = 2, \quad \mathcal{A}_{23} = 2,$$

$$\mathcal{A}_{31} = 6, \quad \mathcal{A}_{32} = -3, \quad \mathcal{A}_{33} = 1.$$

Donc

$$A^{-1} = \frac{1}{8} \begin{bmatrix} 2 & -4 & 6 \\ 3 & 2 & -3 \\ -1 & 2 & 1 \end{bmatrix}.$$

(ii) La solution du système est

$$\mathbf{x} = A^{-1} \begin{bmatrix} 1 \\ 0 \\ 0 \end{bmatrix} = \frac{1}{8} \begin{bmatrix} 2 \\ 3 \\ -1 \end{bmatrix}.$$

Exercice 10.27. *(i) Vérifier que la matrice*

$$A = \begin{bmatrix} 2 & 4 \\ 3 & -5 \end{bmatrix}$$

est inversible. Si oui, calculer A^{-1}.
(ii) Résoudre le système linéaire

$$A\mathbf{x} = \begin{bmatrix} 1 \\ 2 \end{bmatrix}.$$

Rèsolution. Nous remarquons que

$$\det A = -22 \neq 0.$$

Donc A elle est inversible. La matrice inverse est

$$A^{-1} = -\frac{1}{22} \begin{bmatrix} -5 & -3 \\ -4 & 2 \end{bmatrix}.$$

Donc le système admet la seule solution

$$\xi = \begin{bmatrix} 1/2 \\ 0 \end{bmatrix}.$$

Exercice 10.28. *En utilisant l'élimination de Gauss, déterminer la matrice inverse de*

$$A = \begin{bmatrix} 1 & 0 & 3 \\ 0 & 1 & 2 \\ 1 & 0 & 1 \end{bmatrix}$$

Rèsolution. La matrice A^{-1} a pour colonnes X^1, X^2, X^3, étant X^i la solution du syistème

$$AX^i = \mathbf{e_i} \quad \forall\, i = 1, 2, 3.$$

Nous résolvons le système linéaire

$$AX^1 = \mathbf{e_1}.$$

Nous avons

$$\left[\begin{array}{ccc} 1 & 0 & 3 \\ 0 & 1 & 2 \\ 0 & 0 & -2 \end{array}\right] \begin{array}{c} 1 \\ 0 \\ -1. \end{array} \rightarrow \left[\begin{array}{ccc} 1 & 0 & 3 \\ 0 & 0 & -2 \\ 0 & 1 & 2 \end{array}\right] \begin{array}{c} 1 \\ -1 \\ 0. \end{array} \rightarrow \left[\begin{array}{ccc} 1 & 0 & 3 \\ 0 & 1 & 2 \\ 0 & 0 & -2 \end{array}\right] \begin{array}{c} 1 \\ 0 \\ -1. \end{array}$$

Donc

$$X^1 = \left[\begin{array}{c} -1/2 \\ -1 \\ 1/2 \end{array}\right]$$

De même on trouve

$$X^2 = \left[\begin{array}{c} 0 \\ 1 \\ 0 \end{array}\right], \quad X^3 = \left[\begin{array}{c} 3/2 \\ 1 \\ -1/2 \end{array}\right].$$

Il s'ensuit que

$$A^{-1} = \left[\begin{array}{ccc} -1/2 & 0 & 3/2 \\ -1 & 1 & 1 \\ 1/2 & 0 & -1/2 \end{array}\right].$$

Exercice 10.29. *Déterminez pour quelles valeurs du paramètre $s \in \mathbb{R}$ le système suivant est compatible :*

$$\begin{cases} y + sz & = 1 \\ sx - y & = s - 1 \\ x + y + (1 + s)z & = 1. \end{cases}$$

Rèsolution. Soit A la matrice des coefficients et $A|\mathbf{b}$ la matrice complète du système. En utilisant le théorème des ourlés, on voit que $r(A) = 2 \ \forall s \in \mathbb{R}$; par contre $r(A|\mathbf{b}) = 3$ pour $s \neq 0$, $r(A|\mathbf{b}) = 2$ pour $s = 0$. Pour le théorème de Rouché-Capelli, pour $s \neq 0$ le système n'est pas compatible. Pour $s = 0$ le système est compatible. Les solutions sont : $(-t, 1, t)$, $t \in \mathbb{R}$.

Exercice 10.30. *Déterminez pour quelles valeurs du paramètre $t \in \mathbb{R}$ le système suivant est compatible :*

$$\begin{cases} x_1 + x_2 + tx_3 & = 1 \\ x_1 + x_2 + t^3 x_3 & = 3 \\ 2x_1 + x_2 + 2x_3 & = 0 \\ x_1 + x_2 + x_3 & = 0. \end{cases}$$

Rèsolution. Soit A la matrice des coefficients et $A|\mathbf{b}$ la matrice complète du système. Nous avons que

$$\det(A|\mathbf{b}) = -(t-1)(-t^2 - t + 2) \,.$$

Donc pour $t \neq 1, t \neq -2$, $\det(A|\mathbf{b}) \neq 0$ et $r(A|\mathbf{b}) = 4 > r(A)$. Par conséquent le système est incompatible. Pour $t = 1$ le système est encore incompatible, par contre pour $t = -2$ on a $r(A) = r(A|\mathbf{b}) = 3$, donc pour le théorème de Rouché-Capelli le système est compatible et il admet une solution seule.

Exercice 10.31. *Déterminez pour quelles valeurs du paramètre $s \in \mathbb{R}$ le système suivant est compatible :*

$$\begin{cases} (s+5)x + y & = 1 \\ 2x + 2sy + sz & = s^2 \\ -x + 2y + z & = s. \end{cases}$$

Rèsolution. Soit A la matrice des coefficients et $A|\mathbf{b}$ la matrice complète du système. Nous avons que

$$\det(A) = -(s+2) \,.$$

En conséquence pour $s \neq -2$, $\det A \neq 0$ et $r(A) = 3 = r(A|\mathbf{b})$. Il s'ensuit que le système est compatible et n'admet qu'une seule solution. Pour $s = -2$, on a $r(A) = 2 = r(A|\mathbf{b})$, donc le système admet ∞^1 solutions.

Exercice 10.32. *Déterminez pour quelles valeurs du paramètre $k \in \mathbb{R}$ le système suivant est compatible :*

$$\begin{cases} x + ky + z & = 1 \\ x + k^3 y + y & = 3 \\ 2x + (1+k)y + 2z & = 1 \\ x + z & = 0 \end{cases}$$

Rèsolution. Soit A la matrice des coefficients et $A|\mathbf{b}$ la matrice complète du système. Nous avons que pour $k \neq 1, k \neq -2$, $\det(A|\mathbf{b}) \neq 0$ et donc $r(A|\mathbf{b}) = 4 > r(A)$. Donc le système est impossible. Pour $k = 1$ le système est encore impossible, parce que $r(A) < r(A|\mathbf{b})$. Par contre, pour $k = -2$, $r(A) = r(A|\mathbf{b}) = 3$, donc le système est compatible et il admet la seule solution $\left(\frac{1}{3}, -\frac{1}{3}, 0\right)$.

10.2   Espaces vectoriels

Exercice 10.33. *Vérifier que*

$$V = \{(x, y, z) \in \mathbb{R}^3 \: : \: x - 2y + z = 0\}$$

est un sous-espace vectoriel de $\mathbb{R}^3$.

Rèsolution. Ils soient $\mathbf{v} = (v_1, v_2, v_3), \mathbf{w} = (w_1, w_2, w_3) \in V$. On a

$$v_1 + w_1 - 2(v_2 + w_2) + v_3 + w_3 = v_1 - 2v_2 + v_3 + w_1 - 2w_2 + w_3$$
$$= 0 + 0 = 0,$$

alors $\mathbf{v} + \mathbf{w} \in V$. En outre, pour chaque $\alpha \in \mathbb{R}, \mathbf{v} \in V$ nous avons

$$\alpha v_1 - 2\alpha v_2 + \alpha v_3 = \alpha(v_1 - 2v_2 + v_3) = \alpha \cdot 0 = 0,$$

donc $\alpha \mathbf{v} \in V$. Il s'ensuit que V est un sous-espace vectoriel de $\mathbb{R}^3$.

Exercice 10.34. *Vérifier que*

$$V = \{(a, b, a + 3b) \: : \: a, b, \in \mathbb{R}\}$$

est un sous-espace vectoriel de $\mathbb{R}^3$.

Rèsolution. Nous observons que $\mathbf{v} \in V$ si et seulement si

$$\mathbf{v} = a(1, 0, 1) + b(0, 1, 3),$$

pour certains $a, b \in \mathbb{R}$. Donc

$$V = \text{Span} \left\{ \begin{bmatrix} 1 \\ 0 \\ 1 \end{bmatrix}, \begin{bmatrix} 0 \\ 1 \\ 3 \end{bmatrix} \right\}.$$

Il s'ensuit que V est un sous-espace vectoriel de $\mathbb{R}^3$.

Exercice 10.35. *Considérer en* $\mathbb{R}^4$ *le sous-ensemble*

$$W = \{(a, b, a - b, 0) : a, b \in \mathbb{R}\}.$$

Vérifiez que W *est un sous-espace vectoriel de* $\mathbb{R}^4$ *et calculez sa dimension.*

Rèsolution. Nous remarquons que

$$W = \{a\mathbf{v_1} + b\mathbf{v_2} : a, b \in \mathbb{R}\} = \text{Span}\{\mathbf{v_1}, \mathbf{v_2}\},$$

où

$$\mathbf{v_1} = \begin{bmatrix} 1 \\ 0 \\ 1 \\ 0 \end{bmatrix}, \ \mathbf{v_2} = \begin{bmatrix} 0 \\ 1 \\ -1 \\ 0 \end{bmatrix}.$$

Par conséquent, W est un sous-espace vectoriel de $\mathbb{R}^4$. De plus, étant $\mathbf{v_1}$ et $\mathbf{v_2}$ linéairement indépendants, dim $W = 2$.

Exercice 10.36. *Soit* $\mathbb{R}_3[x]$ *l'espace vectoriel des polynômes en une indéterminée de degré* ≤ 3. *Établir si les trois polynômes :*

$$x^2 - x^3, \quad 1 - x, \quad x^2 - x$$

ils sont indépendants linéairement en $\mathbb{R}_3[x]$.

Rèsolution. Nous considérons l'équation

$$\alpha_1(x^2 - x^3) + \alpha_2(1 - x) + \alpha_3(x^2 - x) = 0x^3 + 0x^2 + 0x + 0,$$

dans les réelles inconnues $\alpha_1, \alpha_2, \alpha_3$. Nous avons que

$$-\alpha_1 = 0, \alpha_1 + \alpha_3 = 0, \ -\alpha_2 - \alpha_3 = 0, \ \alpha_2 = 0.$$

La solution unique de l'équation est donnée ensuite par la triade

$$\alpha_1 = \alpha_2 = \alpha_3 = 0.$$

Les trois polynômes sont par conséquence, linéairement indépendants.

Exercice 10.37. *Dire si*

$$\mathbf{v_1} = \begin{bmatrix} 1 \\ 0 \\ 1 \end{bmatrix}, \ \mathbf{v_2} = \begin{bmatrix} 2 \\ 0 \\ 0 \end{bmatrix}, \ \mathbf{v_3} = \begin{bmatrix} 0 \\ 1 \\ 0 \end{bmatrix}$$

ils constituent une base de $\mathbb{R}^3$.

Rèsolution. Nous considérons l'équation

$$\alpha_1 \mathbf{v_1} + \alpha_2 \mathbf{v_2} + \alpha_3 \mathbf{v_3} = \mathbf{0}.$$

Cette dernière peut être réécrite sous forme de système, dans les inconnues $\alpha_1, \alpha_2, \alpha_3$, comme suit :

$$\begin{cases} \alpha_1 + 2\alpha_2 & = 0 \\ \alpha_3 & = 0 \\ \alpha_1 & = 0 \end{cases}.$$

La solution unique est $\alpha_1 = \alpha_2 = \alpha_3 = 0$. Donc les trois vecteurs $\mathbf{v_1}, \mathbf{v_2}, \mathbf{v_3}$ ils sont indépendants linéairement et ils forment une base de $\mathbb{R}^3$.

Exercice **10.38.** *Dire si*

$$\mathbf{v_1} = \begin{bmatrix} 1 \\ 1 \\ 1 \\ 1 \end{bmatrix}, \ \mathbf{v_2} = \begin{bmatrix} 0 \\ 1 \\ 0 \\ 1 \end{bmatrix}, \ \mathbf{v_3} = \begin{bmatrix} 0 \\ 0 \\ 1 \\ 0 \end{bmatrix}, \ \mathbf{v_4} = \begin{bmatrix} 0 \\ 0 \\ 1 \\ 1 \end{bmatrix}$$

ils constituent une base de $\mathbb{R}^4$.

Rèsolution. Nous considérons l'équation

$$\alpha_1 \mathbf{v_1} + \alpha_2 \mathbf{v_2} + \alpha_3 \mathbf{v_3} + \alpha_4 \mathbf{v_4} = \mathbf{0}.$$

Cette dernière peut être réécrite sous forme de système, dans les inconnues $\alpha_1, \alpha_2, \alpha_3, \alpha_4$, comme suit :

$$\begin{cases} \alpha_1 & = 0 \\ \alpha_1 + \alpha_2 & = 0 \\ \alpha_1 + \alpha_3 + \alpha_4 & = 0 \\ \alpha_1 + \alpha_2 + \alpha_4 & = 0 \end{cases}.$$

La solution unique est $\alpha_1 = \alpha_2 = \alpha_3 = \alpha_4 = 0$. Donc les quatre vecteurs $\mathbf{v_1}, \mathbf{v_2}, \mathbf{v_3}, \mathbf{v_4}$ ils sont indépendants linéairement et ils forment une base de $\mathbb{R}^4$.

Exercice 10.39. *Dire si*

$$\mathbf{v_1} = \begin{bmatrix} 1 \\ 2 \\ 3 \end{bmatrix}, \ \mathbf{v_2} = \begin{bmatrix} 0 \\ 1 \\ 0 \end{bmatrix}, \ \mathbf{v_3} = \begin{bmatrix} 1 \\ 3 \\ 3 \end{bmatrix}$$

ils constituent une base de $\mathbb{R}^3$.

Rèsolution. Nous considérons l'équation

$$\alpha_1\mathbf{v_1} + \alpha_2\mathbf{v_2} + \alpha_3\mathbf{v_3} = \mathbf{0}.$$

Cette dernière admet comme solution

$$\alpha_1 = \alpha_2 = -1, \alpha_3 = 1.$$

Donc $\mathbf{v_1}, \mathbf{v_2}, \mathbf{v_3}$ ils ne sont pas indépendants linéairement, donc ce ne sont pas une base di $\mathbb{R}^3$.

Exercice 10.40. *Écrire les coordonnées de* $\mathbf{u} = \begin{bmatrix} 1 \\ 1 \\ 1 \end{bmatrix}$, *par rapport à* *la base* $\mathcal{B} = \{\mathbf{v_1}, \mathbf{v_2}, \mathbf{v_3}\}$, *où*

$$\mathbf{v_1} = \begin{bmatrix} 2 \\ 0 \\ 0 \end{bmatrix}, \ \mathbf{v_2} = \begin{bmatrix} 2 \\ 1 \\ 0 \end{bmatrix}, \ \mathbf{v_3} = \begin{bmatrix} 1 \\ 0 \\ 1 \end{bmatrix}.$$

Rèsolution. Il s'agit de trouver $x_1, x_2, x_3 \in \mathbb{R}$ tels que

$$x_1\mathbf{v_1} + x_2\mathbf{v_2} + x_3\mathbf{v_3} = \mathbf{u}.$$

Nous devons résoudre en conséquence le système linéaire

$$\begin{cases} 2x_1 + 2x_2 + x_3 & = 1 \\ x_2 & = 1 \\ x_3 & = 1 \end{cases}.$$

La solution du système est $(-1, 1, 1)$. Les coordonnées demandées sont donc $(-1, 1, 1)$.

Exercice 10.41. *Écrire les coordonnées de* $\mathbf{u} = \begin{bmatrix} 0 \\ 1 \\ 1 \end{bmatrix}$ *, par rapport à*

la base $\mathcal{B} = \{\mathbf{v_1}, \mathbf{v_2}, \mathbf{v_3}\}$, *où*

$$\mathbf{v_1} = \begin{bmatrix} \frac{1}{\sqrt{2}} \\ \frac{1}{\sqrt{2}} \\ 0 \end{bmatrix}, \quad \mathbf{v_2} = \begin{bmatrix} -\frac{1}{\sqrt{2}} \\ \frac{1}{\sqrt{2}} \\ 0 \end{bmatrix}, \quad \mathbf{v_3} = \begin{bmatrix} 0 \\ 0 \\ 2 \end{bmatrix}.$$

Rèsolution. Il s'agit de trouver $x_1, x_2, x_3 \in \mathbb{R}$ tels que

$$x_1 \mathbf{v_1} + x_2 \mathbf{v_2} + x_3 \mathbf{v_3} = \mathbf{u}.$$

Nous devons résoudre en conséquence le système linéaire

$$\begin{cases} \frac{1}{\sqrt{2}} x_1 - \frac{1}{\sqrt{2}} x_2 & = 0 \\ \frac{1}{\sqrt{2}} x_1 + \frac{1}{\sqrt{2}} x_2 & = 1 \\ 2x_3 & = 1 \end{cases}.$$

La solution du système est $\left(\frac{\sqrt{2}}{2}, \frac{\sqrt{2}}{2}, \frac{1}{2} \right)$. Les coordonnées demandées sont donc $\left(\frac{\sqrt{2}}{2}, \frac{\sqrt{2}}{2}, \frac{1}{2} \right)$.

Exercice 10.42. *Déterminer une base de*

$$V = \{(x, y, z) \in \mathbb{R}^3 : x + y - z = 0\}.$$

Rèsolution. Il s'agit de résoudre le système (ou mieux l'équation) linéaire

$$x = -y + z.$$

Nous avons deux variables libres : $y = t, z = s$, $t, s \in \mathbb{R}$. Le système admet ∞^2 solutions $(-t + s, t, s)$. En posant $t = 1, s = 0$ on a

$$\mathbf{v_1} = \begin{bmatrix} -1 \\ 1 \\ 0 \end{bmatrix},$$

pendant que, en mettant $t = 0, s = 1$ on a

$$\mathbf{v_2} = \begin{bmatrix} 1 \\ 0 \\ 1 \end{bmatrix}.$$

Une base de V est donc $\mathcal{B} = \{\mathbf{v_1}, \mathbf{v_2}\}$.

Exercice 10.43. *Déterminer une base de*

$$V = \{(x, y, z) \in \mathbb{R}^3 : x = y, \ x - y + 2z = 0\}.$$

Rèsolution. Il s'agit de résoudre le système linéaire

$$\begin{cases} x - y & = 0 \\ x - y + 2z & = 0, \end{cases}$$

c'est-à-dire

$$\begin{cases} x - y & = 0 \\ 2z & = 0. \end{cases}$$

Nous avons une variable libre : $y = t$, $t \in \mathbb{R}$. Le système admet ∞^1 solutions $(t, t, 0)$. En posant $t = 1$, on a

$$\mathbf{v_1} = \begin{bmatrix} 1 \\ 1 \\ 0 \end{bmatrix}.$$

Une base de V est donc $\mathcal{B} = \{\mathbf{v_1}\}$.

Exercice 10.44. *Déterminer une base de*

$$V = \{(x, y, z) \in \mathbb{R}^3 : 2x - y + 3z = 0\}.$$

Rèsolution. Il s'agit de résoudre le système (ou mieux l'équation) linéaire

$$x = \frac{y}{2} - \frac{3}{2}z.$$

Nous avons deux variables libres : $y = t, z = s$, $t, s \in \mathbb{R}$. Le système admet ∞^2 solutions $\left(\frac{t}{2} - \frac{3}{2}s, t, s\right)$. En mettant $t = 2, s = 0$ on a

$$\mathbf{v_1} = \begin{bmatrix} 1 \\ 2 \\ 0 \end{bmatrix},$$

pendant que, en mettant $t = 0, s = 2$ on a

$$\mathbf{v_2} = \begin{bmatrix} 0 \\ -3 \\ 2 \end{bmatrix}.$$

Une base de V est donc $\mathcal{B} = \{\mathbf{v_1}, \mathbf{v_2}\}$.

Exercice 10.45. *Déterminer la dimension et une base du sous-place vectoriel de* $\mathbb{R}^4$,

$$W = \{(x, y, z, w) \in \mathbb{R}^4 : x - z - w = x + y - z = y + w = 0\}.$$

Rèsolution. Le sous-place vectoriel W c'est le noyau de l'application linéaire

$$T_A : \mathbb{R}^4 \to \mathbb{R}^3$$

induite par la matrice

$$A = \begin{bmatrix} 1 & 0 & -1 & -1 \\ 1 & 1 & -1 & 0 \\ 0 & 1 & 0 & 1 \end{bmatrix}.$$

En utilisant l'élimination de Gauss on a

$$\begin{bmatrix} 1 & 0 & -1 & -1 \\ 0 & 1 & 0 & 1 \\ 0 & 1 & 0 & 1 \end{bmatrix} \to \begin{bmatrix} 1 & 0 & -1 & -1 \\ 0 & 1 & 0 & 1 \\ 0 & 0 & 0 & 0 \end{bmatrix}.$$

Par conséquent $r(A) = 2$. Pour le théorème de nullité plus rang,

$$\dim(\operatorname{Ker} T_A) = 4 - 2 = 2.$$

Il s'ensuit que $\dim W = 2$. Pour déterminer une base de W, nous résolvons le système linéaire

$$A \begin{bmatrix} x \\ y \\ z \\ w \end{bmatrix} = \begin{bmatrix} 0 \\ 0 \\ 0 \\ 0 \end{bmatrix}.$$

Nous avons deux variables libres $z = t$ et $w = s$ avec $t, s \in \mathbb{R}$. Nous trouvons les solutions donc

$$(t + s, -s, t, s) = t(1, 0, 1, 0) + s(1, -1, 0, 1).$$

En conséquence une base de W est donnée par

$$(1, 0, 1, 0), (1, -1, 0, 1).$$

Exercice 10.46. *En* $\mathbb{R}_3[x]$ *considérer les polynômes*

$$p_1(x) = x^3 - 3, \quad p_2(x) = 2x^3 + x^2 + 4,$$

$$p_3(x) = x^3 + 3x^2 + x + 2, \quad p_4(x) = 5x^2 + 2x.$$

Soit $W = \operatorname{Span}\{p_1(x), p_2(x), p_3(x), p_4(x)\}$. *Déterminez la dimension de* W *et trouvez une base.*

Rèsolution. Considérons les vecteurs de coordonnées des polynômes par rapport à la base $\{x^3, x^2, x, 1\}$ di $\mathbb{R}_3[x]$. Abbiamo

$$
\begin{bmatrix} 1 \\ 0 \\ 0 \\ -3 \end{bmatrix}, \quad
\begin{bmatrix} 2 \\ 1 \\ 0 \\ 4 \end{bmatrix}, \quad
\begin{bmatrix} 1 \\ 3 \\ 1 \\ 2 \end{bmatrix}, \quad
\begin{bmatrix} 0 \\ 5 \\ 2 \\ 0 \end{bmatrix}.
$$

Nous disposons les vecteurs par ligne et opérons l'élimination de Gauss. Nous obtenons

$$
\begin{bmatrix}
1 & 0 & 0 & -3 \\
2 & 1 & 0 & 4 \\
1 & 3 & 1 & 2 \\
0 & 5 & 2 & 0
\end{bmatrix}
\rightarrow
\begin{bmatrix}
1 & 0 & 0 & -3 \\
0 & 1 & 0 & 10 \\
0 & 0 & 1 & -25 \\
0 & 0 & 0 & 0
\end{bmatrix}.
$$

Comme la matrice a 3 pivots, $\dim W = 3$. De plus, comme les pivots se trouvent sur les trois premières lignes, une base de W elle est constituée par

$$\{p_1(x), p_2(x), p_3(x)\}.$$

Exercice 10.47. *Établir si les matrices*

$$
A_1 = \begin{bmatrix} 2 & 0 \\ 0 & 0 \end{bmatrix}, \quad
A_2 = \begin{bmatrix} 1 & 2 \\ 0 & 0 \end{bmatrix}, \quad
A_3 = \begin{bmatrix} 0 & 0 \\ 1 & 0 \end{bmatrix}, \quad
A_4 = \begin{bmatrix} 1 & 0 \\ 0 & 5 \end{bmatrix}
$$

sont linéairement indépendants (en $M_{2,2}(\mathbb{R})$).

Rèsolution. Nous considérons l'équation

$$
\alpha_1 A_1 + \alpha_2 A_2 + \alpha_3 A_3 + \alpha_4 A_4 = \begin{bmatrix} 0 & 0 \\ 0 & 0 \end{bmatrix}.
$$

La solution unique est

$$\alpha_1 = \alpha_2 = \alpha_3 = \alpha_4 = 0.$$

Il s'ensuit que les matrices sont linéairement indépendantes.

Exercice 10.48. *Trouver une base de*

$$
W = \text{Span}\left\{
\begin{bmatrix} 1 \\ 1 \\ 1 \end{bmatrix}, \quad
\begin{bmatrix} 2 \\ 3 \\ 0 \end{bmatrix}, \quad
\begin{bmatrix} -9 \\ -14 \\ 1 \end{bmatrix}
\right\}.
$$

Rèsolution. En disposant les trois vecteurs qu'ils génèrent W pour colonnes, nous obtenons la matrice

$$\begin{bmatrix} 1 & 2 & -9 \\ 1 & 3 & -14 \\ 1 & 0 & 1 \end{bmatrix}.$$

En exécutant l'elimination de Gauss, nous obtenons la matrice

$$\begin{bmatrix} 1 & 2 & -9 \\ 0 & 1 & -5 \\ 0 & 0 & 0 \end{bmatrix}.$$

Donc, une base de W est

$$\begin{bmatrix} 1 \\ 1 \\ 1 \end{bmatrix}, \begin{bmatrix} 2 \\ 3 \\ 0 \end{bmatrix}.$$

Exercice 10.49. *Trouver une base de*

$$W = \text{Span} \left\{ \begin{bmatrix} 1 \\ 0 \\ 2 \end{bmatrix}, \begin{bmatrix} 0 \\ 1 \\ 3 \end{bmatrix}, \begin{bmatrix} 0 \\ 4 \\ 5 \end{bmatrix} \right\}.$$

Rèsolution. En disposant les trois vecteurs qu'ils génèrent W pour colonnes, nous obtenons la matrice

$$\begin{bmatrix} 1 & 0 & 0 \\ 0 & 1 & 4 \\ 2 & 3 & 5 \end{bmatrix}.$$

En exécutant l'elimination de Gauss, nous obtenons la matrice

$$\begin{bmatrix} 1 & 0 & 0 \\ 0 & 3 & 5 \\ 0 & 0 & \frac{7}{3} \end{bmatrix}.$$

Donc une base de W est

$$\begin{bmatrix} 1 \\ 0 \\ 2 \end{bmatrix}, \begin{bmatrix} 0 \\ 1 \\ 3 \end{bmatrix}, \begin{bmatrix} 0 \\ 4 \\ 5 \end{bmatrix}.$$

Exercice 10.50. *Déterminer la dimension et une base du sous-espace vectoriel de* $\mathbb{R}^4$

$$W = \text{Span} \left\{ \begin{bmatrix} 1 \\ 2 \\ 1 \\ 0 \end{bmatrix}, \begin{bmatrix} 0 \\ 1 \\ 2 \\ 2 \end{bmatrix}, \begin{bmatrix} 3 \\ 0 \\ 5 \\ 2 \end{bmatrix}, \begin{bmatrix} -1 \\ 4 \\ 2 \\ 3 \end{bmatrix} \right\}.$$

Rèsolution. Nous construisons la matrice ayant comme colonnes les quatre vecteurs de $\mathbb{R}^4$ dont nous considérons le Span :

$$\begin{bmatrix} 1 & 0 & 3 & -1 \\ 2 & 1 & 0 & 4 \\ 1 & 2 & 5 & 2 \\ 0 & 2 & 2 & 3 \end{bmatrix}.$$

En réduisant à l'échelle, par l'élimination de Gauss, on obtient

$$\begin{bmatrix} 1 & 0 & 3 & -1 \\ 0 & 1 & -6 & 6 \\ 0 & 2 & 2 & 3 \\ 0 & 2 & 2 & 3 \end{bmatrix} \rightarrow \begin{bmatrix} 1 & 0 & 3 & -1 \\ 0 & 1 & -6 & 6 \\ 0 & 0 & 14 & -9 \\ 0 & 0 & 0 & 0 \end{bmatrix}.$$

Une base de W est donnée en conséquence par

$$\mathcal{B} = \left\{ \begin{bmatrix} 1 \\ 2 \\ 1 \\ 0 \end{bmatrix}, \begin{bmatrix} 0 \\ 1 \\ 2 \\ 2 \end{bmatrix}, \begin{bmatrix} 3 \\ 0 \\ 5 \\ 2 \end{bmatrix} \right\},$$

et $\dim W = 3$.

Exercice 10.51. *Dire si ils existent* $t \in \mathbb{R}$ *pour lequel le vecteur*

$$\mathbf{v} = \begin{bmatrix} 1 \\ t^2 \\ t \end{bmatrix} \in \text{Span}\{\mathbf{w_1}, \mathbf{w_2}, \mathbf{w_3}\},$$

en étant

$$\mathbf{w_1} = \begin{bmatrix} 0 \\ t \\ 1 \end{bmatrix}, \quad \mathbf{w_2} = \begin{bmatrix} 1 \\ 2t \\ 2 \end{bmatrix}, \quad \mathbf{w_3} = \begin{bmatrix} t+5 \\ 2 \\ -1 \end{bmatrix}.$$

Rèsolution. La réponse est affirmative si et seulement si le système suivant est compatible :

$$\begin{cases} x_2 + (t+5)x_3 & = 1 \\ tx_1 + 2tx_2 + 2x_3 & = t^2 \\ x_1 + 2x_2 - x_3 & = t \end{cases}.$$

Soit A la matrice des coefficients et $A|\mathbf{b}$ la matrice complète du système. Pour $t \neq -2, r(A) = 3 = r(A|\mathbf{b})$, donc le système est compatible (et il admet une solution unique). Pour $t = -2$, $r(A) = r(A|\mathbf{b}) = 2$, donc le système est compatible et il admet ∞^1 solutions. Car le système est compatible $\forall\, t \in \mathbb{R}$, nous pouvons conclure que

$$\mathbf{v} \in \mathrm{Span}\{\mathbf{w_1}, \mathbf{w_2}, \mathbf{w_3}\}\ \forall\, t \in \mathbb{R}.$$

Exercice 10.52. *(i) Dans $\mathbb{R}^4$ considérez les vecteurs*

$$\mathbf{v_1} = \begin{bmatrix} \sqrt{2} \\ \sqrt{2} \\ 0 \\ 0 \end{bmatrix},\ \mathbf{v_2} = \begin{bmatrix} -\sqrt{2} \\ \sqrt{2} \\ 0 \\ 0 \end{bmatrix},\ \mathbf{v_3} = \begin{bmatrix} 0 \\ 0 \\ 1 \\ 0 \end{bmatrix},\ \mathbf{v_4} = \begin{bmatrix} 0 \\ 0 \\ 0 \\ 2 \end{bmatrix}.$$

Vérifier que $\mathcal{B} = \{\mathbf{v_1}, \mathbf{v_1}, \mathbf{v_3}, \mathbf{v_4}\}$ c'est une base de $\mathbb{R}^4$.
(ii) Ils soient $\mathbf{x}$ les coordonnées d'un générique $\mathbf{v} \in \mathbb{R}^4$ respect à la base canonique, et ils soient $\mathbf{x'}$ les coordonnées d'un générique $\mathbf{v} \in \mathbb{R}^4$ respect à $\mathcal{B}$. Déterminer la matrice $D \in M_{4,4}(\mathbb{R})$ pour lequel

$$\mathbf{x} = D\mathbf{x'}.$$

Rèsolution. (i) L'equation

$$\alpha_1\mathbf{v_1} + \alpha_2\mathbf{v_2} + \alpha_3\mathbf{v_3} + \alpha_4\mathbf{v_4} = \mathbf{0}$$

admet la seule solution

$$\alpha_1 = \alpha_2 = \alpha_3 = \alpha_4 = 0.$$

En conséquence $\mathbf{v_1}, \mathbf{v_2}, \mathbf{v_3}, \mathbf{v_4}$ ils sont indépendants linéairement. Il s'ensuit que $\mathcal{B}$ est une base de $\mathbb{R}^4$.
(ii) Nous construisons la matrice C, du changement de base, qu'elle a pour colonnes les coordonnées des vecteurs de la nouvelle base $\mathcal{B}$ respect à la base canonique. Nous avons

$$C = \begin{bmatrix} \sqrt{2} & -\sqrt{2} & 0 & 0 \\ \sqrt{2} & \sqrt{2} & 0 & 0 \\ 0 & 0 & 1 & 0 \\ 0 & 0 & 0 & 2 \end{bmatrix}.$$

Nous savons que $D = C$.

Exercice 10.53. *Établir si les matrices*

$$A_1 = \begin{bmatrix} 1 & 0 \\ 0 & 0 \end{bmatrix}, \ A_2 = \begin{bmatrix} 0 & 1 \\ 0 & 0 \end{bmatrix}, \ A_3 = \begin{bmatrix} 0 & 0 \\ 1 & 0 \end{bmatrix}, \ A_4 = \begin{bmatrix} 2 & -4 \\ 5 & 0 \end{bmatrix}$$

sont indépendantes linéairement (en $M_{2,2}(\mathbb{R})$).

Rèsolution. L'equation

$$\alpha_1 A_1 + \alpha_2 A_2 + \alpha_3 A_3 + \alpha_4 A_4 = \begin{bmatrix} 0 & 0 \\ 0 & 0 \end{bmatrix}$$

admet la solution

$$\alpha_1 = 2, \ \alpha_2 = -4, \ \alpha_3 = 5, \ \alpha_4 = -1 \,.$$

Il s'ensuit que les matrices sont linéairement dépendantes.

Exercice 10.54. *(i) Vérifier que les les vecteurs de $\mathbb{R}^2$*

$$\mathbf{v_1} = \begin{bmatrix} \frac{1}{\sqrt{2}} \\ \frac{1}{\sqrt{2}} \end{bmatrix}, \quad \mathbf{v_2} = \begin{bmatrix} -\frac{1}{\sqrt{2}} \\ \frac{1}{\sqrt{2}} \end{bmatrix}$$

ils constituent une base de $\mathbb{R}^2$.
(ii) Elles soient $\mathbf{x}$ les coordonnées de n'importe quel $\mathbf{v} \in \mathbb{R}^2$ par rapport à la base canonique de $\mathbb{R}^2$, et soient $\mathbf{x'}$ les coordonnées de n'importe quel $\mathbf{v} \in \mathbb{R}^2$ par rapport à la base $\mathcal{B} = \{\mathbf{v_1}, \mathbf{v_2}\}$. Écrire la matrice A pour lequel

$$\mathbf{x'} = A\mathbf{x} \,.$$

(iii) Déterminer les coordonnées des vecteurs

$$\mathbf{u} = 2\mathbf{e_1} + 3\mathbf{e_2}, \quad \mathbf{w} = -\mathbf{e_1} + 4\mathbf{e_2}$$

par rapport à la base $\mathcal{B}$.

Rèsolution. (i) Nous constatons que

$$\langle \mathbf{v_1}, \mathbf{v_2} \rangle = 0 \,.$$

Ainsi, les vecteurs $\mathbf{v_1}, \mathbf{v_2}$ sont orthogonaux, et donc linéairement indépendants. Ils forment donc une base de $\mathbb{R}^2$. Vous pouvez également vérifier directement que l'équation

$$\alpha_1 \mathbf{v_1} + \alpha_2 \mathbf{v_2} = \mathbf{0}$$

admet la seule solution $\alpha_1 = \alpha_2 = 0$.

(ii) Nous écrivons la matrice du changement de base, qui a comme colonnes les coordonnées des vecteurs de la base $\mathcal{B}$ par rapport à la base canonique.

$$C = \begin{bmatrix} \frac{1}{\sqrt{2}} & -\frac{1}{\sqrt{2}} \\ \frac{1}{\sqrt{2}} & \frac{1}{\sqrt{2}} \end{bmatrix}.$$

La matrice C est orthogonale, donc $C^T = C^{-1}$. Par conséquent, il s'avère que $A = C^T$. Donc

$$A = \begin{bmatrix} \frac{1}{\sqrt{2}} & \frac{1}{\sqrt{2}} \\ -\frac{1}{\sqrt{2}} & \frac{1}{\sqrt{2}} \end{bmatrix}.$$

(iii) Les coordonnées de $\mathbf{u}$ par rapport à $\mathcal{B}$ sont

$$\mathbf{x}' = A\mathbf{x} = A \begin{bmatrix} 2 \\ 3 \end{bmatrix} = \frac{1}{\sqrt{2}} \begin{bmatrix} 5 \\ 1 \end{bmatrix}.$$

Les coordonnées de $\mathbf{w}$ par rapport à $\mathcal{B}$ sont

$$\mathbf{x}' = A\mathbf{x} = A \begin{bmatrix} -1 \\ 4 \end{bmatrix} = \frac{1}{\sqrt{2}} \begin{bmatrix} 3 \\ 5 \end{bmatrix}.$$

Exercice 10.55. *Soit W le sous-espace vectoriel de $\mathbb{R}^4$ défini par*

$$W = \mathrm{Span} \left\{ \begin{bmatrix} 1 \\ 2 \\ -1 \\ 0 \end{bmatrix}, \begin{bmatrix} 3 \\ 0 \\ 1 \\ 0 \end{bmatrix}, \begin{bmatrix} 5 \\ 4 \\ -1 \\ 0 \end{bmatrix}, \begin{bmatrix} 2 \\ 4 \\ 0 \\ 1 \end{bmatrix} \right\}.$$

Déterminer $\dim W$ *et une base de W.*

Rèsolution. Nous disposons les quatre vecteurs dont nous le faisons Span pour colonnes, et nous opérons l'élimination de Gauss. Nous avons

$$A = \begin{bmatrix} 1 & 3 & 5 & 2 \\ 2 & 0 & 4 & 4 \\ -1 & 1 & -1 & 0 \\ 0 & 0 & 0 & 1 \end{bmatrix} \to \begin{bmatrix} 1 & 3 & 5 & 2 \\ 0 & -6 & -6 & 0 \\ 0 & 4 & 4 & 2 \\ 0 & 0 & 0 & 1 \end{bmatrix} \to \begin{bmatrix} 1 & 3 & 5 & 2 \\ 0 & -6 & -6 & 0 \\ 0 & 0 & 0 & 2 \\ 0 & 0 & 0 & 0 \end{bmatrix}.$$

Comme nous avons trois pivots, situés dans la première, la deuxième et la quatrième colonne, nous pouvons conclure que $\dim W = 3$ et une base de W est

$$\begin{bmatrix} 1 \\ 2 \\ -1 \\ 0 \end{bmatrix}, \begin{bmatrix} 3 \\ 0 \\ 1 \\ 0 \end{bmatrix}, \begin{bmatrix} 2 \\ 4 \\ 0 \\ 1 \end{bmatrix}.$$

Exercice 10.56. *Soit W le sous-espace vectoriel de $\mathbb{R}^3$ défini par*

$$W = \text{Span} \left\{ \begin{bmatrix} 1 \\ 0 \\ 2 \end{bmatrix}, \begin{bmatrix} 3 \\ 2 \\ 1 \end{bmatrix}, \begin{bmatrix} -2 \\ 2 \\ -9 \end{bmatrix} \right\}.$$

Déterminer $\dim W$ et une base de W.

Rèsolution. Nous disposons les trois vecteurs dont nous le faisons Span pour colonnes, et nous opérons l'élimination de Gauss. Nous avons

$$A = \begin{bmatrix} 1 & 3 & -2 \\ 0 & 2 & 2 \\ 2 & 1 & -9 \end{bmatrix} \rightarrow \begin{bmatrix} 1 & 3 & -2 \\ 0 & 2 & 2 \\ 0 & -5 & -5 \end{bmatrix} \rightarrow \begin{bmatrix} 1 & 3 & -2 \\ 0 & 2 & 2 \\ 0 & 0 & 0 \end{bmatrix}.$$

Comme nous avons deux pivots, situés dans la première et la deuxième colonne, nous pouvons conclure que $\dim W = 2$ et une base de W est

$$\begin{bmatrix} 1 \\ 0 \\ 2 \end{bmatrix}, \begin{bmatrix} 3 \\ 2 \\ 1 \end{bmatrix}.$$

Exercice 10.57. *Soit*

$$W := \{(2a, b, 0, c - b) : \ a, b, c \in \mathbb{R}\}.$$

Vérifiez que W est un sous-espace vectoriel de $\mathbb{R}^4$. Déterminez la dimension et une base de W.

Rèsolution. Nous remarquons que

$$W = \{a\mathbf{u_1} + b\mathbf{u_2} + c\mathbf{u_3} : \ a, b, c \in \mathbb{R}\},$$

où

$$\mathbf{u_1} = \begin{bmatrix} 2 \\ 0 \\ 0 \\ 0 \end{bmatrix}, \ \mathbf{u_2} = \begin{bmatrix} 0 \\ 1 \\ 0 \\ -1 \end{bmatrix}, \ \mathbf{u_3} = \begin{bmatrix} 0 \\ 0 \\ 0 \\ 1 \end{bmatrix}.$$

Donc

$$W = \text{Span}\{\mathbf{u_1}, \mathbf{u_2}, \mathbf{u_3}\}.$$

Par conséquent W est un sous-espace vectoriel de $\mathbb{R}^4$. De plus, en étant $\mathbf{u_1}, \mathbf{u_2}, \mathbf{u_3}$ linéairement indépendants, $\dim W = 3$ et une base de W elle est donnée par

$$\{\mathbf{u_1}, \mathbf{u_2}, \mathbf{u_3}\}.$$

10.3 Applications linéaires

***Exercice* 10.58.** *Vérifier que*

$$T : \mathbb{R}^2 \to \mathbb{R}^2,$$

$$T(x, y) = (x + y, 3x - y),$$

c'est une application linéaire

Rèsolution. Nous observons avant tout que$T$ c'est une application bien définie par $\mathbb{R}^2$ in $\mathbb{R}^2$. Nous prenons n'importe quel $\mathbf{u} = (u_1, u_2), \mathbf{v} = (v_1, v_2) \in \mathbb{R}^2$. Nous avons

$$T(\mathbf{u} + \mathbf{v}) = (u_1 + v_1 + u_2 + v_2, 3u_1 + 3v_1 - u_2 - v_2);$$

de plus,

$$\begin{aligned} T(\mathbf{u}) + T(\mathbf{v}) &= (u_1 + u_2, 3u_1 - u_2) + (v_1 + v_2, 3v_1 - v_2) \\ &= (u_1 + u_2 + v_1 + v_2, 3u_1 - u_2 + 3v_1 - v_2). \end{aligned}$$

Donc

$$T(\mathbf{u} + \mathbf{v}) = T(\mathbf{u}) + T(\mathbf{v}).$$

Pour chaque $\alpha \in \mathbb{R}, \mathbf{v} \in V$ nous avonsabbiamo :

$$T(\alpha\mathbf{v}) = (\alpha v_1 + \alpha v_2, 3\alpha v_1 - \alpha v_2) = \alpha(v_1 + v_2, 3v_1 - v_2) = \alpha T(\mathbf{v}).$$

En conséquence T c'est une application linéaire.

***Exercice* 10.59.** *Établir si*

$$T : \mathbb{R}^2 \to \mathbb{R}^2,$$

$$T(x, y) = (x^2, y - x)$$

elle est oui ou non une application linéaire. .

Rèsolution. Ils soient

$$\mathbf{u} = (2, 1), \quad \alpha = 3.$$

Nous remarquon que

$$T(\alpha\mathbf{u}) = T(6, 3) = (36, -3) \neq \alpha T(\mathbf{u}) = (12, -3).$$

Donc T ce n'est pas une application linéaire.

***Exercice* 10.60.** *Soit $L_A \colon \mathbb{R}^4 \to \mathbb{R}^3$ la transformation linéaire définie par*

$$L_A(\mathbf{x}) = A\mathbf{x},$$

avec

$$A = \begin{bmatrix} 1 & 2 & 0 & 0 & 1 \\ 2 & 4 & 1 & 1 & 2 \\ 1 & 2 & 1 & 0 & 2 \end{bmatrix}.$$

Déterminer $\dim(\operatorname{Im} L_A)$ *et trouver une base de* $\operatorname{Im} L_A$.

Rèsolution. En exécutant l'élimination de Gauss, la matrice A se réduit à la matrice à échelle suivante

$$\begin{bmatrix} 1 & 2 & 0 & 0 & 1 \\ 0 & 0 & 1 & 1 & 0 \\ 0 & 0 & 0 & -1 & 1 \end{bmatrix}.$$

Nous avons 3 pivots, situés dans les première, troisième et quatrième colonnes. Donc $r(A) = 3$, en étant $r(A)$ égal au nombre de pivots. Rappelons que $\dim(\operatorname{Im} L_A) = r(A)$. Donc

$$\dim(\operatorname{Im} L_A) = 3.$$

Une base de $\operatorname{Im} L_A$ est formée par les trois colonnes de A dans lesquelles se trouvent les pivots :

$$(1, 2, 1), (0, 1, 1), (0, 1, 0).$$

On peut aussi observer que $\operatorname{Im} L_A = \mathbb{R}^3$ et une de ses bases est la base canonique.

***Exercice* 10.61.** *Sia*

$$A = \begin{bmatrix} 6 & 0 & 0 \\ 0 & 6 & 0 \\ 4 & 2 & 8 \end{bmatrix}.$$

Considérer la transformation linéaire $L_A(\mathbf{x}) = A\mathbf{x}$ et en déterminer l'image $\operatorname{Im} L_A$ et le noyau $\operatorname{Ker} L_A$.

Rèsolution. Nous observons que $\det(A) = 288 \neq 0$, donc A a le rang maximum, donc $r(A) = 3$. Étant donné que $\dim(\operatorname{Im} A) = r(A)$ et que $\operatorname{Im} A$ est un sous-espace vectoriel de $\mathbb{R}^3$, nous avons que $\operatorname{Im} A = \mathbb{R}^3$. En outre, du théorème de la nullité plus rang, il suit que $\dim(\operatorname{Ker} A) = 3 - \dim(\operatorname{Im} A) = 0$, donc $\operatorname{Ker} A = \{\underline{0}\}$. On pourrait aussi dire qu'étant A non singulier, donc inversible, nous avons que $\operatorname{Ker} A = \{\mathbf{0}\}$.

Exercice 10.62. *Soit L_A l'application linéaire induite par*

$$A = \begin{bmatrix} 2 & 5 & 3 & -4 \\ 1 & -1 & 1 & 1 \\ 3 & 4 & 4 & -1 \end{bmatrix}.$$

Déterminer $\dim(\operatorname{Im} L_A)$ *et trouver une base de* $\operatorname{Im} L_A$.

Rèsolution. En exécutant l'élimination de Gauss à la matrice A nous trouvons la matrice à échelle :

$$\begin{bmatrix} 2 & 5 & 3 & -4 \\ 0 & -7/2 & -1/2 & 3 \\ 0 & 0 & 0 & 2 \end{bmatrix}$$

En conséquence

$$\dim(\operatorname{Im} L_A) = r(A) = 3.$$

Une base de $\operatorname{Im} L_A$ est donnée par les colonnes de A qui contiennent les pivots. Par conséquent, une base de $\operatorname{Im} L_A$ est :

$$\begin{bmatrix} 2 \\ 1 \\ 3 \end{bmatrix}, \quad \begin{bmatrix} 5 \\ -1 \\ 4 \end{bmatrix}, \quad \begin{bmatrix} -4 \\ 1 \\ -1 \end{bmatrix}.$$

Exercice 10.63. *Soit* $T : \mathbb{R}^3 \to \mathbb{R}^2$,

$$T(x, y, z) = (x + 2y + z, x + 2y + z).$$

Vérifier que T est linéaire. Trouver, si elles existent, tous les contre-images de $(3, 3)$.

Rèsolution. T il admet la représentation suivante :

$$T : \mathbb{R}^3 \to \mathbb{R}^2,$$

$$T(x, y, z) = \begin{bmatrix} 1 & 2 & 1 \\ 1 & 2 & 1 \end{bmatrix} \begin{bmatrix} x \\ y \\ z \end{bmatrix}.$$

En conséquence T c'est une transformation linéaire par $\mathbb{R}^3$ en $\mathbb{R}^2$. Les contre-images de $(3, 3)$ elles sont données par les vecteurs $(x, y, z) \in \mathbb{R}^3$ tels que $x + 2y + z = 3$; sont donc les triades $(t, s, 3 - t - 2s)$, au changer des deux paramètres libres $t, s \in \mathbb{R}$.

***Exercice* 10.64.** *Soit*

$$A = \begin{bmatrix} 1 & -3 & \log 2 & \sqrt{2} \\ \sqrt{3} & et & \pi & 4 \end{bmatrix}.$$

Déterminer les pivots d'une réduction à l'échelle de A. En outre, dit T_A la transformation linéaire induite par A (par rapport aux bases canoniques du domaine et du co-domaine) déterminer la dimension et une base de $\operatorname{Im} T_A$.

Rèsolution. Une réduction à l'échelle de A est

$$\begin{bmatrix} 1 & -3 & \log 2 & \sqrt{2} \\ 0 & e+3\sqrt{3} & \pi - \sqrt{3}\log 2 & 4 - \sqrt{6} \end{bmatrix},$$

les pivots sont donc $p_1 = 1, p_2 = e + 3\sqrt{3}$. En conséquence $\operatorname{rg}(A) = 2$, et donc $\dim(\operatorname{Im}T_A) = r(A) = 2$. En étant $\operatorname{Im}(T_A)$ un sous-espace vectoriel de $\mathbb{R}^2$, une base est donnée par les vecteurs $(1,0)$ et $(0,1)$.

***Exercice* 10.65.** *Étant donné la matrice*

$$A = \begin{bmatrix} 1 & 3 & -2 & 6 \\ 0 & 1 & -1 & 2 \\ -2 & -6 & 4 & -8 \end{bmatrix},$$

sia $T_A: \mathbb{R}^4 \to \mathbb{R}^3$, $T_A(\mathbf{x}) := A\mathbf{x}$.
   (i) Déterminer la dimension de $\operatorname{Im}T_A$;
   (ii) trouver une base de $\operatorname{Im}T_A$;
   (iii) déterminer la dimension de $\operatorname{Ker}T_A$;
   (iv) trouver une base de $\operatorname{Ker}T_A$.

Rèsolution. *(i)* Pour le théorème de nullité plus rang, nous savons que

$$\dim(\operatorname{Im} T_A) = r(A).$$

Pour déterminer le rang de A, nous réduisons à l'échelle la matrice A. Nous obtenons

$$A \to \begin{bmatrix} 1 & 3 & -2 & 6 \\ 0 & 1 & -1 & 2 \\ 0 & 0 & 0 & 4 \end{bmatrix}.$$

En ayant le précédent matrice 3 pivots, situés sur la première, seconde et quatrième colonne, $r(A) = 3$. Donc

$$\dim(\operatorname{Im} T_A) = r(A) = 3.$$

(*ii*) En raison du positionnement des pivots, une base de $\text{Im}T_A$ est constituée de la première, deuxième et quatrième colonne de A, donc par

$$\begin{bmatrix} 1 \\ 0 \\ -2 \end{bmatrix}, \begin{bmatrix} 3 \\ 1 \\ -6 \end{bmatrix}, \begin{bmatrix} 6 \\ 2 \\ -8 \end{bmatrix}.$$

Ou alternativement, en considérant que $\text{Im}T_A$ est un sous-espace vectoriel de $\mathbb{R}^3$ de dimension $3 = \dim(\mathbb{R}^3)$, nous avons que $\text{Im}T_A = \mathbb{R}^3$. On peut donc prendre comme base la base canonique $\mathbf{e_1}, \mathbf{e_2}, \mathbf{e_3}$.

(*iii*) Encore grâce au théorème de nullité plus rang, nous pouvons inférer que $\dim(\ker T_A) = 4 - r(A) = 4 - 3 = 1$.

(*iv*) Pour déterminer une base de $\ker T_A$ nous résolvons le système linéaire homogène

$$A\mathbf{x} = \mathbf{0}.$$

Le système admet ∞^1 solutions. En utilisant la réduction à l'échelle de i A, on a que x_3 c'est une variable libre. En mettant $x_3 = t$, nous trouvons les solutions

$$\begin{bmatrix} -t \\ t \\ t \\ 0 \end{bmatrix} \quad (t \in \mathbb{R}).$$

Donc une base de $\text{Ker}T_A$ c'est

$$\begin{bmatrix} -1 \\ 1 \\ 1 \\ 0 \end{bmatrix}.$$

Exercice 10.66. *Soit L_A la transformation linéaire induite par la matrice*

$$A = \begin{bmatrix} 1 & 0 & 3 & -2 \\ 2 & 1 & 0 & 4 \\ 3 & 1 & 1 & 2 \\ 4 & 2 & -2 & 8 \end{bmatrix}.$$

Déterminer $\dim(\text{Ker}\,L_A)$, $\dim(\text{Im}\,L_A)$, *une base de* $\text{Ker}\,L_A$ *et une base de* $\text{Im}\,L_A$.

Rèsolution. En exécutant l'élimination de Gauss à la matrice A vous trouvez la matrice à l'échelle

$$
\begin{bmatrix}
1 & 0 & 3 & -2 \\
0 & 1 & -6 & 8 \\
0 & 0 & -2 & 0 \\
0 & 0 & 0 & 0
\end{bmatrix}.
$$

Donc

$$
r(A) = 3 = \dim(\operatorname{Im} L_A).
$$

Pour le théorème de la dimension (ou de la nullité plus le rang), on a

$$
\dim(\operatorname{Ker} L_A) = n - r(A) = 4 - 3 = 1.
$$

Une base de $\operatorname{Im} L_A$ est donnée par les colonnes de A sur lesquelles se trouvent les pivots, c'est-à-dire

$$
\begin{bmatrix} 1 \\ 2 \\ 3 \\ 4 \end{bmatrix}, \quad
\begin{bmatrix} 0 \\ 1 \\ 1 \\ 2 \end{bmatrix}, \quad
\begin{bmatrix} 3 \\ 0 \\ 1 \\ -2 \end{bmatrix}.
$$

Pour déterminer une base de $\operatorname{Ker} L_A$, nous résolvons le système linéaire homogène

$$
A\mathbf{x} = \mathbf{0}.
$$

En utilisant l'échelle réduite de A et en résolvant à l'envers, nous trouvons ∞^1 solutions :

$$
\xi = t \begin{bmatrix} 2 \\ -8 \\ 0 \\ 1 \end{bmatrix} \quad (t \in \mathbb{R}).
$$

Donc une base de $\operatorname{Ker} L_A$ c'est

$$
\begin{bmatrix} 2 \\ -8 \\ 0 \\ 1 \end{bmatrix}.
$$

Exercice 10.67. *Soit*

$$
T : \mathbb{R}^3 \to \mathbb{R}^3
$$

l'application linéaire que

$$T(\mathbf{e_1}) = \begin{bmatrix} 1 \\ 3 \\ 4 \end{bmatrix}, \quad T(\mathbf{e_2}) = \begin{bmatrix} 2 \\ 1 \\ 3 \end{bmatrix}, \quad T(\mathbf{e_3}) = \begin{bmatrix} 0 \\ 1 \\ 1 \end{bmatrix}.$$

Écrire la matrice de représentation de T, par rapport à la base canonique de $\mathbb{R}^3$. Déterminer $\dim(\operatorname{Ker} T)$.

Rèsolution. La matrice de représentation de T est

$$A = \begin{bmatrix} 1 & 2 & 0 \\ 3 & 1 & 1 \\ 4 & 3 & 1 \end{bmatrix}.$$

En exécutant l'élimination de Gauss on a

$$\begin{bmatrix} 1 & 2 & 0 \\ 0 & -5 & 1 \\ 0 & 0 & 0 \end{bmatrix}.$$

En conséquence $r(A) = 2$. Donc, pour le théorème de la dimension (ou de la nullité plus rang),

$$\dim(\operatorname{Ker} T) = 3 - 2 = 1.$$

***Exercice* 10.68.** *Soit*

$$T : \mathbb{R}^3 \to \mathbb{R}^3$$

l'application linéaire telle que

$$T(\mathbf{e_1}) = \begin{bmatrix} 1 \\ 2 \\ 3 \end{bmatrix}, \quad T(\mathbf{e_2}) = \begin{bmatrix} 0 \\ 1 \\ 0 \end{bmatrix}, \quad T(\mathbf{e_3}) = \begin{bmatrix} 3 \\ 0 \\ 1 \end{bmatrix}.$$

Écrire la matrice de représentation de T, par rapport à la base canonique de $\mathbb{R}^3$. Déterminer $\dim(\operatorname{Im} T)$.

Rèsolution. La matrice de représentation de T est

$$A = \begin{bmatrix} 1 & 0 & 3 \\ 2 & 1 & 0 \\ 3 & 0 & 1 \end{bmatrix}.$$

En exécutant l'élimination de Gauss on a

$$\begin{bmatrix} 1 & 0 & 3 \\ 0 & 1 & -6 \\ 0 & 0 & -8 \end{bmatrix}.$$

En conséquence

$$r(A) = \dim(\operatorname{Im} T) = 3.$$

Exercice 10.69. *Soit*

$$T : \mathbb{R}^2 \to \mathbb{R}^2$$

l'application linéaire telle que

$$T(\mathbf{v_1}) = \mathbf{v_1} - \mathbf{v_2},$$

$$T(\mathbf{v_2}) = \mathbf{v_1} + 2\mathbf{v_2},$$

dove

$$\mathbf{v_1} = \begin{bmatrix} 1 \\ 1 \end{bmatrix}, \quad \mathbf{v_2} = \begin{bmatrix} -1 \\ 1 \end{bmatrix}.$$

Écrire la matrice de représentation de T, par rapport à la base de $\mathbb{R}^2$ $\mathcal{B} = \{\mathbf{v_1}, \mathbf{v_2}\}$. En outre, calculer le rang de T.

Rèsolution. La matrice de représentation de T par rapport à la base $\mathcal{B}$ est

$$A = \begin{bmatrix} 1 & 1 \\ -1 & 2 \end{bmatrix}.$$

En exécutant l'élimination de Gauss on obtient

$$\begin{bmatrix} 1 & 1 \\ 0 & 3 \end{bmatrix}.$$

En conséquence $r(A) = r(T) = 2$.

Exercice 10.70. *Soit $T : \mathbb{R}^4 \to \mathbb{R}^4$ l'application linéaire telle que*

$$T(\mathbf{e_1}) = \begin{bmatrix} 1 \\ 2 \\ 3 \\ 4 \end{bmatrix}, \ T(\mathbf{e_2}) = \begin{bmatrix} 0 \\ 1 \\ 1 \\ 1 \end{bmatrix}, \ T(\mathbf{e_3}) = \begin{bmatrix} 3 \\ 0 \\ 3 \\ 6 \end{bmatrix}, \ T(\mathbf{e_4}) = \begin{bmatrix} -2 \\ 4 \\ 2 \\ 0 \end{bmatrix}.$$

(i) Écrire la matrice de représentation de T par rapport à la base canonique de $\mathbb{R}^4$.
(ii) Déterminer $\dim \operatorname{Ker}(T), \dim \operatorname{Im}(T)$.
(iii) Déterminer une base de $\operatorname{Ker} T$.
(iv) Déterminer une base de $\operatorname{Im} T$.

Rèsolution. (i) En vertu du théorème de représentation d'applications linéaires, nous avons que la matrice demandé est¨

$$A = \begin{bmatrix} 1 & 0 & 3 & -2 \\ 2 & 1 & 0 & 4 \\ 3 & 1 & 3 & 2 \\ 4 & 1 & 6 & 0 \end{bmatrix}.$$

(ii) Nous mettons à l'échelle la matrice A, en opérant l'élimination de Gauss. Nous avons

$$A \to \begin{bmatrix} 1 & 0 & 3 & -2 \\ 0 & 1 & -6 & 8 \\ 0 & 1 & -6 & 8 \\ 0 & 1 & -6 & 8 \end{bmatrix} \to S = \begin{bmatrix} 1 & 0 & 3 & -2 \\ 0 & 1 & -6 & 8 \\ 0 & 0 & 0 & 0 \\ 0 & 0 & 0 & 0 \end{bmatrix}.$$

La matrice à èchelle S possède deux pivots, situés dans la première et dans la deuxième colonne. En conséquence $rg(A) = rg(S) = 2$. Donc

$$\dim \mathrm{Im}(T) = 2.$$

En outre, grâce au théorème de la nullité plus rang,

$$\dim \mathrm{Ker}(T) = \dim \mathbb{R}^4 - \dim \mathrm{Im}(T) = 4 - 2 = 2.$$

(iii) Pour déterminer une base de $\mathrm{Ker}\,T$ nous résolvons le système linéaire

$$A\mathbf{x} = \mathbf{0},$$

et donc

$$S\mathbf{x} = \mathbf{0}.$$

Nous avons deux variables libres : $x_3 = t, x_4 = s$, $t, s \in \mathbb{R}$. Les solutions sont

$$\mathbf{x} = t \begin{bmatrix} -3 \\ 6 \\ 1 \\ 0 \end{bmatrix} + s \begin{bmatrix} 2 \\ -8 \\ 0 \\ 1 \end{bmatrix}, \quad t, s \in \mathbb{R}.$$

En conséquence une base de $\mathrm{Ker}\,T$ est¨

$$\left\{ \begin{bmatrix} -3 \\ 6 \\ 1 \\ 0 \end{bmatrix}, \begin{bmatrix} 2 \\ -8 \\ 0 \\ 1 \end{bmatrix} \right\}.$$

(iv) Une base de ImT est donnée par la première et la deuxième colonne de A. Donc elle est

$$\left\{ \begin{bmatrix} 1 \\ 2 \\ 3 \\ 4 \end{bmatrix}, \begin{bmatrix} 0 \\ 1 \\ 1 \\ 1 \end{bmatrix} \right\}.$$

Exercice 10.71. *Étant donné les matrices*

$$A = \begin{bmatrix} 1 & 0 \\ 2 & 3 \end{bmatrix}, \quad B = \begin{bmatrix} 2 & 1 & 0 \\ 1 & 0 & -2 \end{bmatrix},$$

soient L_A et L_B lles applications linéaires induites par les matrices A et B respectivement. Calculer la matrice de représentation de l'application

$$T : \mathbb{R}^3 \to \mathbb{R}^2, \quad T := L_A \circ L_B,$$

par rapport aux bases canoniques de $\mathbb{R}^3$ et de $\mathbb{R}^2$.

Résolution. La matrice représentative de T est $C = A \cdot B$. Donc

$$C = \begin{bmatrix} 2 & 1 & 0 \\ 7 & 2 & -6 \end{bmatrix}.$$

Exercice 10.72. *Pour chaque $t \in \mathbb{R}$, soit $T : \mathbb{R}^4 \to \mathbb{R}^4$ l'application linéaire telle que*

$$T(\mathbf{e_1}) = \mathbf{e_1} + \mathbf{e_2},$$

$$T(\mathbf{e_2}) = \mathbf{e_1} + t\mathbf{e_2} + \mathbf{e_3},$$

$$T(\mathbf{e_3}) = \mathbf{e_1} + \mathbf{e_2} - \mathbf{e_3},$$

$$T(\mathbf{e_4}) = -\mathbf{e_1} - \mathbf{e_3} - t\mathbf{e_4}.$$

Déterminer, au varier de $t \in \mathbb{R}$, $\dim(\operatorname{Im} T)$.

Résolution. La matrice représentative de T, par rapport à la base canonique de $\mathbb{R}^3$ est

$$A = \begin{bmatrix} 1 & 1 & 1 & -1 \\ 1 & t & 1 & 0 \\ 0 & 1 & -1 & -1 \\ 0 & 0 & 0 & -t \end{bmatrix}.$$

Il résulte $\det A = t(1 - t)$. Donc pour $t \neq 0, t \neq 1$, $\det A \neq 0$ et $r(A) = 4 = \dim(\operatorname{Im} T)$. Pour $t = 0$ ou $t = 1$, on a $r(A) = 3 = \dim(\operatorname{Im} T)$.

Exercice 10.73. *Pour chaque $t \in \mathbb{R}$, soit $T : \mathbb{R}^3 \to \mathbb{R}^3$ l'application linéaire telle que*

$$T(\mathbf{e_1}) = (t+5)\mathbf{e_1} + 2\mathbf{e_2} - \mathbf{e_3},$$

$$T(\mathbf{e_2}) = \mathbf{e_1} + 2t\mathbf{e_2} + 2\mathbf{e_3},$$

$$T(\mathbf{e_3}) = t\mathbf{e_2} + \mathbf{e_3}.$$

Déterminer, au varier de $t \in \mathbb{R}$, $\dim(\operatorname{Ker} T)$.

Rèsolution. La matrice représentative de T,par rapport à la base canonique de $\mathbb{R}^3$ est

$$A = \begin{bmatrix} t+5 & 1 & 0 \\ 2 & 2t & 1 \\ -1 & 2 & 1 \end{bmatrix}.$$

Il résulte $\det A = -(t+2)$. Donc pour $t \neq -2$, $\det A \neq 0$ et $r(A) = 3$. Pour le théorème de la dimension, nous avons $\dim(\operatorname{Ker} T) = 0$. Pour $t = -2$, $r(A) = 2$. Donc $\dim(\operatorname{Ker} T) = 3 - 2 = 1$.

Exercice 10.74. *Soit $L : \mathbb{R}^2 \to \mathbb{R}^2$ l'application linéaire représentée par la matrice*

$$A = \begin{bmatrix} 1 & 0 \\ 2 & 3 \end{bmatrix},$$

par rapport à la base canonique $\mathcal{B} = \{\mathbf{e_1}, \mathbf{e_2}\}$ di $\mathbb{R}^2$. Écrire la matrice de représentation de L par rapport à la base $\mathcal{B}' = \{\mathbf{v_1}, \mathbf{v_2}\}$, en étant

$$\mathbf{v_1} = \begin{bmatrix} 1 \\ 2 \end{bmatrix}, \ \mathbf{v_2} = \begin{bmatrix} 2 \\ 3 \end{bmatrix}.$$

Rèsolution. La matrice de changement de base, qui a pour colonnes les coordonnées de $\mathbf{v_1}, \mathbf{v_2}$ par rapport à la base $\mathcal{B}$, est

$$B = \begin{bmatrix} 1 & 2 \\ 2 & 3 \end{bmatrix}.$$

La matrice requise est¨
$$A' = B^{-1}AB.$$

Vu que

$$B^{-1} = \begin{bmatrix} -3 & 2 \\ 2 & -1 \end{bmatrix},$$

nous obtenons

$$A' = \begin{bmatrix} 13 & 20 \\ -6 & -9 \end{bmatrix}.$$

Exercice 10.75. *Soit* $T : \mathbb{R}^2 \to \mathbb{R}^2$ *l'application linéaire telle que*

$$T(\mathbf{e_1}) = \mathbf{e_1} - \mathbf{e_2},$$

$$T(\mathbf{e_2}) = -2\mathbf{e_1} + 3\mathbf{e_2}\,.$$

Écrire la matrice de représentation de T *par rapport à la base* $\mathcal{B}' = \{\mathbf{v_1}, \mathbf{v_2}\}$, *en étant*

$$\mathbf{v_1} = \begin{bmatrix} 2 \\ 1 \end{bmatrix}, \ \mathbf{v_2} = \begin{bmatrix} 1 \\ 2 \end{bmatrix}.$$

Rèsolution. La matrice de représentation de T par rapport à la base canonique $\mathcal{B} = \{\mathbf{e_1}, \mathbf{e_2}\}$ de $\mathbb{R}^2$ est

$$A = \begin{bmatrix} 1 & -2 \\ -1 & 3 \end{bmatrix}.$$

La matrice du changement de base, qui a pour colonnes les coordonnées de $\mathbf{v_1}, \mathbf{v_2}$ par rapport à la base $\mathcal{B}$, est

$$B = \begin{bmatrix} 2 & 1 \\ 1 & 2 \end{bmatrix}.$$

La matrice demandé est
$$A' = B^{-1}AB\,.$$

Vu que

$$B^{-1} = \frac{1}{3}\begin{bmatrix} 2 & -1 \\ -1 & 2 \end{bmatrix},$$

nous obtenons

$$A' = \begin{bmatrix} -1/3 & -11/3 \\ 2/3 & 13/3 \end{bmatrix}.$$

10.4   Valeurs propres et vecteurs propres

Exercice 10.76. *Soit* $T : \mathbb{R}^3 \to \mathbb{R}^3$ *la transformation linéaire telle que*

$$T(\mathbf{e_1}) = \mathbf{e_1} + \mathbf{e_2}, \ \ T(\mathbf{e_2}) = 3\mathbf{e_1} + 4\mathbf{e_2}, \ \ T(\mathbf{e_3}) = 2\mathbf{e_3}.$$

(*i*) *Déterminer la matrice* A *de représentation de* T *par rapport à la base canonique de* $\mathbb{R}^3$.

(*ii*) *Déterminez si* A *est diagonalisable; si oui, écrivez la matrice diagonale associée.*

Rèsolution. (i) Du théorème de représentation de transformations linéaires il suit que

$$A = \begin{bmatrix} 1 & 3 & 0 \\ 1 & 4 & 0 \\ 0 & 0 & 2 \end{bmatrix}.$$

(ii) Nous déterminons les valeurs propres de A, en résolvant l'équation

$$\det(A - \lambda I) = 0.$$

En appliquant la formule de Laplace par rapport à la dernière colonne on obtient

$$\det(A - \lambda I) = \det \begin{bmatrix} 1 - \lambda & 3 & 0 \\ 1 & 4 - \lambda & 0 \\ 0 & 0 & 2 - \lambda \end{bmatrix}$$

$$= (1 - \lambda)(4 - \lambda)(2 - \lambda) - 3(2 - \lambda) = (2 - \lambda)(\lambda^2 - 5\lambda + 1).$$

Les valeurs propres de A ils sont donc

$$\lambda_1 = 2, \ \lambda_2 = \frac{5 + \sqrt{21}}{2}, \ \lambda_3 = \frac{5 - \sqrt{21}}{2}.$$

La matrice est diagonalisable en $\mathbb{R}$, parce que les valeurs propres sont $3 = \dim(\mathbb{R}^3)$, réelles et distinctes. La matrice diagonale associée est la suivante

$$D = \begin{bmatrix} \lambda_1 & 0 & 0 \\ 0 & \lambda_2 & 0 \\ 0 & 0 & \lambda_3 \end{bmatrix}.$$

Exercice 10.77. *Étant donné la matrice*

$$A = \begin{bmatrix} 6 & 0 & 0 \\ 0 & 6 & 0 \\ 4 & 2 & 8 \end{bmatrix},$$

— *déterminer ses valeurs propres et ses vecteurs propres,*
— *dire si la matrice est diagonalisable et, dans l'affirmative, déterminer la matrice diagonale associée.*

Rèsolution. Afin de déterminer les valeurs propres de A nous résolvons l'équation

$$\det(A - \lambda I) = (6 - \lambda)^2(8 - \lambda) = 0.$$

Donc, nous trouvons les valeurs propres $\lambda = 6$ avec multiplicité algébrique 2, et $\lambda = 8$ avec multiplicité algébrique 1. Pour déterminer les valeurs propres, nous résolvons le système

$$(A - \lambda)\mathbf{x} = \mathbf{0},$$

d'abord aved $\lambda = 6$ et ensuite avec $\lambda = 8$. Pour $\lambda = 6$, le système admet ∞^2 solutions, donc le-valeur propre $\lambda = 6$ il a multiplicité géométrique 2. L'espace propre à lui associé il est généré par les vecteurs

$$\begin{bmatrix} -1 \\ 2 \\ 0 \end{bmatrix}, \begin{bmatrix} -1 \\ 0 \\ 2 \end{bmatrix}.$$

De plus, le-vecteur propre associé à $\lambda = 8$ est

$$\begin{bmatrix} 0 \\ 0 \\ 1 \end{bmatrix}.$$

Comme les valeurs propres de A sont des nombres réels et que pour chaque valeur propre la multiplicité algébrique est égale à la multiplicité géométrique, la matrice A est diagonalisable sur $\mathbb{R}$. Une matrice diagonale associée est

$$\Lambda = \begin{bmatrix} 6 & 0 & 0 \\ 0 & 6 & 0 \\ 0 & 0 & 8 \end{bmatrix}.$$

Exercice 10.78. *Établir si la matrice*

$$A = \begin{bmatrix} 3 & 1 & 2 \\ 1 & 3 & 3 \\ 0 & 0 & 1 \end{bmatrix}$$

est diagonalisable (sur $\mathbb{R}$); si c'est le cas, trouvez une matrice diagonalisante et la matrice diagonale associée.

Rèsolution. Au but de calculer les valeurs propres de A, nous résolvons l'équation

$$p_A(\lambda) = \det(A - \lambda I) = 0.$$

Donc

$$(1 - \lambda)(\lambda^2 - 6\lambda + 8) = 0.$$

Les valeurs propres sont

$$\lambda = 1, \lambda = 2, \lambda = 4.$$

En ayant trois valeurs r propreséels distincts, A se diagonalise.
Nous résolvons le système

$$(A - I)\mathbf{x} = \mathbf{0}.$$

On trouve les solutions : $\left(-\frac{5}{3}t, -\frac{4}{3}t, t\right)$, $t \in \mathbb{R}$. Donc, un vecteur propre relatif à la valeur propre $\lambda = 1$ est

$$\mathbf{v_1} = \begin{bmatrix} -5/3 \\ -4/3 \\ 1 \end{bmatrix}.$$

Nous résolvons le système

$$(A - 2I)\mathbf{x} = \mathbf{0}.$$

On trouve les solutions : $(-t, t, 0)$, $t \in \mathbb{R}$. Donc, un vecteur propre relatif à la valeur propre $\lambda = 2$ est

$$\mathbf{v_2} = \begin{bmatrix} -1 \\ 1 \\ 0 \end{bmatrix}.$$

Nous résolvons le système

$$(A - 4I)\mathbf{x} = \mathbf{0}.$$

On trouve les solutions : $(t, t, 0)$, $t \in \mathbb{R}$. Donc, un vecteur propre relatif à la valeur propre $\lambda = 4$ est

$$\mathbf{v_3} = \begin{bmatrix} 1 \\ 1 \\ 0 \end{bmatrix}.$$

Par conséquent, une matrice diagonalisante est

$$\begin{bmatrix} -5/3 & -1 & 1 \\ -4/3 & 1 & 1 \\ 1 & 0 & 0 \end{bmatrix},$$

pendant que la matrice diagonale associée est

$$\begin{bmatrix} 1 & 0 & 0 \\ 0 & 2 & 0 \\ 0 & 0 & 4 \end{bmatrix}.$$

***Exercice* 10.79.** *Soit* $T : \mathbb{R}^3 \to \mathbb{R}^3$ *l'application linéaire telle que*

$$T(\mathbf{e_1}) = \begin{bmatrix} 2 \\ 0 \\ 1 \end{bmatrix}, \quad T(\mathbf{e_2}) = \begin{bmatrix} 0 \\ 2 \\ -1 \end{bmatrix}, \quad T(\mathbf{e_3}) = \begin{bmatrix} -1 \\ -2 \\ 1 \end{bmatrix}.$$

Établir si une base existe de $\mathbb{R}^3$ *constituée par vecteurs propres* T.

Rèsolution. L'application linéaire T, par rapport à la base canonique d $\mathbb{R}^3$, est représentée par la matrice

$$A = \begin{bmatrix} 2 & 0 & -1 \\ 0 & 2 & -2 \\ 1 & -1 & 1 \end{bmatrix}.$$

Nous calculons les valeurs propres de A, en résolvant l'équation

$$p_A(\lambda) = \det(A - \lambda I) = 0.$$

Nous avons

$$(2 - \lambda)(\lambda^2 - 3\lambda + 1) = 0,$$

c'est-à-dire

$$\lambda = 2, \quad \lambda = \frac{3 - \sqrt{5}}{2}, \quad \lambda = \frac{3 + \sqrt{5}}{2}.$$

En ayant trois valeurs propres réelles distinctes, la matrice A devient diagonalisée. Il existe donc une base de $\mathbb{R}^3$ constituée de vecteurs propres de T.

***Exercice* 10.80.** *Nous considérons la matrice* $A = \begin{bmatrix} 1 & 3 & 2 \\ 2 & 6 & 4 \\ 1 & 3 & 2 \end{bmatrix}$.

(i) *Dire si les vecteurs* $(1, 0, 3)$, $(1, 2, 1)$ *ils sont vecteurs propres de* A.

(ii) *Soit* f_A *ll'application linéaire associée à la matrice* A *par rapport à la base canonique. Trouver la dimension et une base du noyau de* f_A.

(iii) *À la lumière de ce que nous avons trouvé aux points (i) et (ii), déterminer une base de vecteurs propres de* A *et écrire la matrice de représentation de* f_A *par rapport à la base de vecteurs propres identifiée.*

Rèsolution. (i) Nous remarquons que

$$A \begin{bmatrix} 1 \\ 0 \\ 3 \end{bmatrix} = \begin{bmatrix} 7 \\ 14 \\ 7 \end{bmatrix} \notin \text{Span} \left\{ \begin{bmatrix} 1 \\ 0 \\ 3 \end{bmatrix} \right\},$$

$$A \begin{bmatrix} 1 \\ 2 \\ 1 \end{bmatrix} = \begin{bmatrix} 9 \\ 18 \\ 9 \end{bmatrix} = 9 \begin{bmatrix} 1 \\ 2 \\ 1 \end{bmatrix}.$$

Par conséquent, grâce à la définition du vecteur propre d'une matrice, on en déduit immédiatement que $(1,0,3)$ n'est pas le vecteur propre de A, tandis que $(1,2,1)$ est le vecteur propre de A associé à valeur propre 9.

(ii) La deuxième colonne et la troisième colonne de A elles sont multiples de la première, donc $r(A) = 1$ et $\dim \text{Ker} f_A = 3 - r(A) = 2$. Pour calculer une base du noyau de f_A nous résolvons le système

$$\begin{bmatrix} 1 & 3 & 2 \\ 2 & 6 & 4 \\ 1 & 3 & 2 \end{bmatrix} \begin{bmatrix} x \\ y \\ z \end{bmatrix} = \begin{bmatrix} 0 \\ 0 \\ 0 \end{bmatrix}.$$

En utilisant l'algorithme d'élimination de Gauss, nous obtenons le système équivalent

$$\begin{bmatrix} 1 & 3 & 2 \\ 0 & 0 & 0 \\ 0 & 0 & 0 \end{bmatrix} \begin{bmatrix} x \\ y \\ z \end{bmatrix} = \begin{bmatrix} 0 \\ 0 \\ 0 \end{bmatrix},$$

c'est-à-dire

$$x + 3y + 2z = 0,$$

qu'il admet infinies solutions dépendantes 2 paramètres. On a

$$\text{Ker} f_A = \text{Span}\{(-3,1,0),(-2,0,1)\}.$$

(iii) Du point (ii) on déduit que 0 est la valeur propre de la matrice A avec de multiplicité géométrique 2 et des vecteurs propres associés $(-3,-1,0)$ et $(-2,0,1)$. Du point (i) nous savons que 9 est la valeur propre de A avec le vecteur propre associé $(1,2,1)$. Nous pouvons déduire que

$$\{(-3,-1,0),(-2,0,1),(1,2,1)\}$$

il constitue une base de $\mathbb{R}^3$ de vecteurs propres de A. Par conséquent la matrice A est diagonalisable et la matrice diagonale associée à la base du vecteur propre trouvée est

$$\begin{bmatrix} 0 & 0 & 0 \\ 0 & 0 & 0 \\ 0 & 0 & 9 \end{bmatrix}.$$

Exercice 10.81. *Soit*

$$A = \begin{bmatrix} 2 & 4 & 2 \\ 0 & 4 & 0 \\ 2 & -4 & 2 \end{bmatrix}.$$

Déterminez si la matrice A est diagonalisable. Si tel est le cas, écrivez sa matrice diagonale associée et une matrice de diagonalisation.

Rèsolution. Nous déterminons les valeurs propres de A en résolvant l'équation

$$p_A(\lambda) = \det(A - \lambda I) = (4 - \lambda)[(2 - \lambda^2) - 4] = -\lambda(\lambda - 4)^2 = 0.$$

Par conséquent, les valeurs propres sont $\lambda = 0$ avec une multiplicité algébrique 1 et $\lambda = 4$ avec une multiplicité algébrique 2.

En résolvant le système linéaire

$$A\mathbf{x} = \mathbf{0},$$

nous trouvons le vecteur propre

$$\mathbf{v_1} = \begin{bmatrix} -1 \\ 0 \\ 1 \end{bmatrix},$$

relatif è la valeur propre $\lambda = 0$. Maintenant nous résolvons le système linéaire

$$(A - 4I)\mathbf{x} = \mathbf{0}.$$

Le système admet ∞^2 solutions :

$$(-2t + s, t, s), \quad t, s \in \mathbb{R}.$$

Ainsi l'espace propre V_4 relatif à $\lambda = 4$ a la dimension 2 et a pour base

$$\mathbf{v_2} = \begin{bmatrix} -2 \\ 1 \\ 0 \end{bmatrix}, \quad \mathbf{v_3} = \begin{bmatrix} 1 \\ 0 \\ 1 \end{bmatrix}.$$

Par conséquent A est diagonalisable. Une matrice diagonalisante est

$$B = \begin{bmatrix} -1 & -2 & 1 \\ 0 & 1 & 0 \\ 1 & 0 & 1 \end{bmatrix}.$$

La matrice diagonale associée est

$$\Lambda = \begin{bmatrix} 0 & 0 & 0 \\ 0 & 4 & 0 \\ 0 & 0 & 4 \end{bmatrix}.$$

Exercice 10.82. *Soit*

$$A = \begin{bmatrix} -1 & 0 & -2 \\ 0 & 1 & 0 \\ 0 & 2 & 2 \end{bmatrix}.$$

Déterminez si la matricee A est diagonalisable. Si tel est le cas, déterminez une matrice diagonale Λ et une matrice inversible B telles que

$$\Lambda = B^{-1}AB.$$

Rèsolution. Nous déterminons les valeurs propres de A. Ce sont tous et seulement les zéros du polynôme caractéristique de A :

$$p_A(\lambda) = \det(A - \lambda I) = \det \begin{bmatrix} -1-\lambda & 0 & -2 \\ 0 & 1-\lambda & 0 \\ 0 & 2 & 2-\lambda \end{bmatrix}.$$

En utilisant le développement de Laplace par rapport à la première colonne pour le calcul du déterminant, on trouve

$$p_A(\lambda) = (-1-\lambda)(1-\lambda)(2-\lambda).$$

Les solutions de

$$p_A(\lambda) = 0$$

sont donc

$$\lambda_1 = -1, \quad \lambda_2 = 1, \quad \lambda_3 = 2.$$

Nous avons $3 = \dim \mathbb{R}^3$ valeurs propres réelles distinctes, donc nous pouvons conclure que la matrice A est diagonalisable et que la matrice diagonale Λ est

$$\Lambda = \begin{bmatrix} -1 & 0 & 0 \\ 0 & 1 & 0 \\ 0 & 0 & 2 \end{bmatrix}.$$

Pour déterminer la matrice B, nous trouvons les vecteurs propres $\mathbf{v_1}, \mathbf{v_2}, \mathbf{v_3}$ de A, en résolvant les systèmes linéaires

$$(A - \lambda_i)\mathbf{x} = \mathbf{0},$$

pour $i = 1, 2, 3$. Nous obtenons

$$\mathbf{v_1} = \begin{bmatrix} 1 \\ 0 \\ 0 \end{bmatrix}, \quad \mathbf{v_2} = \begin{bmatrix} -2 \\ -1 \\ 2 \end{bmatrix}, \quad \mathbf{v_3} = \begin{bmatrix} -2 \\ 0 \\ 3 \end{bmatrix}.$$

Par conséquent la matrice B, qui a pour colonnes les vecteurs propres $\mathbf{v_1}, \mathbf{v_2}, \mathbf{v_3}$, est

$$B = \begin{bmatrix} 1 & -2 & -2 \\ 0 & -1 & 0 \\ 0 & 2 & 3 \end{bmatrix}.$$

Exercice 10.83. *Est donnée la matrice*

$$A_k = \begin{bmatrix} -9 & k & 3 \\ 0 & k & 0 \\ 3 & 0 & -1 \end{bmatrix}.$$

1. *Pour chaque valeur du paramètre $k \in \mathbb{R}$ discutez de la diagonalisabilité de A_k.*

2. *Pour chaque valeur du paramètre $k \in \mathbb{R}$ déterminer une base du noyau et de l'image de l'application linéaire représentée par A_k.*

3. *Pour les valeurs de k pour lesquelles c'est possible, trouvez une matrice orthogonale qui diagonalise A_k.*

Rèsolution. Les valeurs propres sont $0, -10, k$.

Se $k \neq 0, -10$ les valeurs propres sont simples et la matrice A_k est diagonalisable.

Si $k = 0$, A_0 elle est symétrique, donc diagonalisable.

Si $k = -10$, la valeur propre -10 a un défaut de multiplicité et A_{-10} il n'est pas diagonalisable.

Si $k = 0$, allora $r(A_0) = 1$. Nous avons :

$$\text{base de l'image :} \quad \begin{bmatrix} 3 \\ 0 \\ -1 \end{bmatrix}, \quad \text{du noyau :} \quad \begin{bmatrix} 1 \\ 0 \\ 3 \end{bmatrix}, \begin{bmatrix} 0 \\ 1 \\ 0 \end{bmatrix}.$$

Si $k \neq 0$, allora $r(A_k) = 2$. Nous avons :

$$\text{base de l'image :} \quad \begin{bmatrix} 3 \\ 0 \\ -1 \end{bmatrix}, \begin{bmatrix} 1 \\ 1 \\ 0 \end{bmatrix}, \quad \text{base du noyau :} \quad \begin{bmatrix} 1 \\ 0 \\ 3 \end{bmatrix}.$$

La matrice est diagonalisable orthogonalement seulement si $k = 0$. Nous avons déjà la base de l'espace propre de la valeur propre nulle. L'espace propre de la valeur propre -10 est généré par le vecteur

$$\begin{bmatrix} -3 \\ 0 \\ 1 \end{bmatrix}.$$

Une matrice orthogonale diagonalisant A_0 est

$$\begin{bmatrix} -\dfrac{3}{\sqrt{10}} & \dfrac{1}{\sqrt{10}} & 0 \\ 0 & 0 & 1 \\ \dfrac{1}{\sqrt{10}} & \dfrac{3}{\sqrt{10}} & 0 \end{bmatrix}.$$

Exercice 10.84. *Soit*

$$B = \begin{bmatrix} 1 & 0 & 3 \\ 0 & 2 & 1 \\ 0 & 3 & 0 \end{bmatrix}.$$

Si elle existe, déterminez une base de $\mathbb{R}^3$ *constituée de vecteurs propres d B.*

Rèsolution. Nous calculons les valeurs propres de B en résolvant l'équation

$$\det(B - \lambda I) = (1 - \lambda)(\lambda^2 - 2\lambda - 3) = 0.$$

Nous trouvons les solutions $\lambda_1 = 1, \lambda_2 = -1, \lambda_3 = 3$. Puisque nous avons trois valeurs propres réelles distinctes, la matrice B est diagonalisable, par conséquent, la base requise existe. Pour le déterminer, nous calculons les vecteurs propres associés aux valeurs propres $\lambda_1, \lambda_2, \lambda_3$.
En résolvant le système

$$(B - \lambda_1)\mathbf{x} = \mathbf{0},$$

nous trouvons $\mathbf{v_1} = (1, 0, 0)$. En résolvant le système

$$(B - \lambda_2)\mathbf{x} = \mathbf{0},$$

nous trouvons $\mathbf{v_2} = (-9, -2, 6)$. En résolvant le système

$$(B - \lambda_3)\mathbf{x} = \mathbf{0},$$

nous trouvons $\mathbf{v_3} = (3, 2, 2)$.
Donc une base $\mathbb{R}^3$ constituée de vecteurs propres de B est :

$$(1, 0, 0), (-9, -2, 6), (3, 2, 2).$$

Exercice 10.85. *Soit* $T \colon \mathbb{R}^3 \to \mathbb{R}^3$ *la transformation linéaire définie par*

$$T(x, y, z) = (8x - 5y + 2z, 3y, -6x + 2y + z).$$

(i) *Écrire la matrice associé à T par rapport à la base canonique;*
(ii) *montrer que T il est diagonalisable et trouver une base de vecteurs propres de T.*

Rèsolution. (i) De la définition de matrice associé à une transformation linéaire et de la définition de produit entre matrice et vecteur, on il a immédiatement que la matrice associé à T par rapport à la base canonique est

$$A = \begin{bmatrix} 8 & -5 & 2 \\ 0 & 3 & 0 \\ -6 & 2 & 1 \end{bmatrix}.$$

(ii) Pour montrer que T il est diagonalisable, nous déterminons le polynôme caractéristique

$$p_A(\lambda) = \det(A - \lambda I) = \det \begin{bmatrix} 8 - \lambda & -5 & 2 \\ 0 & 3 - \lambda & 0 \\ -6 & 2 & 1 - \lambda \end{bmatrix}.$$

En utilisant le développement de Laplace par rapport à la deuxième ligne, nous obtenons

$$p_A(\lambda) = (3 - \lambda)[(8 - \lambda)(1 - \lambda) + 12] = (3 - \lambda)[\lambda^2 - 9\lambda + 20].$$

Donc T il a 3 valeurs propres (réelles) distincts $\lambda_1 = 5$, $\lambda_2 = 4$ et $\lambda_3 = 3$. En étant en outre $\dim(\mathbb{R}^3) = 3$, T il est diagonalisable, c'est-à-dire qu'il est possible de déterminer une base de vecteur propre. Un vecteur propre relatif à $\lambda_1 = 5$ est trouvé en résolvant le système

$$(A - 5I) \begin{bmatrix} x \\ y \\ z \end{bmatrix} = \begin{bmatrix} 0 \\ 0 \\ 0 \end{bmatrix}.$$

Les solutions sont $\left(-\frac{2}{3}t, 0, t\right)$, $t \in \mathbb{R}$. Un vecteur propre est $\mathbf{w}_1 = (-2, 0, 3)$.
Un vecteur propre relatif à $\lambda_2 = 4$ il se trouve en résolvant le système

$$(A - 4I) \begin{bmatrix} x \\ y \\ z \end{bmatrix} = \begin{bmatrix} 0 \\ 0 \\ 0 \end{bmatrix}.$$

Les solutions sont $\left(-\frac{t}{2}, 0, t\right)$, $t \in \mathbb{R}$. Un vecteur propre est $\mathbf{w}_2 = (-1, 0, 2)$.

Un vecteur propre relatif à $\lambda_3 = 3$ il se trouve en résolvant le système

$$(A - 3I) \begin{bmatrix} x \\ y \\ z \end{bmatrix} = \begin{bmatrix} 0 \\ 0 \\ 0 \end{bmatrix}.$$

Les solutions sont $\left(-\frac{3}{10}t, \frac{1}{10}t, t\right), t \in \mathbb{R}$, et un vecteur propre est

$$\mathbf{w}_3 = (-3, 1, 10).$$

Car les vecteurs propres trouvés sont relatifs aux trois valeurs propres distincts, ils constituent une base de $\mathbb{R}^3$.

Exercice 10.86. *Déterminer une base orthonormée de $\mathbb{R}^3$ formée par les vecteurs propres de la matrice*

$$\begin{bmatrix} 1 & 0 & 0 \\ 0 & 2 & 1 \\ 0 & 1 & 2 \end{bmatrix}.$$

Rèsolution. Nous observons que telle base existe certainement, grâce à le théorème spectral, parce que la matrice est symétrique. Nous calculons les valeurs propres de A. Nous avons :

$$\det(A - \lambda I) = (1 - \lambda)(\lambda^2 - 4\lambda + 3).$$

Donc les valeurs propres de A ils sont : $\lambda = 1$, avec multiplicité algébrique 2, et $\lambda = 3$.
Nous résolvons le système

$$(A - I)\mathbf{x} = \mathbf{0}.$$

Otteniamo

$$y + z = 0.$$

Nous avons deux variables libres : $x = t, z = s, \ t, s \in \mathbb{R}$. Donc l'espace propre associé à le valeur propre $\lambda = 1$ il a dimension 2. Une de ses bases est :

$$\mathbf{v_1} = \begin{bmatrix} 1 \\ 0 \\ 0 \end{bmatrix}, \quad \mathbf{v_2} = \begin{bmatrix} 0 \\ -1 \\ 1 \end{bmatrix}.$$

Le vecteur propre relatif à $\lambda = 3$, qu'il se trouve en résolvant le système

$$(A - 3I)\mathbf{x} = \mathbf{0},$$

est¨

$$v_3 = \begin{bmatrix} 0 \\ 1 \\ 1 \end{bmatrix}.$$

Grâce à le théorème spectral v_1, v_2, v_3 ce sont une base orthogonal de $\mathbb{R}^3$. Donc

$$\begin{bmatrix} 1 \\ 0 \\ 0 \end{bmatrix}, \quad \begin{bmatrix} 0 \\ -\frac{1}{\sqrt{2}} \\ \frac{1}{\sqrt{2}} \end{bmatrix}, \quad \begin{bmatrix} 0 \\ \frac{1}{\sqrt{2}} \\ \frac{1}{\sqrt{2}} \end{bmatrix}$$

ce sont vecteurs propres de la matrice et ils forment une base orthonormée de $\mathbb{R}^3$.

Exercice 10.87. *Soit V un espace vectoriel de dimension 3 et $\mathcal{B} = \{v_1, v_2, v_3\}$ une de ses bases. Nous considérons l'application linéaire*

$$L : V \to V$$

telle que

1. *$L(v_1) = v_1 + v_2 - v_3$,*
2. *$L(v_2) = 3v_2 - v_3$,*
3. *$v_2 - v_3$ est un vecteur propre de L relatif à le valeur propre 1.*
    i) *Vérifier que $L(v_3) = 2v_2$ et écrire la matrice représentative de L par rapport à la base $\mathcal{B}$;*
    ii) *trouver les valeurs propres de L;*
    iii) *déterminer si L est diagonalisable*

Rèsolution. (i) En étant $v_2 - v_3$ un vecteur propre de L avec valeur propre 1, il résulte

$$L(v_2 - v_3) = v_2 - v_3.$$

De plus,

$$L(v_2 - v_3) = L(v_2) - L(v_3).$$

Donc,

$$v_2 - v_3 = L(v_2) - L(v_3) = 3v_2 - v_3 - L(v_3),$$

où vous obtenez

$$L(v_3) = 2v_2.$$

Du théorème de représentation d'applications linéaires il suit que la matrice de représentation de L, par rapport à la base v_1, v_2, v_3 est

$$A = \begin{bmatrix} 1 & 0 & 0 \\ 1 & 3 & 2 \\ -1 & -1 & 0 \end{bmatrix}.$$

(*ii*) Pour déterminer les valeurs propres, nous résolvons l'équation caractéristique

$$\det(A - \lambda I) = 0.$$

En utilisant le développement de Laplace par rapport à la première ligne pour le calcul du déterminant, on a

$$(1 - \lambda)[-\lambda(3 - \lambda) + 2] = 0,$$

en conséquence

$$(1 - \lambda)(\lambda^2 - 3\lambda + 2) = 0,$$

dont les solutions sont $\lambda = 1$ cavec la multiplicité algébrique 2 et $\lambda = 2$ avec la multiplicité algébrique 1.

(*iii*) Nous déterminons la dimension de l'espace propre associé à la valeur propre $\lambda = 1$, en résolvant le système linéaire

$$(A - I)\mathbf{x} = \mathbf{0}.$$

Avec la méthode d'élimination de Gauss, on trouve

$$\begin{bmatrix} 0 & 0 & 0 \\ 1 & 2 & 2 \\ -1 & -1 & -1 \end{bmatrix} \rightarrow \begin{bmatrix} 1 & 2 & 2 \\ 0 & 1 & 1 \\ 0 & 0 & 0 \end{bmatrix}.$$

Donc $r(A - I) = 2$. Le système linéaire admet donc ∞^1 solutions, et l'espace propre associé ° $\lambda = 1$ il a dimension 1. Ainsi λ il a multeplicité geometrique 1. Donc L il n'est pas diagonalisable.

Exercice 10.88. *Considérons l'application linéaire $f : \mathbb{R}^3 \to \mathbb{R}^3$ dépendant du paramètre k définie par*

$$f(x, y, z) = (kx + 2z, ky, 2x + kz).$$

1. *À la variation de $k \in \mathbb{R}$, déterminer la dimension et une base du noyau et de l'image de f.*

2. *À la variation de $k \in \mathbb{R}$, déterminez une base orthonormée de $\mathbb{R}^3$ formée par des vecteurs propres de f.*

Rèsolution. L'application est représentée par la matrice

$$A = \begin{bmatrix} k & 0 & 2 \\ 0 & k & 0 \\ 2 & 0 & k \end{bmatrix}.$$

Nou remarquons que $\det A = k(k^2 - 4)$.

Si $k \neq 0, 2, -2$, alors $r(A) = 3 = \dim(\mathrm{Im}(f))$. Une base de $\mathrm{Im}(f))$ est la base canonique de $\mathbb{R}^3$ et $\dim(\ker(f)) = 0$.

Si $k = 0$, alors $r(A) = 2 = \dim(\mathrm{Im}(f))$. Une base de l'image est ¨

$$\begin{bmatrix} 0 \\ 0 \\ 1 \end{bmatrix}, \begin{bmatrix} 1 \\ 0 \\ 0 \end{bmatrix} ;$$

une base du noyau est ¨ $\begin{bmatrix} 0 \\ 1 \\ 0 \end{bmatrix}$.

Si $k = 2$, alors $r(A) = 2 = \dim(\mathrm{Im}(f))$. Une base de l'image est ¨

$$\begin{bmatrix} 1 \\ 0 \\ 1 \end{bmatrix}, \begin{bmatrix} 0 \\ 1 \\ 0 \end{bmatrix} ;$$

une base du noyau est ¨ $\begin{bmatrix} -1 \\ 0 \\ 1 \end{bmatrix}$.

Si $k = -2$, alors $r(A) = 2 = \dim(\mathrm{Im}(f))$. Une base de l'image est ¨

$$\begin{bmatrix} -1 \\ 0 \\ 1 \end{bmatrix}, \begin{bmatrix} 0 \\ 1 \\ 0 \end{bmatrix} ;$$

une base du noyau est ¨ $\begin{bmatrix} 1 \\ 0 \\ 1 \end{bmatrix}$.

A est symétrique, donc diagonalisable orthogonalement. Les valeurs propres sont $\lambda_{1,2,3} = k - 2, k, k + 2$, avec des espaces propres respectivement générés par des vecteurs :

$$\mathbf{v}_1 = \begin{bmatrix} 1 \\ 0 \\ -1 \end{bmatrix} \quad \mathbf{v}_2 = \begin{bmatrix} 0 \\ 1 \\ 0 \end{bmatrix} \quad \mathbf{v}_3 = \begin{bmatrix} 1 \\ 0 \\ 1 \end{bmatrix}.$$

Une base orthonormée de vecteurs propres est donc :

$$\frac{1}{\sqrt{2}} \begin{bmatrix} 1 \\ 0 \\ -1 \end{bmatrix}, \begin{bmatrix} 0 \\ 1 \\ 0 \end{bmatrix}, \frac{1}{\sqrt{2}} \begin{bmatrix} 1 \\ 0 \\ 1 \end{bmatrix}.$$

Exercice 10.89. *Elle est donnée l'application linéaire*

$$T : \mathbb{R}^3 \to \mathbb{R}^3$$

telle que

$$T(\mathbf{e_1}) = \mathbf{e_1}, \quad T(\mathbf{e_2}) = \mathbf{e_1} + \mathbf{e_2}, \quad T(\mathbf{e_3}) = 2\mathbf{e_3}.$$

Dites s'il existe une base de $\mathbb{R}^3$ *constituée de vecteurs propres de* T.

Rèsolution. Par rapport à la base canonique de $\mathbb{R}^3$, T elle est représentée par la matrice

$$A = \begin{bmatrix} 1 & 1 & 0 \\ 0 & 1 & 0 \\ 0 & 0 & 2 \end{bmatrix}.$$

Nous calculons les valeurs propres de A. On résout donc l'équation

$$p_A(\lambda) = \det(A - \lambda I) = (1 - \lambda)^2(2 - \lambda) = 0.$$

Donc les valeurs propres sont $\lambda = 1$ avec multiplicité algébrique 2, et $\lambda = 2$ avec multiplicité algébrique 1.Nous déterminons la multiplicité géométrique di $\lambda = 1$. Nous résolvons ensuite le système linéaire

$$(A - I)\mathbf{x} = \mathbf{0}.$$

Le système admet ∞^1 solutions : $(t, 0, 0)$, $t \in \mathbb{R}$. Ainsi l'espace propre associé à $\lambda = 1$ il a dimension 1, qui est, par définition, la multiplicité géométrique de $\lambda = 1$. Il s'ensuit que A n'est pas diagonalisable, ou de manière équivalente, il n'y a pas une base de $\mathbb{R}^3$ constituée de vecteurs propres de T.

Exercice 10.90. *Déterminer s'il existe ou non une base de* $\mathbb{R}^3$ *constituée de vecteurs propres de l'application linéaire* $T : \mathbb{R}^3 \to \mathbb{R}^3$ *telle que*

$$T(\mathbf{e_1}) = \begin{bmatrix} 2 \\ 0 \\ 0 \end{bmatrix}, \quad T(\mathbf{e_2}) = \begin{bmatrix} 2 \\ 2 \\ 0 \end{bmatrix}, \quad T(\mathbf{e_3}) = \begin{bmatrix} 0 \\ 2 \\ 2 \end{bmatrix}.$$

Rèsolution. Nous écrivons la matrice de représentation A di T par rapport à la base canonique de $\mathbb{R}^3$. Nous avons

$$A = \begin{bmatrix} 2 & 2 & 0 \\ 0 & 2 & 2 \\ 0 & 0 & 2 \end{bmatrix}.$$

La question posée est de savoir si la matrice A Ãpeut être diagonalisée ou non. C'est pourquoi nous déterminons les valeurs propres de A. Nous avons

$$A - \lambda I = \begin{bmatrix} 2 - \lambda & 2 & 0 \\ 0 & 2 - \lambda & 2 \\ 0 & 0 & 2 - \lambda \end{bmatrix}.$$

En utilisant le développement de Laplace par rapport à la troisième ligne, on obtient

$$\det(A - \lambda I) = (2 - \lambda)^3 = 0$$

pour $\lambda = 2$. On note que la multiplicité algébrique de la valeur propre $\lambda = 2$ est 3. Pour déterminer sa multiplicité géométrique, c'est-à-dire la dimension de l'espace propre $V_{\lambda=2}$ qui lui est associé, nous résolvons le système linéaire homogène

$$(A - 2I)\mathbf{x} = \mathbf{0}.$$

Le système admet infinies solutions dépendantes d'un paramètre :

$$\mathbf{x} = \begin{bmatrix} t \\ 0 \\ 0 \end{bmatrix}, \quad t \in \mathbb{R}.$$

Donc

$$\dim V_{\lambda=2} = 1.$$

Par conséquent, la multiplicité géométrique de la valeur propre $\lambda = 2$ est de 1, et est inférieure à sa multiplicité algébrique qui est de¨ 3. Ainsi la matrice A n'est pas diagonalisable, il n'y a donc pas de base de $\mathbb{R}^3$ constituée de vecteurs propres de T.

Exercice 10.91. *Dire si ils existent $t \in \mathbb{R}$ tels que la matrice*

$$A = \begin{bmatrix} 1 & t & 0 \\ 0 & t & 0 \\ t & 0 & 2 \end{bmatrix}$$

admette trois valeurs propres réelles distinctes.

Rèsolution. On détermine les valeurs propres de A en résolvant l'équation

$$\det(A - \lambda I) = (2 - \lambda)(1 - \lambda)(t - \lambda) = 0.$$

Les solutions sont $\lambda = 1, \lambda = 2, \lambda = t$. Donc pour $t \neq 1, t \neq 2$, A admet trois valeurs propres réelles distinctes..

Exercice 10.92. *Soit* $T : \mathbb{R}^3 \to \mathbb{R}^3$ *l'application linéaire telle que*

$$T(\mathbf{e_1}) = \mathbf{e_1} + \mathbf{e_3}\,,$$

$$T(\mathbf{e_2}) = 2\mathbf{e_2},$$

$$T(\mathbf{e_3}) = \mathbf{e_1} + \mathbf{e_2}\,.$$

Établir s'il existe une base de $\mathbb{R}^3$ *formée par des vecteurs propres de* T.

Rèsolution. L'application linéaire T, par rapport à la base canonique de $\mathbb{R}^3$, est représentée par la matrice

$$A = \begin{bmatrix} 1 & 0 & 1 \\ 0 & 2 & 1 \\ 1 & 0 & 0 \end{bmatrix}.$$

Nous déterminons les valeurs propres de A en résolvant l'équation

$$p_A(\lambda) = \det(A - \lambda I) = (2 - \lambda)(\lambda^2 - \lambda - 1) = 0\,.$$

Nous avons les solutions

$$\lambda = 2, \quad \lambda = \frac{1 - \sqrt{5}}{2}, \quad \lambda = \frac{1 + \sqrt{5}}{2}\,.$$

Puisque A a trois valeurs propres réelles distinctes, la matrice A est diagonalisable. Cela signifie qu'il existe une base de $\mathbb{R}^3$ formée par des vecteurs propres T.

Exercice 10.93. *Soit* $F : \mathbb{R}^3 \to \mathbb{R}^3$ *l'application linéaire dont la matrice, par rapport à la base canonique de* $\mathbb{R}^3$, *est*

$$A = \begin{bmatrix} 2 & -1 & 1 \\ -1 & 2 & 1 \\ 1 & 1 & 2 \end{bmatrix}.$$

1. *Calculer les dimensions de l'image et du noyau de* F. *Établir si l'application linéaire* F *elle est inversible.*

2. *Vérifiez que* $\mathbf{v_1} = \frac{\sqrt{2}}{2}\,(1, -1, 0)$ *est un vecteur propre unitaire de* F *et déterminez la valeur propre correspondante.*

   Déterminez s'il existe une base orthonormée $\mathcal{B} = (\mathbf{v_1}, \mathbf{v_2}, \mathbf{v_3})$ *di* $\mathbb{R}^3$, *avec* $\mathbf{v_1} = \frac{\sqrt{2}}{2}\,(1, -1, 0)$, *constituée de vecteurs propres de* F. *Si c'est le cas, déterminez-en une et écrivez la matrice* M *représentant l'application linéaire* F *par rapport à la base orthonormée* $\mathcal{B}$ *trouvée.*

> 3. Déterminez s'il existe une matrice diagonale D similaire à la matrice A^5. Si c'est le cas, écrivez l'une de ces matrices diagonales, en expliquant les raisons de votre réponse.

Rèsolution. Les dimensions de l'image et du noyau de F coïncident, respectivement, avec le rang de la matrice A et avec la dimension de Ker A. Avec une mise à l'échelle (ou en notant que les deux premières lignes sont linéairement indépendantes et que la troisième est la somme des deux premières), on trouve rank $A = 2$ et donc (par le théorème des dimensions) dim Ker $A = 1$. Par conséquent F n'est pas inversible.

Le vecteur $\mathbf{v_1} = \frac{\sqrt{2}}{2}(1, -1, 0)$ est unitaire (c'est-à-dire qu'il a la longueur 1), car la somme des carrés des ses composants sont $\frac{1}{2} + \frac{1}{2} = 1$. Nous vérifions que $\mathbf{v_1} = \frac{\sqrt{2}}{2}(1, -1, 0)$ est le vecteur propre de F. De manière équivalente, nous vérifions que $(1, -1, 0)$ est le vecteur propre de F. En effet,

$$\begin{bmatrix} 2 & -1 & 1 \\ -1 & 2 & 1 \\ 1 & 1 & 2 \end{bmatrix} \begin{bmatrix} 1 \\ -1 \\ 0 \end{bmatrix} = \begin{bmatrix} 3 \\ -3 \\ 0 \end{bmatrix} = 3 \begin{bmatrix} 1 \\ -1 \\ 0 \end{bmatrix}$$

Donc $(1, -1, 0)$ est le vecteur propre de F, de valeur propre 3; en conséquence aussi $\mathbf{v_1} = \frac{\sqrt{2}}{2}(1, -1, 0)$ est un vecteur propre de F, de valeur propre 3.

La matrice A étant symétrique, il existe une base orthonormée $\mathcal{B} = (\mathbf{v_1}, \mathbf{v_2}, \mathbf{v_3})$ de $\mathbb{R}^3$, avec $\mathbf{v_1} = \frac{\sqrt{2}}{2}(1, -1, 0)$, constituée de vecteurs propres de F (par le Théorème Spectral). Pour déterminer une telle base $\mathcal{B}$, nous trouvons les valeurs propres et les espaces propres de la matrice A. Une valeur propre, déjà trouvée, est $\lambda_1 = 3$. Une autre valeur propre doit être $\lambda_3 = 0$, car la matrice A . n'est pas inversible. La troisième valeur propre λ_2. reste à déterminer. Puisque la somme des valeurs propres est la trace tr $A = 2 + 2 + 2 = 6$, nous devons avoir $6 = \lambda_1 + \lambda_2 + \lambda_3 = 3 + \lambda_2 + 0$. De cela, nous obtenons $\lambda_2 = 3$.

Autre façon de trouver les valeurs propres : trouver les racines du polynôme caractéristique, qu'il est $\det(A - \lambda I) = -\lambda(\lambda - 3)^2)$.

On a donc une double valeur propre $\lambda_1 = \lambda_2 = 3$ et une simple valeur propre $\lambda_3 = 0$. L'espace propre relatif à la double valeur propre 3 est le plan Ker$(A - 3I)$, de l'équation cartésienne

$$x + y - z = 0.$$

L'espace propre relatif à la valeur propre $\lambda_3 = 0$ est Ker A ($=$ Ker$(A - 0I)$), la ligne des équations cartésiennes

$$\begin{cases} 2x - y + z & = & 0 \\ -x + 2y + z & = & 0 \end{cases} .$$

Un vecteur unitaire appartenant à cette ligne est

$$\mathbf{v}_3 = \frac{1}{\sqrt{3}}(1,1,-1).$$

Notez que $\mathbf{v}_3 = \frac{1}{\sqrt{3}}(1,1,-1)$ et $v_1 = \frac{\sqrt{2}}{2}(1,-1,0)$ sont orthogonaux l'un à l'autre. $(1,-1,0)$ sont orthogonaux l'un à l'autre. (parce que les espaces propres relatifs aux valeurs propres distinctes d'une matrice symétrique sont orthogonaux les uns par rapport aux autres). Pour compléter la base $\mathcal{B}$ nous devons maintenant trouver un vecteur $\mathbf{v}_2$ appartenant à l'espace propre $\text{Ker}(A-3I)$ (le plan $x+y-z=0$) orthogonal à $v_1 = \frac{\sqrt{2}}{2}(1,-1,0)$ et unitaire. Il suffit de prendre $\mathbf{v}_2$ égal au produit vectoriel $\mathbf{v}_3 \times \mathbf{v}_1$:

$$\mathbf{v}_2 = \mathbf{v}_3 \times \mathbf{v}_1 = \det \begin{bmatrix} \mathbf{e}_1 & \mathbf{e}_2 & \mathbf{e}_2 \\ 1/\sqrt{2} & -1/\sqrt{2} & 0 \\ 1/\sqrt{3} & 1/\sqrt{3} & -1/\sqrt{3} \end{bmatrix} = \frac{1}{\sqrt{6}}(1,1,2).$$

Une autre façon de trouver $\mathbf{v}_2$ est la suivante : une base de l'espace propre $\text{Ker}(A-3I)$, c'est-à-dire le plan de l'équation $x+y-z=0$, est formé par les vecteurs $\mathbf{w}_1 = \sqrt{2}\mathbf{v}_1 = (1,-1,0)$ et $\mathbf{w}_2 = (1,0,1)$. La projection de $\mathbf{w}_2$ dans la direction orthogonale à $\mathbf{w}_1$ dans le plan $x+y+-z=0$ est le vecteur $\mathbf{w} = \mathbf{w}_2 - t\mathbf{w}_1 = (1-t,t,1)$ où t est déterminé par la demande $0 = \mathbf{w} \cdot \mathbf{w}_1 = 1 - 2t$. On trouve donc $\mathbf{w} = (1/2,1/2,1)$ et

$$\mathbf{v}_2 = \frac{\mathbf{w}}{\|\mathbf{w}\|} = \frac{(1,1,2)}{\|(1,1,2)\|} = \frac{1}{\sqrt{6}}(1,1,2).$$

Une base orthonormée de vecteurs propres est donc $\mathcal{B} = (\mathbf{v_1}, \mathbf{v_2}, \mathbf{v_3})$, avec

$$\mathbf{v_1} = \frac{1}{\sqrt{2}}(1,-1,0), \quad \mathbf{v_2} = \frac{1}{\sqrt{6}}(1,1,2), \quad \mathbf{v_3} = \frac{1}{\sqrt{3}}(1,1,-1).$$

La matrice représentant l'application linéaire F par rapport à cette base orthonormée $\mathcal{B}$ est la matrice diagonale $M = \text{diag}(3,3,0)$:

$$M = \begin{bmatrix} 3 & 0 & 0 \\ 0 & 3 & 0 \\ 0 & 0 & 0 \end{bmatrix}.$$

La matrice A^5 est symétrique, car A est symétrique ; de plus,

$$(A^5)^T = (A^T)^5 = A^5.$$

Ainsi, pour le théorème spectral, A^5 est similaire à une matrice diagonale. Pour chaque entier positif N, si $\mathbf{v}$ est le-vecteur propre de A, avec la valeur propre λ, alors le même $\mathbf{v}$ est aussi le vecteur propre de A^N, avec la valeur propre λ^N. Vérifions-le, par exemple, pour $N = 2$: da $A\mathbf{v} = \lambda\mathbf{v}$ il suit

$$A^2\mathbf{v} = A(A\mathbf{v}) = A(\lambda\mathbf{v}) = \lambda A\mathbf{v} = \lambda(\lambda\mathbf{v}) = \lambda^2\mathbf{v}$$

En itérant, nous aurons $A^N\mathbf{v} = \lambda^N\mathbf{v}$, pour chaque entier positif N. Ainsi, l'espaces propres de A^N coïncident avec l'espaces propres de A ; par conséquent, si λ est une valeur propre double de A, λ^N sera le double de la valeur propre de A^N. Dans notre cas, puisque les valeurs propres de A sont $\lambda_1 = \lambda_2 = 3$ (double valeur propre) et $\lambda_3 = 0$ (valeur propre simple), les valeurs propres μ_1, μ_2, μ_3 de A^5 ils seront $\mu_1 = \mu_2 = 3^5$ (double valeur propre) et $\mu_3 = 0$ (valeur propre simple). Donc A^5 est similaire à la matrice diagonale

$$D = \begin{bmatrix} 3^5 & 0 & 0 \\ 0 & 3^5 & 0 \\ 0 & 0 & 0 \end{bmatrix}.$$

10.5 Espaces vectoriels métriques et formes quadratiques

Exercice 10.94. *Vérifier que les vecteurs*

$$\mathbf{w}_1 = (-2, 0, 3), \ \mathbf{w}_2 = (-1, 0, 2), \ \mathbf{w}_3 = (-3, 1, 10)$$

ils constituent une base de $\mathbb{R}^3$. Trouver une base orthonormée de $\mathbb{R}^3$ en utilisant la procédure de Gram-Schmidt à partir de la base de vecteurs propres donnée.

Rèsolution. Nous utilisons la procédure d'orthonormalisation de Gram-Schmidt. Nous avons :

$$\mathbf{v}_1 = (-2, 0, 3);$$

$$\mathbf{v}_2 = \mathbf{w}_2 - \frac{\langle \mathbf{w}_2, \mathbf{v}_1 \rangle}{\|\mathbf{v}_1\|^2}\mathbf{v}_1 = (-1, 0, 2) - \frac{8}{13}(-2, 0, 3) = \frac{1}{13}(3, 0, 2);$$

$$\begin{aligned} \mathbf{v}_3 &= \mathbf{w}_3 - \frac{\langle \mathbf{w}_3, \mathbf{v}_1 \rangle}{\|\mathbf{v}_1\|^2}\mathbf{v}_1 - \frac{\langle \mathbf{w}_3, \mathbf{v}_2 \rangle}{\|\mathbf{v}_2\|^2}\mathbf{v}_2 \\ &= (-3, 1, 10) - \frac{36}{13}(-2, 0, 3) - \frac{11}{13}(3, 0, 2) \\ &= \frac{1}{13}(0, 13, 0) = (0, 1, 0). \end{aligned}$$

Nous avons que $(-2,0,3), \frac{1}{13}(3,0,2), (0,1,0)$ est une base orthogonale. Pour trouver une base orthonormée, il suffit de normaliser chaque vecteur. Comme $\|\mathbf{v_1}\| = \sqrt{13}, \|\mathbf{v_2}\| = \frac{\sqrt{13}}{13}$ et $\|\mathbf{v_3}\| = 1$ la base orthonormée recherchée est

$$\left(-\frac{2}{\sqrt{13}}, 0, \frac{3}{\sqrt{13}}\right), \left(\frac{3}{\sqrt{13}}, 0, \frac{2}{\sqrt{13}}\right), (0,1,0).$$

Exercice 10.95. *Déterminer la dimension et un base orthonormée de*

$$W = \text{Span}\left\{\begin{bmatrix} 1 \\ 2 \\ 0 \\ -1 \end{bmatrix}, \begin{bmatrix} 0 \\ 1 \\ -1 \\ 0 \end{bmatrix}\right\}.$$

Rèsolution. Nous mettons

$$\mathbf{v} = \begin{bmatrix} 1 \\ 2 \\ 0 \\ -1 \end{bmatrix}, \quad \mathbf{w} = \begin{bmatrix} 0 \\ 1 \\ -1 \\ 0 \end{bmatrix}.$$

Car l'équation

$$\alpha_1 \mathbf{v} + \alpha_2 \mathbf{w} = \mathbf{0}$$

elle admet comme seule solution $\alpha_1 = \alpha_2 = 0$, les deux vecteurs $\mathbf{v}$ et $\mathbf{w}$ ils sont indépendants linéairement et ils constituent une base de W. Donc $\dim W = 2$. Pour déterminer une base orthonormée de W nous exécutons le procédé d'orthonormalisation de Gram-Schmidt à partir des vecteurs $\mathbf{v}$ et $\mathbf{w}$. Nous avons $\mathbf{u_1} = \mathbf{v}$;

$$\mathbf{u_2} = \mathbf{w} - \frac{\langle \mathbf{w}, \mathbf{u_1} \rangle}{\langle \mathbf{u_1}, \mathbf{u_1} \rangle} \mathbf{u_1} = \frac{1}{3}\begin{bmatrix} -1 \\ 1 \\ -3 \\ 1 \end{bmatrix}.$$

Donc une base orthonormée de W est

$$\mathbf{a_1} = \frac{\mathbf{u_1}}{\|\mathbf{u_1}\|} = \frac{1}{\sqrt{6}}\begin{bmatrix} 1 \\ 2 \\ 0 \\ -1 \end{bmatrix}, \quad \mathbf{a_2} = \frac{\mathbf{u_2}}{\|\mathbf{u_2}\|} = \frac{\sqrt{3}}{2}\begin{bmatrix} -1 \\ 1 \\ -3 \\ 1 \end{bmatrix}.$$

Exercice 10.96. *Déterminereter une base orthonormée de*

$$W = \text{Span} \left\{ \begin{bmatrix} 0 \\ 1 \\ 1 \\ 0 \end{bmatrix}, \begin{bmatrix} 2 \\ 1 \\ 0 \\ 1 \end{bmatrix} \right\}.$$

Rèsolution. Ils soient

$$\mathbf{w_1} = \begin{bmatrix} 0 \\ 1 \\ 1 \\ 0 \end{bmatrix}, \quad \mathbf{w_2} = \begin{bmatrix} 2 \\ 1 \\ 0 \\ 1 \end{bmatrix}.$$

Car $\mathbf{w_1}$ et $\mathbf{w_2}$ ils sont indépendants linéairement, ils constituent une base de W. Pour construire une base orthonormée de W nous opérons le procédé de Gram - Schmidt.
Nous avons

$$\mathbf{u_1} = \mathbf{w_1},$$

$$\mathbf{u_2} = \mathbf{w_2} - \frac{\langle \mathbf{w_2}, \mathbf{u_1} \rangle}{\langle \mathbf{u_1}, \mathbf{u_1} \rangle} \mathbf{u_1}$$

$$= \begin{bmatrix} 2 \\ 1 \\ 0 \\ 1 \end{bmatrix} - \frac{1}{2} \begin{bmatrix} 0 \\ 1 \\ 1 \\ 0 \end{bmatrix} = \begin{bmatrix} 2 \\ 1/2 \\ -1/2 \\ 1 \end{bmatrix}.$$

Car

$$\langle \mathbf{u_1}, \mathbf{u_1} \rangle = 2, \quad \langle \mathbf{u_2}, \mathbf{u_2} \rangle = \frac{11}{2},$$

une base orthonormée de W est donnée par

$$\mathbf{a_1} = \frac{1}{\sqrt{2}} \mathbf{u_1}, \quad \mathbf{a_2} = \sqrt{\frac{11}{2}} \mathbf{u_2}.$$

Exercice 10.97. *Dire si la matrice*

$$A = \begin{bmatrix} \frac{1}{\sqrt{2}} & \frac{1}{\sqrt{2}} \\ -\frac{1}{\sqrt{2}} & \frac{1}{\sqrt{2}} \end{bmatrix}$$

elle est orthornormée

Rèsolution. Nous considérons les vecteurs colonne de A :

$$A^1 = \begin{bmatrix} \frac{1}{\sqrt{2}} \\ -\frac{1}{\sqrt{2}} \end{bmatrix}, \quad A^2 = \begin{bmatrix} \frac{1}{\sqrt{2}} \\ \frac{1}{\sqrt{2}} \end{bmatrix}.$$

Si ha

$$\|A^1\| = \|A^2\| = 1,$$

$$\langle A^1, A^2 \rangle = 0.$$

En conséquence A^1, A^2 forment une base orthonormée de $\mathbb{R}^2$. Donc A est une matrice orthogonale.

Exercice 10.98. *Présentez une base orthonormée de $\mathbb{R}^3$ différente de la base canonique.*

Rèsolution. Nous considérons les vecteurs

$$\mathbf{v_1} = \begin{bmatrix} \frac{1}{\sqrt{2}} \\ \frac{1}{\sqrt{2}} \\ 0 \end{bmatrix}, \quad \mathbf{v_2} = \begin{bmatrix} -\frac{1}{\sqrt{2}} \\ \frac{1}{\sqrt{2}} \\ 0 \end{bmatrix}, \quad \mathbf{v_3} = \begin{bmatrix} 0 \\ 0 \\ 1 \end{bmatrix}.$$

Nous avons

$$\|\mathbf{v_1}\| = \|\mathbf{v_2}\| = \|\mathbf{v_3}\| = 1,$$

$$\langle \mathbf{v_1}, \mathbf{v_2} \rangle = \langle \mathbf{v_1}, \mathbf{v_3} \rangle = \langle \mathbf{v_2}, \mathbf{v_3} \rangle = 0.$$

Donc $\mathcal{B} = \{\mathbf{v_1}, \mathbf{v_2}, \mathbf{v_3}\}$ est une base orthonormée de $\mathbb{R}^3$.

Exercice 10.99. *Déterminez la projection orthogonale de* $\mathbf{v} = \begin{bmatrix} 1 \\ 1 \\ 1 \end{bmatrix}$ *sur le sous-espaceo*

$$\mathrm{Span} = \{\mathbf{u_1}, \mathbf{u_2}\},$$

en étant

$$\mathbf{u_1} = \begin{bmatrix} 1 \\ 0 \\ 1 \end{bmatrix}, \quad \mathbf{u_2} = \begin{bmatrix} -1 \\ 0 \\ 0 \end{bmatrix}.$$

Rèsolution. Nous rémarquons que

$$\langle \mathbf{u_1}, \mathbf{u_2} \rangle = 0.$$

En conséquence $\mathbf{u_1}, \mathbf{u_2}$ il constitue une base orthogonale de W. Donc

$$P_W(\mathbf{v}) = \frac{\langle \mathbf{v}, \mathbf{u_1} \rangle}{\langle \mathbf{u_1}, \mathbf{u_1} \rangle} \mathbf{u_1} + \frac{\langle \mathbf{v}, \mathbf{u_2} \rangle}{\langle \mathbf{u_2}, \mathbf{u_2} \rangle} \mathbf{u_2}$$

$$= \begin{bmatrix} 2 \\ 0 \\ 1 \end{bmatrix}.$$

Exercice 10.100. *Classifier la forme quadratique*

$$q(x, y) = -x^2 + 4xy - 3y^2.$$

Rèsolution. La matrice associée à la forme quadratique est

$$A = \begin{bmatrix} -1 & 2 \\ 2 & -3 \end{bmatrix}.$$

Nous avons

$$\det A = -1.$$

En conséquence q elle est indéfinie.

Exercice 10.101. *Classifier la forme quadratique*

$$q(x, y) = -4x^2 + 8xy - 5y^2.$$

Rèsolution. La matrice associée à la forme quadratique est

$$A = \begin{bmatrix} -4 & 4 \\ 4 & -5 \end{bmatrix}.$$

Nous avons

$$\det A = 20 - 16 = 4 > 0.$$

De plus,

$$a_{11} = -4 < 0.$$

Donc q est definie négative.

Exercice 10.102. *Classifier la forme quadratique*

$$q(x, y) = 2x^2 + 6xy + 5y^2.$$

Rèsolution. La matrice associée à la forme quadratique est

$$A = \begin{bmatrix} 2 & 3 \\ 3 & 5 \end{bmatrix}.$$

Si ha

$$\det A = 10 - 9 = 1 > 0.$$

De plus,

$$a_{11} = 2 > 0.$$

Pertanto q est définie positive.

Exercice 10.103. *Classifier et réduire en forme canonique métrique la forme quadratique*

$$q(x, y) = x^2 + 2xy + 3y^2.$$

Rèsolution. La matrice associée à la forme quadratique est

$$A = \begin{bmatrix} 1 & 1 \\ 1 & 3 \end{bmatrix}.$$

Nous calculons les valeurs propres de A. Nous avons

$$\det(A - \lambda I) = \lambda^2 - 4\lambda + 2 = 0$$

pour

$$\lambda = 2 - \sqrt{2}, \quad \lambda = 2 + \sqrt{2}.$$

Puisque les deux valeurs propres sont positives q est définie positive. De plus, en ce qui concerne les coordonnées appropriées (X, Y) (que nous omettons de déterminer explicitement) q on écrit

$$q(X, Y) = (2 - \sqrt{2})X^2 + (2 + \sqrt{2})Y^2.$$

Exercice 10.104. *Classifier et réduire en forme canonique métrique la forme quadratique*

$$q(x, y, z) = x^2 - 2xy + 6yz + z^2.$$

Rèsolution. La matrice associée à la forme quadratique est

$$A = \begin{bmatrix} 1 & -1 & 0 \\ -1 & 0 & 3 \\ 0 & 3 & 1 \end{bmatrix}.$$

Nous calculons les valeurs propres de A. Nous avons

$$\det(A - \lambda I) = -(1 - \lambda)(\lambda^2 - \lambda - 10).$$

Donc les valeurs propes sont

$$\lambda_1 = 1, \quad \lambda_2 = \frac{1 + \sqrt{41}}{2}, \quad \lambda_3 = \frac{1 - \sqrt{41}}{2}.$$

Car $\lambda_1 > 0, \lambda_2 > 0$, pendant que $\lambda_3 < 0$, q elle est indéfinie. De plus, en ce qui concerne les coordonnées appropriées (X, Y, Z) (que nous omettons de déterminer explicitement) q on écrit

$$q(X, Y, Z) = \lambda_1 X^2 + \lambda_2 Y^2 + \lambda_3 Z^2.$$

Chapitre 11

Équations Différentielles Ordinaires

Prérequis théoriques

◇ Équations différentielles ordinaires du premier ordre avec variables séparables.

◇ Équations différentielles ordinaires linéaires du premier ordre.

◇ Équations différentielles exactes du premier ordre.

◇ Équations différentielles homogènes du premier ordre.

◇ Équations différentielles du premier ordre de Bernoulli.

◇ Équations différentielles ordinaires linéaires du second ordre.

◇ Méthode de similarité.

◇ Méthode de variation des constantes.

◇ Systèmes d'équations différentielles.

◇ Analyse qualitative des solutions.

11.1   Équations du Premier Ordre

***Exercice* 11.1.** *Examinons le problème suivant de Cauchy*

$$\begin{cases} y'(t) = \dfrac{1}{2\sqrt{t}}y(t) - \dfrac{1}{\sqrt{t}}, & t > 0 \\[2mm] y(1) = a. \end{cases}$$

(a) Déterminer, au varier de $a \in \mathbb{R}$, la solution y_a.

(b) Calculer, au varier de $a \in \mathbb{R}$, la valeur de la limite suivante

$$\lim_{t \to 1} \frac{y_a(t) - a}{t - 1}.$$

Rèsolution. (a) En utilisant la formule de résolution des équations du premier ordre, nous avons

$$y(t) = e^{\int_1^t \frac{1}{2\sqrt{s}} ds} \left(a - \int_1^t \frac{1}{\sqrt{s}} e^{-\int_1^s \frac{1}{2\sqrt{r}} dr} ds \right)$$

$$= e^{\sqrt{t}-1} \left(a - \int_1^t \frac{1}{\sqrt{s}} e^{-\sqrt{s}+1} ds \right)$$

$$= e^{\sqrt{t}-1} \left(a + 2e^{-\sqrt{t}+1} - 2 \right)$$

$$= (a - 2)e^{\sqrt{t}-1} + 2.$$

(b) Car les fonctions au numérateur et au dénominateur sont dérivables, et leur rapport pour $t \to 1$ conduit à une forme d'indécision de type $\left[\frac{0}{0}\right]$, nous pouvons appliquer la règle de De l'Hospital. En utilisant l'équation, on a donc

$$\lim_{t \to 1} \frac{y(t) - a}{t - 1} = \lim_{t \to 1} y'(t) = \lim_{t \to 1} \left[\frac{1}{2\sqrt{t}} y(t) - \frac{1}{\sqrt{t}} \right] = \frac{a}{2} - 1.$$

***Exercice* 11.2.** *Soit $\alpha > 0$. Compte tenu du problème de Cauchy*

$$\begin{cases} y' = \dfrac{e^{-y}}{t(t-1)} \\[2mm] y(2) = \ln \alpha, \end{cases}$$

(a) déterminer la solution;

> (b) *déterminer l'intervalle le plus ampie I_α de définition de la solution.*

Rèsolution. (a) Il s'agit d'une équation différentielle non linéaire du premier ordre avec des variables séparables. Car les fonctions

$$a(y) = e^{-y}, \qquad b(t) = \frac{1}{t(t-1)}$$

sont continues, respectivement, sur $\mathbb{R}$ et sur $\mathbb{R} \setminus \{0, 1\}$ et, en outre, a il possède dérivée premier continue, alors le théorème d'existence et unicité locale il garantit l'existence d'un intervalle $I_\delta = (2 - \delta, 2 + \delta)$ et d'une fonction unique $\varphi : I_\delta \to \mathbb{R}$ continue avec dérivée continue qu'elle est solution du problème de Cauchy. Nous aurons donc

$$\varphi'(t)e^{\varphi(t)} = \frac{1}{t(t-1)}$$

où nous obtenons

$$\int_2^t \varphi'(s)e^{\varphi(s)}ds = \int_2^t \frac{ds}{s(s-1)}$$

c'est-à-dire

$$\int_2^t \frac{d}{ds}e^{\varphi(s)}ds = \int_2^t \left(-\frac{1}{s} + \frac{1}{s-1}\right)ds$$

donc

$$[e^{\varphi(s)}]_2^t = \left[\ln\frac{s-1}{s}\right]_2^t = \ln\frac{2(t-1)}{t}$$

qui procure

$$\varphi(t) = \ln\left[\alpha + \ln\frac{2(t-1)}{t}\right].$$

(b) Pour déterminer la gamme de définition la plus large de φ nous notons qu'elle doit avoir i $t > 1$ (étant donné le domaine de b) et aussi

$$\alpha + \ln\frac{2(t-1)}{t} > 0$$

c'est-à-dire

$$1 - \frac{e^{-\alpha}}{2} > \frac{1}{t}$$

ou bien

$$t > \frac{2}{2 - e^{-\alpha}}.$$

Par conséquent, nous aurons

$$I_\alpha = \left(\frac{2}{2 - e^{-\alpha}}, +\infty\right).$$

***Exercice* 11.3.** *Résoudre le problème de Cauchy :*

$$\begin{cases} (2x^2 + 1)y' = \frac{2x}{y} \\ y(0) = -2 \,. \end{cases}$$

Rèsolution. L'équation a des variables séparables et n'a pas de solutions constantes. La solution générique est obtenue à partir de l'égalité

$$\int y\,dy = \int \frac{2x}{2x^2 + 1}\,dx,$$

suivi de

$$\frac{y^2}{2} = \frac{1}{2}\ln(2x^2 + 1) + c$$

et donc

$$y = \pm\sqrt{\ln(2x^2 + 1) + 2c}\,.$$

En imposant la condition $y(0) = -2$, on trouve la solution

$$y = -\sqrt{\ln(2x^2 + 1) + 4}\,,$$

définie en tout $\mathbb{R}$.

***Exercice* 11.4.** *Considérons l'équation différentielle suivante :*

$$x' - \frac{x}{\sqrt{t}} = e^{2\sqrt{t}} \qquad \forall t > 0\,.$$

(a) *Classifier l'équation différentielle et trouver l'intégrale générale.*

(b) *Résoudre le problème de Cauchy avec les données initiales $x(0) = -1$.*

Rèsolution. (a) Il s'agit d'une équation linéaire, du premier ordre, à co-efficients continus en $(0, +\infty)$, pas homogène (ou complète). En utilisant la formule résolutoire

$$x(t) = e^{-A(t)}\left(c + \int_0^t e^{A(s)} f(s)\,ds\right) \qquad \forall c \in \mathbb{R}, \quad \forall t \geq 0,$$

où dans ce cas $A(t) = \int_0^t -\frac{1}{\sqrt{s}}\,ds = -2\sqrt{t}$ et $f(t) = e^{2\sqrt{t}}$, nous obtenons :

$$x(t) = e^{2\sqrt{t}}(c + t) \qquad \forall c \in \mathbb{R}, \quad \forall t \geq 0\,. \tag{11.1}$$

(b) De la (11.1) nous voyons immédiatement que $x(0) = -1$ si et seulement si $c = -1$, donc la solution du problème de Cauchy est

$$x(t) = e^{2\sqrt{t}} (t - 1) \qquad \forall t \geq 0.$$

Nous observons que l'existence (et l'unicité) de telle solution *a priori* n'était pas tenue pour acquise, car les coefficients de l'équation ne sont continus que dans $(0, +\infty)$.

Exercice 11.5. *Considérons le problème de Cauchy*

$$\begin{cases} y' = -x^6 y^2 \\ y(0) = \beta \end{cases} \tag{11.2}$$

où $\beta \in \mathbb{R}$.

1. *Trouvez la solution y_β du problème (11.2) lorsque β varie, en spécifiant son plus grand intervalle de définition I_β.*

2. *Déterminez si $\int_{I_\beta} y_\beta(x)dx$ il existe fini ou non car β change.*

Rèsolution. 1. L'équation différentielle ordinaire est aux variables séparables. Pour le théorème d'existence et unicité locale, nous savons que, pour chaque $\beta \in \mathbb{R}$, le problème (11.2) il a une solution unique définie dans un intervalle contenant $x = 0$. Dans le cas $\beta = 0$ il est facile de voir que la solution est $y_0(x) = 0$. Nous supposons donc $\beta \neq 0$ et nous déterminons la correspondante solution de (11.2). Notez que telle solution ne le peut pas annuler en un voisinage de $x = 0$ pour continuité. Nous aurons

$$\frac{y'(x)}{y(x)^2} = -x^6.$$

Donc

$$\int_0^x \frac{y'(t)}{y(t)^2} dt = - \int_0^x t^6 dt$$

qu'il fournit

$$-\frac{1}{y(x)} + \frac{1}{\beta} = -\frac{1}{7}x^7.$$

En conséquence

$$y_\beta(x) = \frac{1}{\frac{1}{\beta} + \frac{1}{7}x^7}.$$

Il faut donc imposer

$$\frac{1}{\beta} + \frac{1}{7}x^7 \neq 0$$

c'est-à-dire

$$x \neq x_0 = \sqrt[7]{-\frac{7}{\beta}}.$$

Nous distinguons donc deux cas.

$$I_\beta = \begin{cases} (x_0, +\infty) & \beta > 0 \\ (-\infty, x_0), & \beta < 0. \end{cases}$$

Évidemment, pour $\beta = 0$, $I_0 = \mathbb{R}$.

2. Dans le cas $\beta = 0$ la solution est intégrable banalement sur $\mathbb{R}$ et l'intégrale vaut 0. Si par contre $\beta \neq 0$ alors y_β il n'est pas intégrable dans un voisinage gauche (si $\beta > 0$) ou droit (si $\beta < 0$) de x_0. En effet, en l'utilisant formule de Taylor centrée en x_0, nous avons

$$\frac{1}{\beta} + \frac{1}{7}x^7 \sim x_0^6(x - x_0), \quad x \to x_0.$$

En conséquence l'intégrale impropre $\int_{I_\beta} y_\beta(x)dx$ il ne converge pas à une valeur finie si $\beta \neq 0$.

Exercice 11.6. *(a) Trouver la solution du problème de Cauchy :*

$$\begin{cases} x'(t) = 4t^3\, x(t) \\ x(1) = -1\,. \end{cases}$$

(b) Trouvez la valeur minimale et maximale de f sur l'intervalle $[1,3]$.

Rèsolution. (a) L'equation

$$x'(t) = 4t^3\, x(t)$$

elle est aux variables séparables, et aussi linéaire homogène de l'ordre premier. Résolvons elle comme équation aux variables séparables. L'equation

$$x'(t) = 4t^3\, x(t)$$

a la solution identiquement nulle $x(t) = 0$, $t \in \mathbb{R}$, que cependant ne satisfait pas la condition initiale $x(1) = -1$. Pres de $x_0 = 1$, la solution $x(t)$ du problème de Cauchy restera certainement non nulle (plus précisément, elle restera négative, puisque $x(1) = -1$). Ensuite, en divisant par $x(t)$, nous avons

$$\frac{x'(t)}{x(t)} = 4t^3$$

où l'on trouve

$$\ln |x(t)| = t^4 + c, \qquad |x(t)| = Ce^{t^4},$$

avec C constante positive, c'est-à-dire

$$x(t) = Ke^{t^4}$$

avec K constante arbitraire. La condition $x(1) = -1$ impose $K = -1/e$. La solution du problème de Cauchy est donc

$$x(t) = -\frac{1}{e} e^{t^4} .$$

(b) Sur l'intervalle $I = [1, 3]$ la fonction $x(t) = -\frac{1}{e} e^{t^4}$ est décroissante (car $x'(t) < 0$ pour chaque $t \in I$). Par conséquent, la valeur maximale M et la valeur minimale m sont supposées aux extrémités de l'intervalle $I = [1, 3]$:

$$M = x(1) = -1,$$
$$m = x(3) = -\frac{1}{e} e^{3^4} = -\frac{1}{e} e^{81} .$$

Exercice 11.7. *Considérons l'équation différentielle*

$$y' = e^t - 2e^{t-y} ,$$

où $y = y(t)$.
  i) Reconnaissez de quel genre d'équation différentielle il s'agit ;
  ii) déterminer les solutions stationnaires éventuelles, (c'est-à-dire celles du type $y = k$, avec $k \in \mathbb{R}$) ;
  iii) trouver la solution $\bar{y} : \mathbb{R} \to \mathbb{R}$ en passant par le point $(0, 1)$;
  iv) écrivez le polynôme de Mac Laurin de degré deux généré par la fonction $\bar{y}$, sans calculer explicitement les dérivées de $\bar{y}$ dans le point générique t de $\mathbb{R}$.

Rèsolution. (i) Comme elle peut être placée sous la forme

$$y' = e^t(1 - 2e^{-y}),$$

l'équation est du type

$$y' = a(t)b(y),$$

donc c'est aux variables séparables.

(ii) Les solutions stationnaires sont les solutions de l'équation $b(y) = 0$, c'est-à-dire de l'équation

$$1 - 2e^{-y} = 0,$$

équivalente à l'équation

$$\frac{e^y - 2}{e^y} = 0,$$

dont la seule solution est $y = \ln 2$.

(iii) Les autres solutions sont obtenues à partir de l'équation

$$\int \frac{1}{1 - 2e^{-y}} \, dy = \int e^t \, dt,$$

c'est-à-dire de l'équation

$$\int \frac{e^y}{e^y - 2} \, dy = \int e^t \, dt,$$

de lequel on obtient

$$\ln |e^y - 2| = e^t + c, \quad (c \in \mathbb{R}),$$

de lequel suit

$$|e^y - 2| = e^{e^t + c} = e^c \cdot e^{e^t}, \quad c \in \mathbb{R},$$

c'est-à-dire

$$|e^y - 2| = k \cdot e^{e^t}, \quad (k \in (0, +\infty)).$$

Il résulte, par conséquence

$$e^y - 2 = \pm k \cdot e^{e^t}, \quad (k \in (0, +\infty)),$$

ossia

$$e^y - 2 = K \cdot e^{e^t}, \quad (K \in \mathbb{R} \setminus \{0\}),$$

de lequel on obtient l'intégrale générale

$$y = \ln \left(2 + K \cdot e^{e^t} \right), \quad K \in \mathbb{R} \setminus \{0\}.$$

En observant que pour $K = 0$ on obtient la solution stationnaire $y = \ln 2$, on peut affirmer que les solutions de l'équation différentielle de départ sont toutes et soleil celles du type

$$y = \ln \left(2 + K \cdot e^{e^t} \right),$$

avec $K \in \mathbb{R}$. En imposant le passage pour le point $(0, 1)$ on obtient

$$1 = \ln(2 + Ke),$$

de lequel il suit $2 + Ke = e$, c'est-à-dire $K = 1 - \dfrac{2}{e}$. En remplaçant telle valeur de K dans l'intégral général on obtient la solution

$$\overline{y} = \ln\left(2 + (1 - \frac{2}{e}) \cdot e^{e^t}\right).$$

nous Observons que $1 - \dfrac{2}{e}$ il est positif pour lequel la solution $\overline{y}$ elle est effectivement définie en tout $\mathbb{R}$.

(iv) Nous savons que $\overline{y}(0) = 1$. De plus, nous savons que

$$\overline{y}'(t) = e^t - 2e^{t - \overline{y}(t)},$$

pour lequel résulte

$$\overline{y}'(0) = e^0 - 2e^{0 - \overline{y}(0)} = 1 - 2e^{-1}.$$

Encore de la relation $\overline{y}'(t) = e^t - 2e^{t - \overline{y}(t)}$ on obtient en outre

$$\overline{y}''(t) = e^t - 2\left(e^{t - \overline{y}(t)}\right)(1 - \overline{y}'(t)),$$

de lequel suit

$$\overline{y}''(0) = e^0 - 2\left(e^{0 - \overline{y}(0)}\right)(1 - \overline{y}'(0)) = 1 - 2e^{-1} \cdot 2e^{-1} = 1 - 4e^{-2}.$$

Le polynôme de Mac Laurin de degré deux généré par $\overline{y}$ est donc

$$1 + (1 - 2e^{-1})t + \frac{1 - 4e^{-2}}{2}t^2.$$

Exercice 11.8. *Considérons l'équation différentielle*

$$y' + ty = t,$$

dove $y = y(t)$.

   i) Déterminer les solutions de l'équation.

   ii) Déterminez la solution $\overline{y}$ qui prend une valeur maximale égale à 2.

iii) Définie la fonction

$$F(x) = \int_0^x \overline{y}(t)\, dt\,,$$

vérifier que le graphique de F il admet un asymptote oblique à +∞.

Rèsolution. i) Il s'agit d'une équation linéaire de premier ordre, écrite sous la forme $y' + a(t)y = f(t)$, avec $a(t) = t$ et $f(t) = t$. Les solutions sont toutes et seulement celles du type

$$y(t) = e^{-A(t)}(c + B(t))\,,$$

où $A(t)$ est une primitive fixe de $a(t)$, $B(t)$ est une primitive fixe de $e^{A(t)}f(t)$ et c est une constante arbitraire.

Dans ce cas nous avons $a(t) = t$, pour lequel une primitive de $a(t)$ est $A(t) = \dfrac{t^2}{2}$. Car $f(t) = t$, alors il résulte $e^{A(t)}f(t) = te^{t^2/2}$ et une primitive de $te^{t^2/2}$ est $B(t) = e^{t^2/2}$. Les solutions de l'équation sont donc toutes et seules les fonctions du type

$$y = e^{-\frac{1}{2}t^2}\left(c + e^{\frac{1}{2}t^2}\right) = c \cdot e^{-\frac{1}{2}t^2} + 1\,.$$

ii)   Même sans étudier le signe de la dérivée, il suffit de noter que $e^{-\frac{1}{2}t^2}$ prend, comme t varie, toutes et seulement les valeurs de l'intervalle $(0, 1]$, pour laquelle la solution qui prend la valeur maximale égale à 2 est celle avec $c = 1$. Il résulte par conséquence

$$\overline{y}(t) = e^{-\frac{1}{2}t^2} + 1\,.$$

iii)   Le graphique de F il a un asymptote oblique à $+\infty$ il existe si et seulement si :

1) il existe fini (et pas nul, si nous voulons un vrai asymptote oblique) la limite $\lim\limits_{x \to +\infty} \dfrac{F(x)}{x}$;

2) indiqué avec m ila limite du point 1), il existe fini le $\lim\limits_{x \to +\infty} (F(x) - mx)$.

Nous observons d'abord que la fonction d'intégration tend vers 1 pour $t \to +\infty$, pour lequel résulte $F(x) \to +\infty$ pour $x \to +\infty$. Dans le calcul de la limite de $F(x)/x$ pour $x \to +\infty$ se présente donc la forme d'indécision $\dfrac{+\infty}{+\infty}$. Car les fonctions au numérateur et au dénominateur sont dérivables, il est possible d'appliquer le théorème de de le Hôpital, en obtenant :

$$\lim_{x \to +\infty} \frac{F(x)}{x} = \lim_{x \to +\infty} \frac{F'(x)}{1} = \lim_{x \to +\infty} \left(e^{-\frac{1}{2}x^2} + 1 \right) = 1 \, .$$

Nous avons donc $m = 1$, pour lequel résulte

$$F(x) - mx = F(x) - x = \int_0^x \left(e^{-\frac{1}{2}t^2} + 1 \right) dt - x$$

$$= \int_0^x \left(e^{-\frac{1}{2}t^2} + 1 \right) dt - \int_0^x 1 \, dt$$

$$= \int_0^x e^{-\frac{1}{2}t^2} \, dt \, .$$

Car $e^{-\frac{1}{2}t^2}$ est intégrable en $(0, +\infty)$, la limite de $F(x) - x$ per $x \to +\infty$ elle existe finie. Il suit que le graphique de F il a un asymptote oblique à $+\infty$.

Exercice 11.9. *Étant donné l'équation différentielle*

$$y' + 2y \cos x - \cos x = 0 \, ,$$

a) *trouver l'intégrale générale ;*

b) *trouver la solution qui passe par le point $\left(\frac{\pi}{4}, 1 \right)$;*

c) *écrire le polynôme de Taylor de second degré centré en $x = \dfrac{\pi}{4}$ de la solution trouvée au point b) et tracez un graphe local de cette solution dans un voisinage de $x = \dfrac{\pi}{4}$.*

Rèsolution. a) Il s'agit d'une équation différentielle linéaire du premier ordre. En utilisant la formule de résolution, on trouve l'intégrale générale

$$y(x) = e^{-2 \sin x} \left(\frac{1}{2} e^{2 \sin x} + c \right), \quad (c \in \mathbb{R}).$$

b) En imposant que $y \left(\frac{\pi}{4} \right) = 1$, nous obtenons la solution demandé

$$y(x) = e^{-2 \sin x} \left(\frac{1}{2} e^{2 \sin x} + \frac{1}{2} e^{\sqrt{2}} \right).$$

c) On a aussi :

$$y\left(\frac{\pi}{4}\right) = 1; \; y'\left(\frac{\pi}{4}\right) = -2\cos\frac{\pi}{4}y(\frac{\pi}{4}) + \cos\frac{\pi}{4} = -\frac{1}{2}\sqrt{2};$$

$$y''(x) + 2y'(x)\cos x + 2y(-\sin x) + \sin x = 0,$$

da cui

$$y''\left(\frac{\pi}{4}\right) = 1 + \frac{1}{2}\sqrt{2}.$$

Donc le polynôme de Taylor est

$$P_2\left(x;\frac{\pi}{4}\right) = 1 - \frac{1}{2}\sqrt{2}\left(x - \frac{\pi}{4}\right) + \frac{1}{2}\left(1 + \frac{1}{2}\sqrt{2}\right)\left(x - \frac{\pi}{4}\right)^2.$$

Exercice 11.10. *Considérons l'équation différentielle*

$$y' = 2y - y^2.$$

1. *Trouver toutes les solutions.*

2. *Soit $\overline{y}$ la solution particulière qui satisfait la condition $\overline{y}(0) = 1$. Calculer les dérivées $\overline{y}'(0)$, $\overline{y}''(0)$, $\overline{y}'''(0)$. (Il n'est pas nécessaire de trouver explicitement $\overline{y}$). Établir si $x_0 = 0$ est, pour $\overline{y}$, un point extrême local, un point d'inflexion ou aucun des deux.*

Rèsolution. 1. SIl s'agit d'une équation aux variables séparables. Les solutions constantes sont $y = 0$ et $y = 2$. Les autres l'obtiennent par l'équation

$$\int \frac{1}{2y - y^2}\, dy = \int 1 dx.$$

Puisque

$$\frac{1}{2y - y^2} = \frac{1}{2}\left(\frac{1}{y} + \frac{1}{2 - y}\right) = \frac{1}{2}\left(\frac{1}{y} - \frac{1}{y - 2}\right),$$

l'équation précédente est équivalente à

$$\frac{1}{2}\ln\left|\frac{y}{y - 2}\right| = x + c,$$

à son tour équivalent à

$$\left|\frac{y}{y - 2}\right| = e^{2c} \cdot e^{2x}.$$

Puisque, à mesure que le paramètre c change, le terme e^c il prend tous et seulement les valeurs réelles positives, la dernière équation équivaut à

$$\frac{y}{y-2} = k \cdot e^{2x},$$

con k reale diverso da zero. En obtenant la y de cette dernière équation on obtient

$$y = \frac{2ke^{2x}}{ke^{2x} - 1} \qquad k \neq 0.$$

Nous remarquons que $y(x) \to 2$ pour $x \to +\infty$ et $y(x) \to 0$ pour $x \to -\infty$, pour chaque valeur pas nulle de k.

2. De l'équation différentielle de départ et de la condition initiale $\overline{y}(0) = 1$ on obtient :

$$\overline{y}'(0) = 2\overline{y}(0) - (\overline{y}(0))^2 = 2 - 1 = 1\,;$$

$$\overline{y}''(0) = 2\overline{y}'(0) - 2\overline{y}(0) \cdot \overline{y}'(0) = 2 - 2 = 0\,;$$

$$\overline{y}'''(0) = 2\overline{y}''(0) - 2(\overline{y}'(0))^2 - 2\overline{y}(0) \cdot \overline{y}''(0) = 0 - 2 - 0 = -2\,.$$

Le polynôme MacLaurin de $\overline{y}$ d'ordre 3 est

$$1 + x - \frac{1}{3}x^3\,.$$

La solution $\overline{y}$ a dans $x_0 = 0$ un point d'inflexion.

De la formule du général intégral, en imposant la condition $y(0) = 1$, on obtient $k = -1$. Donc, la solution $\overline{y}$ qui satisfait la condition $\overline{y}(0) = 1$ est donnée par

$$\overline{y}(x) = \frac{2e^{2x}}{e^{2x} + 1}\,,$$

qu'elle est définie sur tout $\mathbb{R}$.

Exercice 11.11. *L'équation différentielle*

$$L\frac{di}{dt} + Ri = V, \tag{11.3}$$

est un modèle d'un circuit électrique dans lequel $i = i(t)$ est l'intensité du courant, V la tension, R la résistance et L l'inductance.

Premier cas : R, L et V constantes positives.

(a) Déterminer la solution $i(t)$ de l'équation (11.3) $(R, L, V$ constantes positives) qui satisfait la condition initiale $i(0) = 0$. Le graphe de cette solution comporte-t-il une asymptote horizontale pour $t \to +\infty$? (Pour de grandes valeurs de t, le courant est-il constant ?)

Deuxième cas $R = L = 1$ et $V = \sin t$.

Examinons donc l'équation :

$$\frac{di}{dt} + i = \sin t. \qquad (11.4)$$

(b) Trouver toutes les primitives (les anti-dérivées) de la fonction

$$\varphi(t) = e^t \sin t, \quad t \in \mathbb{R}.$$

(c) Trouver la solution générale de l'équation (11.4) et la solution particulière $i(t)$ de (11.4) satisfaisant $i(0) = 0$. Le graphe de cette dernière solution particulière a-t-il une asymptote horizontale pour $t \to +\infty$?

Rèsolution. (a) L'équation non homogène (11.3) a une (et une seule) solution constante V/R. La solution générale de l'équation homogène associée $L\frac{di}{dt} + Ri = 0$ est $ce^{-\frac{R}{L}t}$, $c \in \mathbb{R}$. Ainsi, la solution générale de l'équation (11.3) est

$$ce^{-\frac{R}{L}t} + \frac{V}{R}, \qquad c \in \mathbb{R}$$

La condition initiale $i(0) = 0$ impose $c = -V/R$. Par conséquent, la solution satisfaisante $i(0) = 0$ est

$$i(t) = \frac{V}{R}\left(1 - e^{-\frac{R}{L}t}\right)$$

Car

$$\lim_{t \to +\infty} i(t) = \lim_{t \to +\infty} \frac{V}{R}\left(1 - e^{-\frac{R}{L}t}\right) = V/R,$$

(parce que $R/L > 0$ et l'exponentiel est ensuite décroissant), le graphe de $i(t)$ il a l'asymptote $i = V/R$ pour $t \to +\infty$. Le courant de longue période est donc constant et égal à V/R.

(b) En intégrant deux fois pour parties, on obtient :

$$\int e^t \sin t\, dt = e^t \sin t - \int e^t \cos t\, dt$$

$$= e^t \sin t - \left[e^t \cos t + \int e^t \sin t\, dt\right]$$

$$= e^t \sin t - e^t \cos t - \int e^t \sin t\, dt$$

Donc

$$\int e^t \sin t \, dt = \frac{e^t}{2} (\sin t - \cos t) + k \quad (k \in \mathbb{R}).$$

Ensuite une primitive de $e^t \sin t$ est

$$\frac{e^t}{2} (\sin t - \cos t).$$

(c) La solution générale de l'équation (11.4) est

$$e^{-t} \left(c + \int e^t \sin t \, dt \right) = ce^{-t} + e^{-t} \left[\frac{e^t}{2} (\sin t - \cos t) \right]$$

$$= ce^{-t} + \frac{1}{2} (\sin t - \cos t), \quad c \in \mathbb{R}.$$

La condition initiale $i(0) = 0$ demande $c - \dfrac{1}{2} = 0$. Donc la solution qui satisfait $i(0) = 0$ est

$$i(t) = \frac{1}{2} e^{-t} + \frac{1}{2} (\sin t - \cos t)$$

Pour $t \to +\infty$, la limite de la fonction $i(t)$ (définie ci-dessus) elle n'existe pas, et donc elle n'y a pas un asymptote horizontal. Étant donné que le terme $\dfrac{1}{2} e^{-t}$ il décroît rapidement pour $t \to +\infty$, pour grandes valeurs de t le courant a une tendance presque sinusoïdale, avec la même fréquence que la tension

Exercice 11.12. *Examinons le problème suivant de Cauchy*

$$(*) \quad \begin{cases} y' = x^2 y^3, \\ \\ y(1) = 3. \end{cases}$$

(a) *Déterminer la seule solution u de $(*)$, en spécifiant l'intervalle $(-\infty, \alpha)$ plus large dans lequel résulte être solution.*

(b) *Dire si la solution est limitée dans son domaine et discuter de la convergence de l'intégrale*

$$\int_0^\alpha u(x) \, dx.$$

Rèsolution. (a) L'équation du problème $(*)$ est aux variables séparables. Puisque la solution du problème ne peut pas être cette rien, nous avons

$$\int \frac{dy}{y^3} dy = \int x^2 dx,$$

donc

$$-\frac{1}{2y^2} = \frac{x^3}{3} + C.$$

En imposant la condition initiale nous obtenons $C = -\frac{7}{18}$. Donc la solution est

$$u(x) = \frac{3}{\sqrt{7 - 6x^3}} \quad \forall\, x \in (-\infty, \alpha)$$

où $\alpha = (\frac{7}{6})^{1/3}$.

(b) La solution n'est pas limitée au domaine. En effet

$$\lim_{x \to \alpha_-} u(x) = +\infty.$$

Ceci implique en particulier qui l'intégrale

$$\int_0^\alpha u(x)dx$$

c'est une intégrale impropre. Nous observons que

$$7 - 6x^3 = -18(\alpha^2)(x - \alpha) + o(x - \alpha), \quad x \to \alpha_-$$

et donc

$$u(x) \sim \frac{c}{\sqrt{(x - \alpha)}}, \quad x \to \alpha_-,$$

où c c'est un numéro réel différent de 0. En étant en outre u continue en $[0, \alpha - \delta]$ pour chaque $\delta \in (0, \alpha)$, il en suit que l'intégrale impropre converge.

Exercice 11.13. *Examinons le problème suivant de Cauchy*

$$(*) \quad \begin{cases} y'(t) + \dfrac{t}{1 + t^2} y(t) = 3t, \\[2mm] y(0) = 2. \end{cases}$$

    1. Déterminer la solution $y(t)$ di $(*)$.

2. *Discuter la convergence de l'intégrale*

$$\int_0^{+\infty} \frac{1}{y(t)} dt.$$

Rèsolution. 1. Tout de suite nous remarquons que le problème (∗) il implique une équation linéaire du type $y' + ay = f$, con

$$a(t) = \frac{t}{1+t^2} \quad \text{et} \quad f(t) = 3t, \quad t \in \mathbb{R}.$$

Puisque ces coefficients sont continus sur tout $\mathbb{R}$, la solution y de (∗) existe et est unique sur $\mathbb{R}$. Les solutions sont données par la formule

$$y(t) = e^{-\int a(\tau)d\tau} \left[C + \int f(\tau)e^{\int a(\sigma)d\sigma} d\tau \right], \quad t \in \mathbb{R},$$

au varier de $C \in \mathbb{R}$. Tout de suite nous remarquons que

$$\int a(\tau)d\tau = \int \frac{t}{1+\tau^2} d\tau = \frac{1}{2} \ln(1+\tau^2),$$

de lequel, en revenant à la formule générale, nous déduisons

$$y(t) = e^{-\frac{1}{2}\ln(1+t^2)} \left[C + 3 \int \tau e^{\frac{1}{2}\ln(1+\tau^2)} d\tau \right]$$

$$= \frac{1}{\sqrt{1+t^2}} \left[C + 3 \int \tau \sqrt{1+\tau^2} d\tau \right]$$

$$= \frac{1}{\sqrt{1+t^2}} \left[C + (1+t^2)^{3/2} \right], \quad t \in \mathbb{R}.$$

J'impose la condition $y(0) = 2$, en obtenant $C = 1$. La solution est donc

$$y(t) = \frac{1}{\sqrt{1+t^2}} \left[1 + (1+t^2)^{3/2} \right].$$

2. Nous devons examiner la convergence de l'intégrale

$$\int_0^{+\infty} f(t)dt, \quad \text{où} \quad f(t) = \frac{1}{y(t)} = \frac{\sqrt{1+t^2}}{1 + (1+t^2)^{3/2}} \quad \text{sur} \quad (0, +\infty).$$

Puisque la fonction f elle est positive et continue en $[0, +\infty)$, nous utilisons le critère de la comparaison asymptotique. Nous avons donc

$$f_\alpha(t) \sim \frac{\sqrt{1+t^2}}{(1+t^2)^{3/2}} = \frac{1}{1+t^2} \sim \frac{1}{t^2} \quad \text{pour} \quad t \to +\infty.$$

En étant la fonction t^{-2} intégrable à $+\infty$, nous déduisons donc que la même conclusion vaut pour f.

Exercice 11.14. *Résoudre le problème de Cauchy*

$$\begin{cases} y' + \dfrac{y}{x} - \sin x = 0 \\ y(\pi) = 2\,. \end{cases}$$

Rèsolution. C'est le problème de Cauchy pour une équation linéaire du premier ordre. Soit $a(x) = 1/x$ et $f(x) = \sin x$. Les fonctions a et f sont continues dans l'intervalle $]0, +\infty[$ qui contient π, donc une solution unique du problème de Cauchy existe définie dans tel intervalle. Nous utilisons la formule résolutoire :

$$y(x) = e^{-A(x)} \left(2 + \int_\pi^x e^{A(t)} f(t) \, dt \right).$$

avec $A(x) = \int_\pi^x a(t) dt = \log x - \log \pi$ (en rappelant que $x > 0$). Nous avons

$$\begin{aligned} y(x) &= \frac{\pi}{x} \left(2 + \frac{1}{\pi} \int_\pi^x t \sin t \, dt \right) \\ &= \frac{\pi}{x} \left(2 + \frac{1}{\pi} [-t \cos t + \sin t]_\pi^x \right) \\ &= \frac{\pi}{x} - \cos x + \frac{\sin x}{x}. \end{aligned}$$

Exercice 11.15. *Calculer l'intégrale générale de l'équation*

$$y' = \cos^2 y.$$

Rèsolution. Puisque $\cos^2 y = 0$ per $y = \frac{\pi}{2} + k\pi$, $k \in \mathbb{Z}$, les fonctions $y(t) = \frac{\pi}{2} + k\pi$, $k \in \mathbb{Z}$ sont des solutions constantes de l'équation. Pour $y \neq \frac{\pi}{2} + k\pi$, $k \in \mathbb{Z}$, nous avons

$$\int \frac{y'}{\cos^2 y} dt = \int dt = t + c, \qquad c \in \mathbb{R},$$

c'est-à-dire" $y(t) = \arctan(t + c)$, $c \in \mathbb{R}$.

Exercice 11.16. *En utilisant la substitution $z = y^2$, calculez l'intégrale générale de l'équation*

$$yy' = \frac{1}{t} y^2 - 1.$$

Rèsolution. En mettant $z = y^2$ on obtient $z' = 2yy'$ dont on a

$$\frac{1}{2}z' = \frac{1}{t}z - 1,$$

équation linéaire en z dont la solution est $z(t) = 2t + ct^2$, $c \in \mathbb{R}$. Par conséquent

$$y(t) = \sqrt{z(t)} = \sqrt{2t + ct^2}, \qquad c \in \mathbb{R}.$$

Exercice 11.17. (*i*) *Écrire l'intégrale générale de l'équation différentielle*

$$y' = e^t \sqrt[3]{y^2}.$$

(*ii*) *Étant donné la condition initiale* $y(0) = a$, $a \in \mathbb{R}$, *déterminer pour quel* a, *la solution ne s'annule jamais.*

Rèsolution. (*i*) Nous remarquons que $y(t) \equiv 0$ est solution. En mettant $y \neq 0$ on trouve

$$\int \frac{1}{\sqrt[3]{y^2}}\, dy = \int e^t\, dt + C \qquad \Rightarrow \qquad y = \frac{1}{27}(e^t + C)^3.$$

(*ii*) Les solutions qui ne s'annulent jamais correspondent aux valeurs $C \geq 0$. En imposant $y(0) = a$ on trouve $a = \frac{(1+C)^3}{27}$. Il faut donc prendre $a \geq \frac{1}{27}$.

Exercice 11.18. *Résoudre le problème de Cauchy suivant :*

$$\begin{cases} y' = 5y + 3\frac{e^{6x}}{1+e^x} \\ y(0) = 0 \end{cases}.$$

Rèsolution. Nous déterminons l'intégrale générale de l'équation différentielle du problème du premier ordre. Grâce à la formule de résolution que nous avons

$$y(x) = Ce^{5x} + 3e^{5x}\int \frac{e^{-5x}e^{6x}}{1+e^x}\, dx = Ce^{5x} + 3e^{5x}\log(1+e^x) \quad \forall x \in \mathbb{R},$$

à la variation de $C \in \mathbb{R}$. En imposant que $y(0) = 0$, on truve $C = -3\log 2$. La solution au problème de Cauchy est donc

$$y(x) = -3\log(2)e^{5x} + 3e^{5x}\log(1+e^x) \quad \forall\, x \in \mathbb{R}.$$

Exercice 11.19. *Considérons le problème de Cauchy*

$$\begin{cases} y' = \frac{xe^x}{2y} \\ y(0) = y_0. \end{cases}$$

Est-ce que quelque valeur existe de $y_0 \in \mathbb{R}$ pour lequel la solution du problème de Cauchy soit constante ? Déterminer la solution du problème de Cauchy dans le cas soit $y_0 = -1$.

Rèsolution. Si pour quelques $y_0 \in \mathbb{R}$ la solution du problème de Cauchy fût constante, voit la condition initiale, on aurait $y(x) \equiv y_0$. Il doit être, par conséquence $y_0 \neq 0$ et

$$0 = \frac{xe^x}{2y_0},$$

le qu'il est impossible. Ils n'existent pas donc, $y_0 \in \mathbb{R}$ tels que le problème de Cauchy admet solutions constantes.

Soit $y_0 = -1$. En résolvant l'équation différentielle, qu'il est aux variables séparables, on obtient

$$\int 2y dy = \int xe^x dx\,.$$

Pertanto

$$y^2(x) = xe^x - e^x + c \quad (c \in \mathbb{R})\,.$$

Donc

$$y(x) = \sqrt{xe^x - e^x + c} \quad \text{oppure} \quad y(x) = -\sqrt{xe^x - e^x + c}\,.$$

En imposant la condition initiale $y(0) = -1$, nous déduisons que la solution du problème de Cauchy est

$$y(x) = -\sqrt{xe^x - e^x + 2}.$$

Exercice 11.20. *Résoudre le problème Cauchy suivant*

$$\begin{cases} y' = \frac{y}{x} + \log x \\ y(2) = 1\,. \end{cases}$$

Rèsolution. L'équation est du premier ordre, linéaire avec des coefficients continus en $]0, +\infty[$, intervalle qu'il contient $x_0 = 2$. En utilisant la formule de résolution, nous avons

$$y(x) = e^{\int_2^x \frac{1}{t} dt} \left(1 + \int_2^x e^{\log 2 - \log t} \log t \, dt \right).$$

Par conséquent

$$y(x) = \frac{x}{2}\left(1 + \int_2^x 2\frac{\log t}{t}\,dt\right) = \frac{x}{2}\left(1 + \log^2 x - \log^2 2\right).$$

Exercice 11.21. *Trouver l'intégrale générale dans l'intervalle* $(1, +\infty)$ *de l'équation différentielle*

$$y' = \frac{y}{x+1} + \frac{2}{x-1}.$$

Rèsolution. Il s'agit d'une équation différentielle linéaire du premier ordre.. Soit

$$A(x) = -\int \frac{1}{x+1}dx = -\log(x+1), \quad x \in (1, +\infty).$$

Nous remarquons que

$$e^{-A(x)} = x + 1, \quad e^{A(x)} = \frac{1}{x+1}.$$

Grâce à la formule de résolution, l'intégrale générale est donnée par

$$y(x) = C(x+1) + (x+1)\int \frac{2}{x+1}\cdot\frac{1}{x-1}dx,$$

comme $C \in \mathbb{R}$. change. Nous observons que

$$\frac{2}{x^2-1} = \frac{1}{x-1} - \frac{1}{x+1}.$$

Par conséquent

$$y(x) = (x+1)\left[C + \log\left(\frac{x-1}{x+1}\right)\right], \quad x > 1,$$

comme $C \in \mathbb{R}$ change.

Exercice 11.22. *Résoudre le problème Cauchy*

$$\begin{cases} y' = e^x \cos^2(y) \\ y(0) = \frac{\pi}{4}. \end{cases}$$

Rèsolution. Il s'agit d'un problème de Cauchy associé à une équation différentielle de l'ordre premier à variables séparables. Nous observons que $\cos^2 y = 0$ si et seulement si $y = k\frac{\pi}{2}$, au changer de $k \in \mathbb{Z}$. Ces fonctions constantes ne satisfont pas à la condition initiale, elles ne résolvent donc pas le problème de Cauchy. Par conséquent, pour $\cos y \neq 0$, nous réécrivons l'équation différentielle sous la forme

$$\frac{y'}{\cos^2 y} = e^x \,.$$

En intégrant nous avons

$$\int \frac{1}{\cos^2 y} \mathrm{d}y = \int e^x \mathrm{d}x \,,$$

par conséquent

$$\tan y = e^x + C,$$

c'est-à-dire

$$y(x) = \arctan\left(e^x + C\right), \quad x \in \mathbb{R},$$

comme $C \in \mathbb{R}$ change. En imposant la condition initiale nous trouvons

$$\arctan(C + 1) = \frac{\pi}{4} \Leftrightarrow C = 0 \,.$$

La solution du problème de Cauchy est donc

$$y(x) = \arctan\left(e^x\right), \quad x \in \mathbb{R}.$$

Exercice 11.23. *Calculer* $\lim\limits_{t \to +\infty} y(t)$, *où* $y(t)$ *est la solution du problème de Cauchy*

$$\begin{cases} y' = 2ty \\ y(0) = y_0, \end{cases}$$

con $y_0 \in \mathbb{R}$.

Rèsolution. L'équation différentielle est à variables séparables. $y \equiv 0$ est une solution constante de l'équation. Les autres se trouvent en résolvant

$$\int \frac{y'}{y} dt = \int 2t dt$$

qui fournit la famille de solutions

$$y(t) = ce^{t^2}, \quad c \in \mathbb{R}.$$

Puisque

$$y(0) = c = y_0$$

nous obtenons

$$\lim_{t \to +\infty} y(t) = +\infty, \qquad \text{si } y_0 > 0,$$

$$\lim_{t \to +\infty} y(t) = 0, \qquad \text{si } y_0 = 0,$$

$$\lim_{t \to +\infty} y(t) = -\infty, \qquad \text{si } y_0 < 0.$$

Exercice 11.24. *Étant donné l'équation différentielle*

$$y' - \frac{y}{x-3} = f(x), \quad x > 3.$$

1. *Déterminer l'intégrale générale de l'équation avec $f(x) = 0$.*

2. *Déterminer l'intégrale générale de l'équation avec $f(x) = x$.*

3. *Déterminer la solution $\widetilde{y}(x)$ de l'équation avec $f(x) = x$ qui satisfait la condition $y(4) = 4$.*

4. *Écrire la formule de Taylor de $\widetilde{y}(x)$ d'ordre 2 et point initial $x_0 = 4$. En outre, dessiner le graphe de $\widetilde{y}$ en un voisinage de $x_0 = 4$.*

Rèsolution. 1. Si $f(x) = 0$, l'équation est linéairement homogène. On a

$$\int \left(-\frac{1}{x-3} \right) dx = -\log|x-3| = -\log(x-3) \quad \forall\, x > 3.$$

Grâce à la formule de résolution, nous obtenons

$$y(x) = C\,(x-3),$$

à la variation de $C \in \mathbb{R}$.

2. Si $f(x) = x$, l'équation est linéairement complète. Grâce à la formule de résolution, en profitant du fait que $x > 3$, on en déduit que la solution générale est :

$$y(x) = e^{\int \frac{1}{x-3} dx} \left[C + \int x\, e^{\int -\frac{1}{x-3} dx} dx \right]$$

$$= e^{\log|x-3|} \left[C + \int x\, e^{-\log|x-3|} dx \right]$$

$$= |x-3| \left[C + \int \frac{x}{|x-3|} dx \right]$$

$$= (x-3) \left[C + \int \left(1 + \frac{3}{x-3} \right) dx \right]$$

$$= (x-3)\,[C + x + 3\log(x-3)] \quad \forall\, x > 3,$$

à la variation de $C \in \mathbb{R}$.

2. Pour résoudre le problème de Cauchy, la condition $y(4) = 4$ est imposée dans la solution générale trouvée au point (b). On obtient $C = 0$. La solution au problème de Cauchy est donc la suivante :

$$\widetilde{y}(x) = (x - 3)[x + 3\log(x - 3)], \quad \forall\, x > 3\,.$$

3. Nous avons :

$$\widetilde{y}(4) = 4;$$

$$\widetilde{y}'(4) = \frac{\widetilde{y}(4)}{1} + 4 = 8;$$

$$\widetilde{y}''(x) = \frac{\widetilde{y}'(x)}{x - 3} - \frac{\widetilde{y}(x)}{(x - 3)^2} + 1,$$

par conséquent

$$\widetilde{y}''(4) = 8 - 4 + 1 = 5\,.$$

La formule de Taylor demandé est :

$$\widetilde{y}(x) = 4 + 8\,(x - 4) + \frac{5}{2}(x - 4)^2 + o\left((x - 4)^2\right)\,.$$

4. Dans un voisinage de $x_0 = 4$, le graphe de la fonction $x \mapsto \widetilde{y}(x)$ peut être approché avec la parabole d'équation

$$y = 4 + 8\,(x - 4) + \frac{5}{2}(x - 4)^2.$$

En particulier, la tangente au graphe de $\widetilde{y}$ au point $(4, 4)$ est $y = 4 + 8(x - 4)$; de plus, $\widetilde{y}$ est convexe dans un voisinage de $x_0 = 4$.

Exercice 11.25. *Étant donné le système d'équations différentielles*

$$\begin{cases} x' = x + 2y \\ y' = -x - 2y \end{cases},$$

1. *rédigez la solution générale ;*

2. *déterminer la limite pour $t \to +\infty$ de la solution qui satisfait le problème de Cauchy*

$$\begin{cases} x(0) = 2 \\ y(0) = 0. \end{cases}$$

Rèsolution. 1. Le système a des solutions de type $e^{\lambda t}\mathbf{h}$ si $\mathbf{h}$ est un vecteur propre associé à la valeur propre λ de la matrice de coefficients. Les valeurs propres de la matrice de coefficients sont 0 et -1, avec des vecteurs propres respectivement $\begin{bmatrix} -2 \\ 1 \end{bmatrix}$ et $\begin{bmatrix} 1 \\ -1 \end{bmatrix}$. La solution générale est donc

$$\begin{bmatrix} x(t) \\ y(t) \end{bmatrix} = c_1 \begin{bmatrix} -2 \\ 1 \end{bmatrix} + c_2 e^{-t} \begin{bmatrix} 1 \\ -1 \end{bmatrix},$$

comme $c_1, c_2 \in \mathbb{R}$. varie

2. La solution particulière qui satisfait le problème de Cauchy assigné est¨

$$\begin{cases} x(t) = 4 - 2e^{-t} \\ y(t) = -2 + 2e^{-t} \end{cases},$$

de lequel suit que, pour $t \to +\infty$,

$$\begin{bmatrix} x(t) \\ y(t) \end{bmatrix} \longrightarrow \begin{bmatrix} 4 \\ -2 \end{bmatrix}.$$

Exercice 11.26. *Trouver la solution générale du système différentiel linéaire $X' = AX$, où $A = \begin{bmatrix} 5 & 1 \\ 0 & 3 \end{bmatrix}$.*

Rèsolution. Les valeurs propres de A, matrice triangulaire, sont les éléments de la diagonale principale : $\lambda_1 = 5$, $\lambda_2 = 3$. Les vecteurs propres relatifs à $\lambda_1 = 5$ et $\lambda_2 = 3$ sont respectivement :

$$\mathbf{v}_1 = \begin{bmatrix} 1 \\ 0 \end{bmatrix}, \quad \mathbf{v}_2 = \begin{bmatrix} 1 \\ -2 \end{bmatrix}$$

La solution générale de $X' = AX$ est donc

$$\begin{aligned} X(t) &= c_1 e^{5t}\mathbf{v}_1 + c_2 e^{3t}\mathbf{v}_2 \\ &= c_1 e^{5t} \begin{bmatrix} 1 \\ 0 \end{bmatrix} + c_2 e^{3t} \begin{bmatrix} 1 \\ -2 \end{bmatrix}, \end{aligned}$$

où $c_1, c_2 \in \mathbb{R}$ sont constants arbitraires.

Exercice 11.27. *Considérez le problème de Cauchy suivant*

$$(*) \quad \begin{cases} y' = (2 - y)(3 - y), \\ y(0) = 0. \end{cases}$$

(a) *Déterminez la seule solution y de (∗), en précisant le plus grand domaine dans lequel elle s'avère être une solution.*

(b) *Dire si la solution est limitée au domaine et discuter de la convergence de l'intégrale*

$$\int_0^{+\infty} y(x)\,dx.$$

Rèsolution. (a) L'équation du problème (∗) est avec des variables séparables. Nous constatons que la solution du problème ne peut pas être constante, égale à 2 ou à 3. Par conséquent, nous aurons

$$\int \frac{dy}{(2-y)(3-y)}\,dy = \int dx = x + C \quad (C \in \mathbb{R}).$$

D'autre part

$$\frac{1}{(2-y)(3-y)} = \frac{1}{2-y} - \frac{1}{3-y}.$$

Donc

$$-\log|2-y| + \log|3-y| = x + C \quad (C \in \mathbb{R}).$$

En imposant la condition initiale nous obtenons $C = \log\frac{3}{2}$ et

$$-\log(2-y) + \log(3-y) = x + \log\frac{3}{2}.$$

Par consèquent

$$y(x) = 2\frac{3[e^x - 1]}{3e^x - 2},$$

qu'elle est bien définie en $\left(\log\frac{2}{3}, +\infty\right)$.

(b) La solution n'est pas limitée dans le domaine. En fait

$$\lim_{x \to \log\frac{2}{3}^+} y(x) = -\infty.$$

Cependant la solution est continue dans $[0, +\infty)$. Étant cependant

$$\lim_{x \to +\infty} y(x) = 2$$

il s'ensuit que l'intégrale

$$\int_0^{+\infty} y(x)\,dx$$

est une intégrale impropre divergent

***Exercice* 11.28.** *Résoudre les problèmes suivants de Cauchy*

$$\begin{cases} y' + \frac{y}{x+1} = 0 \\ y(0) = 2 \, ; \end{cases}$$

$$\begin{cases} y' + \frac{y}{x+1} = x \\ y(0) = 1 \, . \end{cases}$$

Rèsolution. Résolvons le premier problème de Cauchy. L'équation différentielle est linéaire de premier ordre homogène. Nous posons

$$A_0(x) = \int \frac{1}{x+1} dx = \log |x+1|.$$

Comme la condition initiale est prescrite dans $x_0 = 0$, nous pouvons considérer

$$A_0(x) = \log(x+1), \quad x > -1 \, .$$

L'intégrale générale de l'équation homogène est.

$$y(x) = C e^{-A_0(x))} = \frac{C}{x+1} \, ,$$

à la variation de $C \in \mathbb{R}$. En imposant la condition initiale, on trouve que $C = 2$. La solution du problème de Cauchy est donc la suivante

$$y(x) = \frac{2}{x+1}, \quad x > -1.$$

Résolvons le deuxième problème Cauchy. L'équation différentielle est linéaire du premier ordre non homogène. On observe que l'équation homogène associée est celle déjà résolue et que la condition initiale est donnée à nouveau pour $x_0 = 0$. Nous calculons donc

$$\int x e^{A_0(x)} dx = \int x(x+1) dx = \frac{x^3}{3} + \frac{x^2}{2} \, .$$

Grâce à la formule de résolution, l'intégrale générale de l'équation différentielle est

$$y(x) = \frac{C}{x+1} + \frac{1}{x+1} \left(\frac{x^3}{3} + \frac{x^2}{2} \right), \quad x > -1,$$

à la variation de $C \in \mathbb{R}$. En imposant la condition initiale, on trouve que $C = 1$. La solution du problème de Cauchy est donc la suivante

$$y(x) = \frac{1}{x+1} + \frac{1}{x+1} \left(\frac{x^3}{3} + \frac{x^2}{2} \right), \quad x > -1 \, .$$

***Exercice* 11.29.** *Établir si elles sont vérifiées les hypothèses du théorème d'existence et unicité en petit et en grand pour l'équation différentielle ordinaire*

$$y' = (1 - e^{x+y})e^{-x-y}.$$

Trouver l'intégrale générale

Rèsolution. L'équation différentielle est de la forme

$$y' = f(x, y),$$

con

$$f(x, y) = e^{-x-y} - 1.$$

Clairement f elle est continue en $\mathbb{R}^2$ et localement Lipschitziana en $\mathbb{R}^2$, donc les hypothèses du théorème d'existence et unicité en petit sont vérifiés. Les autres hypotendus suffisants pour l'existence et unicité global elle n'est pas vérifiée.

L'équation différentielle peut être réécrite comme suit

$$\omega = 0,$$

étant $\omega = (e^{x+y} - 1)dx + e^{x+y}dy$. Nous remarquons que la forme ω est fermée, car

$$\partial_y(e^{x+y} - 1) = \partial_x e^{x+y} = e^{x+y}.$$

De plus, puisque ω est définie dans $\mathbb{R}^2$, qui est simplement connecté, ω est exacte aussi. Une primitive est

$$V(x, y) = e^{x+y} - x.$$

Par conséquent, l'intégrale générale de l'équation différentielle est

$$V(x, y) = C,$$

comme $C \in \mathbb{R}$ varie. Donc

$$y(x) = \log(x + C) - x, \quad x > -C.$$

***Exercice* 11.30.** *Déterminer l'intégrale générale de l'équation différentielle*

$$y' = \frac{y}{x} - \frac{x}{y},$$

indiquant l'intervalle d'existence maximal.

Rèsolution. L'équation est homogène (et est aussi celle de Bernoulli), étant du type

$$y' = g\left(\frac{y}{x}\right),$$

avec $g(z) = z - \frac{1}{z}$. Soit $z := \frac{y}{x}$. L'équation devient

$$xz' + z = g(z),$$

c'est-à-dire

$$zz' = -\frac{1}{x},$$

que c'est une équation différentielle aux variables séparables. Nous avons

$$\int z\,dz = -\int \frac{1}{x}\,dx.$$

Donc

$$\frac{z^2}{2} = -\log|x| + C \quad (C \in \mathbb{R}),$$

de lequel suit que

$$z(x) = \pm\sqrt{2C - 2\log|x|}.$$

En conséquence

$$y(x) = xz(x) = \pm x\sqrt{2C - 2\log|x|}.$$

La solution est bien définie dans l'intervalle maximal $(-e^C, 0)$ ou dans l'intervalle maximal $(0, e^C)$.

Exercice 11.31. *Trouver l'intégrale générale de l'équation différentielle*

$$y' = \frac{y}{x} + e^{\frac{y}{x}},$$

en indiquant aussi l'intervalle maximum d'existence.

Rèsolution. Il s'agit d'une équation différentielle homogène. En effet,

$$y' = g\left(\frac{y}{x}\right),$$

en étant $g(z) = z + e^z$. En plaçant $z := \frac{y}{x}$, l'equation devient

$$xz' + z = g(z),$$

c'est-à-dire

$$xz' = e^z.$$

Cette dernière est une équation à variables séparables. Elle n'a pas de solutions constantes. Nous avons

$$\int e^{-z}dz = \int \frac{1}{x}dx\,,$$

donc

$$-e^{-z} = \log|x| + C \quad (C \in \mathbb{R}).$$

C'est pourquoi

$$z(x) = -\log[-\log|x| - C],$$

et

$$y(x) = -x\log[-\log|x| - C],$$

qu'elle est définie dans l'intervalle $(-e^{-C}, 0)$ ou dans l'intervalle $(0, e^{-C})$.

Exercice 11.32. *Trouver l'intégrale générale de l'équation différentielle*

$$y' = \frac{y\cos(x) - \sin(x)}{2 - \sin(x)}.$$

Rèsolution. L'équation peut être réécrite comme suit

$$y' - \frac{\cos x}{2 - \sin x}y = -\frac{\sin x}{2 - \sin x}.$$

Il s'agit donc d'une équation différentielle linéaire de premier ordre. Nous avons

$$A(x) = -\int \frac{\cos x}{2 - \sin x}dx = \log(2 - \sin x).$$

La solution générale est donnée par

$$y(x) = Ce^{-A(x)} - e^{-A(x)}\int e^{A(x)}\frac{\sin x}{2 - \sin x}dx\,,$$

comme $C \in \mathbb{R}$ varie. Donc

$$y(x) = \frac{C}{2 - \sin x} - \frac{1}{2 - \sin x}\int \sin x\, dx = \frac{C}{2 - \sin x} + \frac{\cos x}{2 - \sin x}.$$

Exercice 11.33. *Résoudre le problème de Cauchy*

$$\begin{cases} y' = (x - y)^2 \\ y(0) = 0 \end{cases}.$$

Rèsolution. Nous mettons $z(x) = x - y(x)$. Donc $z'(x) = 1 - y'(x)$. Le problème devient

$$z' = 1 - z^2, \quad z(0) = 0.$$

L'équation différentielle pour z elle est aux variables séparables. Les solutions constantes $z \equiv \pm 1$ ne vérifient pas la condition initiale. Pour $z \neq \pm 1$, on a

$$\int \frac{1}{1 - z^2} dz = \int dx.$$

Donc

$$\frac{1}{2} \log \left| \frac{z+1}{1-z} \right| = x + C, \quad C \in \mathbb{R}.$$

En imposant la condition initiale, on obtient que $C = 0$ et

$$\log \frac{z+1}{1-z} = 2x.$$

Donc

$$z(x) = \frac{e^{2x} - 1}{e^{2x} + 1},$$

$$y(x) = x - \frac{e^{2x} - 1}{e^{2x} + 1}.$$

Exercice 11.34. *Trouver l'intégrale générale de l'équation différentielle*

$$y' = \frac{y - 4x^3}{2y - x}.$$

Rèsolution. Il s'agit d'une équation différentielle exacte. En effet elle on peut écrire comme

$$\omega = 0,$$

en étant

$$\omega = M(x, y)dx + N(x, y)dy,$$

avec

$$M(x, y) = 4x^3 - y, \quad N(x, y) = 2y - x.$$

On a

$$M_y = -1 = N_x.$$

Donc le ω est fermée en $\mathbb{R}^2$. En étant $\mathbb{R}^2$ simplement connexe, ω elle est exacte aussi. Pour trouver une primitive $U(x, y)$, nous imposons

$$U_x = 4x^3 - y,$$

donc
$$U(x, y) = x^4 - xy + c(y).$$

Ce doit être
$$U_y = -x + c'(y) = N,$$

donc
$$c(y) = y^2,$$
$$U(x, y) = x^4 - xy + y^2.$$

L'intégral général de l'équation différentielle est donné par

$$U(x, y) = C, \quad C \in \mathbb{R}.$$

Par conséquent

$$y(x) = \frac{x \pm \sqrt{x^2 - 4(x^4 - C)}}{2}.$$

Exercice 11.35. *Considérez l'équation différentielle*

$$y' = \frac{y}{t} - \frac{1}{t}e^{\frac{1}{t}}, \quad t > 0.$$

On dit dans quelle région les théorèmes d'existence et d'unicité en petit et en grand sont valides. Trouvez la solution de cette équation qui admet une limite finie pour $t \to +\infty$ et calculez cette limite.

Rèsolution. Dans n'importe quel voisinage de $(t_0, y_0) \in (0, +\infty) \times \mathbb{R}$ le théorème d'existence et d'unicité en petites il vaut. De plus, le théorème en grand il vaut $[\alpha, +\infty) \times \mathbb{R}$, pour chaque $\alpha > 0$. Il s'agit d'une équation linéaire. On a
$$A(t) = -\int \frac{1}{t}dt = -\log t.$$

L'intégrale générale est donné par

$$y(t) = Ct - t\int \frac{1}{t^2}e^{\frac{1}{t}}dt = Ct + te^{\frac{1}{t}},$$

comme $C \in \mathbb{R}$ change.. La solution de cette équation qui admet une limite finie pour $t \to +\infty$ est trouvée pour $C = -1$, et est

$$y(t) = t(e^{\frac{1}{t}} - 1).$$

Il résulte
$$\lim_{t+\infty} y(t) = 1.$$

***Exercice* 11.36.** *Résoudre le problème de Cauchy*

$$\begin{cases} y' = -\frac{2}{3}\frac{y}{x} + \frac{x^2}{y^2} \\ y(1) = 1. \end{cases}$$

Rèsolution. Il s'agit d'une équation différentielle homogène de la forme

$$y' = g\left(\frac{y}{x}\right),$$

avec $g(z) = -\frac{2}{3}z + \frac{1}{z^2}$. Nous mettons $z := \frac{y}{x}$. Nous avons

$$xz' + z = g(z), \quad z(1) = 1.$$

L'équazione différentielle pour z devient

$$xz' = \frac{-5z^3 + 3}{3z^2},$$

qui est à variables séparables. La solution constante $z = \left(\frac{3}{5}\right)^{\frac{1}{3}}$ ne vérifie pas la condition initiale. Supposons que $z \neq \left(\frac{3}{5}\right)^{\frac{1}{3}}$. Nous avons

$$\int \frac{3z^2}{-5z^3 + 3} dz = \int \frac{1}{x} dx,$$

donc

$$\log|-5z^3 + 3| = \log|x|^{-5} - 5C, \quad C \in \mathbb{R}.$$

Compte tenu de la situation initiale, nous avons

$$5z^3 - 3 = Kx^5,$$

avec $K = e^{-5C} \in \mathbb{R}_+$. Il doit donc être $K = 2$; par conséquent

$$z(x) = \left(\frac{3 + 2x^{-5}}{5}\right)^{\frac{1}{3}}.$$

***Exercice* 11.37.** *Résoudre le problème de Cauchy*

$$\begin{cases} (4\log x - x)yy' = -2\frac{y^2}{x} + \frac{y^2}{2} \\ y(1) = 1. \end{cases}$$

Rèsolution. L'équation différentielle est exacte. En effet elle on peut écrire comme

$$\omega = M(x,y)dx + N(x,y)dy = 0\,,$$

avec

$$M(x,y) = 2\frac{y^2}{x} - \frac{y^2}{2}\,, \quad N(x,y) = (4\log x - x)y\,.$$

Nous remarquons que

$$M_y = 4\frac{y}{x} - y = N_x\,.$$

Donc ω elle est fermée en $D = \{(x,y) \in \mathbb{R}^2 : x > 0\}$. En étant D simplement connexe, ω est exacte aussi en D. Nous trouvons une primitive U. Ce doit être

$$U_x = 2\frac{y^2}{x} - \frac{y^2}{2}\,;$$

donc

$$U(x,y) = 2y^2\log x - \frac{y^2}{2}x + c(y)\,.$$

En imposant

$$U_y = 4y\log x - xy,$$

nous obtenons que

$$U(x,y) = y^2\left(2\log x - \frac{x}{2}\right)\,.$$

Car

$$dU = \omega = 0,$$

l'intégrale générale de l'équation différentielle vérifie

$$y^2\left(2\log x - \frac{x}{2}\right) = C\,, \quad C \in \mathbb{R}\,.$$

De la condition initiale il suit que $C = -\frac{1}{2}$. Donc la solution du problème de Cauchy est

$$y(x) = \sqrt{\frac{1}{x - 4\log x}}$$

Exercice 11.38. *Résoudre le problème de Cauchy*

$$\begin{cases} y' = \frac{1-e^{-y}}{2t+1} \\ y(1) = 1\,. \end{cases}$$

Rèsolution. Il s'agit d'une équation aux variables séparables. La fonction constante $y \equiv 0$ ne vérifie pas la condition initiale. Soit $y \neq 0$. Nous avons

$$\int \frac{dy}{1 - e^{-y}} dy = \int \frac{1}{2t + 1} dt,$$

donc

$$\log|e^y - 1| = \log|2t + 1| + C, \quad C \in \mathbb{R}.$$

Compte tenu de la condition initiale, nous avons

$$\log(e^y - 1) = \log(2t + 1) + C,$$

par conséquent

$$e^y = K(2t + 1) + 1, \quad K = e^C \in \mathbb{R}_+.$$

Donc

$$y(x) = \log[K(2t + 1) + 1].$$

En imposant la condition initiale, nous obtenons que $K = \frac{e-1}{3}$. Donc

$$y(x) = \log\left[\frac{e - 1}{3}(2t + 1) + 1\right].$$

Exercice 11.39. *Résoudre le problème de Cauchy*

$$\begin{cases} y' = \frac{y}{t} + \frac{t^2}{y} \\ y(1) = a, \end{cases}$$

et déterminer pour quelles valeurs du paramètre $a \in \mathbb{R}$ la solution est définie en $(0, +\infty)$.

Rèsolution. Il s'agit d'une équation de Bernoulli. Nous mettons $z(t) = [y(t)]^{\frac{1}{2}}$. Alors z il résout le problème de Cauchy linéaire

$$z' - \frac{2}{t}z = 2t^2, \quad z(1) = \sqrt{a}.$$

L'intégrale générale de l'équation différentielle linéaire est

$$z(t) = Ct^2 + 2t^2 \int \frac{1}{t^2} t^2 dt = Ct^2 + 2t^3, \quad C \in \mathbb{R}.$$

En imposant la condition initiale, on obtien $C = \sqrt{a} - 2$. Donc

$$y(t) = [(\sqrt{a} - 2)t^2 + 2t^3]^2.$$

La solution $y(t)$ est définie en $(0, +\infty)$, se $y(t) > 0 \ \forall t > 0$, c'est-à-dire si

$$t \neq -\frac{\sqrt{a} - 2}{2} \ \forall t > 0.$$

Cette condition est vérifiée pour $a \geq 4$.

Exercice 11.40. *Trouvez l'intégrale générale de*

$$y' = \frac{t}{(y+1)^2}.$$

Indiquez l'intervalle de définition des solutions.

Rèsolution. Il s'agit d'une équation différentielle à variables séparables. Il n'y a pas de solutions constantes. Nous avons

$$\int (y+1)^2 dy = \int t \, dt,,$$

donc

$$\frac{1}{3}(y+1)^3 = \frac{t^2}{2} + C, \quad C \in \mathbb{R}.$$

En conséquence

$$y(t) = \left(\frac{3}{2}t^2 + C\right)^{\frac{1}{3}} - 1.$$

Il doit être $y(t) \neq -1$. Si $C > 0$, alors y elle est définie en $\mathbb{R}$. Pour $C < 0$, $y(t)$ elle est définie en

$$\left(-\infty, -\sqrt{-2C}\right), \left(-\sqrt{-2C}, \sqrt{-2C}\right), \left(\sqrt{-2C}, +\infty\right);$$

finalement pour $C = 0$ elle est définie en $(-\infty, 0)$ et en $(0, +\infty)$.

Exercice 11.41. *Risolvere il problema di Cauchy*

$$\begin{cases} (4e^x - 2x)yy' = y^2 - 2y^2 e^x \\ y(0) = 1. \end{cases}$$

Indicare l'intervallo massimale di esistenza della soluzione (1 punto).

Rèsolution. Si tratta di un problema di Cauchy associato ad una forma differenziale. Infatti, ponendo

$$M(x,y) = 2y^2e^x - y^2, \quad N(x,y) = 4e^xy - 2xy,$$

$$\omega(x,y) = M(x,y)dx + N(x,y)dy,$$

l'equazione differenziale si può riscrive come

$$\omega = 0.$$

Notiamo che

$$M_y(x,y) = 4ye^x - 2y = N_x(x,y) \quad \forall (x,y) \in \mathbb{R}^2.$$

Pertanto ω è una forma differenziale chiusa nell'insieme semplicemente connesso $\mathbb{R}^2$. Quindi ω è anche esatta. Determiniamone una primitiva U (ossia un potenziale del campo vettoriale (M, N)). Imponiamo che

$$U_x(x,y) = M(x,y).$$

Quindi

$$U(x,y) = 2y^2e^x - y^2x + c(y).$$

L'ulteriore richiesta

$$U_y(x,y) = N(x,y)$$

comporta che $c'(y) = k$ $(k \in \mathbb{R})$. Scegliamo $k = 0$. Quindi una primitiva di ω è

$$U(x,y) = 2y^2e^x - y^2x,$$

ossia

$$dU(x,y) = \omega.$$

Dunque l'equazione differenziale si può riscrivere come

$$dU(x,y) = 0.$$

Pertanto

$$U(x,y) = C, \quad C \in \mathbb{R}.$$

Chiedendo che sia verificata la condizione iniziale $y(0) = 1$, deduciamo che $C = 2$. Quindi la soluzione $y(x)$ verifica

$$y^2(x) = \frac{2}{2e^x - x}.$$

Poiché $y(0) = 1 > 0$, ricaviamo che

$$y(x) = \sqrt{\frac{2}{2e^x - x}}.$$

Poiché $2e^x - x > 0 \,\forall x \in \mathbb{R}$, l'intervallo massimale di esistenza della soluzione $y(x)$ è $\mathbb{R}$.

Exercice 11.42. *Résoudre le problème de Cauchy*

$$\begin{cases} y' = \frac{4x^3 - e^y}{xe^y} \\ y(1) = 0. \end{cases}$$

Rèsolution. L'équation différentielle est exacte. En effet elle on peut écrire comme

$$\omega = 0,$$

en étant

$$\omega = M(x,y)dx + N(x,y)dy = 0,$$

avec

$$M(x,y) = e^y - 4x^3, \quad N(x,y) = xe^y.$$

Nous remarquons que

$$M_y = e^y = N_x.$$

Par conséquent ω elle est serrée en $\mathbb{R}^2$. En étant $\mathbb{R}^2$ simplement connexe, ω elle est exacte aussi. Nous trouvons une primitive U. Il doit être

$$U_x = e^y - 4x^3.$$

Donc

$$U(x,y) = xe^y - x^4 + c(y).$$

En imposant

$$U_y = xe^y + c'(y) = xe^y,$$

nous obtenons que

$$U(x,y) = xe^y - x^4.$$

Donc

$$\omega = dU = 0,$$

et l'intégral géneral de l'equation vérifie

$$xe^y - x^4 = C, \quad C \in \mathbb{R}.$$

En demandant la condition initiale, nous obtenons que $C = 0$. Donc la solution du problème de Cauchy est

$$y(x) = \log(x^3), \quad x > 0.$$

Exercice **11.43.** *Résoudre le système des équations différentielles*

$$\begin{cases} x' = -2x + y \\ y' = ax \end{cases},$$

per $a = 0, a = -1, a = -2$.

Rèsolution. Le système peut être écrit comme

$$\begin{bmatrix} x' \\ y' \end{bmatrix} = A \begin{bmatrix} x \\ y \end{bmatrix},$$

en étant

$$A = \begin{bmatrix} -2 & 1 \\ a & 0 \end{bmatrix}.$$

L'équation caractéristique est la suivante

$$\det(A - \lambda I) = \lambda^2 + 2\lambda - a = 0.$$

Soit $a = 0$. La matrice A admet deux valeurs propres réelles distinctes, qui sont $\lambda_1 = 0, \lambda_2 = -2$. Par conséquent, A est diagonalisable dans $\mathbb{R}$. Le vecteur propre associé à λ_1 est $\mathbf{v_1} = (1, 2)$, tandis que le vecteur propre associé à λ_2 est $\mathbf{v_2} = (1, 0)$. Par conséquent, la solution générale est la suivante

$$\begin{bmatrix} x(t) \\ y(t) \end{bmatrix} = C_1 \begin{bmatrix} 1 \\ 2 \end{bmatrix} + C_2 \begin{bmatrix} 1 \\ 0 \end{bmatrix} e^{-2t},$$

comme $C_1, C_2 \in \mathbb{R}$. varie

Soit $a = -1$. La matrice a comme valeur propre $\lambda = -1$ avec une multiplicité algébrique de 2, avec un espace propre généré par $\mathbf{v} = (1, 1)$. La multiplicité géométrique de λ est 1, donc A n'est pas diagonalisable. Nous recherchons un vecteur propre généralisé $\mathbf{v_2}$. En résolvant le système linéaire

$$(A - I)\mathbf{x} = \mathbf{v},$$

nous trouvons $\mathbf{v_2} = (1, 2)$. La solution générale est alors

$$\begin{bmatrix} x(t) \\ y(t) \end{bmatrix} = C_1 \begin{bmatrix} 1 \\ 1 \end{bmatrix} e^{-t} + C_2 \left(\begin{bmatrix} 1 \\ 1 \end{bmatrix} t + \begin{bmatrix} 1 \\ 2 \end{bmatrix} \right) e^{-t},$$

comme $C_1, C_2 \in \mathbb{R}$. varie

Enfin, soit $a = -2$. La matrice A admet deux valeurs propres conjuguées complexes $\lambda_1 = -1 + i$ et $\lambda_2 = -1 - i$. Donc A est diagonalisable en $\mathbb{C}$. Le vecteur propre associé à λ_1 est $\mathbf{v_1} = (1, 1 + i)$. Nous écrivons

$$e^{(-1+i)t}\mathbf{v_1} = \begin{bmatrix} e^{-t}\cos t \\ e^{-t}(\cos t - \sin t) \end{bmatrix} + i \begin{bmatrix} e^{-t}\sin t \\ e^{-t}(\cos t + \sin t) \end{bmatrix}.$$

La solution générale est donc

$$\begin{bmatrix} x(t) \\ y(t) \end{bmatrix} = C_1 \begin{bmatrix} e^{-t}\cos t \\ e^{-t}(\cos t - \sin t) \end{bmatrix} + C_2 \begin{bmatrix} e^{-t}\sin t \\ e^{-t}(\cos t + \sin t) \end{bmatrix},$$

comme $C_1, C_2 \in \mathbb{R}$. varie

Exercice 11.44. *Résoudre le système des équations différentielles*

$$\begin{cases} x' &= x + 2z \\ y' &= x \\ z' &= x + 3z. \end{cases}$$

Rèsolution. Le système différentiel peut être écrit comme

$$\begin{bmatrix} x' \\ y' \\ z' \end{bmatrix} = A \begin{bmatrix} x \\ y \\ z \end{bmatrix},$$

où

$$A = \begin{bmatrix} 1 & 0 & 2 \\ 1 & 0 & 0 \\ 1 & 0 & 3 \end{bmatrix}.$$

L'équation caractéristique est

$$\det(A - \lambda I) = (1 - \lambda)(\lambda^2 - 4\lambda + 1) = 0.$$

La matrice A admet trois valeurs propres réelles :

$$\lambda_1 = 1, \ \lambda_2 = 2 - \sqrt{3}, \ \lambda_3 = 2 + \sqrt{3}.$$

Elle est donc diagonalisable en $\mathbb{R}$. Les vecteurs propres associés sont respectivement

$$\mathbf{v_1} = (0, 1, 0), \quad \mathbf{v_2} = \left(1, \frac{1}{2 - \sqrt{3}}, -\frac{1}{1 + \sqrt{3}} \right),$$

$$\mathbf{v_3} = \left(1, \frac{1}{2 + \sqrt{3}}, \frac{1}{-1 + \sqrt{3}} \right).$$

La solution générale du système est en conséquence

$$\begin{bmatrix} x(t) \\ y(t) \\ z(t) \end{bmatrix} = C_1 \mathbf{v_1} e^t + C_2 \mathbf{v_2} e^{(2-\sqrt{3})t} + C_3 \mathbf{v_3} e^{(2+\sqrt{3})t},$$

comme $C_1, C_2, C_3 \in \mathbb{R}$, . varient

Exercice 11.45. *Résoudre le système des équations différentielles*

$$\begin{cases} x' & = ay \\ y' & = 0 \\ z' & = -3z \,, \end{cases}$$

per $a = 0$ et $a = 1$.

Rèsolution. Le système différentiel peut être écrit comme

$$\begin{bmatrix} x' \\ y' \\ z' \end{bmatrix} = A \begin{bmatrix} x \\ y \\ z \end{bmatrix} \,,$$

dove

$$A = \begin{bmatrix} 0 & a & 0 \\ 0 & 0 & 0 \\ 0 & 0 & -3 \end{bmatrix} \,.$$

L'équation caractéristique est

$$\det(A - \lambda) = -\lambda^2(\lambda + 3) = 0 \,.$$

Les valeurs propres de A sont donc $\lambda = 0$ avec une multiplicité algébrique de 2 et $\lambda = -3$.

Soit $a = 0$. Alors la multiplicité géométrique de $\lambda = 0$ est 2, donc A est diagonalisable. L'espace propre relatif à $\lambda = 0$ est généré par

$$\mathbf{v_1} = (1,0,0), \quad \mathbf{v_2} = (0,1,0) \,,$$

tandis que le vecteur propre relatif à $\lambda = -3$ est

$$\mathbf{v_3} = (0,0,1) \,.$$

L'intégrale générale est donc

$$\begin{bmatrix} x(t) \\ y(t) \\ z(t) \end{bmatrix} = C_1\mathbf{v_1} + C_2\mathbf{v_2} + C_3\mathbf{v_3}e^{-3t} \,.$$

Soit maintenant $a = 1$. La multiplicité algébrique de $\lambda = 0$ est 1, le vecteur propre associé à $\lambda = 0$ est $\mathbf{v_1} = (1,0,0)$. Par conséquent A n'est pas diagonalisable. On cherche un vecteur propre généralisé $\mathbf{v_2}$, en résolvant le système linéaire

$$A\mathbf{x} = \mathbf{v_1} \,.$$

On trouve que $\mathbf{v_2} = (1,1,0)$. Le vecteur propre relatif à $\lambda = -3$ est $\mathbf{v_3} = (0,0,1)$. L'intégrale générale est donc

$$\begin{bmatrix} x(t) \\ y(t) \\ z(t) \end{bmatrix} = C_1\mathbf{v_1} + C_2(t\mathbf{v_1} + \mathbf{v_2}) + C_3\mathbf{v_3}e^{-3t},$$

avec $C_1, C_2, C_3 \in \mathbb{R}$.

Exercice 11.46. *Résoudre le système différentiel*

$$\begin{cases} x' & = -3y \\ y' & = 0 \\ z' & = x + 6y, \end{cases}$$

avec les données initiales

$$\begin{cases} x(1) & = 1 \\ y(1) & = 1 \\ z(1) & = 1. \end{cases}$$

Rèsolution. Le système différentiel peut être réécrit comme

$$\begin{bmatrix} x' \\ y' \\ z' \end{bmatrix} = A \begin{bmatrix} x \\ y \\ z \end{bmatrix},$$

où est-ce

$$A = \begin{bmatrix} 0 & -3 & 0 \\ 0 & 0 & 0 \\ 1 & 6 & 0 \end{bmatrix}.$$

L'équation caractéristique est

$$\det(A - \lambda) = -\lambda^3 = 0.$$

Donc $\lambda = 0$ est la valeur propre de A con molteplicitÃ algebrica 3. L'espace propre associé à $\lambda = 0$ a une dimension de 1 et est généré par $\mathbf{v_1} = (0,0,1)$. Nous recherchons deux vecteurs propres généralisés $\mathbf{v_1}, \mathbf{v_2}$. En résolvant le système linéaire

$$A\mathbf{x} = \mathbf{v_1},$$

on obtient $\mathbf{v_2} = (1,0,1)$. En outre, en résolvant le système linéaire

$$A\mathbf{x} = \mathbf{v_2},$$

on obtient $\mathbf{v_3} = \left(1, -\frac{1}{3}, 3\right)$. L'intégrale générale est donc

$$\begin{bmatrix} x(t) \\ y(t) \\ z(t) \end{bmatrix} = C_1\mathbf{v_1} + C_2(t\mathbf{v_1} + \mathbf{v_2}) + C_3\left(\frac{1}{2}t^2\mathbf{v_1} + t\mathbf{v_2} + \mathbf{v_3}\right),$$

comme $C_1, C_2, C_3 \in \mathbb{R}$ *varient.*. En imposant que la condition initiale soit vérifiée, on trouve

$$C_1 = -\frac{35}{2}, \quad C_2 = 13, \quad C_3 = -3.$$

La solution est donc

$$\begin{bmatrix} x(t) \\ y(t) \\ z(t) \end{bmatrix} = -\frac{35}{2}\mathbf{v_1} + 13(t\mathbf{v_1} + \mathbf{v_2}) - 3\left(\frac{1}{2}t^2\mathbf{v_1} + t\mathbf{v_2} + \mathbf{v_3}\right).$$

Exercice 11.47. *Résoudre le système différentiel*

$$\begin{cases} x' &= 5x + y \\ y' &= -4x + y. \end{cases}$$

Rèsolution. Le système peut être écrit comme

$$\begin{bmatrix} x' \\ y' \end{bmatrix} = A\begin{bmatrix} x \\ y \end{bmatrix},$$

en étant

$$A = \begin{bmatrix} 5 & 1 \\ -4 & 1 \end{bmatrix}.$$

L'équation caractéristique est la suivante

$$\det(A - \lambda I) = (\lambda - 3)^2 = 0.$$

Alors $\lambda = 3$ Ã¨ est une valeur propre de A cavec une multiplicité algébrique de 2. Sa multiplicité géométrique est de¨ 1, l'espace propre aassocié étant généré par $\mathbf{v_1} = (1, -2)$. Par conséquent la matrice A n'est pas diagonalisable. Nous cherchons un vecteur propre généralisé $\mathbf{v_2}$, en résolvant le système linéaire

$$(A - 3I)\mathbf{x} = \mathbf{v_1}.$$

Nous obtenons que $\mathbf{v_2} = (1, -1)$. Par conséquent, l'intégrale générale est

$$\begin{bmatrix} x(t) \\ y(t) \end{bmatrix} = C_{\mathbf{v_1}} e^{3t} + C_2(t\mathbf{v_1} + \mathbf{v_2})e^{3t},$$

comme $C_1, C_2 \in \mathbb{R}$. varient.

Exercice 11.48. *Résoudre le système différentiel*

$$\begin{cases} x' & = x + z \\ y' & = -2x - y + z \\ z' & = 0. \end{cases}$$

Rèsolution. Le système différentiel peut être écrit comme

$$\begin{bmatrix} x' \\ y' \\ z' \end{bmatrix} = A \begin{bmatrix} x \\ y \\ z \end{bmatrix},$$

dove

$$A = \begin{bmatrix} 1 & 0 & 1 \\ -2 & -1 & 1 \\ 0 & 0 & 0 \end{bmatrix}.$$

L'équation caractéristique est la suivante

$$\det(A - \lambda I) = \lambda(1 - \lambda)(1 + \lambda) = 0.$$

La matrice A admet trois valeurs propres réelles : $\lambda_1 = 0, \lambda_2 = 1, \lambda_3 = -1$. Elle est donc diagonalisable en $\mathbb{R}$. Les vecteurs propres associés sont respectivement

$$\mathbf{v_1} = (-1, 3, 1), \quad \mathbf{v_2} = (-1, 1, 0), \quad \mathbf{v_3} = (0, 1, 0).$$

Par conséquent, la solution générale du système est

$$\begin{bmatrix} x(t) \\ y(t) \\ z(t) \end{bmatrix} = C_1\mathbf{v_1} + C_2\mathbf{v_2}e^t + C_3\mathbf{v_3}e^{-t},$$

al variare di $C_1, C_2, C_3 \in \mathbb{R}$, .

11.2 Analyse Qualitative des Solutions

Exercice 11.49. *Étant donné l'équation différentielle*

$$y' = y + xy^2.$$

1. *Les hypothèses du théorème de l'existence locale et de l'unicité sont-elles vérifiées ? Et de celle du global ?*

2. *Déterminer le lieu des points à tangente horizontale, le lieu où les solutions augmentent ou décroissent et toutes les solutions constantes.*

3. *Calculer l'intégrale générale de l'équation.*

Rèsolution. 1. L'équation est de la forme $y' = f(x,y)$ avec $f(x,y) = y + xy^2$. Car $f \in C^1(\mathbb{R}^2)$, les hypothèses du théorème d'existence et unicité locale sont vérifiées. Il ne vaut pas le théorème en forme globale.
2. Nous avons $y'(x) = 0$ per $y = 0$ ou $y = -\frac{1}{x}, x \neq 0$. La solution $y(x)$ est croissante dans le quadrant $x > 0, y > 0$, pour $x > 0, y < -\frac{1}{x}$, pour $x < 0, y < -\frac{1}{x}$. La solution $y(x)$ est décroissante dans le quadrant $x < 0, y < 0$, pour $x > 0, -\frac{1}{x} < y < 0$, pour $x < 0, y > -\frac{1}{x}$. La fontion constante $y \equiv 0$ est la solution de l'équation..
3. C'est une équation de Bernoulli. Supposons que $z = \frac{1}{y}$. L'équation devient

$$z' = -z - x,$$

c'est-à-dire

$$z' + z = -x,$$

qui est une équation linéaire. Par conséquent, l'intégrale générale est

$$z(x) = Ce^{-x} - e^{-x} \int e^x x \, dx = Ce^{-x} - (x-1),$$

comme $C \in \mathbb{R}$ varie. C'est pouquoi

$$y(x) = \frac{1}{Ce^{-x} - (x-1)}.$$

Exercice 11.50. *Il est donné le problème de Cauchy*

$$\begin{cases} y' = -\arctan(x)(e^y - 1 - y) \\ y(0) = y_0, \end{cases}$$

en étant $y_0 > 0$.

1. *Ses hypothèses du théorème de l'existence locale et de l'unicité sont-elles vérifiées ? Et du global ?*

2. *Déterminez le lieu des points tangents horizontaux, le lieu où les solutions croissent ou décroissent, et des éventuelles solutions constantes.*

3. *Déterminez l'intervalle maximal d'existence.*

Rèsolution. 1. Les hypothèses du théorème de l'existence locale et de l'unicité sont vérifiées. Les hypothèses de la version globale du théorème ne sont pas vérifiées.

2. La fonction constante $y(x) \equiv 0$ vérifie l'équation différentielle, mais pas la condition initiale. Donc $y(x) > 0$ pour toutes les x dans lequel est définie. De plus, car, poichÃ© $e^y > 1 + y$, nous avons $y'(x) < 0$ pour $x > 0$, pendat que $y'(x) > 0$ pour $x < 0$, $y'(0) = 0$. Il punto $x_0 = 0$ c'est un point de maximum absolu.

3. Nous avons que $0 < y \leq y_0$. Par conséquent, la solution $y(x)$ est définie en tout $\mathbb{R}$.

Exercice 11.51. *Il est donné le problème de Cauchy*

$$\begin{cases} y' = \sqrt{|xy|} \\ y(0) = \alpha \end{cases} ,$$

avec $\alpha \geq 0$.

1. *Les hypothèses du théorème de l'existence et de l'unicité locale sont-elles vérifiées ?*

2. *Résolvez le problème, comme $\alpha \geq 0$ varie. Est-il possible d'étendre des solutions sur tous les $\mathbb{R}$?*

Rèsolution. 1. Pour chaque $\alpha > 0$, les hypothèses d'existence et le théorème d'unicité locale sont vérifiées. Pour $\alpha = 0$ il y a des solutions mais l'hypothèse assurant l'unicité de la solution n'est pas vérifiée.

2. Nous supposons $\alpha > 0$. L'équation est aux variables séparables. La fonction $y \equiv 0$ vérifie l'équation différentielle mais pas la condition initiale. Nous trouvons

$$y(x) = \left(\sqrt{\alpha} + \frac{1}{3}x\sqrt{|x|} \right)^2 ,$$

qu'il est solution dansl'intervalle $(-\sqrt[3]{9\alpha}, +\infty)$. Nous remarquons que nous pouvons prolonger $y(x)$ en tout $\mathbb{R}$, de manière C^1, en posant $y(x) = 0 \ \forall \, x \leq -\sqrt[3]{9\alpha}$.

Soit maintenant $\alpha = 0$. Nous observons que les fonctions suivantes

$$y(x) = 0, \quad y(x) = \frac{1}{9}x^3,$$

$$y(x) = \begin{cases} \frac{1}{9}x^3 & \text{per } x < 0 \\ 0 & \text{per } x \geq 0, \end{cases}$$

$$y(x) = \begin{cases} \frac{1}{9}x^3 & \text{per } x > 0 \\ 0 & \text{per } x \leq 0, \end{cases}$$

sont des solutions au problème de Cauchy. Il n'y a donc pas de unicité.

Exercice 11.52. *Compte tenu du problème Cauchy*

$$\begin{cases} y' = \log(\sqrt{1 + 2y^2}) \\ y(0) = y_0, \end{cases}$$

con $y_0 \in \mathbb{R}$.

1. *Les hypothèses de l'existence locale et du théorème d'unicité sont-elles vérifiées ? Et du global ?*

2. *Déterminer, comme $y_0 \in \mathbb{R}$, varie, le lieu des points tangents horizontaux, le lieu où les solutions sont croissantes ou décroissantes et toutes les solutions constantes*

3. *Déterminer, comme $y_0 \in \mathbb{R}$, varie, les régions de convexité et de concavité des solutions.*

Rèsolution. 1. Les hypothèses du théorème d'existence et unicité locale, et aussi global, elles sont satisfaites.
2. La fonction constante $y \equiv 0$ elle vérifie l'équation différentielle ; elle est solution du problème de Cauchy, si $y_0 = 0$. Donc, si $y_0 > 0$, alors $y(x) > 0 \; \forall x \in \mathbb{R}$. Par contre, si $y_0 < 0$, alors $y(x) < 0 \; \forall x \in \mathbb{R}$. Nous avons que $y'(x) > 0 \; \forall \, x \in \mathbb{R}$. Donc y est croissante en $\mathbb{R}$.
3. Nous avons

$$y''(x) = \frac{2yy'}{1 + 2y^2}.$$

Par conséquent, si $y_0 > 0$, alors $y''(x) > 0 \; \forall x > 0$. Donc y elle est convexe en $\mathbb{R}$. Par contre, pour $y_0 < 0$, y elle est concave en $\mathbb{R}$.

Exercice 11.53. *Il est donné le problème de Cauchy*

$$\begin{cases} y' = |xy| \\ y(0) = y_0, \end{cases}$$

con $y_0 \in (0, +\infty)$.

1. *Les hypothèses de l'existence locale et du théorème d'unicité sont-elles vérifiées ? Et du global ?*

2. *Déterminer, comme* $y_0 \in (0, +\infty)$, *varie, le lieu des points à tangente horizontale, le lieu où les solutions sont croissantes ou décroissantes et toutes les solutions constantes.*

3. *Déterminer, comme* $y_0 \in (0, +\infty)$, *varie, la solution.*

Rèsolution. 1. Les hypothèses du théorème d'existence et d'unicité locale et globale sont vérifiées.

2. La fonction $y \equiv 0$ est une solution de l'équation, donc aucune autre solution ne coupe l'axe x. En étant $y_0 > 0$, nous avons que $y(x) > 0 \ \forall x \in \mathbb{R}$. Nous notons que $y'(x) > 0 \ \forall x \in \mathbb{R}$, donc la fonction $y(x)$ est strictement croissante en $\mathbb{R}$. Elle ne possède pas points à la tangente horizontale.

3. L'équation est aux variables séparables. La fonction $y \equiv 0$ ne vérifie pas la condition initiale. Pour $x > 0, y > 0$, l'équation devient

$$y' = xy.$$

Nous trouvons que

$$y_1(x) = C_1 e^{\frac{x^2}{2}}, \quad \forall x > 0.$$

Pour $x < 0, y > 0$, l'équation devient

$$y' = -xy.$$

Nous trouvons

$$y_2(x) = C_2 e^{-\frac{x^2}{2}} \quad \forall x < 0.$$

La fonction

$$y(x) = \begin{cases} y_1(x) & \text{per } x \geq 0, \\ y_2(x) & \text{per } x < 0 \end{cases}$$

elle est solution, de classe $C^1(\mathbb{R})$, de l'équation différentielle

$$y' = |xy|,$$

si $C_1 = C_2$. En choisissant $C_1 = C_2 = y_0$, la fonction $y(x)$ c'est la seule solution du problème de Cauchy, et elle est définie en tout $\mathbb{R}$.

***Exercice* 11.54.** *Étant donnée l'équation differentielle*

$$y' = -\frac{2x+y}{x+2y}.$$

1. *Les hypothèses du théorème de l'existence locale et de l'unicité sont-elles vérifiées ? Et du global ?*

2. *Déterminer le lieu des points à la tangente horizontale, le lieu où le solutions sont croissantes ou décroissantes et éventuelles solutions constantes.*

3. *Calculer l'intégrale générale de l'équation.*

4. *Déterminer la solution qui vérifie la condition initiale $y(0) = 1$, en spécifiant l'intervalle maximal d'existence.*

Rèsolution. 1. Les hypothèses du théorème de l'existence locale et de l'unicité sont vérifiées, mais celles de la version globale ne le sont pas.

2. Il résulte que $y' = 0$ pour $y = -2x$. Les solutions $y(x)$ sont croissantes dans la région délimitée par les deux lignes droites $y = -2x$ et $y = -\frac{x}{2}$. De plus, les solutions $y(x)$ sont décroissantesdans la région à droite des deux lignes ou à gauche des deux lignes. Il n'y a pas de solutions constantes.

3. Il s'agit d'une équation différentielle exacte. En effet on peut écrire comme

$$\omega = 0,$$

en étant

$$\omega = M(x,y)dx + N(x,y)dy,$$

avec

$$M(x,y) = 2x + y, \quad N(x,y) = x + 2y.$$

Car

$$M_y = 1 = N_x,$$

la forme ω elle est fermée en $\mathbb{R}^2$. En étant $\mathbb{R}^2$ simplement connexe, ω elle est exacte aussi. Nous cherchons une primitive U de ω. Il doit être

$$U_x = M(x,y).$$

En conséquence

$$U(x,y) = x^2 + xy + c(y).$$

En outre, en imposant que

$$U_y = x + c'(y) = N(x,y),$$

on trouve $c(y) = y^2$, donc

$$U(x, y) = x^2 + y^2 + xy.$$

L'intégral général de l'équation différentielle donc il est donné par

$$U(x, y) = C, \quad C \in \mathbb{R}.$$

4. En imposant la condition initiale, nous obtenons que $C = 1$. Donc

$$y(x) = \frac{-x + \sqrt{4 - 3x^2}}{2}, \quad x \in \left(-\frac{\sqrt{3}}{2}, \frac{\sqrt{3}}{2}\right).$$

Exercice 11.55. *Exécuter l'analyse qualitative du problème de Cauchy*

$$\begin{cases} y' = (x^2 - 1)(1 - \sin y) \\ y(1) = 0, \end{cases}$$

sans calculer la solution explicitement.

Rèsolution. Les hypothèses du théorème d'existence et unicité locale et globale sont vérifiées. Puisque les fonctions $y_1(x) \equiv -\frac{3}{2}\pi$ et $y_2(x) \equiv \frac{\pi}{2}$ vérifient l'équation et $y(0) \in \left(-\frac{3}{2}\pi, \frac{\pi}{2}\right)$, la solution $y(x)$ vérifie

$$-\frac{3}{2}\pi < y(x) < \frac{\pi}{2} \quad \forall x \in \mathbb{R}.$$

on a $y'(x) \geq 0$ pour $x \leq -1$ ou pour $x \geq 1$. Alors la solution $y(x)$ a en $x = -1$ un point de maximum relatif, alors qu'elle a en $x = 1$ un point de minimum relatif. Compte tenu de la monotonie, existent les limites

$$l_1 = \lim_{x \to -\infty} y(x), \quad \lim_{x \to +\infty} y(x).$$

On peut immédiatement constater que

$$l_1 = -\frac{3}{2}\pi, \quad l_2 = \frac{\pi}{2}.$$

Donc la ligne droite $y = -\frac{3}{2}\pi$ est une asymptote horizontale pour $x \to -\infty$, pentant que $y = \frac{\pi}{2}$ est une asymptote horizontale pour $x \to +\infty$.

***Exercice* 11.56.** *Exécuter l'analyse qualitative de la solution du pro-blème de Cauchy*

$$\begin{cases} y' = ye^y \\ y(0) = 1. \end{cases}$$

Rèsolution. Les hypothèses du théorème de l'existence locale et de l'unicité sont vérifiées. La fonction constante $y \equiv 0$ vérifie l'équation dif-férentielle. Étant donné la condition initiale, $y(x) > 0$ pour chaque $x \in I$, en étant I l'intervalle d'existence maximal. De plus,, $y'(x) > 0 \; \forall x \in I$. Par conséquent, y est croissante en I. Nous avons

$$y''(x) = y'e^y + yy'e^y > 0 \quad \forall x \in I.$$

Par conséquent, y est convexe en I. Pour $x < 0$, $y(x)$ elle est monotone et limité inférieurement, donc $(-\infty, 0) \subseteq I$. De plus, il existe la limite $l := \lim_{x \to -\infty} y(x)$. Par conséquent,

$$\lim_{x \to -\infty} y'(x) = le^l.$$

Par contre, il doit être $\lim_{x \to -\infty} y'(x) = 0$. Donc $l = 0$. Nous remarquons que $\forall x \in I \cap (0, +\infty)$, $y(x) \geq 1$. Donc

$$y'(x) \geq e^y.$$

En s'intégrant, on obtient

$$y(x) \geq \log\left(\frac{e}{1 - ex}\right).$$

Il s'ensuit qu'il existe $x_1 \in \left(0, \frac{1}{e}\right]$ tel que $\lim_{x \to x_1^-} y(x) = +\infty$. Donc $x = x_1$ c'est un asymptote vertical. En conséquence $I = (-\infty, x_1)$.

***Exercice* 11.57.** *Tracez-les le graphe de la solution de*

$$\begin{cases} y' = \frac{2t}{1 + \cos y} \\ y(0) = 0, \end{cases}$$

en spécifiant l'intervalle maximum d'existence.

Rèsolution. Les hypothèses du théorème d'existence et unicité local sont vérifiés, mais pas celles de la version en grand. L'équation différen-tielle est aux variables séparables. Il y n'a pas solutions constantes On a

$$\int (1 + \cos y)dy = \int 2t dt,$$

donc l'intégral général $y = y(t)$ il satisfait

$$y + \sin y = t^2 + C, \quad C \in \mathbb{R}.$$

En imposant la condition initiale, nous obtenons que $C = 0$. Car $1 + \cos y > 0$ pour $y \neq \pi$, la solution est croissante pour $t \in (0, +\infty) \cap I$ et décroissante en $(-\infty, 0) \cap I$, en étant I l'intervalle maximal d'existence. Donc $t_0 = 0$ c'est un point de minimum absolu de $y(t)$. De l'équation satisfaite par la solution du problème de Cauchy, c'est-à-dire

$$y(t) + \sin[y(t)] = t^2,$$

nous déduisons que $y(t) = \pi$ pour $t = \pm\sqrt{\pi}$. De plus,

$$\lim_{t \to \sqrt{\pi}^-} y'(t) = +\infty, \qquad \lim_{t \to -\sqrt{\pi}^-} y'(t) = -\infty.$$

Donc l'intervalle maximal d'existence est¨ $(-\sqrt{\pi}, \sqrt{\pi})$.

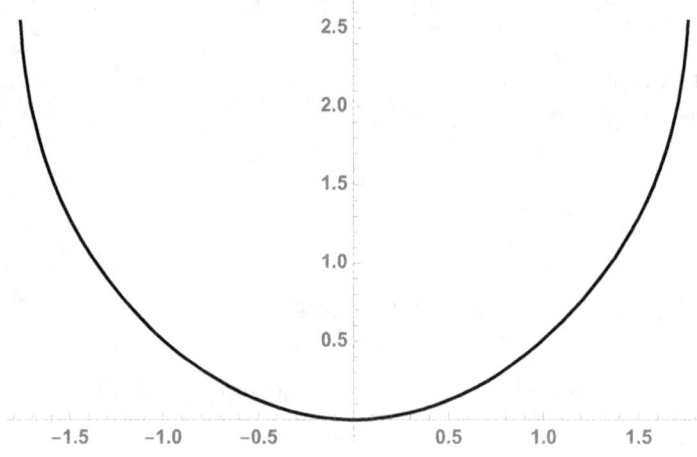

Exercice 11.58. *Exécuter l'étude qualitative de la solution du problème de Cauchy*

$$\begin{cases} y' = y^2 - y - 2 \\ y(0) = \frac{3}{2} \end{cases}.$$

Rèsolution. L'équation différentielle est du type $y' = f(y)$ avec

$$f(y) = y^2 - y - 2.$$

Les hypothèses du théorème d'existence et unicité local sont vérifiés. Les fonctions constantes $y \equiv -1, y \equiv 2$ sont solution de l'équation différentielle, mais ne pas la condition initiale. Grâce à le théorème d'unicité de Cauchy, le graphe d'aucun autre solution peut rencontrer les lignes droites $y = -1, y = 2$. Étant donné la condition initiale, il s'ensuit que la solution $y(x) \in (-1, 2)$ pour chaque x dans lequel est définie. La fonction $f(y)$ dans la bande $\mathbb{R} \times (-1, 2)$ Ãelle est limitée et Lipschitziana ; conséquemment, pour le théorème d'existence et unicité globale, la solution $y(x)$ elle est définie en tout $\mathbb{R}$. Il résulte $y' < 0$ pour chaque $y \in (-1, 2)$, donc la solution $y(x)$ est décroissante. Donc existent les limites

$$l_1 := \lim_{x \to +\infty} y(x), \quad l_2 := \lim_{x \to -\infty} y(x).$$

Nous affirmons que $l_1 = -1$ et $l_2 = 2$. En effet, à priori $l_1 \in [-1, 2]$. De l'équation nous obtenons que

$$\lim_{x \to +\infty} y'(x) = l_1^2 - l_1 - 2.$$

Grâce au théorème de l'Hopital (qui peut être appliqué à la forme indéterminée $\frac{l_1}{+\infty}$), nous avons

$$0 = \lim_{x \to +\infty} \frac{y(x)}{x} = \lim_{x \to +\infty} y'(x).$$

Donc

$$l_1^2 - l_1 - 2 = 0,$$

c'est-à-dire $l_1 = -1$ ou $l_1 = 2$. Car $y(x)$ elle est décroissante il doit être $l_1 = -1$. Une autre méthode pour vérifier que $l_1 = 0$ c'est le suivant. De l'équation différentielle nous obtenons que

$$\lim_{x \to +\infty} y'(x) = l_1^2 - l_1 - 2 =: L.$$

Car à priori $l_1 \in [-1, 2]$, nous obtenons que $L \leq 0$. Si c'était $L < 0$, nous aurions $l_1 = -\infty$, mais ce n'est pas possible car y est limitée. En conséquence $L = 0$. Comme précédemment, on infère que $l_1 = -1$. On voit semblablement que $l_2 = 2$. Nous avons

$$y''(x) = (2y(x) - 1)y'(x).$$

Car $y' < 0$, la fonction y elle est convexe si $y < \frac{1}{2}$, concave si $y > \frac{1}{2}$. De plus. Dan le point $x_2 > 0$ tel $y(x_2) = \frac{1}{2}$, $y(x)$ présente un point d'inflexion.

Exercice 11.59. *Discutons de l'évolution qualitative de la solution du problème de Cauchy*

$$\begin{cases} y' = (t^2 - y^2)\sin(\sqrt{y}) \\ y(0) = 1 \end{cases}$$

(en omettant l'étude de la dérivée seconde).

Rèsolution. L'équation différentielle est du type

$$y' = f(t, y)$$

avec

$$f(t, y) = (t^2 - y^2)\sin(\sqrt{y})\,.$$

La fontion f est¨ bien définie en $\{(t, y) \in \mathbb{R}^2 : y \geq 0\}$, dans le demi-plan ouvert $\{(t, y) \in \mathbb{R}^2 : y > 0\}$ les hypothèses de l'existence locale et du théorème d'unicité sont valables. Le théorème d'existence et d'unicité globale ne peut pas être appliqué. Car $y \equiv \pi^2$ il est solution de l'équation, la solution du problème de Cauchy vérifie $y(t) < \pi^2$. De plus, $y(t)$ il est décroissant dans le triangle compris entre les lignes droites $y = t, y = \pi^2, y = -t$. La courbe $(t, y(t))$ coupe les lignes droites $y = t$ et $y = -t$; en ces points, il a respectivement un minimum et un maximum relatifs. Il y a au moins trois inflexions. La solution est définie sur tout $\mathbb{R}$ et est non négative ; de plus, on voit facilement que

$$\lim_{t \to +\infty} y(t) = \pi^2, \quad \lim_{t \to -\infty} y(t) = 0\,.$$

Puisque dans un voisinage de $y = 0$ le théorème d'existence et d'unicité ne s'applique pas, pour $t \to -\infty$, deux cas sont possibles

1. $y(t) > 0 \;\forall t > 0$, quindi $y = 0$ est une asymptote horizontale que la courbe $(t, y(t))$ ne coupe pas ;

2. il existe $\bar{t} < 0$ tel que la solution $y(t)$ vérifie $y(t) = 0 \;\forall t \leq \bar{t}$.

Nous montrons que le premier n'est pas possible. En effet, pour $t < 0$ et $|t|$ assez grande, ainsi que $y(t)$ Ã¨ assez petite, on a

$$y'(t) = (t^2 - y^2)\sin(\sqrt{y}) \geq \sqrt{y}\,.$$

L'intégral général de

$$y' = \sqrt{y}$$

il consiste dans la fonction $y(t) = 0$ et dans la famille de fonctions

$$y(t) = \begin{cases} \left(\frac{t+C}{2}\right)^2, & t \geq C \\ 0, & t < C\,. \end{cases}$$

Par conséquent aussi les solutions du problème de Cauchy de départ contenues dans la bande $[0, \pi^2)$ doivent également être nulles pour chaque $t \leq -t_0$, pour certains $t_0 > 0$. Il s'ensuit que 0 est un point de minimum absolu pour la solution $y(t)$.

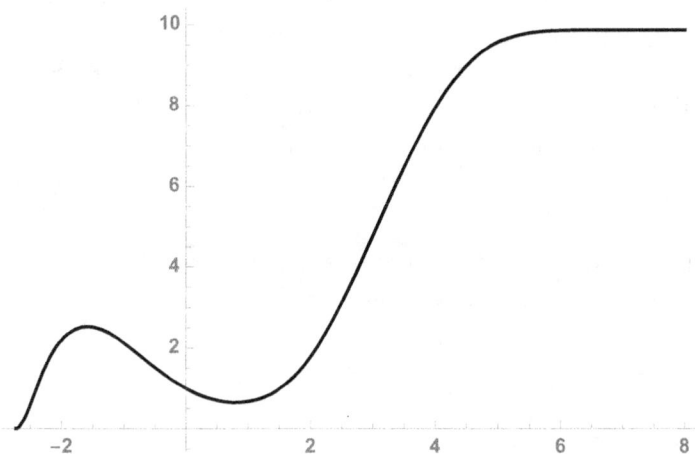

Exercice 11.60. *Exécuter l'analyse qualitative de la solution du problème de Cauchy*

$$\begin{cases} y' = (1 - 2e^{-y^2})x \\ y(0) = 0 \, . \end{cases}$$

Rèsolution. Les hypothèses du théorème de l'existence et de l'unicité locales et globales sont vérifiées. Les fonctions constantes $y(x) = \pm\sqrt{\log 2}$ vérifient l'équation différentielle. Par conséquent,

$$y(x) \in (-\sqrt{\log 2}, \sqrt{\log 2}) \; \forall \, x \in \mathbb{R}.$$

Nous avons $y'(x) > 0 \; \forall \, x < 0$, alors que $y'(x) < 0 \; \forall \, x > 0$. De plus, $x_0 = 0$ est le point du maximum absolu. On a que

$$\lim_{x \to +\infty} y(x) = -\sqrt{\log 2}, \qquad \lim_{x \to -\infty} y(x) = -\sqrt{\log 2} \, .$$

Exercice 11.61. *En calculant l'intégrale générale et par l'analyse qualitative, discuter les propriétés des solutions de l'équation différentielle*

$$y' = 1 - (y - t)^2 \, .$$

Rèsolution. Cette équation est du tipe

$$y' = f(t, y),$$

avec $f(t, y) = 1 - (y - t)^2$. On peut appliquer le théorème de l'existence locale et de l'unicité, mais pas le théorème global. Depuis $f(t, y) \geq 0$ pour $t - 1 \leq y \leq t + 1$, la solution y est croissante pour $t - 1 \leq y \leq t + 1$. En outre, les lignes droites $y = t - 1$ ee $y = t + 1$ sont des places de points minimum et maximum relatifs, respectivement.

Posons $z = y - t$. L'équation devient

$$z' = -z^2,$$

qui est une équation à variables séparables. La fonction $z \equiv 0$ est solutin, tout comme la fonction $y \equiv t$. Pour $z \neq 0$, nous avons

$$\int \frac{1}{z^2} dz = - \int dt,$$

donc

$$-\frac{1}{z} = -t + C, \quad C \in \mathbb{R}.$$

L'intégrale générale est

$$z(t) = \frac{1}{t - C},$$

c'est-à-dire

$$y(t) = t + \frac{1}{t - C}.$$

Par conséquent, chaque solution est définie en $\mathbb{R} \backslash \{C\}$ et a une asymptote verticale en $t_0 = C$. De plus, $y = t$ est une asymptote oblique pour $t \to \pm\infty$.

Exercice 11.62. *Calculer l'intégrale générale et, à l'aide d'une analyse qualitative, tracer le graphe de la solution du problème de Cauchy*

$$\begin{cases} y' = t^2 \sin y \\ y(0) = \frac{\pi}{2}, \end{cases}$$

Rèsolution. L'équation différentielle est à variables séparables ; les hypothèses du théorème d'existence et d'unicité locales, mais aussi globales, sont satisfaites. La solution constante $y \equiv k\pi$ ($k \in \mathbb{Z}$) ne satisfait pas la condition initiale, donc ce n'est pas une solution du problème. Pour $y \neq k\pi$ on a

$$\int \frac{1}{\sin y} dy = \int t^2 dt.$$

Par conséquent

$$\log\left|\tan\left(\frac{y}{2}\right)\right| = \frac{1}{3}t^3 + C, \quad (C \in \mathbb{R}).$$

Compte tenu de l'état initial, nous avons

$$\log\tan\left(\frac{y}{2}\right) = \frac{1}{3}t^3 + C,$$

c'est-à-dire

$$y(t) = 2\arctan\left(e^{\frac{t^3}{3}+C}\right).$$

En imposant que $y(0) = \frac{\pi}{2}$, on en déduit que

$$y(t) = 2\arctan\left(e^{\frac{t^3}{3}}\right).$$

L'intervalle maximal d'existence est donc tout $\mathbb{R}$, comme prévu.
Puisque $y = 0$ et $y = \pi$ sont des solutions constantes, la solution $y(t)$ du problème de Cauchy vérifie $0 < y(t) < \pi \, \forall t \in \mathbb{R}$. Par conséquent, $y'(t) = t^2\sin[y(t)] > 0$ pour chaque $t \neq 0$, pentant que $y'(0) = 0$. Donc $t_0 = 0$ est un point d'inflexion. Comme la solution est croissante et finie, elle admet les asymptotes horizontales pour les $t \to -\infty$ et pour $t \to +\infty$. En particulier, $y = 0$ est asymptote pour $t \to -\infty$, alors que $y = \pi$ est asymptote pour $t \to +\infty$. Nous pouvons alors en déduire qu'il doit exister au moins deux points d'inflexion supplémentaires pour f, l'un à $(0, +\infty)$, l'autre à $(-\infty, 0)$. Nous avons

$$y''(t) = t\sin(y)[2 + t^3\cos(y)].$$

Les points d'inflexion que nous recherchons vérifient donc

$$2 + t^3\cos(y) = 0,$$

c'est-à-dire

$$t^3 = -\frac{2}{\cos(y(t))}.$$

Pour $t \in (0, +\infty)$, car© $y(t)$ il est croissant et $y(0) = \frac{\pi}{2}$, nous avons $y(t) \in \left(\frac{\pi}{2}, \pi\right)$ et ensuite $-\frac{2}{\cos(y(t))} \in (2, +\infty)$. Il y a alors un $t_1 > 0$ unique tel que

$$t_1^3 = -\frac{2}{\cos(y(t_1))}.$$

De même, nous voyons qu'il existe un $t_2 < 0$ unique qui vérifie

$$t_2^3 = -\frac{2}{\cos(y(t_2))}.$$

Donc $y(t)$ admet exactement un point d'inflexion dans $t_0 = 0$, un dans $t_1 > 0$ et un dans $t_2 < 0$.

Soit $z(t) = \pi - y(-t)$. Donc $y(t) = \pi - z(-t)$. Alors

$$z'(t) = y'(-t) = t^2 \sin[y(-t)] = t^2 \sin[\pi - z(t)] = t^2 \sin[z(t)].$$

De plus, $z(0) = \frac{\pi}{2}$. Donc $z(t)$ est aussi une solution du même problème Cauchy. Par conséquent, par unicité , $z(t) \equiv y(t)$. Il s'ensuit que le graphique de $y(t)$ est symétrique par rapport au point $\left(0, \frac{\pi}{2}\right)$.

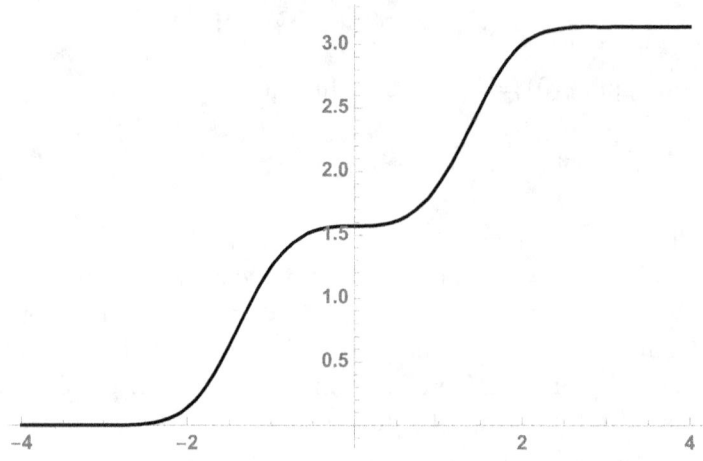

Exercice 11.63. *Exécuter l'analyse qualitative du problème de Cauchy*

$$\begin{cases} y' = \frac{1}{1+y^2} + e^{-x^2} \\ y(0) = 0. \end{cases}$$

Rèsolution. Les hypothèses du théorème de l'existence et de l'unicité locales et mondiales sont vérifiées. Puisque $y' > 0$ en $\mathbb{R}$, $y(x)$ il est croissant en $\mathbb{R}$. Donc $y(x) > 0 \ \forall x > 0$, pendant que $y(x) < 0 \ \forall x < 0$. Il s'ensuit que $x \mapsto \frac{1}{1+y^2(x)}$ elle est décroissant pour $x > 0$. Donc $y'(x)$ elle est décroissant pour $x > 0$. Par conséquent y est concave en $(0, +\infty)$. D'autre part y est convexe en $(-\infty, 0)$. Par la monotonie de $y(x)$, il existe la limite $\lim_{x \to +\infty} y(x) =: l$. Si l était fini, alors nous aurions $\lim_{x \to +\infty} y'(x) = \frac{1}{1+l^2} > 0$, ce qui est impossible. Donc $l = +\infty$. De même, nous voyons que $\lim_{x \to -\infty} y(x) = -\infty$. Depuis

$$\lim_{x \to +\infty} \frac{y(x)}{x} = \lim_{x \to +\infty} y'(x) = 0,$$

$y(x)$ n'admet pas l'asymptote oblique pour $x \to +\infty$. De même, nous constatons qu'elle ne l'admet pas pour $x \to -\infty$.

Exercice 11.64. *Exécuter l'étude qualitative de la solution du problème de Cauchy*

$$\begin{cases} y' = y^2 - t^2 \\ y(0) = 0 \,. \end{cases}$$

Rèsolution. L'équation différentielle est du type $y' = f(t, y)$ avec $f(t, y) = y^2 - t^2$. Les hypothèses du théorème de l'existence locale et de l'unicité sont vérifiées, les hypothèses du théorème en grand ne le sont pas. On note que $y'(t) > 0$ si $|y(t)| > |t|$, pendant que $y'(t) < 0$ si $|y(t)| < |t|$. Enfin, les points des lignes droites $y = \pm t$ ils sont points à tangente horizontale. Nous observons que si $y(t)$ est une solution, alors aussi $z(t) = -y(-t)$ est une solution. La solution $y(t)$ est donc impair. Considérons donc le demi-plan $t \geq 0$. Car $u(t) = t$ il vérifie

$$u' > u^2 - t^2, \quad u(0) = 0,$$

il s'ensuit que $y(t) \leq t \ \forall t > 0$. Au lieu de cela, $v(t) = -t$ vérifie

$$v' < v^2 - t^2, \quad v(0) = 0,$$

donc $y(t) \geq -t \ \forall t > 0$. Ainsi $y(t)$ elle est définie en tout $[0, +\infty)$ et $|y(t)| \leq t \ \forall t > 0$. Car $|y(t)| \leq t \ \forall t > 0$, on a que $y'(t) < 0 \ \forall t > 0$. Donc $y(t)$ il est décroissant en $(0, +\infty)$ et existe la limite $\lim_{t \to +\infty} y(t) =: l \in [-\infty, 0)$. Si $l < 0$ était finie, on aurait $y'(t) \to -\infty$ pour $t \to +\infty$, le qu'il est impossible. Donc $l = -\infty$. On peut vérifier que la ligne droite $y = -t$ est ub asymptote oblique pour $t \to +\infty$.

Exercice 11.65. *Exécuter l'analyse qualitative de la solution du problème de Cauchy*

$$\begin{cases} y'(x) = \frac{(1-x^2)y}{(2+x^2)(1+e^{2y})} \\ y(0) = y_0 \,, \end{cases}$$

con $y_0 > 0$.

Rèsolution. Les hypothèses du théorème de l'existence et de l'unicité locales et mondiales sont vérifiées. La fonction constante $y \equiv 0$ vérifie l'équation différentielle. Par conséquent, étant donné la condition initiale, $y(x) > 0 \ \forall x \in \mathbb{R}$. Nous avons $y'(x) > 0$ pour $x \in (-1, 1)$, pendat que $y'(x) < 0$ pour $x < -1$ ou pour $x > 1$. De plus $x_0 = -1$ est un point de minimum relatif, tandis que $x_1 = 1$ est un point de maximum relatif. Pour la monotonie d $y(x)$, existent les limites

$$\lim_{x \to +\infty} y(x) =: l_1, \quad \lim_{x \to -\infty} y(x) =: l_2 \,.$$

A priori, nous savons que $l_1 \in [0, +\infty)$. De plus,

$$\lim_{x \to +\infty} y'(x) = -\frac{l_1}{1 + e^{l_1}} < 0.$$

Il doit être $\lim_{x \to +\infty} y'(x) = 0$, donc $l_1 = 0$. D'autre part, $l_2 \in (0, +\infty]$. Si l_2 il fût fini, on aurait

$$\lim_{x \to -\infty} y'(x) = -\frac{l_2}{1 + e^{l_2}} < 0,$$

ce qui n'est pas possible. Donc $l_2 = +\infty$. En outre, car

$$\lim_{x \to -\infty} \frac{y(x)}{x} = \lim_{x \to -\infty} y'(x) = 0,$$

$y(x)$ il n'a pas asymptote oblique pour $x \to -\infty$.

Exercice 11.66. *Exécuter l'analyse qualitative de la solution du problème de Cauchy*

$$\begin{cases} y' = 2\dfrac{e^{t-y}}{y} \\ y(1) = 1. \end{cases}$$

Rèsolution. Les hypothèses du théorème de l'existence locale et de l'unicité sont vérifiées, alors que celles de la version globale ne le sont pas. Soit I l'intervalle d'existence maximal de la solution $y(t)$. Étant donné l'état initial, il doit être $y(t) > 0 \ \forall t \in I$. Donc $y'(t) > 0 \ \forall t \in I$. Si $y(t)$ il eût un asymptote vertical $t = t_0$, pour $t_0 > 1$, alors on aurait

$$\lim_{t \to t_0^-} y(t) = +\infty,$$

mais

$$\lim_{t \to t_0^-} y'(t) = 0,$$

ce qui est absurde. Donc $y(t)$ n'admet pas l'asymptote verticale dans $t_0 > 0$ et $[1, +\infty) \subset I$. Grâce à la monotonie de $y(t)$, il existe la limite

$$l := \lim_{t \to +\infty} y(t),$$

avec $l \in (0, +\infty]$. Si l il fût fini, on aurait,

$$\lim_{t \to +\infty} y'(t) = +\infty,$$

ce qui est absurde. Donc $l = +\infty$. De plus,

$$\lim_{t \to +\infty} \frac{y(t)}{t} = \lim_{t \to +\infty} y'(t) = 0 \, .$$

Donc $y(t)$ il n'a pas asymptote oblique pour $t \to +\infty$. D'autre part, en intégrant l'équation, qui est à variable séparable, nous constatons que

$$(y - 1)e^y = 2(e^t - e) \, .$$

Vu que $(y - 1)e^y \geq -1 \ \forall \, y \in \mathbb{R}$, nous déduisons que

$$t \geq \log \left(e - \frac{1}{2} \right) \, .$$

Donc $t_1 := \inf I > -\infty$. Enfin, il doit être

$$\lim_{t \to t_1^+} y(t) = 0, \quad \lim_{t \to t_1^+} y'(t) = +\infty \, .$$

Exercice 11.67. *Considérez le problème de Cauchy*

$$\begin{cases} y' = \frac{1}{x} - e^y \\ y(1) = a \, , \end{cases}$$

au changer du paramètre $a \in (-\infty, 0]$.
(i) Le théorème d'existence et d'unicité locale est-il vrai? Et le global?
(ii) Pour quelles valeurs du paramètre $a \leq 0$ le problème admet-il des solutions constantes?
(iii) Les solutions présentent-elles des symétries?
(iv) Quel est l'intervalle maximal d'existence des solutions?
(v) Déterminer les points de maximum et de minimum des solutions.
(vi) Déterminer les limites aux extrêmes de l'intervalle d'existence des solutions et vérifier si les solutions présentent asymptotes.

Rèsolution. (i) Soit

$$f(x, y) = \frac{1}{x} - e^y \, .$$

Puisque $f \in C^1((0, +\infty) \times \mathbb{R})$, les hypothèses du théorème de l'existence locale et de l'unicité sont satisfaites. Depuis, pour chaque $x \in (0, +\infty)$ fixé,

$$f(x, y) \to -\infty \quad \text{pour } y \to +\infty,$$

le théorème de l'existence globale et de l'unicité ne peut être appliqué. Soit I l'intervalle maximal d'existence de la solution. On observe que la fonction $f(x, y)$ est délimitée en $[\alpha, +\infty] \times (-\infty, \beta]$, pour chaque $\alpha > 0, \beta > 0$ fixés. Ensuite, en général, si une solution y est supérieurement limitée, elle a nécessairement comme intervalle d'existence maximalea $I = (0, +\infty)$.

(ii) Vu la fonction $f(x, y)$, il n'y a pas des solutions constantes.

(iii) Vu la fonction $f(x, y)$, il n'y a pas de symétries (ni paires ni impaires).

(iv) Pour chaque $a \leq 0$, la solution $y(x)$ est croissante dans la région $y < -\log x$, décroissante dans la région $y > -\log x$. Plus précisément, $y(x)$ coupe le graphe de la fonction $x \mapsto -\log x$ en un certain point $x_0 > 1$. Pour $x < x_0$ $y(x)$ est croissante, tandis que pour $x > x_0$ est décroissante. Donc $y(x)$ est limitée supérieurement et il a comme intervalle maximum d'existence$I = (0, +\infty)$.

(v) De la monotonie de la solution examinée au point précédent, il s'ensuit que les points $(x_0, -\log x_0)$, pour n'importe quel $x_0 > 0$, sont des points de maximum absolu pour $y(x)$.

(vi) Évidemment

$$y'(x) < \frac{1}{x} \quad \forall\, x \in I\,.$$

Soit $0 < x < 1$. Car $y(x) < 0$, nous avons $e^{y(x)} < 1$, donc $y'(x) > \frac{1}{x} - 1$. En intégrant entre x et 1 nous avons

$$y(x) < a + 1 + \log(x) - x,$$

ensuite

$$\lim_{x \to 0^+} y(x) = -\infty$$

et la ligne droite $x = 0$ est asymptote vertical de droite. De la monotonie de $y(x)$ on déduit qu'existe la limite

$$\lim_{x \to +\infty} y(x) = l,$$

avec $l \in [-\infty, 0)$. Si l il fût fini, (ou $l > -\infty$), on aurait

$$\lim_{x \to +\infty} y'(x) = -e^l\,,$$

le qu'il est absurde, pour le critère de l'asymptote. Donc $l = -\infty$. Car

$$\lim_{x \to +\infty} y'(x) = 0,$$

$y(x)$ n'admet pas asymptote oblique pour $x \to +\infty$.

***Exercice* 11.68.** *Dessiner le graphe qualitatif des solutions de l'équation différentielle*

$$y' = (x^2 - y^2) \log y.$$

Rèsolution. L'équation différentielle est du type $y' = f(x, y)$ avec

$$f(x, y) = (x^2 - y^2) \log y.$$

La fontion f est bien définie et continue dans $\{(x, y) \in \mathbb{R}^2 : y > 0\}$; dans cet ensemble, les hypothèses du théorème d'existence locale et d'unicité sont vérifiées, mais pas globales. Puisque $y \equiv 1$ est une solution de l'équation différentielle, toutes les autres solutions ont le graphique contenu soit dans la tranche $0 < y < 1$ oudans le demi-plan $y > 1$. Dans le premier cas , les solutions sont croissantes pour $-y < x < y$, dans le deuxième cas, elles sont croissantes pour $x < -y$ ou pour $x > y$. Les demi-droites $y = \pm x$ sont constituées de points avec des tangentes horizontales. La ligne $y = 1$ est une asymptote horizontale pour $x \to -\infty$. Car la demi-droite $y = x$ est un lieu de points tangents horizontalement, les solutions entrant dans la région $1 < y < x$ sont définies sur tout $\mathbb{R}$. Les solutions qui croisent la région $-y < x < y, y > 1$ peuvent avoir des asymptotes verticales. Les solutions dans la bande $0 < y < 1$ sont définies dans l'intervalle $(-\infty, \alpha)$, avec $\alpha \in (-\infty, +\infty]$. Comme les solutions sont décroissantes (sauf dans la région $-y < x < y$), nous avons nécessairement $\lim_{x \to \alpha} y(x) = 0$. Alors $\lim_{x \to \alpha} y'(x) = -\infty$. Donc $\alpha \in \mathbb{R}$, alors l'intervalle maximum d'existence est limité supérieurement.

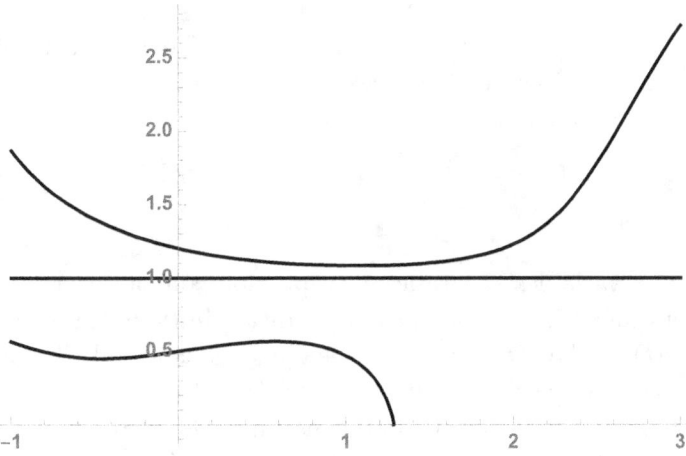

Exercice 11.69. *Exécuter l'analyse qualitative de les solutions du problème de Cauchy*

$$\begin{cases} y' = \frac{y^2}{2-ty} \\ y(0) = y_0 \, , \end{cases}$$

al variare di $y_0 \geq 0$.

Rèsolution. Les hypothèses du théorème de l'existence locale et de l'unicité sont satisfaites, alors que celles de la forme globale ne le sont pas. Si $y_0 = 0$, alors $y(t) \equiv 0$ est la seule solution au problème. Soit $y_0 > 0$. Soit I l'intervalle maximal d'existence de la solution $y(t)$. La courbe intégrale $(t, y(t))$ ne rencontre jamais l'axe des t, ni l'hyperbole $y = \frac{2}{t}$. En revanche, dans le demi-plan $t \leq 0$, les hypothèses du théorème d'existence et d'unicité en grand sont vérifiées, donc $(-\infty, 0] \subset I$. Nous observons que $y'(t) > 0 \ \forall t \in I$. Il doit donc exister $t_0 > 0$ tel que

$$\lim_{t \to t_0^-} y(t) = \frac{2}{t_0}, \quad \lim_{t \to t_0^-} y'(t) = +\infty \, .$$

Donc $I = (-\infty, t_0)$.

Exercice 11.70. *Effectuer l'analyse qualitative de la solution du problème de Cauchy*

$$\begin{cases} y' = t + \frac{t}{y} \\ y(0) = 1 \, . \end{cases}$$

Rèsolution. Les hypothèses du théorème de l'existence locale et de l'unicité sont vérifiées, les hypothèses de la version en grand ne le sont pas. L'équation différentielle peut être réécrite comme sui

$$y' = \frac{t(y+1)}{y},$$

qu'il est aux variables séparables. La fonction constante $y \equiv -1$ vérifie l'équation différentielle, mais pas la condition initiale. Il s'ensuit que la solution $y(t)$ vérifie $y(t) > -1$ pour chaque t dans lequel elle est définie. Nous avons que $y'(t) = 0$ pour $t = 0$, $y'(t) > 0$ pour $t > 0$ et $y > 0$, pour $t < 0$ et $-1 < y < 0$. Par conséquent $t_0 = 0$ est un point de minimum absolu et $y(t) \geq 1$; donc $y(t)$ est définie pour chaque $t \in \mathbb{R}$. Si $y(t)$ est solution, alors $z(t) := y(-t)$ est également la solution. Nous considérons donc simplement $t \geq 0$. Par monotonie, il existe la limite

$\lim_{t \to +\infty} y(t) =: l \in (1, +\infty]$. Si l il fût fini, on aurait $\lim_{t \to +\infty} y'(t) = +\infty$, ce qui n'est pas possible. Donc $\lim_{t \to +\infty} y(t) = +\infty$. De plus, car

$$\lim_{t \to +\infty} \frac{y(t)}{t} = \lim_{t \to +\infty} y'(t) = +\infty \,,$$

$y(t)$ n'admet aucune asymptote oblique. Nous constatons que

$$y'(t) > t \quad \forall t > 0 \,.$$

Donc

$$y(t) - 1 = \int_0^t y'(s)ds > \int_0^t s\,ds = \frac{t^2}{2} \,,$$

par conséquent

$$y(t) > 1 + \frac{t^2}{2} \geq t \quad \forall t > 0 \,.$$

Nous avons que

$$y''(t) = \frac{(y+1)(y+t)(y-t)}{t^3} \quad \forall t \in \mathbb{R} \,.$$

Car $y(t) \geq t \ \forall t > 0$, nous avons que y est convexe en $(0, +\infty)$.

Exercice 11.71. *Effectuer l'analyse qualitative du problème Cauchy*

$$\begin{cases} y' = \frac{1}{y} - 2x \\ y(1) = \frac{1}{2} \,. \end{cases}$$

Rèsolution. L'équation différentielle est du type $y' = f(x, y)$, avec

$$f(x, y) = \frac{1}{y} - 2x \,.$$

Les hypothèses du théorème de l'existence locale et de l'unicité sont vérifiées, puisque f est de classe C^1 dans un voisinage de $\left(1, \frac{1}{2}\right)$, plus précisément dans l'ensemble ouvert $\{(x, y) \in \mathbb{R}^2 : y > 0\}$. La solution est strictement décroissante pou $y > 0, y > \frac{1}{2x}$. Le point $(x_0, y(x_0)) = \left(1, \frac{1}{2}\right)$ appartient à l'hyperbole $y = \frac{1}{2x}$. Par conséquent, x_0 est un point de maximum local de $y(x)$. On peut demander si la courbe $(x, y(x))$ rencontre l'hyperbole à quelque $x_1 > x_0$. Si tel était le cas, la solution $y(x)$ serait strictement décroissante en x_1, en même temps $y'(x) \geq 0$ dans un voisinage droit de x_1 (aux points en dessous du graphique de l'hyperbole), ce qui est impossible. Par conséquent, pour $x > x_0$ la solution reste toujours au-dessus de l'hyperbole. En particulier, la courbe $(x, y(x))$ reste en A, donc la solution est définie pour chaque $x > x_0$. Soit $l := \lim_{x \to +\infty} y(x)$. Pour la monotonie de $y(x)$ il résulte $l \in \left[0, \frac{1}{2}\right)$, en étant $\frac{1}{2} = y(1)$. Supposons, pour les besoins de l'argumentation, qu'il s'agisse de $0 < l < \frac{1}{2}$. Nous aurions

$$\lim_{x \to +\infty} y'(x) = \lim_{x \to +\infty} \left[\frac{1}{y(x)} - x\right] = -\infty, .$$

En intégrant $y'(x)$, nous aurions aussi $\lim_{x \to +\infty} y(x) = -\infty$, ce qui n'est pas possible. Il doit donc être $l = 0$. La ligne droite $y = 0$ est donc une asymptote horizontale pour $x \to +\infty$.

Nous dérivons l'équation différentielle membre par membre. Nous avon

$$y'' = -\frac{1}{y^2}y' - 2.$$

Pour $x < x_0$, en étant $y'(x) > 0$ on peut déduire que $y''(x) < 0$. Par conséquent, y est concave. Puisque pour $x < 1$, $y(x)$ est strictement croissant et concave, nous en déduisons que, pour quelques $a < 1$, il s'avère

$$\lim_{x \to a^+} y(x) = 0.$$

De l'équation différentielle, il s'ensuit que

$$\lim_{x \to a^+} y'(x) = +\infty.$$

Ainsi, dans $x_0 = a$, $y(x)$ présente une tangente verticale.

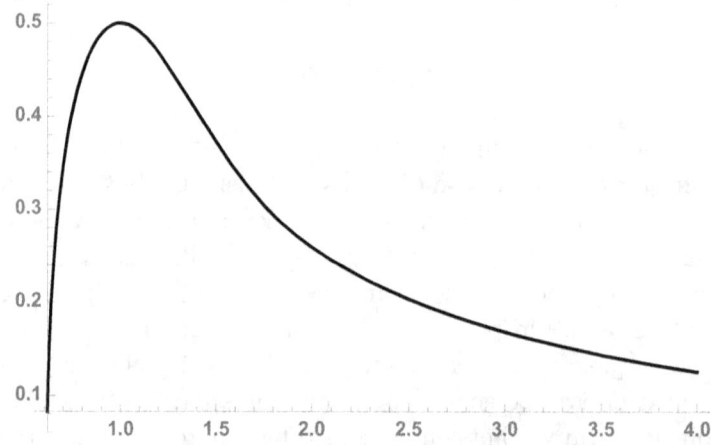

***Exercice* 11.72.** *Effectuer l'analyse qualitative du problème Cauchy*

$$\begin{cases} y' = t - y^2 \\ y(0) = 0 \end{cases},$$

dans le demi-plan $t \geq 0$.

Rèsolution. L'équation différentielle est du type $y' = f(t, y)$, avec

$$f(t, y) = t - y^2.$$

Les hypothèses du théorème d'existence et unicité locale sont vérifiées, pendant qu'il n'est pas celles de la version globale. La solution est croissante dans les points à droite de la parabole d'équation $t = y^2$. Pour raisons de monotonie, la courbe $(t, y(t))$ peut couper la parabole une fois seule. En conséquence $y(t)$ Ã¨ elle est définie et croissante pour chaque $t \geq 0$ et $y(t) \leq \sqrt{t}$. La solution n'a pas asymptotes verticaux. Car$y(t)$ il est croissant, il exist $\lim_{t \to +\infty} y(t) =: l \in (0, +\infty]$. Si l il est fini, on a

$$\lim_{t \to +\infty} y'(t) = \lim_{t \to +\infty} [t^2 - y(t)] = +\infty.$$

En intégrant $y'(t)$, on déduit que $\lim_{t \to +\infty} y(t) = +\infty$, le qu'il n'est pas possible. En conséquence $l = +\infty$, et $y(t)$ il n'admet pas asymptotes horizontaux. Car $0 < y(t) < \sqrt{t}$, $y(t)$ il n'admet pas asymptote oblique.

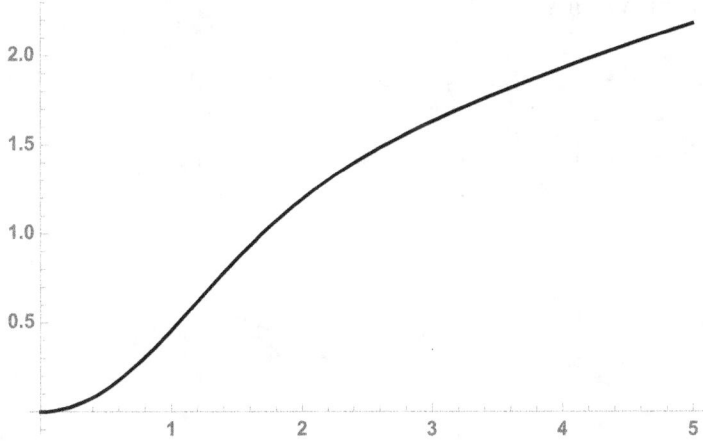

***Exercice* 11.73.** *Étudier le problème de Cauchy*

$$\begin{cases} y' = \frac{1}{t+1} + \frac{1}{y} \\ y(0) = 1, \end{cases}$$

dans le demi-plan $t \geq 0$.

Rèsolution. L'équation différentielle est du type $y' = f(t, y)$ avec

$$f(t, y) = \frac{1}{t+1} + \frac{1}{y}.$$

Les hypothèses du théorème et de l'existence locale sont vérifiées dans un voisinage de $(0, 1)$, plus précisément dans l'ensemble $A = \{(t, y) \in \mathbb{R}^2 : t \geq 0, y > 0\}$, en considérant la restriction requise $t \geq 0$. Cependant, les hypothèses de la version globale du théorème ne sont pas satisfaites. La solution est croissante pour $y > -t - 1$, donc elle est définie et croissante pour chaque $t \geq 0$. n'a pas d'asymptotes verticales. Aussi,

$$y''(t) = -\frac{1}{(t+1)^2} - \frac{y'}{y^2} < 0 \quad \forall\, t > 0.$$

Par conséquent $y(t)$ est concave en $[0, +\infty)$. Nous remarquons que $y(t) \geq z(t)$, où $z(t)$ est la solution de

$$z'(t) = \frac{1}{t+1}, \quad z(0) = 1.$$

Donc

$$y(t) \geq z(t) = \log(t+1) + 1.$$

Il s'ensuit que $\lim_{t \to +\infty} y(t) = +\infty$, donc $y(t)$ n'a pas d'asymptotes horizontales. Vu que

$$\lim_{t \to +\infty} \frac{y(t)}{t} = \lim_{t \to +\infty} y'(t) = 0,$$

$y(t)$ n'admet pas l'asymptote oblique pour $t \to +\infty$.

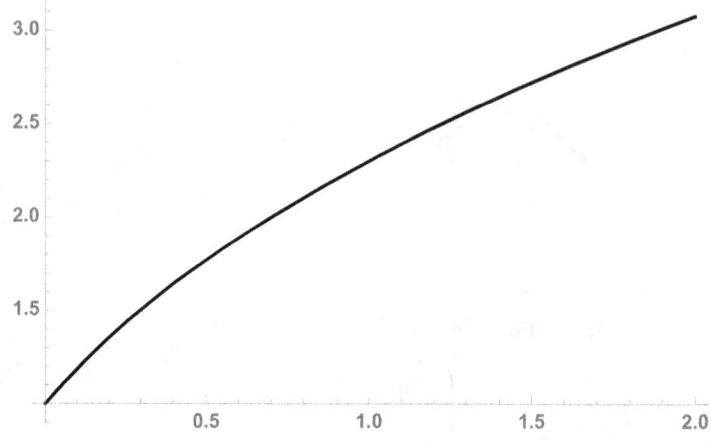

Exercice 11.74. *En calculant la solution et en utilisant l'analyse qualitative, dessinez le graphe de la solution du problème de Cauchy*

$$\begin{cases} y' = \sin y \\ y(0) = a, \end{cases}$$

où $a \in [-\pi, \pi]$.

Rèsolution. Pour $a = a_0$ avec $a_0 \in \{-\pi, 0, \pi\}$, la solution constante $y(t) \equiv a_0$ est la solution du problème. L'équation est avec des variables séparables. Pour $y \neq a_0$, on a

$$\int \frac{1}{\sin y} dy = \int dt \,,$$

c'est-à-dire

$$\log \left| \tan \frac{y}{2} \right| = t + C \quad (C \in \mathbb{R}) \,.$$

Supposons que $a \in (0, \pi)$. La solution du problème de Cauchy est

$$y(t) = 2 \arctan(e^{t+c}),$$

pour $c = \log \tan \frac{a}{2}$. Pour chaque $t \in \mathbb{R}$ la solution $y(t)$ est bien définie, et

$$0 < y(t) < \pi.$$

On a

$$y'(t) = \sin[y(t)] > 0 \quad \forall \, t \in \mathbb{R} \,.$$

Donc $y(t)$ est strictement croissante en $\mathbb{R}$. On a

$$\lim_{t \to -\infty} y(t) = 0, \quad \lim_{t \to +\infty} y(t) = \pi.$$

Donc $y = 0$ est asymptote horizontal pour $t \to -\infty$, pendant que $y = \pi$ est asymptote horizontal pour $t \to +\infty$. Nous avons

$$y''(t) = \cos[y(t)] y'(t) \quad \forall \, t \in \mathbb{R} \,.$$

Soit $a \in \left(0, \frac{\pi}{2}\right)$. On peut en déduire qu'il existe $t_0 > 0$ tale che $y(t) \in \left(0, \frac{\pi}{2}\right)$ $\forall t \in (-\infty, t_0)$, pendant que $y(t) \in \left(\frac{\pi}{2}, \pi\right)$ $\forall t \in (t_0, +\infty)$. Donc y elle est convexe en $(-\infty, t_0)$, concave en $(t_0, +\infty)$, $t = t_0$ il est un point d'inflexion. Que ce soit maintenant $a \in \left[\frac{\pi}{2}, \pi\right)$. Dans ce cas, on peut dire qu'il existe $t_1 \leq 0$ tel que $y(t) \in \left(0, \frac{\pi}{2}\right]$ $\forall t \in (-\infty, t_1]$, pendant que $y(t) \in \left(\frac{\pi}{2}, \pi\right)$ $\forall t > t_1$. Ainsi $y(t)$ elle est concave en $(-\infty, t_1)$, tandis que $y(t)$ elle est convexe en $(t_1, +\infty)$, $t = t_1$ c'est un point d'inflexion. Finalement nous supposons $a \in (-\pi, 0)$. Alors la solution est

$$y(t) = -2 \arctan(e^{t+c}), \quad \forall \, t \geq 0,$$

per $c = \log \tan \left(-\frac{a}{2}\right)$. L'analyse qualitative est tout à fait analogue à la précédente.

Exercice 11.75. *Exécuter l'analyse qualitative de la solution du problème de Cauchy*

$$\begin{cases} y' = \frac{1}{y^2+t^2} \\ y(0) = 1 \end{cases}$$

dans le demi-plan $t \geq 0$.

Rèsolution. Les hypothèses du théorème d'existence et unicité locale sont vérifiées, mais pas celles du théorème d'existence et unicité globale. Car $y(t)$ ne peut pas avoir asymptotes verticaux, elle est définie en tout $[0, +\infty)$. On a $y'(t) > 0 \; \forall \, t > 0$, donc la solution est croissante et

$$y(t) > y(0) = 1 \; \forall \, t > 0.$$

Grâce à la monotonie, existe la limite

$$\lim_{t \to +\infty} y(t) =: l \, .$$

A priori $l \in (1, +\infty]$. Nous voyons que l il est fini. En effet,

$$y(t) - 1 = \int_0^t y'(s) ds = \int_0^t \frac{1}{y^2(s) + s^2} ds \leq \int_0^t \frac{1}{1 + s^2} ds = \arctan t \, .$$

En conséquence

$$1 < y(t) \leq 1 + \frac{\pi}{2} \quad \forall \, t > 0 \, .$$

Donc $y(t)$ elle est limitée et $l \in \left(1, 1 + \frac{\pi}{2} \right)$.

Exercice 11.76. *Etudier le graphe, pour* $x \geq 3$, *de la solution du problème de Cauchy*

$$\begin{cases} y' = \frac{1}{x} - \frac{1}{y} \\ y(3) = 1 \, . \end{cases}$$

Rèsolution. Les hypothèses du théorème de l'existence locale et de l'unicité sont vérifiées, alors que celles du théorème global ne le sont pas. Nous avons que

$$y' = \frac{y - x}{xy},$$

donc $y' < 0$ dans la région $0 < y < x$, qui contient le point $(x_0, y_0) = (3, 1)$. Aussi,

$$y'' = -\frac{1}{x^2} + \frac{y'}{y^2} < 0 \quad \text{se } 0 < y < x \, .$$

Par conséquent, y elle est concave si $0 < y < x$. On observe que $y(x)$ n'est pas définie dans tout l'intervalle $[3, +\infty)$, car si c'était le cas, la courbe $(x, y(x))$ rencontrerait l'axe x en un point $x_1 > 0$. À ce stade, cependant, le deuxième membre de l'équation différentielle ne serait pas défini. Ainsi,i $y(x)$ elle est définie dans un intervalle maximal$[3, x_1)$. Pour $x \to x_1^-$, $y(x) \to 0$, pendant que $y'(x_1) \to -\infty$. Ainsi, le graphe de $y(x)$ a une tangente verticale à $x = x_1$.

Exercice 11.77. *Effectuer une analyse qualitative de la solution du problème de Cauchy*

$$\begin{cases} y' = 3e^{\frac{1}{x} - \frac{1}{y}} \\ y(1) = 4. \end{cases}$$

Rèsolution. L'équation différentielle est du type $y' = f(x, y)$ avec $f(x, y) = 3e^{\frac{1}{x} - \frac{1}{y}}$. Soit $A = \{(x, y) \in \mathbb{R}^2 : x > 0, y > 0\}$. Car $f \in C^1(A)$, les hypothèses d'existence et unicité en petit sont vérifiées. Soit I l'intervalle maximal d'existence de $y(x)$. Nous observons que $y'(x) > 0 \ \forall x \in I$. La fonction $u(x) = x$ vérifie

$$u' < f(x, u), \quad u(1) < 4.$$

Donc $y(x) > x \ \forall x \in I \cap [1, +\infty)$. Cela implique qui

$$3 < f(x, y) < 3e^{\frac{1}{x}}.$$

En conséquence $I = (0, +\infty)$. Pour la monotonie de $y(x)$, existe $l := \lim_{x \to +\infty} y(x)$ avec $l \in (4, +\infty]$. Si l il fût fini, on aurait $\lim_{x \to +\infty} y'(x) = 3e^{-\frac{1}{l}}$, ce qui est impossible. Donc $l = +\infty$.
Pour la monotonie de $y(x)$, existe la limite $\lim_{x \to 0^+} y(x) =: L$ avec $L \in [0, 2)$. Si $L \in (0, 2)$, on a $y(x) > L \ \forall x > 0$. Donc

$$y'(x) > 3e^{\frac{1}{x} - \frac{1}{L}} > \frac{3e^{-\frac{1}{L}}}{x}.$$

En intégrant, nous obtenons que $y(x) \to -\infty$ pour $x \to 0^+$, ce qui est impossible. Donc $L = 0$.

Exercice 11.78. *Effectuer l'analyse qualitative de la solution du problème de Cauchy*

$$\begin{cases} y' = \tanh(x)\frac{y}{1+y} \\ y(0) = y_0, \end{cases}$$

au varier de $y_0 \geq 0$, dans le demi-plan $x \geq 0$.

Rèsolution. Les hypothèses de l'existence et du théorème d'unicité locale sont valables. Si $y_0 = 0$, alors $y(x) \equiv 0$ est solution. De plus, puisque¨ $y \equiv 0$ est une solution de l'équation, aucune autre solution, pour tout $y_0 > 0$, ne traversera l'axe$x$. Pour $y > 0$ les hypothèses de l'existence et du théorème d'unicité en grand sont également vérifiées. Soit $y_0 > 0$. Nous avons que $y'(x) > 0$ pour chaque $x > 0$. Donc $y(x) > y_0 \; \forall\, x \in (0, +\infty)$. Puisque la fonction $y \mapsto \frac{y}{1+y}$ est positive et croissante pour $y > -1$, et la fontion $x \mapsto \tanh x$ est positive et croissante pour $x \geq 0$, aussi $y'(x)$ elle est croissante en $(0, +\infty)$. Donc $y(x)$ elle est convexe en $(0, +\infty)$. De la convexité, il suit que

$$y(x) \geq y(1) + y'(1)(x - 1)\,.$$

Donc $\lim_{x \to +\infty} y(x) = +\infty$.

Exercice 11.79. *Effectuer l'analyse qualitative du problème Cauchy*

$$\begin{cases} y' = \frac{t^3 y^3}{1+y^2} \\ y(0) = 1\,. \end{cases}$$

Rèsolution. L'équation différentielle est du type $y' = f(t, y)$, avec

$$f(t, y) = \frac{t^3 y^3}{1 + y^2}\,.$$

Les hypothèses du théorème de l'existence et de l'unicité locales et mondiales sont vérifiées. La fonction constante $y \equiv 0$ est une solution de l'équation, mais ne vérifie pas la condition initiale. La solution $y(x)$ est définie en $\mathbb{R}$; en outre, $y(t) > 0 \; \forall\, t \geq 0$. Nous avons que $y(t)$ il est croissant dans le cadran $t > 0, y > 0$, pendant qu'il est décroissant dans le cadran $t < 0, y > 0$; $t_0 = 0$ c'est un point de minimum absolu. En étant $y(t)$ croissant pour $t > 0$, il existe $\lim_{t \to +\infty} y(t) =: l \in (1, +\infty]$. Nous supposons que l soit fini.. Alors

$$\lim_{t \to +\infty} y'(t) = +\infty.$$

En intégrant $y'(t)$ on obtient que $l = +\infty$, ce qui est impossible. Donc $\lim_{t \to +\infty} y(t) = +\infty$. De plus,

$$\lim_{t \to +\infty} \frac{y(t)}{t} = \lim_{t \to +\infty} y'(t) = +\infty\,.$$

De même, on peut voir que $\lim_{t \to -\infty} y(t) = +\infty$. Par conséquent, $y(t)$ n'a pas d'asymptômes verticaux, horizontaux et obliques.

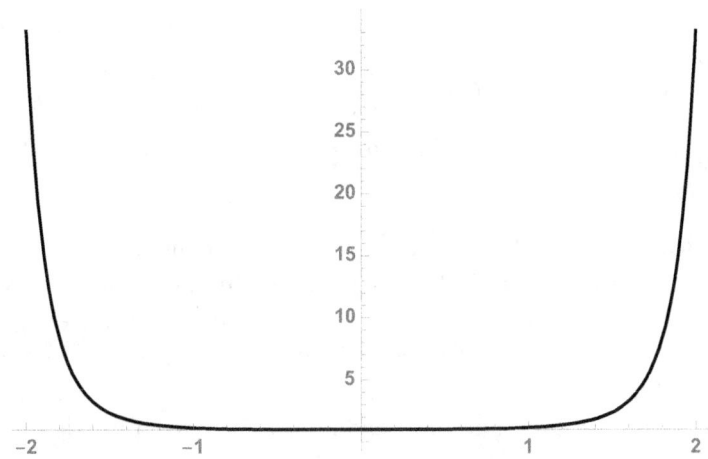

Exercice 11.80. *Effectuer l'analyse qualitative du problème Cauchy*

$$\begin{cases} y' = t - y^2 \\ y(0) = y_0 \end{cases},$$

dans le demi-plan $t \geq 0$, essendo $y_0 > 0$.

Rèsolution. L'équation différentielle est du type $y' = f(t, y)$, avec

$$f(t, y) = t - y^2.$$

Les hypothèses du théorème de l'existence locale et de l'unicité sont vérifiées, alors que celles de la version globale ne le sont pas La solution est croissante dans les points à droite de la parabole d'équation $t = y^2$, les points de la parabole sont points de minimum absolu. Pour raisons de monotonie, la courbe $(t, y(t))$ ne peut croiser la parabole qu'une seule fois. Étant donné la condition initiale, $y(t)$ il est décroissant en $(0, t_0)$, pour quelques $t_0 > 0$, $y(t)$ Est croissant pour $t > t_0$ et $y(t) < \sqrt{t} \ \forall t > t_0$. Donc la solution n'a pas asymptotes verticaux et elle est définie en tout $[0, +\infty)$. Car $y(t)$ est croissant en $(t_0, +\infty)$, il existe $\lim_{t \to +\infty} y(t) =: l \in (0, +\infty]$. Si l il est fini, on a

$$\lim_{t \to +\infty} y'(t) = \lim_{t \to +\infty} [t^2 - y(t)] = +\infty.$$

En intégrant $y'(t)$, on déduit que $\lim_{t \to +\infty} y(t) = +\infty$, ce qui n'est pas possible. Par conséquent, $l = +\infty$, et $y(t)$ il n'admet pas asymptotes horizontaux. Puisque $0 < y(t) < \sqrt{t}$, $y(t)$ il n'admet pas asymptote oblique.

Exercice 11.81. *Discuter du comportement qualitatif des solutions au problème de Cauchy*

$$\begin{cases} y' = t^3 y^2 (y-1)^2 \\ y(1) = a \, , \end{cases}$$

à la variation de $a \in \mathbb{R}$.

Rèsolution. Si $a \in \{0, 1\}$, alors la solution constante $y(t) \equiv a$ est solution. Soit $a \neq 0, a \neq 1$. Les hypothèses du théorème de l'existence et de l'unicité en petit sont vérifiées ; celles de la version en grand ne le sont pas. Puisque $y \equiv 0$ et $y \equiv 1$ sont des solutions constantes de l'équation différentielle, nous pouvons déduire que si $a \in (0, 1)$, alors la courbe $(t, y(t))$ est contenue pour chaque $t \in \mathbb{R}$ dans la bande $0 < y < 1$, si $a > 1$ la courbe est dans le demi-plan $y > 1$, enfin pour $a < 0$, la courbe est dans le demi-plan $y < 0$. Nous remarquons que $y'(t) > 0$ pour chaque $t > 0$, en outre $y'(0) = 0$. Donc pour $t_0 = 0$ la solution $y(t)$ a un point de minimumo local (et absolu). Nous supposons $a \in (0, 1)$. Car $y(t)$ elle est monotone et limitée, admet limite pour $t \to \pm\infty$. On a

$$\lim_{t \to +\infty} y(t) = 1, \quad \lim_{t \to -\infty} y(t) = 1.$$

Soit $a > 1$. La solution est définie dans un intervalleo maximal I et elle a asymptotes verticaux. Soit $a < 0$. La solution est définie en $\mathbb{R}$; en outre

$$\lim_{t \to +\infty} y(t) = 0, \quad \lim_{t \to -\infty} y(t) = 0 \, .$$

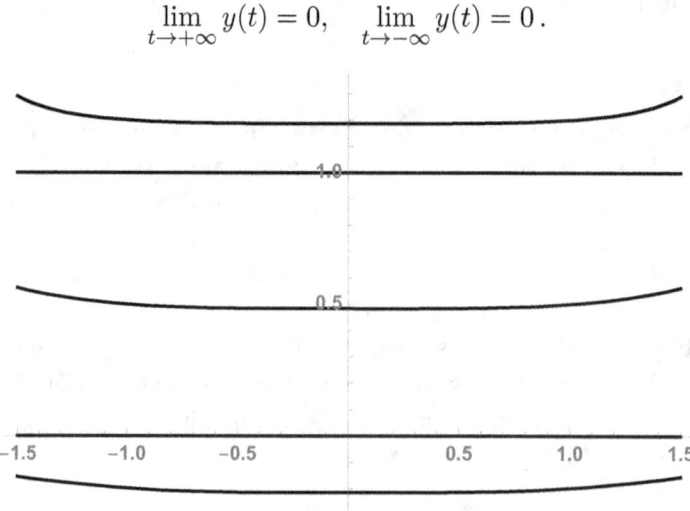

Exercice 11.82. *Effectuer une analyse qualitative du problème Cauchy*

$$\begin{cases} y' = \frac{x-y}{2+x^2+y^2} \\ y(0) = 1. \end{cases}$$

Rèsolution. Les hypothèses de l'existence locale et même globale et du théorème d'unicité sont valables. On a $y'(x) > 0$ si $y < x$; $y'(x) < 0$ si $y > x$; $y'(x) = 0$ si $y = x$. La solution $y(x)$ coupe la ligne $y = x$ en un point $\bar{x} > 0$. De plus, $y(x)$ est décroissante pour $x < \bar{x}$, alors qu'elle est croissante pour $x > \bar{x}$. Pour $x > \bar{x}$, $y(x)$ reste toujours en dessous de la ligne $y = x$. Pour la monotonie de $y(x)$, il y a des limites

$$l := \lim_{x \to +\infty} y(x), \quad L := \lim_{x \to -\infty} y(x),$$

avec $l, L \in (y(\bar{x}), +\infty]$. Si l il les fût finis il aurait $y(x) \leq l \ \forall x \geq \bar{x}$. Donc

$$y'(x) \geq \frac{x - l}{2 + x^2 + y^2} \ \forall x \geq \bar{x}.$$

Si nous prenons $x > \bar{x} + 2 + 2l$, nous avons

$$x - l > \frac{x}{2}, \quad 2 + x^2 + y^2(x) < 3x^2.$$

En conséquence

$$y'(x) > \frac{1}{6x} \quad \forall x > \bar{x}.$$

En intégrant se trouve

$$y(x) > y(\bar{x}) + \frac{1}{6} \log x,$$

ce qui est absurde. Donc $l = +\infty$. De même, on peut voir que $L = +\infty$.

Exercice **11.83.** *Effectuer une analyse qualitative du problème Cauchy*

$$\begin{cases} y' = -4xy \\ y(0) = y_0 \end{cases},$$

à la variation de $y_0 \in \mathbb{R}$.

Rèsolution. Les hypothèses du théorème de l'existence et de l'unicité en petit et en grand sont vérifiées. Ensuite, pour $y_0 \in \mathbb{R}$ une solution unique existe définie en tout $\mathbb{R}$. Se $y_0 = 0$, alors la foncion constante $y \equiv 0$ est solution. Si $y_0 \neq 0$, la fonction constante $y \equiv 0$ vérifie l'équation différentielle mais pas la condition initiale. Aucun autre solution ne peut ensuite couper l'axe des x. La solution $y(x)$ est pair. Mous avons que $y' > 0$ pour $x > 0, y < 0$ ou pour $x < 0, y > 0$, pentant que $y' < 0$ pour $x < 0, y < 0$ ou pour $x > 0, y > 0$. En otre, les points $(0, \beta)$ ils sont des point di maximum absolu pour $\beta > 0$, alors qu'ils sont des points dev minimum absolu pour $\beta < 0$. Il résulte

$$y'' = -4y - 4xy' = 4y(4x^2 - 1).$$

Donc le solutions $y(x)$ sont convexes dans $y > 0, x > \frac{1}{2}$, in $y > 0, x < -\frac{1}{2}$, in $y < 0, -\frac{1}{2} < x < \frac{1}{2}$, alors qu'elles sont concaves dans $y > 0, -\frac{1}{2} < x < \frac{1}{2}$, in $y < 0, x < -\frac{1}{2}$, in $y < 0, x > \frac{1}{2}$. Les points sur les lignes $x = \pm\frac{1}{2}$ sont des points d'inflexion.

Supposons que $y_0 > 0$. Étant donné la parité de $y(t)$, nous ne considérons que $t \geq 0$. Selon l'observation ci-dessus, $y(t)$ est décroissant pour chaque $t \geq 0$, concave en $\left(0, \frac{1}{2}\right)$, convexe en $\left(\frac{1}{2}, +\infty\right)$. De plus, $\lim_{t \to +\infty} y(t) = 0$. Supposons que $y_0 < 0$. D'après l'observation ci-dessus, $y(t)$ est croissant pour chaque $t \geq 0$, convexe en $\left(0, \frac{1}{2}\right)$, concave en $\left(\frac{1}{2}, +\infty\right)$. De plus, $\lim_{t \to +\infty} y(t) = 0$.

Exercice 11.84. *Exécuter l'analyse qualitative de la solution du problème de Cauchy*

$$\begin{cases} y' = \frac{4-y^2}{1+y^2} \\ y(0) = y_0 \end{cases},$$

essendo $y_0 > 2$.

Rèsolution. Les hypothèses du théorème de l'existence et de l'unicité locales, mais aussi globales, sont vérifiées. La fontion constante $y \equiv 2$ est une solution de l'équation, mais ne vérifie pas la condition initiale. Aucune solution ne peut rencontrer la ligne $y = 2$. Alors, vue la condition initiale, $y(x) > 2$ pour chaque $x \in \mathbb{R}$. Nous avons $y'(x) < 0 \ \forall x \in \mathbb{R}$. Par conséquent, y est décroissante en $\mathbb{R}$. Puisque $x \mapsto y(x)$ elle est décroissante, et $y \mapsto \frac{4-y^2}{1+y^2}$ est une fonction décroissante, la fonction composée $x \mapsto \frac{4-y^2(x)}{1+y^2(x)}$ est croissante. Donc y' est croissante et y est convexe en $\mathbb{R}$. De plusnous avons

$$\lim_{x \to +\infty} y(x) = 2, \quad \lim_{x \to -\infty} y(x) = +\infty.$$

Exercice 11.85. *Étant donné l'équation différentielle*

$$y' = \frac{2 - x^2 y^2}{1 + y^2} y.$$

1. *Établir s'il vaut le théorème d'existence et unicité en petit et en grand.*

2. *Existe-t-il des solutions $y = y(x)$ telles que $\lim_{x \to +\infty} y(x) = +\infty$?*

3. *Existe-t-il des solutions $y = y(x)$ telles que $\lim_{x \to +\infty} y(x) = -\infty$?*

4. *Étudier le cours de la solution qui vérifie la condition initiale $y(0) = 1$.*

Résolution. 1. Les hypothèses du théorème de l'existence et de l'unicité sont satisfaites, en petit et en grand.

2. et 3. Il résulte $y'(x) > 0$ dans les régions $0 < y < \frac{\sqrt{2}}{|x|}$ et $y < -\frac{\sqrt{2}}{|x|}$. De plus, $y'(x) = 0$ si $|y| = \frac{\sqrt{2}}{|x|}$ ou $y = 0$. Il n'y a pas de solutions telles que $\lim_{x \to +\infty} y(x) = \pm\infty$.

4. La fonction $y \equiv 0$ est une solution de l'équation différentielle. Par conséquent, la solution $y(x)$ ne rencontre jamais l'axe x. Il existe un point $x_1 > 0$ où le graphe de $y(x)$ intercepte l'hyperbole $y = \frac{\sqrt{2}}{x}$, tel point est un point de maximum relatif, et aussi global, de $y(x)$. Pour $x > x_1$, $y(x)$ est décroissante et son graphe de $y(x)$ il reste au-dessus de l'hyperbole. Pour la monotonie, il existe $l := \lim_{x \to +\infty} y(x)$ avec $l \in [0, +\infty)$. S'il était $l > 0$, alors on il aurait $\lim_{x \to +\infty} y'(x) = -\infty$, ce qui n'est pas possible. Donc $l = 0$. Par conséquent, la ligne $y = 0$ est une asymptote horizontale pour $x \to +\infty$. De même, nous voyons que $\lim_{x \to -\infty} y(x) = 0$.

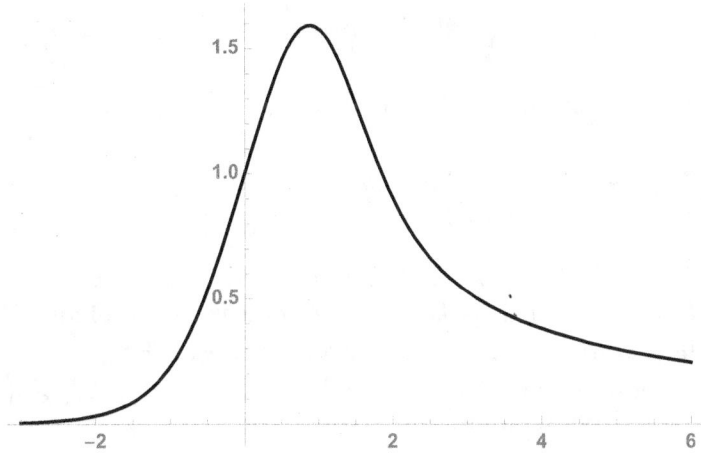

Exercice **11.86.** *Considéron le problème de Cauchy suivant*

$$\begin{cases} y' = \tanh y - \frac{1}{x^2} \\ y(1) = \alpha \end{cases}.$$

1. *Pour quelles valeurs de $\alpha \in \mathbb{R}$ le problème a-t-il une seule et unique solution ?*

2. *Pour quelles valeurs de $\alpha \in \mathbb{R}$ l'intervalle maximal d'existence est $(0, +\infty)$?*

3. *Étudier le graphe de la solution pour $\alpha < 0$.*

Rèsolution. 1. L'équation différentielle est du type $y' = f(x, y)$ avec

$$f(x, y) = \tanh y - \frac{1}{x^2}.$$

La fonction f est définie, continue et de classe C^1 in

$$A = \{(x, y) \in \mathbb{R}^2 : x \neq 0\}.$$

Donc pour chaque $\alpha \in \mathbb{R}$, grâce au théorème d'existence et d'unicité en petit, il existe une et une seule solution du problème de Cauchy définie dans un voisinage de $x_0 = 1$.

2. Car f_y elle est limitée en A, pour chaque $\alpha \in \mathbb{R}$, l'intervalle maximal est $(0, +\infty)$. De plus, car $\tanh y \in (-1, 1)$,

$$y'(x) \leq 1 - \frac{1}{x^2}.$$

En intégrant, on obtient que, pour chaque $\alpha \in \mathbb{R}$,

$$\lim_{x \to 0^+} y(x) = +\infty.$$

3. On note que $y' = 0$ aux points du graphe de la fonction $y = \varphi(x) := \operatorname{arctanh}\left(\frac{1}{x^2}\right)$; $y' > 0$ dans la région au-dessus du graphique. Compte tenu de la condition initiale, y est décroissant en $(0, +\infty)$.

Pour la monotonie de $y(x)$, il existe la limite $l := \lim_{x \to +\infty} y(x)$ avec $l \in [-\infty, \alpha)$. Si l il est limité, nous avons

$$\lim_{x \to +\infty} y'(x) = \tanh l < 0,$$

ce qui est impossible. Donc

$$\lim_{x \to +\infty} y(x) = -\infty.$$

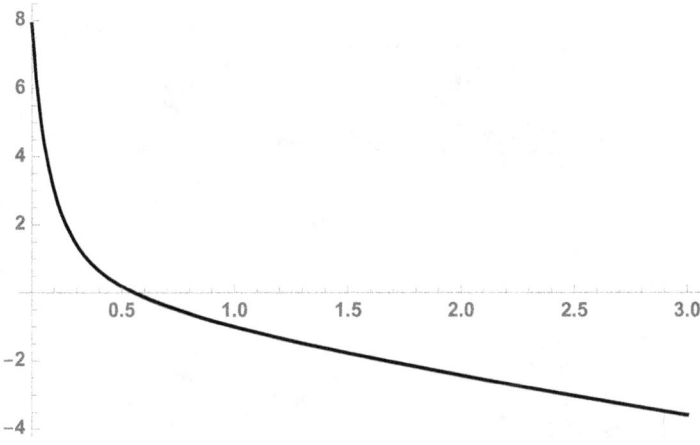